"十三五"国家重点出版物出版规划项目

名校名家基础学科系列

应用微积分

主　编　曹显兵

参　编　周艳杰　季　语　黄雪源

U0239556

机械工业出版社

本书是"十三五"国家重点出版物出版规划项目"名校名家基础学科系列"图书之一,根据编者主讲微积分课程多年来的教学实践与经验,并参照教育部对该课程的教学基本要求以及全国硕士研究生入学统一数学考试要求而编写.全书共分9章,内容包括:函数、极限与连续、导数与微分、微分中值定理及导数的应用、不定积分、定积分、无穷级数、多元函数的微分和积分、微分方程.

本书可作为财经、管理类本科各专业微积分课程的教材,也可供相关教师、人文社会科学研究人员与工程技术人员参考.

图书在版编目（CIP）数据

应用微积分/曹显兵主编. —北京：机械工业出版社，2021.9（2024.8重印）

（名校名家基础学科系列）

"十三五"国家重点出版物出版规划项目

ISBN 978-7-111-69288-1

Ⅰ.①应… Ⅱ.①曹… Ⅲ.①微积分-高等学校-教材 Ⅳ.①O172

中国版本图书馆 CIP 数据核字（2021）第 201571 号

机械工业出版社（北京市百万庄大街 22 号 邮政编码 100037）
策划编辑：韩效杰 责任编辑：韩效杰 李 乐 汤 嘉
责任校对：张晓蓉 王明欣 封面设计：王 旭
责任印制：张 博
北京建宏印刷有限公司印刷
2024 年 8 月第 1 版第 3 次印刷
184mm×260mm·24.25 印张·584 千字
标准书号：ISBN 978-7-111-69288-1
定价：74.90 元

电话服务　　　　　　　　网络服务

客服电话：010-88361066　机 工 官 网：www.cmpbook.com

　　　　　010-88379833　机 工 官 博：weibo.com/cmp1952

　　　　　010-68326294　金 书 网：www.golden-book.com

封底无防伪标均为盗版　机工教育服务网：www.cmpedu.com

前　言

本书是"十三五"国家重点出版物出版规划项目"名校名家基础学科系列"图书之一，其主要特点是强调基本概念，突出数学思想，体现素质教育，重视交叉融合.

微积分是财经、管理类专业的一门重要数学基础课程，也是全国硕士研究生入学考试的必考课程之一，微积分所研究的理论和处理问题的思想、方法已经被广泛应用到自然科学、工程技术、人文科学以及经济金融等领域中. 微积分课程教学质量的高低，对于培养大学生的逻辑推理能力、综合运用数学思维方法分析和解决实际问题能力具有举足轻重的作用，也直接影响他们后续更多专业课程的学习. 在高等教育普及化和新时代教育改革不断深化的大背景下，大学数学教学不仅面临着课时调整、内容更新、慕课、线上线下混合式教学等教学内容、教学模式改革的挑战，而且随着信息技术在教育教学中的应用越来越广泛，也对教学理念、教学方法与学习方法产生了革命性的影响. 因此，编写一本既满足财经、管理类专业数学课程教学基本要求，又让学生易学、教师易教的教材显得十分必要.

本书是根据教育部大学数学课程教学指导委员会制定的大学数学课程教学基本要求，并参照全国硕士研究生入学统一数学考试大纲，在认真研究国内外优秀教材的基础上，结合编者多年微积分课程的教学实践与经验，充分考虑教师教学、学生学习的规律和专业发展需要，为普通高等院校财经、管理类各专业编写的微积分课程的教学用书，可供普通高等学校相关专业本科生灵活选用.

本书的主要特点如下：

1. 强化对学生直觉思维的培养，强调应用背景的引入，突出微积分中重要概念产生的实际背景，帮助学生理解抽象的概念，力求开阔学生的视野和提高学生应用微积分知识解决实际问题的能力.

2. 适当降低对解题技巧训练的要求，加强数学思想、几何直观、逻辑思维与应用能力等方面的培养.

3. 注意与中学相关知识的衔接和后续课程的联系，力求结构严谨、逻辑清晰、通俗易懂、难点分散.

4. 例题紧扣教学内容，注重基本内容的训练，同时又有适当数量的提高题，以方便教师教学和学生自学. 习题明确分为两个层次，各节后配置基本练习题，每章后配置总习题，一个是满足基本教学要求的，一个是满足更高要求的，如考研、大学数学竞赛等，供同学们选用. 书末附有部分习题答案与提示，便于学生参考.

5. 本书配套相关的数字教学资源，内容包括 PPT 教案、全部授课视频、习题选讲等.

本书由曹显兵组织编写，负责全书的框架、统稿和定稿. 第 1、2、3 章由曹显兵编写，第

4、5 章由周艳杰编写，第 6、8 章由季语编写，第 7、9 章由黄雪源编写.

在本书的编写过程中，编者参阅了许多国内外现有的教材、参考书和网络资料，在此不一一列举，一并表示由衷的感谢.

由于编者水平所限，书中难免存在不足和错误之处，敬请读者不吝指正，以便修订时完善和改正.

编 者

目　录

函数是微积分的研究对象，是数学中最重要的基本概念之一. 在自然界中，存在许多变量，各种变量之间有着千丝万缕的相互依存关系，函数正是这种依存关系在数学中的反映. 微积分通过对函数的研究来揭示变量之间的本质联系，发现事物发展的客观规律，推动人类社会的不断发展和进步. 本章将主要介绍函数的一般定义与基础知识、函数的特性和初等函数.

1.1　实数集

1.1.1　常用的数集

1. 自然数集 **N**：全体非负整数构成的集合. 记为
$$\mathbf{N} = \{0, 1, 2, \cdots, n, \cdots\}.$$

2. 整数集 **Z**：全体整数构成的集合. 记为
$$\mathbf{Z} = \{\cdots, -n, \cdots, -2, -1, 0, 1, 2, \cdots, n, \cdots\}.$$

正整数集 $\mathbf{Z}_+$：全体正整数构成的集合. 记为
$$\mathbf{Z}_+ = \{1, 2, \cdots, n, \cdots\}.$$

负整数集 $\mathbf{Z}_-$：全体负整数构成的集合. 记为
$$\mathbf{Z}_- = \{\cdots, -n, \cdots, -2, -1\}.$$

$\mathbf{Z}^*$：全体非零整数构成的集合. 记为
$$\mathbf{Z}^* = \{\cdots, -n, \cdots, -2, -1, 1, 2, \cdots, n, \cdots\}.$$

3. 有理数集 **Q**：全体整数和分数构成的集合. 记为
$$\mathbf{Q} = \left\{ \frac{q}{p} \mid q \in \mathbf{Z}, p \in \mathbf{Z}_+, 且\ p\ 与\ q\ 互质 \right\}.$$

4. 无理数集 $\overline{\mathbf{Q}}$：全体无限不循环小数（如 π，e，$\sqrt{2}$ 等）构成的集合.

5. 实数集 **R**：全体有理数和无理数构成的集合. 全体实数与数轴上的点一一对应.

正实数集 $\mathbf{R}_+$：全体正实数构成的集合，即 $\mathbf{R}_+ = (0, +\infty)$.

负实数集 **R**_：全体负实数构成的集合，即 **R**_ $= (-\infty, 0)$.

R*：全体非零实数构成的集合，即 **R**$^* = \mathbf{R} - \{0\} = (-\infty, 0) \cup (0, +\infty)$.

1.1.2　绝对值

1. 定义 1.1.1

定义 1.1.1　对 $x \in \mathbf{R}$, $|x| = \begin{cases} -x, & x < 0, \\ x, & x \geq 0. \end{cases}$

2. 绝对值的运算性质

（1）$|x| \geq 0$;

（2）$|x| = \sqrt{x^2}$;

（3）$|-x| = |x|$;

（4）$-|x| \leq x \leq |x|$;

（5）$|x| - |y| \leq |x \pm y| \leq |x| + |y|$;

（6）$|xy| = |x||y|$;

（7）$\left| \dfrac{x}{y} \right| = \dfrac{|x|}{|y|}$, $y \neq 0$.

3. 绝对值不等式

（1）$|x| \leq a (a > 0) \Leftrightarrow -a \leq x \leq a$;

（2）$|x| > a (a > 0) \Leftrightarrow x > a$ 或 $x < -a$.

1.1.3　区间

区间是指介于某两个实数之间的全体实数，这两个实数叫作区间的端点. 设 a, b 都是实数，且 $a < b$，则

（1）$\{x \mid a < x < b\}$ 称为开区间，记作 (a, b). 如图 1-1a 所示.

（2）$\{x \mid a \leq x \leq b\}$ 称为闭区间，记作 $[a, b]$. 如图 1-1b 所示.

（3）$\{x \mid a \leq x < b\}$ 和 $\{x \mid a < x \leq b\}$ 称为半开半闭区间，分别记作 $[a, b)$ 和 $(a, b]$. 如图 1-1c 所示.

上面三类区间称为有限区间，有限区间两端点间的距离（即 $b - a$）称为区间的长度.

（4）$\{x \mid a < x\} = (a, +\infty)$，$\{x \mid a \leq x\} = [a, +\infty)$；如图 1-1d 所示.

（5）$\{x \mid x < b\} = (-\infty, b)$，$\{x \mid x \leq b\} = (-\infty, b]$；如图 1-1e 所示.

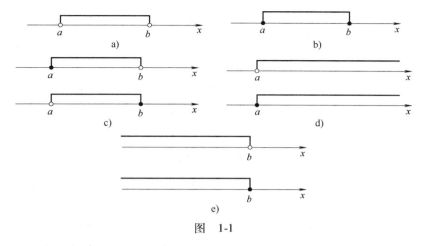

图 1-1

（6）$\{x \mid -\infty < x < +\infty\} = (-\infty, +\infty) = \mathbf{R}$.

以上三类区间称为无限区间.

1.1.4 邻域

设 $x_0 \in \mathbf{R}$，且 $\delta > 0$.

（1）x_0 的 δ 邻域：实数集 $\{x \mid |x-x_0| < \delta\}$ 称为点 x_0 的 δ 邻域，x_0 称为邻域的中心，δ 称为邻域的半径（见图 1-2）. 记作

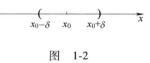

图 1-2

$$U(x_0, \delta) = U_\delta(x_0) = \{x \mid |x-x_0| < \delta\} = (x_0-\delta, x_0+\delta).$$

（2）点 x_0 的去心（空心）δ 邻域：实数集 $\{x \mid 0 < |x-x_0| < \delta\}$ 称为点 x_0 的去心 δ 邻域（见图 1-3）. 记作

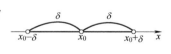

图 1-3

$$\mathring{U}(x_0, \delta) = \mathring{U}_\delta(x_0) = \{x \mid 0 < |x-x_0| < \delta\} = (x_0-\delta, x_0) \cup (x_0, x_0+\delta).$$

开区间 $(x_0-\delta, x_0)$ 称为点 x_0 的左 δ 邻域，开区间 $(x_0, x_0+\delta)$ 称为点 x_0 的右 δ 邻域.

1.2 函数关系

1.2.1 函数的概念及表示法

1. 定义 1.2.1

> **定义 1.2.1** 设 x 和 y 是两个变量（均在实数集 $\mathbf{R}$ 内取值），D 是一个非空实数集，如果对于每个数 $x \in D$，按照一定的法则，变量 y 总有唯一确定的值和它对应，那么称变量 y 是变量 x 的函数. 记作
> $$y = f(x), x \in D,$$
> 其中，x 叫作自变量，y 叫作因变量，D 叫作函数 $y = f(x)$ 的定义域.

当 $x=x_0$ 时，函数 $y=f(x)$ 的值称为 x_0 点的函数值，记为 y_0 或 $f(x_0)$. 全体函数值所构成的集合 $\{y \mid y=f(x), x \in D\}$，称为函数 $y=f(x)$ 的值域.

一般来说，定义域是使函数表达式或实际问题有意义的一切实数组成的集合. 下面看两个非函数关系的例子.

（1）$y=\sqrt{-1-x^2}$ 不是函数关系，因为对于任意实数 x，都没有按对应法则 $y=\sqrt{-1-x^2}$ 与之对应的 y 值.

（2）$x^2+y^2=1$ 不是函数关系，因为对于 $|x|<1$ 的任意实数 x，按对应法则 $x^2+y^2=1$ 与之对应的 y 值都有两个，不唯一.

对于（2）中的关系我们称为多值函数，约定：它的两个单值支是

$$y=\sqrt{1-x^2} \text{ 和 } y=-\sqrt{1-x^2}.$$

定义 1.2.1 中的函数关系称为单值函数. 本书中如无特别声明，均为单值函数.

2. 函数定义中的两个要素

（1）定义域 D：它表示 x 的取值范围；

（2）对应法则 f：它表示给定 x 值，求 y 值的方法.

如果两个给定的函数，它们的定义域和对应法则都相同，那么称这两个函数是相同的函数，否则它们就是不同的函数. 另外，我们要注意：

1）求函数 f 的定义域，就是求使 y 的取值和运算有意义的自变量 x 的取值范围.

2）函数表示法的无关特性：函数的表示法只与定义域和对应法则有关，而与自变量、因变量用什么字母表示无关.

例 1.2.1 求函数 $y=\dfrac{1}{x-1}+\sqrt{4-x^2}$ 的定义域.

解 由 $\begin{cases} x-1 \neq 0, \\ 4-x^2 \geq 0, \end{cases}$ 得

$$\begin{cases} x \neq 1, \\ -2 \leq x \leq 2. \end{cases}$$

因此，所求函数的定义域 $D=[-2,1) \cup (1,2]$.

注：一般确定函数定义域的条件如下.

（1）分式中分母不能为零；

（2）根式中负数不能开偶次方根；

（3）对数函数中，底数要大于零且不等于 1，真数要大于零；

（4）反正弦函数和反余弦函数 $\arcsin x$，$\arccos x$ 中 $-1 \leq x \leq 1$.

例 1.2.2 下列各题中，函数 $f(x)$ 和 $g(x)$ 是否相同？为什么？

（1）$f(x)=\ln x^2$，$g(x)=2\ln x$；

（2）$f(x)=\sqrt[3]{x^4-x^3}$，$g(x)=x\sqrt[3]{x-1}$.

解 （1）不相同. 因为两个函数的定义域不同，$f(x)$ 的定义域为 $(-\infty,0)\cup(0,+\infty)$，而 $g(x)$ 的定义域为 $(0,+\infty)$.

（2）相同. 因为两个函数的定义域相同，都为全体实数，而且对应法则也相同.

例 1.2.3 已知函数 $f(x)$ 满足 $f\left(\dfrac{1}{x}\right)=\dfrac{x}{2-x}$，求 $f(x)$.

解 令 $t=\dfrac{1}{x}$，则 $f(t)=\dfrac{1}{2t-1}$，因此

$$f(x)=\frac{1}{2x-1}.$$

例 1.2.4 设函数 $f(\sin x)=\cos 2x+1$，求 $f(\cos x)$.

解 由 $f(\sin x)=\cos 2x+1=2-2\sin^2 x$，得 $f(t)=2-2t^2$，所以

$$f(\cos x)=2-2\cos^2 x=2\sin^2 x.$$

3. 函数的表示法

（1）公式法（解析法）

显函数：因变量用自变量的一个函数表达式表示出来的函数称为**显函数**. 例如，$y=2x+1$，$y=e^x+1$，$y=\sqrt[3]{\tan x-1}$.

隐函数：设有关系式 $F(x,y)=0$，若对 $\forall x\in D$，存在唯一确定的 y 满足 $F(x,y)=0$ 与 x 相对应，由此确定的 y 与 x 的函数关系称为由方程 $F(x,y)=0$ 所确定的**隐函数**. 例如，$y-\ln x+1=0$，$e^y+xy=1$，$y+x^2+\varepsilon\sin xy=1$ 等都是隐函数.

（2）表格法，例如：

x	-1	0	2	3
y	3	5	-1	-2

（3）图形法

图形法表示函数是基于函数图形的概念，即坐标平面上的点集

$$\{P(x,y)\mid y=f(x),x\in D\}$$

称为函数 $y=f(x)$，$x\in D$ 的图形.

1.2.2 复合函数

如果我们把函数 $y=1-x^2$ 中的 x 换成 $2\sin x$，则 y 是 $2\sin x$ 的函数，对应法则是 $y=1-(2\sin x)^2$，显然 $y=1-4\sin^2 x$ 也是 x 的函数.

我们把这样形成的函数关系称为复合函数.

> **定义 1.2.2**　设 $y=f(u)$ 的定义域为 $D(f)$，而 $u=g(x)$ 的值域为 $Z(g)$，若 $D(f) \cap Z(g) \neq \phi$，则称 $y=f(g(x))$ 为由 $y=f(u)$ 与 $u=g(x)$ 构成的复合函数. 其中，x 称为自变量，y 称为因变量，u 称为中间变量.

例 1.2.5　求 $y=f(u)=\sqrt{u+1}$ 与 $u=g(x)=3-x^2$ 构成的关于 x 的复合函数.

解　易知 $y=f(u)=\sqrt{u+1}$ 的定义域 $D(f)=[-1,+\infty)$，

$$u=g(x)=3-x^2 \text{ 的值域 } Z(g)=(-\infty,3],$$

$$D(f) \cap Z(g)=[-1,3] \neq \phi,$$

则 　　　　　　$y=f(g(x))=\sqrt{4-x^2}, x \in [-2,2].$

例 1.2.6　指出下列函数的定义域：

（1）$y=\mathrm{e}^{\sin x}$；　　（2）$y=\sqrt{\tan \dfrac{x}{2}}$；　　（3）$y=\cos^3[\lg(x^2-1)]$.

解　（1）函数 $y=\mathrm{e}^{\sin x}$ 可以看成由 $y=\mathrm{e}^u$，$u=\sin x$ 复合而成. 定义域为全体实数.

（2）函数 $y=\sqrt{\tan \dfrac{x}{2}}$ 可以看成由 $y=\sqrt{u}$，$u=\tan v$，$v=\dfrac{x}{2}$ 复合而成. 定义域为

$$D=\{x \mid 2k\pi \leq x < (2k+1)\pi, k \in \mathbf{Z}\}.$$

（3）函数 $y=\cos^3[\lg(x^2-1)]$ 可以看成由 $y=u^3$，$u=\cos v$，$v=\lg w$，$w=x^2-1$ 复合而成. 定义域为 $D=(-\infty,-1) \cup (1,+\infty)$.

注 1：不是任何两个函数都能复合成为复合函数. 例如，$y=\sqrt{1-u}$ 与 $u=2+x^2$ 不能构成复合函数.

注 2：函数 f 和 g 的复合是有顺序的.

1.2.3　分段函数

> **定义 1.2.3**　在自变量的不同变化范围中，对应法则用不同式子表示的函数，称为分段函数.

例如，$f(x)=\begin{cases} 2x+\mathrm{e}^x, & x>1, \\ 2, & -1 \leq x \leq 1, \\ \ln(1-x), & x<-1 \end{cases}$ 就是一个分段函数，-1

和 1 常称为函数的分界点.

例 1.2.7　已知函数 $f(x)=\begin{cases}3x^2-2, & x<1,\\ e^x+1, & x\geqslant 1,\end{cases}$ 求 $f(-1)$, $f(2)$, $f(x+1)$.

解　$f(-1)=3(-1)^2-2=1$, $f(2)=e^2+1$,

$$f(x+1)=\begin{cases}3(x+1)^2-2, & x+1<1,\\ e^{x+1}+1, & x+1\geqslant 1,\end{cases}$$

整理得

$$f(x+1)=\begin{cases}3x^2+6x+1, & x<0,\\ e^{x+1}+1, & x\geqslant 0.\end{cases}$$

例 1.2.8　设 $f(x)=\begin{cases}1, & |x|\leqslant 1,\\ 0, & |x|>1,\end{cases}$ $g(x)=e^x$, 求 $f(f(x))$, $f(g(x))$, $g(f(x))$.

解　由 $f(x)=\begin{cases}1, & |x|\leqslant 1,\\ 0, & |x|>1\end{cases}$ 知 $|f(x)|\leqslant 1$, 因此

$$f(f(x))=1.$$

当 $x\leqslant 0$ 时, $0<g(x)=e^x\leqslant 1$; 当 $x>0$ 时, $g(x)=e^x>1$, 所以

$$f(g(x))=\begin{cases}1, & x\leqslant 0,\\ 0, & x>0.\end{cases} \qquad g(f(x))=e^{f(x)}=\begin{cases}e, & |x|\leqslant 1,\\ 1, & |x|>1.\end{cases}$$

1.2.4　反函数

1. 定义 1.2.4

定义 1.2.4　设 $y=f(x)$ 是定义在 $D(f)$ 上的一个函数, 值域为 $Z(f)$（见图 1-4）. 如果对任意 $y\in Z(f)$, 有一个确定的且满足 $y=f(x)$ 的 $x\in D(f)$ 与之对应, 其对应法则记为 f^{-1}, 这个定义在 $Z(f)$ 上的函数 $x=f^{-1}(y)$ 称为 $y=f(x)$ 的反函数, 或称它们互为反函数.

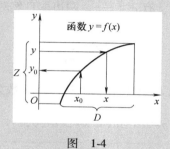

图　1-4

习惯上用 x 表示自变量, y 表示因变量. 将 $x=f^{-1}(y)$ 改写为

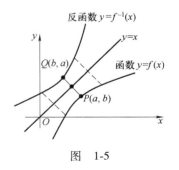

图 1-5

$y=f^{-1}(x)$，并称 $y=f^{-1}(x)$ 是 $y=f(x)$ 的反函数.

函数 $y=f(x)$ 的图像与其反函数 $x=f^{-1}(y)$ 的图像重合.

如果点 $P(a,b)$ 在 $y=f(x)$ 的图形上，则 $Q(b,a)$ 必是 $y=f^{-1}(x)$ 图形上的点，反之若点 $Q(b,a)$ 在 $y=f^{-1}(x)$ 的图形上，则 $P(a,b)$ 必是 $y=f(x)$ 图形上的点. 因为点 $P(a,b)$ 与点 $Q(b,a)$ 关于直线 $y=x$ 对称（见图 1-5）. 所以

函数 $y=f(x)$ 与反函数 $y=f^{-1}(x)$ 的图形关于直线 $y=x$ 对称.

2. 反函数的性质

（1）一一对应的函数存在反函数.

（2）单调函数存在反函数，且其反函数 $y=f^{-1}(x)$ 与函数 $y=f(x)$ 有相同的单调性.

3. 求反函数的基本步骤

（1）从方程 $y=f(x)$ 中用 y 表示 x 得 $x=f^{-1}(y)$；

（2）互换表达式中的 x 与 y，得 $y=f^{-1}(x)$；

（3）求函数 $y=f(x)$ 的值域得反函数的定义域.

例 1.2.9　求函数 $y=2x-1$ 的反函数.

解　由 $y=2x-1$ 知 $x=\dfrac{y+1}{2}$，x 与 y 互换得 $y=\dfrac{x+1}{2}$.

因为 $y=2x-1$ 的值域为 $(-\infty,+\infty)$，故所求反函数为

$$y=\frac{x+1}{2}, x\in(-\infty,+\infty).$$

例 1.2.10　求函数 $y=\mathrm{e}^x-3$ 的反函数.

解　由 $y=\mathrm{e}^x-3$ 得 $x=\ln(y+3)$，x 与 y 互换得 $y=\ln(x+3)$.

因为 $y=\mathrm{e}^x-3$ 的值域为 $(-3,+\infty)$，故所求反函数为

$$y=\ln(x+3), x\in(-3,+\infty).$$

例 1.2.11　求函数 $y=\dfrac{\mathrm{e}^x}{\mathrm{e}^x+1}$ 的反函数.

解　由 $y=\dfrac{\mathrm{e}^x}{\mathrm{e}^x+1}$，有 $\mathrm{e}^x=\dfrac{y}{1-y}$，两边取自然对数得

$$x=\ln\frac{y}{1-y}.$$

函数 $y=\dfrac{\mathrm{e}^x}{\mathrm{e}^x+1}$ 的值域为 $(0,1)$，因此所求反函数为

$$y=\ln x-\ln(1-x), x\in(0,1).$$

例 1.2.12　求函数 $y=\ln\left(x+\sqrt{x^2-1}\right)$ $(x\geqslant 1)$ 的反函数.

解　由 $y=\ln\left(x+\sqrt{x^2-1}\right)$，有

$$e^y = x + \sqrt{x^2-1}. \tag{1}$$

于是
$$e^{-y} = \frac{1}{x+\sqrt{x^2-1}} = x - \sqrt{x^2-1}, \tag{2}$$

式（1）与式（2）相加得

$$x = \frac{1}{2}(e^y + e^{-y}).$$

当 $x \geqslant 1$ 时，$y = \ln(x + \sqrt{x^2-1}) \geqslant \ln 1 = 0$. 因此，所求的反函数为

$$y = \frac{1}{2}(e^x + e^{-x}), x \geqslant 0.$$

例 1.2.13

求函数 $y = \begin{cases} x, & -\infty < x < 1, \\ x^2, & 1 \leqslant x \leqslant 4, \\ 2^x, & 4 < x < +\infty \end{cases}$ 的反函数.

解 当 $-\infty < x < 1$ 时，$y = x$，其反函数为 $y = x$，$-\infty < x < 1$；

当 $1 \leqslant x \leqslant 4$ 时，$y = x^2$，其反函数为 $y = \sqrt{x}$，$1 \leqslant x \leqslant 16$；

当 $4 < x < +\infty$ 时，$y = 2^x$，其反函数为 $y = \log_2 x$，$16 < x < +\infty$.

因此，所求反函数为

$$y = \begin{cases} x, & -\infty < x < 1, \\ \sqrt{x}, & 1 \leqslant x \leqslant 16, \\ \log_2 x, & 16 < x < +\infty. \end{cases}$$

注：求分段函数的反函数，需要分段分别求各区间段的反函数.

习题 1.2

1. 求下列函数的定义域：

（1）$y = \sqrt{9-x^2}$；　　　（2）$y = \sqrt{x+2} + \dfrac{1}{1-x^2}$；

（3）$y = \sqrt{\lg\dfrac{5x-x^2}{4}}$；　（4）$y = e^{\frac{1}{x}} + \sqrt{3-x}$；

（5）$y = \ln\ln x$.

2. 下列各题中，函数 $f(x)$ 和 $g(x)$ 是否相同？为什么？

（1）$f(x) = 1$，$g(x) = \dfrac{|x|}{x}$；

（2）$f(x) = x-1$，$g(x) = \dfrac{x^2-1}{x+1}$；

（3）$f(x) = x$，$g(x) = \sqrt{x^2}$；

（4）$f(x) = 1$，$g(x) = \sin^2 x + \cos^2 x$；

（5）$f(x) = x$，$g(x) = e^{\ln x}$.

3. 指出下列函数的复合过程：

（1）$y = \tan 3x$；

（2）$y = e^{\frac{1}{x}}$；

（3）$y = \sin[\ln(x^2+1)]$；

（4）$y = \cos^2\left(\ln\sqrt{\dfrac{2x-1}{3}}\right)$.

4. 设函数 $f(x)$ 满足 $f\left(x+\dfrac{1}{x}\right) = x^2 + \dfrac{1}{x^2}$，求 $f(x)$.

5. 设 $g(x) = \begin{cases} 2-x, & x \leqslant 0, \\ x+2, & x > 0, \end{cases}$ $f(x) = \begin{cases} x^2, & x < 0, \\ -x, & x \geqslant 0, \end{cases}$ 求 $g(f(x))$.

6. 设 $f(x)=\begin{cases}4-x^2, & |x|\leqslant 2, \\ 0, & |x|>2,\end{cases}$ 求 $f(f(x))$.

7. 求下列函数的反函数：

（1）$y=\dfrac{2x-1}{3}$；　　（2）$y=\dfrac{x-1}{x+1}$；

（3）$y=x^3+1$；

（4）$y=1+\ln(2x-1)$；

（5）$y=\begin{cases}x-1, & x<0, \\ x^2, & x\geqslant 0.\end{cases}$

1.3 函数的几种简单性质

1.3.1 函数的奇偶性

1. 定义 1.3.1

> **定义 1.3.1** 设函数 $f(x)$ 的定义域 D 关于原点对称，若对任意 $x\in D$，恒有
> $$f(-x)=f(x),$$
> 则称函数 $f(x)$ 为偶函数.
> 　　若对任意 $x\in D$，恒有
> $$f(-x)=-f(x),$$
> 则称函数 $f(x)$ 为奇函数.

偶函数的图形关于 y 轴对称，奇函数的图形关于坐标原点对称，如图 1-6 所示.

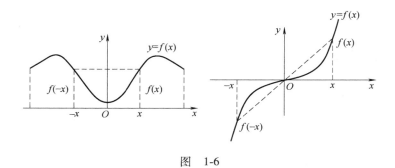

图 1-6

2. 奇偶函数判别方法

方法一 利用定义：在关于原点对称的定义域 D 上，通过计算 $f(-x)=\cdots=-f(x)$ $[$ 或 $f(x)]$，则 $f(x)$ 是奇（偶）函数.

方法二 利用运算性质：

（1）奇函数±奇函数＝奇函数，偶函数±偶函数＝偶函数；

（2）奇函数×偶函数＝奇函数，偶函数×偶函数＝偶函数，奇函数×奇函数＝偶函数.

例 1.3.1　　判断函数 $f(x)=\ln(x+\sqrt{x^2+1})$ 的奇偶性.

解　函数 $f(x)=\ln(x+\sqrt{x^2+1})$ 的定义域为全体实数，且

$$f(-x)=\ln(-x+\sqrt{(-x)^2+1})=\ln(-x+\sqrt{x^2+1})$$

$$=\ln\frac{(-x+\sqrt{x^2+1})\cdot(-x-\sqrt{x^2+1})}{-x-\sqrt{x^2+1}}=\ln\frac{1}{x+\sqrt{x^2+1}}$$

$$=-\ln(x+\sqrt{x^2+1})=-f(x).$$

故 $f(x)=\ln(x+\sqrt{x^2+1})$ 为奇函数.

注：

（1）常数函数 $y=0$ 既是奇函数也是偶函数.

（2）若函数的定义域关于原点不对称，则此函数既不是奇函数，也不是偶函数.

（3）设函数 $f(x)$ 的定义域 D 关于原点对称，则 $f(x)$ 一定可以表示成奇函数与偶函数的和.

事实上，　　　$f(x)=\dfrac{1}{2}[f(x)-f(-x)]+\dfrac{1}{2}[f(x)+f(-x)]$，

其中前者为奇函数，后者为偶函数.

1.3.2　函数的周期性

1. 定义 1.3.2

定义 1.3.2　设函数 $f(x)$ 的定义域为 D，如果存在一个正数 T，使得对于任一 $x\in D$，有 $x\pm T\in D$ 且 $f(x+T)=f(x)$ 恒成立，则称 $f(x)$ 为周期函数，T 称为 $f(x)$ 的周期．通常把满足上式的最小正数 T 称为函数 $f(x)$ 的最小正周期，简称周期．如图 1-7 所示.

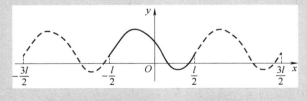

图 1-7　周期为 T 的周期函数

例 1.3.2　设函数 $y=f(x)$ 是以 $T(T>0)$ 为周期的周期函数，证明：$y=f(ax)(a>0)$ 是以 $\dfrac{T}{a}$ 为周期的周期函数.

解　由 $y=f(x)$ 是以 $T(T>0)$ 为周期的周期函数，有

$$f\left(a\left(x+\frac{T}{a}\right)\right)=f(ax+T)=f(ax).$$

所以，$y=f(ax)(a>0)$ 是以 $\dfrac{T}{a}$ 为周期的周期函数.

2. 判别方法

方法一   利用定义：计算 $f(x+T)=\cdots=f(x)$，则 $f(x)$ 是以 T 为周期的周期函数.

方法二   间接法：利用常见周期函数的周期进行判别和计算.

3. 常见周期函数

$y=\sin x$，$y=\cos x$ 的周期为 2π；$y=\tan x$，$y=\cot x$ 的周期为 π；

$y=|\sin x|$，$y=|\cos x|$，$y=\sin 2x$，$y=\cos 2x$ 的周期均为 π；

$y=|\tan x|$，$y=|\cot x|$ 的周期为 π；$y=\tan\dfrac{x}{2}$，$y=\cot\dfrac{x}{2}$ 的周期为 2π.

4. 不是所有周期函数都有最小正周期

如常量函数 $y=C$ 是一个周期函数，任何正数 r 都是它的周期，但没有最小正周期.

1.3.3   函数的单调性

> **定义 1.3.3**   设函数 $y=f(x)$ 在区间 I 上有定义，对于任意 x_1，$x_2\in I$，如果当 $x_1<x_2$ 时，恒有
> $$f(x_1)<f(x_2),$$
> 则称函数 $y=f(x)$ 在区间 I 上单调增加；如果当 $x_1<x_2$ 时，恒有
> $$f(x_1)>f(x_2),$$
> 则称函数 $y=f(x)$ 在区间 I 上单调减少（见图 1-8）.

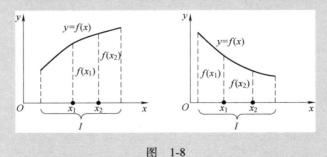

图   1-8

单调增加和单调减少的函数统称为单调函数.

例如，$y=\sin x$ 在 $\left[-\dfrac{\pi}{2},\dfrac{\pi}{2}\right]$ 上单调增加，在 $\left[\dfrac{\pi}{2},\dfrac{3\pi}{2}\right]$ 上单调减少.

例 1.3.3　判断函数 $f(x)=x^2-1$ 的单调性.

解　函数 $f(x)=x^2-1$ 的定义域为全体实数，对任意 x_1，$x_2 \in (-\infty,+\infty)$，有

$$f(x_1)-f(x_2)=x_1^2-1-(x_2^2-1)=x_1^2-x_2^2.$$

若 x_1，$x_2 \in (-\infty,0)$，且 $x_1<x_2$，则 $f(x_1)-f(x_2)=x_1^2-x_2^2>0$，因此 $f(x)=x^2-1$ 在区间 $(-\infty,0)$ 上单调减少.

若 x_1，$x_2 \in [0,+\infty)$，且 $x_1<x_2$，则 $f(x_1)-f(x_2)=x_1^2-x_2^2<0$，因此 $f(x)=x^2-1$ 在区间 $[0,+\infty)$ 上单调增加.

注：利用定义判断函数的单调性：设 $x_1>x_2$，计算 $f(x_1)-f(x_2)$，若它大于零，则单调增加；若它小于零，则单调减少.

1.3.4　函数的有界性

1. 定义 1.3.4

定义 1.3.4　设函数 $y=f(x)$ 在区间 I 上有定义，如果存在正数 M，对于任意 $x\in I$，恒有

$$|f(x)|\leqslant M,$$

则称函数 $y=f(x)$ 在区间 I 上有界；如果这样的 M 不存在，则称函数 $y=f(x)$ 在 I 上无界.

如果存在实数 M_1，对于任意 $x\in I$，恒有 $f(x)\leqslant M_1$，则称函数 $y=f(x)$ 在区间 I 上有上界；

如果存在实数 M_2，对于任意 $x\in I$，恒有 $f(x)\geqslant M_2$，则称函数 $y=f(x)$ 在区间 I 上有下界.

2. 函数 $f(x)$ 在区间 I 上有界的充分必要条件是它在 I 上既有上界又有下界.

3. 函数 $y=f(x)$ 有界或无界是相对于某个区间而言的. 例如，$y=\dfrac{1}{x}$ 在区间 $(0,1)$ 内无界，但在区间 $[1,2]$ 上是有界的.

4. 在区间 $(-\infty,+\infty)$ 上，恒有 $|\sin x|\leqslant 1$，$|\cos x|\leqslant 1$.

例 1.3.4　绝对值函数

$$y=|x|=\begin{cases}-x, & x<0,\\ x, & x\geqslant 0.\end{cases}$$

定义域 $D=(-\infty,+\infty)$，值域 $Z=[0,+\infty)$，$y=|x|$ 为偶函数. 其图形如图 1-9 所示.

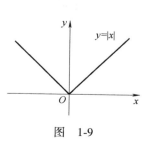

图　1-9

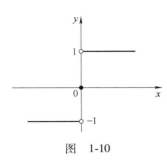

图 1-10

例 1.3.5 符号函数

$$y = \operatorname{sgn} x = \begin{cases} 1, & x > 0, \\ 0, & x = 0, \\ -1, & x < 0. \end{cases}$$

定义域 $D = (-\infty, +\infty)$，值域 $Z = \{-1, 0, 1\}$，$y = \operatorname{sgn} x$ 为有界奇函数. 其图形如图 1-10 所示.

例 1.3.6 狄利克雷(Dirichlet)函数

$$y = D(x) = \begin{cases} 1, & x \text{ 为有理数}, \\ 0, & x \text{ 为无理数}. \end{cases}$$

定义域 $D = (-\infty, +\infty)$，值域 $Z = \{1, 0\}$，$y = D(x)$ 为偶函数，且是周期函数，任意正有理数 r 都是它的周期，但没有最小正周期.

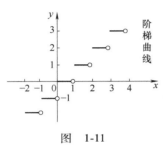

图 1-11

例 1.3.7 取整函数 $y = [x]$，表示不超过 x 的最大整数.

$$y = [x] = n, \text{当} n \le x < n + 1, n \in \mathbf{Z},$$

定义域 $D = (-\infty, +\infty)$，值域 $\mathbf{Z}$(整数集). 其图形如图 1-11 所示.

如 $[3] = 3$，$[3.001] = 3$，
$[3.999] = 3$，$[-3] = -3$，
$[-3.01] = -4$，$[-3.999] = -4$.

习题 1.3

1. 选择题:
(1) 设函数 $f(x) = x \sin x$，则 $f(x)$ 是 [   ].
(A) 偶函数　　　　　(B) 奇函数
(C) 周期函数　　　　(D) 单调函数
(2) 设函数 $f(x) = x \tan x \mathrm{e}^{\sin x}$，则 $f(x)$ 是 [   ].
(A) 偶函数　　　　　(B) 无界函数
(C) 周期函数　　　　(D) 单调函数

2. 下列函数中哪些是奇函数，哪些是偶函数，哪些是非奇非偶函数?

(1) $f(x) = x \tan x$;

(2) $f(x) = x^3 - \sin x$;

(3) $f(x) = \cos x - \sin x$;

(4) $f(x) = \dfrac{|x|}{x}$;

(5) $f(x) = \lg \dfrac{1-x}{1+x}$;

(6) $f(x) = \dfrac{a^x + a^{-x}}{2}$;

(7) $f(x) = \dfrac{1}{1+a^x} - \dfrac{1}{2}$;

(8) $f(x) = 3x^2 - x^3$.

1.4 初等函数

1.4.1 基本初等函数

定义 1.4.1 常数函数、幂函数、指数函数、对数函数、三角函数和反三角函数统称为基本初等函数.

1. 常数函数 $y = C$ (C 为常数)

定义域 $D = (-\infty, +\infty)$，值域 $Z = \{C\}$，是有界偶函数. 其图形如图 1-12 所示. 特别地，$y = 0$ 既是奇函数又是偶函数；常数函数也是周期函数，任何正数 r 都是它的周期，但没有最小正周期.

2. 幂函数 $y = x^\alpha$ (α 为常数)

定义域与 α 的取值有关；图形都通过点 $(1, 1)$；α 是奇数时为奇函数，α 是偶数时为偶函数. 其图形如图 1-13 所示.

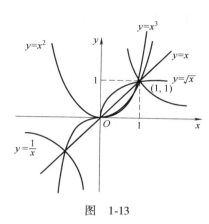

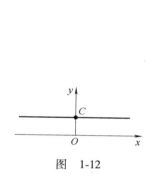

图 1-12   图 1-13

幂的运算公式：

（1）$a^0 = 1$（$a \neq 0$）.

（2）同底数幂的乘法：底不变，指数相加，即 $a^b \times a^c = a^{b+c}$；

（3）同底数幂的除法：底不变，指数相减，即 $a^b \div a^c = a^{b-c}$；

（4）幂的乘方：底不变，指数相乘，即 $(a^b)^c = a^{bc}$；

（5）积的乘方：$(ab)^c = a^c \times b^c$.

3. 指数函数 $y = a^x$ ($a > 0$, $a \neq 1$)

定义域为 $(-\infty, +\infty)$，值域为 $(0, +\infty)$；当 $a > 1$ 时，单调增加，当 $0 < a < 1$ 时，单调减少；图形都通过点 $(0, 1)$. 其图形如图 1-14 所示.

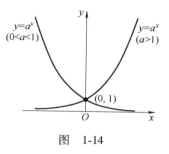

图 1-14

常用指数函数 $y = e^x$，底为无理数 $e = 2.718281\cdots$.

指数的运算性质：如果 $a > 0$ 且 $a \neq 1$，则

（1）$a^{-M} = \dfrac{1}{a^M}$；

（2）$a^{\frac{M}{N}} = \sqrt[N]{a^M}$，（$M \in \mathbf{Z}^*$，$N \in \mathbf{Z}_+$）.

4. 对数函数 $y = \log_a x$ ($a > 0$, $a \neq 1$)

定义域为 $(0, +\infty)$，值域为 $(-\infty, +\infty)$；当 $a > 1$ 时，单调增加，当 $0 < a < 1$ 时，单调减少；图形都通过点 $(1, 0)$. 其图形如图 1-15 所示.

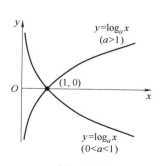

图 1-15

（1）两个重要对数

1）常用对数：以 10 为底的对数称为常用对数函数，简记为 $y = \lg x$.

2）自然对数：以无理数 $e = 2.718281\cdots$ 为底的对数称为自然对数函数，简记为 $y = \ln x$.

（2）对数的运算性质

如果 $a > 0$ 且 $a \neq 1$，$M > 0$，$N > 0$，则

1）$\log_a(MN) = \log_a M + \log_a N$.

2）$\log_a \dfrac{M}{N} = \log_a M - \log_a N$.

3）$\log_a N^k = k\log_a N$.

4）$\log_a b = \dfrac{\log_c b}{\log_c a}$（$b > 0$，$c > 0$ 且 $c \neq 1$）. 特别地，$\log_a b = \dfrac{1}{\log_b a}$.

5）$a^x = N \Leftrightarrow x = \log_a N$.

6）$a^{\log_a N} = N$. 特别地，$e^{\ln N} = N$.

5. 三角函数

（1）正弦函数 $y = \sin x$. 其图形如图 1-16 所示.

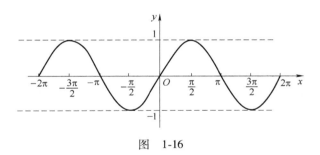

图　1-16

定义域为 $(-\infty, +\infty)$，值域为 $[-1, 1]$，是奇函数，周期 $T = 2\pi$.

（2）余弦函数 $y = \cos x$. 其图形如图 1-17 所示.

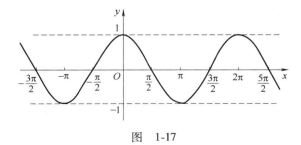

图　1-17

定义域为 $(-\infty, +\infty)$，值域为 $[-1, 1]$，是偶函数，周期 $T = 2\pi$.

（3）正切函数 $y=\tan x=\dfrac{\sin x}{\cos x}$. 其图形如图 1-18 所示.

定义域为 $\left\{x\mid x\in \mathbf{R},x\neq k\pi+\dfrac{\pi}{2},k\in \mathbf{Z}\right\}$，值域为 $(-\infty,+\infty)$，

是奇函数，周期 $T=\pi$.

（4）余切函数 $y=\cot x=\dfrac{\cos x}{\sin x}$. 其图形如图 1-19 所示.

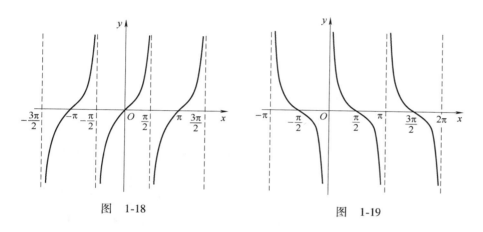

图　1-18　　　　　　　　　图　1-19

定义域为 $\{x\mid x\in \mathbf{R},x\neq k\pi,k\in \mathbf{Z}\}$，值域为 $(-\infty,+\infty)$，是奇
函数，周期 $T=\pi$.

（5）正割函数 $y=\sec x=\dfrac{1}{\cos x}$. 其图形如图 1-20 所示.

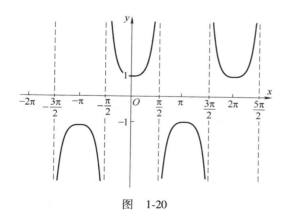

图　1-20

定义域为 $\left\{x\mid x\in \mathbf{R},x\neq k\pi+\dfrac{\pi}{2},k\in \mathbf{Z}\right\}$，值域为 $(-\infty,-1]\cup$
$[1,+\infty)$，是偶函数，周期 $T=2\pi$.

（6）余割函数 $y=\csc x=\dfrac{1}{\sin x}$. 其图形如图 1-21 所示.

定义域为 $\{x\mid x\in \mathbf{R},x\neq k\pi,k\in \mathbf{Z}\}$，值域为 $(-\infty,-1]\cup[1,+\infty)$，

是奇函数，周期 $T=2\pi$.

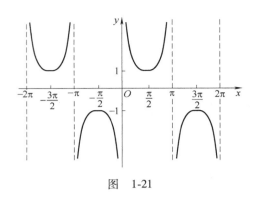

图　1-21

6. 反三角函数

（1）反正弦函数

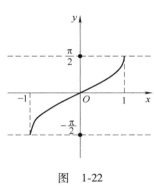

图　1-22

正弦函数 $y=\sin x$ 在 $\left[-\dfrac{\pi}{2},\dfrac{\pi}{2}\right]$ 上的反函数称为反正弦函数，记为 $y=\arcsin x$. 定义域为 $[-1,1]$，值域为 $\left[-\dfrac{\pi}{2},\dfrac{\pi}{2}\right]$，表示一个正弦值为 x 的角，是单调增加有界的奇函数. 其图形如图 1-22 所示.

（2）反余弦函数

余弦函数 $y=\cos x$ 在 $[0,\pi]$ 上的反函数称为反余弦函数，记为 $y=\arccos x$. 定义域为 $[-1,1]$，值域为 $[0,\pi]$，表示一个余弦值为 x 的角，是单调减少的有界函数. 其图形如图 1-23 所示.

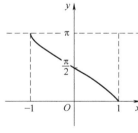

图　1-23

（3）反正切函数

正切函数 $y=\tan x$ 在 $\left(-\dfrac{\pi}{2},\dfrac{\pi}{2}\right)$ 上的反函数称为反正切函数，记为 $y=\arctan x$. 定义域为 $(-\infty,+\infty)$，值域为 $\left(-\dfrac{\pi}{2},\dfrac{\pi}{2}\right)$，表示一个正切值为 x 的角，是单调增加有界的奇函数. 其图形如图 1-24 所示.

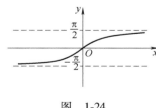

图　1-24

（4）反余切函数

余切函数 $y=\cot x$ 在 $(0,\pi)$ 上的反函数称为反余切函数，记为 $y=\text{arccot}x$，定义域为 $(-\infty,+\infty)$，值域为 $(0,\pi)$，表示一个余切值为 x 的角，是单调减少的有界函数. 其图形如图 1-25 所示.

常用的三角公式：

$$\sin^2\frac{x}{2}=\frac{1-\cos x}{2};\ \ \cos^2\frac{x}{2}=\frac{1+\cos x}{2};$$

$$\sin 2x=2\sin x\cos x;\ \ \cos 2x=\cos^2x-\sin^2x=2\cos^2x-1=1-2\sin^2x;$$

$$\sin^2x+\cos^2x=1;\ \ 1+\tan^2x=\sec^2x;$$

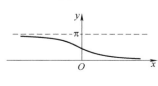

图　1-25

$$1+\cot^2 x = \csc^2 x；\quad \arcsin x + \arccos x = \frac{\pi}{2}；$$

$$\arctan x + \operatorname{arccot} x = \frac{\pi}{2}；\quad \arctan x + \arctan \frac{1}{x} = \frac{\pi}{2}.$$

1.4.2 初等函数

初等函数：由基本初等函数经过有限次的四则运算和有限次的函数复合运算所构成并可以用一个式子表示的函数，称为初等函数.

例如，$y = 2x^2 + 1$，$y = \arcsin \sqrt{\dfrac{2x-1}{3}}$ 都是初等函数.

注：分段函数一般不是初等函数.

例 1.4.1 求函数 $y = \arccos \dfrac{2x+1}{3}$ 的定义域.

解 由 $-1 \leqslant \dfrac{2x+1}{3} \leqslant 1$，得 $-2 \leqslant x \leqslant 1$，即所求函数的定义域 $D = [-2, 1]$.

例 1.4.2 求函数 $y = \arcsin \dfrac{x-1}{4} + \dfrac{1}{\sqrt{16-x^2}}$ 的定义域.

解 由 $\begin{cases} -1 \leqslant \dfrac{x-1}{4} \leqslant 1, \\ 16 - x^2 > 0, \end{cases}$ 得 $\begin{cases} -3 \leqslant x \leqslant 5, \\ -4 < x < 4. \end{cases}$

故所求函数的定义域 $D = [-3, 4)$.

例 1.4.3 求函数 $y = \dfrac{\arccos \dfrac{x-1}{4}}{\sqrt{-x^2-x+12}}$ 的定义域.

解 由 $\begin{cases} -1 \leqslant \dfrac{x-1}{4} \leqslant 1, \\ -x^2 - x + 12 > 0 \end{cases}$ 得 $\begin{cases} -3 \leqslant x \leqslant 5, \\ -4 < x < 3. \end{cases}$

故所求函数的定义域 $D = [-3, 3)$.

习题 1.4

1. 求下列函数的定义域：

(1) $y = \arccos \dfrac{x-1}{2}$；

(2) $y = \dfrac{\arcsin \dfrac{2x-1}{7}}{\sqrt{x^2-x-6}}$；

(3) $y = \arctan \dfrac{1}{x} + \sqrt{2-x}$.

2. 函数 $f(x) = x$ 和 $g(x) = \cos(\arccos x)$ 是否相同？为什么？

总习题 1

1. 已知函数 $f(x)$ 满足 $f\left(\dfrac{1}{x}\right) = x + \sqrt{1+x^2}$，求 $f(x)$.

2. 设函数 $f(x) = \begin{cases} \ln\sqrt{x}, & x \geqslant 1, \\ 2x-1, & x < 1, \end{cases}$ 求 $f(f(x))$.

3. 设函数 $f(x) = \begin{cases} 1, & |x| \leqslant 1, \\ 0, & |x| > 1, \end{cases}$ 求 $f(f(f(x)))$.

4. 求下列函数的定义域：

（1）$y = \dfrac{1}{x-2} + \sqrt{9-x^2}$；　　（2）$y = \sqrt{1 - \left|\dfrac{x-4}{x}\right|}$；

（3）$y = \ln\dfrac{x}{x-2} + \arccos\dfrac{3x-1}{5}$；

（4）$y = e^x + \arcsin[\,\lg(3-x)\,]$.

5. 求下列函数的反函数：

（1）$f(x) = \dfrac{e^x - e^{-x}}{2}$；

（2）$f(x) = \begin{cases} x^2 - 9, & 0 \leqslant x \leqslant 3, \\ x^2, & -3 \leqslant x < 0. \end{cases}$

函数是微积分的研究对象，而极限是研究函数的基本工具与手段，微积分的主要内容，如微分学、积分学、无穷级数等都是建立在极限理论基础之上的．因此，掌握好极限的概念、理论与方法是掌握微积分的关键．本章将介绍数列极限与函数极限的定义、性质与计算方法，无穷小量与无穷大量，两个重要极限以及函数的连续性，并在此基础上讨论如何利用等价无穷小量求极限．

2.1 数列的极限

2.1.1 概念的引入

早在公元 3 世纪，我国古代数学家刘徽就利用圆内接正多边形的面积来计算圆的面积——割圆术．

求半径为 R 的圆的面积 S（见图 2-1）．

正六边形的面积 S_1，

正十二边形的面积 S_2，

正二十四边形的面积 S_3，

⋮

正 $6 \times 2^{n-1}$ 边形的面积 S_n，

图 2-1

$S_1, S_2, S_3, \cdots, S_n, \cdots$，循环下去，每次边数加倍．$n$ 越大，$S - S_n$ 就越小，从而以 S_n 作为 S 的近似值就越精确．但无论 n 多么大，只要 n 取定了，S_n 都不是圆的面积．因此设想：内接正多边形的边数无限增加，在这个过程中，内接正多边形无限接近于圆，S_n 也无限接近于某一个确定的数，这个确定的数就是圆的面积．这个确定的数在数学上称为有序数列 $S_1, S_2, S_3, \cdots, S_n, \cdots$ 当 $n \to \infty$ 时的极限．

2.1.2　数列的概念

> **定义 2.1.1**　一个定义在正整数集合上的函数 $x_n = f(n)$，当自变量 n 按正整数 $1, 2, 3, \cdots$ 依次增大的顺序取值时，函数值按相应的顺序排成一串数：
> $$f(1), f(2), f(3), \cdots, f(n), \cdots$$
> 或　　　　　　　　　　　$\{x_1, x_2, \cdots, x_n, \cdots\}$
> 称为一个无穷数列，简称为数列. 记为 $\{f(n)\}$ 或 $\{x_n\}$. 数列中的每一个数叫作数列的项. 其中 $f(n)$ 或 x_n 称为数列 $\{f(n)\}$ 或 $\{x_n\}$ 的通项或者一般项.

例如：$2, 4, 8, 16, \cdots, 2^n, \cdots;$

$$\dfrac{1}{2}, \dfrac{1}{4}, \dfrac{1}{8}, \dfrac{1}{16}, \cdots, \dfrac{1}{2^n}, \cdots;$$

$$-1, \dfrac{1}{2}, -\dfrac{1}{3}, \dfrac{1}{4}, -\dfrac{1}{5}, \cdots, \dfrac{(-1)^n}{n}, \cdots;$$

$$\dfrac{1}{2}, \dfrac{2}{3}, \dfrac{3}{4}, \dfrac{4}{5}, \cdots, \dfrac{n}{n+1}, \cdots;$$

$$2, \dfrac{1}{2}, \dfrac{4}{3}, \dfrac{3}{4}, \dfrac{6}{5}, \cdots, \dfrac{n+(-1)^{n+1}}{n}, \cdots;$$

$$1, -1, 1, -1, \cdots, (-1)^{n+1}, \cdots;$$

$$\sqrt{2}, \ \sqrt{2+\sqrt{2}}, \ \sqrt{2+\sqrt{2+\sqrt{2}}}, \ \cdots, \ \sqrt{2+\sqrt{2+\cdots+\sqrt{2}}} \ (n \text{ 重根}$$
号$), \cdots.$

注：数列 $\{x_n\}$ 对应着数轴上一个点列，可以看作一动点在数轴上依次取 $x_1, x_2, \cdots, x_n, \cdots$.

2.1.3　数列的极限

考察数列 $\left\{\dfrac{n+(-1)^{n+1}}{n}\right\}$ 当 $n \to \infty$ 时的变化趋势.

问题 1：当 n 无限增大时，x_n 是否无限接近于某一确定的数值？如果是，如何确定？

问题 2："无限接近"意味着什么？如何用数学语言刻画"无限接近"？

x_n 无限接近于 1，就是说 $|x_n - 1|$ 可以任意小，要多么小就可以多么小.

$$|x_n - 1| = \left| \dfrac{n+(-1)^{n+1}}{n} - 1 \right| = \dfrac{1}{n},$$

给定 0.01，由 $\frac{1}{n}<0.01$，只要 $n>100$ 时，有 $|x_n-1|<0.01$，

给定 0.001，由 $\frac{1}{n}<0.001$，只要 $n>1000$ 时，有 $|x_n-1|<0.001$，

给定 0.0001，由 $\frac{1}{n}<0.0001$，只要 $n>10000$ 时，有 $|x_n-1|<0.0001$，

对任意给定 $\varepsilon>0$，存在正整数 $N=\left[\frac{1}{\varepsilon}\right]$，使得当 $n>N$ 时，有 $|x_n-1|<\varepsilon$ 成立.

1. 定义 2.1.2

> **定义 2.1.2**　设 $\{x_n\}$ 为一数列，如果存在常数 A，对于任意给定的正数 ε，总存在正整数 N，使得当 $n>N$ 时，不等式
> $$|x_n-A|<\varepsilon$$
> 恒成立，则称当 n 趋于无穷大时，数列 $\{x_n\}$ 以常数 A 为极限. 记作
> $$\lim_{n\to\infty}x_n=A \text{ 或 } x_n\to A(n\to\infty).$$
>
> 　　如果不存在这样的常数 A，就说数列 $\{x_n\}$ 没有极限. 一个数列没有极限，就称这个数列是发散的，习惯上也称 $\lim_{n\to\infty}x_n$ 不存在.
>
> 　　如果一个数列有极限，就称这个数列是收敛的，$\{x_n\}$ 以 A 为极限，也称 $\{x_n\}$ 收敛于 A.

2. 数列极限的几何意义

当 $n>N$ 时，所有的 x_n 都落在 $(A-\varepsilon, A+\varepsilon)$ 内，只有有限个（至多只有 N 个）落在其外. 如图 2-2 所示.

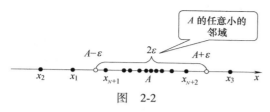

图　2-2

为了表达简便，引入记号：" $\forall$ "表示"任取或任意给定的""任取一个"或"对于每一个"；" $\exists$ "表示"存在一个""至少存在一个"或"能够找到一个".

> **定义 2.1.3**　$\lim_{n\to\infty}x_n=A \Leftrightarrow \forall \varepsilon>0$，$\exists$ 正整数 N，当 $n>N$ 时，恒有
> $$|x_n-A|<\varepsilon.$$

例 2.1.1　设 $x_n = C$（C 为常数），证明：$\lim\limits_{n \to \infty} x_n = C$.

证　任给 $\varepsilon > 0$，取 $N = 1$，则当 $n > N$ 时，恒有
$$|x_n - C| = |C - C| = 0 < \varepsilon,$$
由定义知，
$$\lim\limits_{n \to \infty} x_n = C.$$

这说明常数列的极限等于这个常数.

例 2.1.2　证明：$\lim\limits_{n \to \infty} \dfrac{n + (-1)^{n+1}}{n} = 1$.

证　令 $x_n = \dfrac{n + (-1)^{n+1}}{n}$，由数列的极限定义，对 $\forall \varepsilon > 0$，存在 $N = \left[\dfrac{1}{\varepsilon}\right] + 1$，则当 $n > N$ 时，恒有
$$\left|x_n - 1\right| = \left|\dfrac{n + (-1)^{n+1}}{n} - 1\right| = \dfrac{1}{n} < \varepsilon,$$
所以，
$$\lim\limits_{n \to \infty} \dfrac{n + (-1)^{n+1}}{n} = 1.$$

由例 2.1.2 证明知 $\lim\limits_{n \to \infty} \dfrac{1}{n} = 0$，$\lim\limits_{n \to \infty} \dfrac{-1}{n} = 0$，$\lim\limits_{n \to \infty} \dfrac{(-1)^{n+1}}{n} = 0$.

例 2.1.3　设 $|q| < 1$，证明：$\lim\limits_{n \to \infty} q^n = 0$.

证　令 $x_n = q^n$，当 $q = 0$ 时，$\lim\limits_{n \to \infty} q^n = \lim\limits_{n \to \infty} 0^n = 0$.
当 $0 < |q| < 1$ 时，对 $\forall \varepsilon > 0$，取 $N = \max\{[\log_{|q|} \varepsilon], 1\}$，则当 $n > N$ 时，恒有
$$|x_n - 0| = |q^n - 0| = |q^n| < \varepsilon,$$
所以，
$$\lim\limits_{n \to \infty} q^n = 0.$$

例 2.1.4　证明：$\lim\limits_{n \to \infty} \dfrac{1}{n} \cos \dfrac{n\pi}{2} = 0$.

证　令 $x_n = \dfrac{1}{n} \cos \dfrac{n\pi}{2}$，对 $\forall \varepsilon > 0$，取 $N = \left[\dfrac{1}{\varepsilon}\right] + 1$，则当 $n > N$ 时，恒有
$$|x_n - 0| = \left|\dfrac{1}{n} \cos \dfrac{n\pi}{2} - 0\right| = \dfrac{1}{n}\left|\cos \dfrac{n\pi}{2}\right| \leqslant \dfrac{1}{n} < \varepsilon,$$
所以，
$$\lim\limits_{n \to \infty} \dfrac{1}{n} \cos \dfrac{n\pi}{2} = 0.$$

3. 收敛数列的性质

定理 2.1.1（极限的唯一性）　如果数列 $\{x_n\}$ 收敛，那么它的极限唯一.

证　反证法. 假设 $\lim\limits_{n \to \infty} x_n = A$, $\lim\limits_{n \to \infty} x_n = B$, 且 $A \neq B$, 不妨设

$$A < B,$$

由数列极限的定义知, 对

$$\varepsilon = \frac{B-A}{2},$$

∃正整数 N_1, 当 $n > N_1$ 时, 恒有

$$\frac{3A-B}{2} = A - \varepsilon < x_n < A + \varepsilon = \frac{A+B}{2},$$

∃正整数 N_2, 当 $n > N_2$ 时, 恒有

$$\frac{A+B}{2} = B - \varepsilon < x_n < B + \varepsilon = \frac{3B-A}{2},$$

取 $N = \max\{N_1, N_2\}$, 则当 $n > N$ 时, 有 $x_n < \frac{A+B}{2}$ 且 $x_n > \frac{A+B}{2}$, 这是不可能的. 因此假设错误, 即 $\{x_n\}$ 的极限唯一.

定理 2.1.2（收敛数列的有界性）　如果数列 $\{x_n\}$ 收敛, 那么数列 $\{x_n\}$ 一定有界.

证　设 $\lim\limits_{n \to \infty} x_n = A$, 对 $\varepsilon = 1$, ∃正整数 N, 当 $n > N$ 时, 恒有

$$|x_n - A| < \varepsilon = 1,$$

即（见图 2-3）$\qquad A - 1 < x_n < A + 1,$

取

$$M = \max\{x_1, x_2, \cdots, x_N, A-1, A+1\},$$
$$m = \min\{x_1, x_2, \cdots, x_N, A-1, A+1\},$$

则对 $\forall n$, 有 $m < x_n < M$, 即数列 $\{x_n\}$ 有界.

有界性只是数列收敛的必要条件, 如果只有数列有界, 那么它不一定收敛.

例如, 数列 $\{1, -1, 1, -1, \cdots, (-1)^{n+1}, \cdots\}$ 有界, 但不收敛.

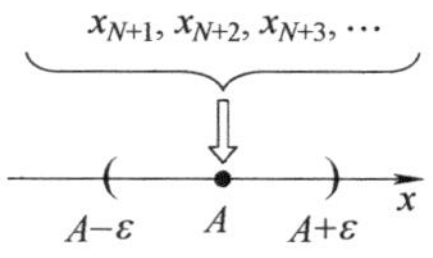

推论 2.1.1　无界数列必定发散.

定理 2.1.3（收敛数列的保号性）　如果 $\lim\limits_{n \to \infty} x_n = A$, 且 $A > 0$（或 $A < 0$）, 那么存在正整数 N, 当 $n > N$ 时, 都有 $x_n > 0$（或 $x_n < 0$）.

证　若 $\lim\limits_{n \to \infty} x_n = A$, 且 $A > 0$, 由数列极限的定义知, 对 $\varepsilon = \frac{A}{2}$, 存在正整数 N, 当 $n > N$ 时, 恒有

$$|x_n - A| < \frac{A}{2}.$$

图　2-3

于是 $$x_n > A - \frac{A}{2} = \frac{A}{2} > 0.$$

若 $\lim\limits_{n \to \infty} x_n = A$，且 $A < 0$，由数列极限的定义知，对 $\varepsilon = -\frac{A}{2}$，存在正整数 N，当 $n > N$ 时，恒有

$$|x_n - A| < -\frac{A}{2}.$$

于是 $$x_n < A - \frac{A}{2} = \frac{A}{2} < 0.$$

推论 2.1.2 如果 $\lim\limits_{n \to \infty} x_n = A$，$\lim\limits_{n \to \infty} y_n = B$，且 $A > B$，那么存在正整数 N，当 $n > N$ 时，都有

$$x_n > y_n.$$

推论 2.1.3 如果存在正整数 N，当 $n > N$ 时，都有 $x_n \geqslant 0$（或 $x_n \leqslant 0$），且 $\lim\limits_{n \to \infty} x_n = A$，那么 $A \geqslant 0$（或 $A \leqslant 0$）.

证 反证法. 若存在正整数 N，当 $n > N$ 时，都有 $x_n \geqslant 0$，且

$$\lim_{n \to \infty} x_n = A < 0.$$

由定理 2.1.3 知，存在正整数 N_1，当 $n > N_1$ 时，都有 $x_n < 0$. 取 $N^* = \max\{N, N_1\}$，则当 $n > N^*$ 时，恒有 $x_n \geqslant 0$，且 $x_n < 0$，矛盾. 所以，$A \geqslant 0$.

$x_n \leqslant 0$ 的情形，类似可以得.

2.1.4 子数列的概念及其收敛性

定义 2.1.4 在数列 $\{x_n\}$ 中依次任意抽出无穷多项：

$$x_{n_1}, x_{n_2}, \cdots, x_{n_k}, \cdots$$

（其下标 $n_1 < n_2 < \cdots < n_k < \cdots$），且保持这些项在原数列中的先后次序，这样构成的新数列 $\{x_{n_k}\}$ 叫作原数列 $\{x_n\}$ 的子数列.

这里子数列中的第 k 项 x_{n_k} 在原数列中是第 n_k 项，显然 $k \leqslant n_k$.

例如，数列 $\qquad \{x_n\} = \{1, 2, 3, 4, 5, \cdots, n, \cdots\}$，

子数列 $\qquad \{x_{2k-1}\} = \{1, 3, 5, \cdots, 2k-1, \cdots\}$，

$$\{x_{2k}\} = \{2, 4, 6, \cdots, 2k, \cdots\},$$

$$\{x_{3k+1}\}=\{4,7,10,\cdots,3k+1,\cdots\}.$$

定理 2.1.4(收敛数列与其子数列间的关系)　　如果数列 $\{x_n\}$ 收敛于 A，那么它的任一子数列也收敛，且极限也是 A.

证　设数列 $\{x_{n_k}\}$ 是数列 $\{x_n\}$ 的任意一个子数列，由 $\lim\limits_{n\to\infty}x_n=A$ 有对 $\forall\varepsilon>0$，存在正整数 N，当 $n>N$ 时，有 $|x_n-A|<\varepsilon$ 成立. 取 $K=N$，则当 $k>K$ 时，有 $n_k>n_K=n_N\geqslant N$，从而有 $|x_{n_k}-A|<\varepsilon$，由此知

$$\lim_{k\to\infty}x_{n_k}=A.$$

事实上，数列 $\{y_n\}$ 收敛于 $A\Leftrightarrow\{y_n\}$ 的任一子数列都收敛于同一个极限 A.

例 2.1.5　　证明：数列 $\{x_n\}=\{1+(-1)^{n-1}\}$ 发散.

证　数列　　$\{x_n\}=\{2,0,2,0,2,0,\cdots,1+(-1)^{n-1},\cdots\}$，

$\{x_{2k-1}\}=\{2,2,2,\cdots,2,\cdots\}$ 收敛于 2，

$\{x_{2k}\}=\{0,0,0,\cdots,0,\cdots\}$ 收敛于 0，

因 $2\neq0$，所以数列 $\{x_n\}=\{1+(-1)^{n-1}\}$ 发散.

定理 2.1.5　数列 $\{x_n\}$ 收敛于 A 的充分必要条件是 $\{x_n\}$ 的奇子数列 $\{x_{2k-1}\}$ 和偶子数列 $\{x_{2k}\}$ 均收敛于同一个常数 A. 即

$$\lim_{n\to\infty}x_n=A\Leftrightarrow\lim_{k\to\infty}x_{2k-1}=\lim_{k\to\infty}x_{2k}=A.$$

证　必要性. 若 $\lim\limits_{n\to\infty}x_n=A$，由定理 2.1.4 知 $\lim\limits_{k\to\infty}x_{2k-1}=\lim\limits_{k\to\infty}x_{2k}=A$.

充分性. 若 $\lim\limits_{k\to\infty}x_{2k-1}=\lim\limits_{k\to\infty}x_{2k}=A$，由数列极限的定义知，对 $\forall\varepsilon>0$，

$\exists$ 正整数 K_1，当 $k>K_1$ 时，恒有 $|x_{2k-1}-A|<\varepsilon$.

$\exists$ 正整数 K_2，当 $k>K_2$ 时，恒有 $|x_{2k}-A|<\varepsilon$.

取 $N=2\max\{K_1,K_2\}$，则当 $n>N$ 时，有 $|x_n-A|<\varepsilon$.

例 2.1.6　　求数列 $\{x_n\}=\left\{\dfrac{1}{2},-\dfrac{1}{3},\dfrac{1}{4},\dfrac{1}{9},\dfrac{1}{8},-\dfrac{1}{27},\dfrac{1}{16},\dfrac{1}{81},\cdots\right\}$ 的极限.

解　因为　　　　$\lim\limits_{k\to\infty}x_{2k-1}=\lim\limits_{k\to\infty}\left(\dfrac{1}{2}\right)^k=0$，

$$\lim_{k\to\infty}x_{2k}=\lim_{k\to\infty}\left(-\dfrac{1}{3}\right)^k=0,$$

所以　　　　　　　　$\lim\limits_{n\to\infty}x_n=0.$

习题 2.1

1. 用观察的方法判断下列数列是否收敛，若收敛，写出其极限.

(1) $\{x_n\} = \left\{1, \dfrac{3}{2}, \dfrac{1}{3}, \dfrac{5}{4}, \dfrac{1}{5}, \dfrac{7}{6}, \cdots\right\}$;

(2) $\{x_n\} = \left\{\dfrac{1}{3}, -\dfrac{3}{5}, \dfrac{5}{7}, -\dfrac{7}{9}, \dfrac{9}{11}, -\dfrac{11}{13}, \cdots\right\}$;

(3) $\{x_n\} = \left\{\dfrac{1}{3}, \dfrac{3}{9}, \dfrac{7}{27}, \dfrac{15}{81}, \dfrac{31}{243}, \cdots\right\}$.

2. 用数列极限的定义证明下列极限:

(1) $\displaystyle\lim_{n\to\infty} \dfrac{2n-1}{n} = 2$;   (2) $\displaystyle\lim_{n\to\infty} \dfrac{(-1)^n}{n^2} = 0$.

3. 求下列极限:

(1) $0, \dfrac{1}{3}, 0, \dfrac{1}{9}, 0, \dfrac{1}{27}, 0, \dfrac{1}{81}, \cdots$;

(2) $\dfrac{3}{2}, \dfrac{2}{3}, \dfrac{5}{4}, \dfrac{4}{5}, \dfrac{7}{6}, \dfrac{6}{7}, \cdots$;

(3) $2, -\dfrac{1}{2}, \dfrac{4}{3}, -\dfrac{3}{4}, \dfrac{6}{5}, -\dfrac{5}{6}, \dfrac{8}{7}, -\dfrac{7}{8}, \cdots$;

(4) $1, -\dfrac{1}{3}, \dfrac{1}{2}, -\dfrac{1}{5}, \dfrac{1}{3}, -\dfrac{1}{7}, \dfrac{1}{4}, -\dfrac{1}{9}, \cdots$;

(5) $-1, 2, -3, 4, -5, 6, \cdots$.

2.2   函数的极限

2.2.1   自变量趋向无穷大时函数的极限

设对充分大的 x，函数值 $f(x)$ 处处有定义，如果随着 x 的无限增大，相应的函数值 $f(x)$ 无限接近于某一常数 A，那么 A 称为函数 $f(x)$ 当 x 趋向于无穷大时的极限.

1. 定义 2.2.1

> **定义 2.2.1**   设函数 $f(x)$ 当 $|x|$ 大于某个正数时有定义. 如果存在常数 A，对于任意给定的正数 ε，总存在正数 M，使得当 $|x| > M$ 时，
> $$|f(x) - A| < \varepsilon$$
> 恒成立，则常数 A 就叫作 $f(x)$ 当 x 趋于无穷大时的极限. 记为
> $$\lim_{x\to\infty} f(x) = A \text{ 或 } f(x) \to A (x \to \infty).$$

定义 2.2.1 的 "$\varepsilon\text{-}M$" 表述为

$\displaystyle\lim_{x\to\infty} f(x) = A \Leftrightarrow \forall \varepsilon > 0,\ \exists M > 0,$ 当 $|x| > M$ 时，恒有 $|f(x) - A| < \varepsilon$.

2. $\displaystyle\lim_{x\to\infty} f(x) = A$ 的几何意义

如图 2-4 所示，当 $x < -M$ 或 $x > M$ 时，函数 $y = f(x)$ 的图形完全落在以直线 $y = A$ 为中心线，宽为 2ε 的带形区域内.

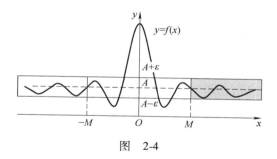

图　2-4

例 **2.2.1**　设 $f(x)=C$（C 为常数），证明：$\lim\limits_{x\to\infty}f(x)=C$.

证　任给 $\varepsilon>0$，任取 $M>0$，则当 $|x|>M$ 时，恒有

$$|f(x)-C|=|C-C|=0<\varepsilon,$$

由函数的极限定义知，$\lim\limits_{x\to\infty}f(x)=C$.

例 **2.2.2**　证明：$\lim\limits_{x\to\infty}\dfrac{1}{x}=0$.

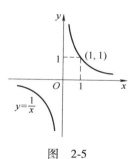

证　对 $\forall\varepsilon>0$，存在 $M=\dfrac{1}{\varepsilon}$，当 $|x|>M$ 时，恒有

$$\left|\frac{1}{x}-0\right|=\frac{1}{|x|}<\varepsilon,$$

所以，

$$\lim\limits_{x\to\infty}\frac{1}{x}=0.$$

其函数图形如图 2-5 所示.

图　2-5

定义 2.2.2　$\lim\limits_{x\to+\infty}f(x)=A\Leftrightarrow\forall\varepsilon>0$，$\exists M>0$，当 $x>M$ 时，恒有 $|f(x)-A|<\varepsilon$.

定义 2.2.3　$\lim\limits_{x\to-\infty}f(x)=A\Leftrightarrow\forall\varepsilon>0$，$\exists M>0$，当 $x<-M$ 时，恒有 $|f(x)-A|<\varepsilon$.

例 **2.2.3**　证明：$\lim\limits_{x\to+\infty}a^x=0$，其中 $0<a<1$.

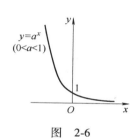

证　对 $\forall\varepsilon>0$，存在 $M=|\log_a\varepsilon|+1$，当 $x>M$ 时，恒有

$$|a^x-0|=a^x<\varepsilon,$$

所以，

$$\lim\limits_{x\to+\infty}a^x=0.$$

其函数图形如图 2-6 所示.

图　2-6

例 **2.2.4**　证明：$\lim\limits_{x\to-\infty}a^x=0$，其中 $a>1$.

证　对 $\forall\varepsilon>0$，取 $M=|\log_a\varepsilon|+1$，则当 $x<-M$ 时，恒有

$$|a^x-0|=a^x<\varepsilon,$$

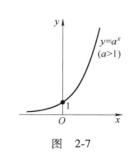

图 2-7

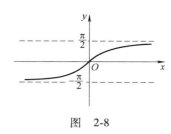

图 2-8

所以，
$$\lim_{x \to -\infty} a^x = 0.$$

其函数图形如图 2-7 所示.

由无穷大时函数极限的定义知：

定理 2.2.1 $\lim\limits_{x \to \infty} f(x) = A \Leftrightarrow \lim\limits_{x \to +\infty} f(x) = \lim\limits_{x \to -\infty} f(x) = A.$

例 2.2.5 讨论极限 $\lim\limits_{x \to \infty} \arctan x$ 是否存在.

解 因

$$\lim_{x \to +\infty} \arctan x = \frac{\pi}{2},$$

$$\lim_{x \to -\infty} \arctan x = -\frac{\pi}{2},$$

所以，$\lim\limits_{x \to \infty} \arctan x$ 不存在.

其函数图形如图 2-8 所示.

2.2.2 当 $x \to x_0$ 时函数 $f(x)$ 的极限

1. 定义 2.2.4

定义 2.2.4 设函数 $f(x)$ 在点 x_0 的某一去心邻域内有定义，如果对于任意给定的正数 ε，总存在正数 δ，使得当 $0 < |x - x_0| < \delta$ 时，

$$|f(x) - A| < \varepsilon$$

恒成立，则称当 x 趋于 x_0 时，函数 $f(x)$ 以常数 A 为极限. 记为

$$\lim_{x \to x_0} f(x) = A \text{ 或 } f(x) \to A(x \to x_0).$$

即 $\lim\limits_{x \to x_0} f(x) = A \Leftrightarrow \forall \varepsilon > 0$，$\exists \delta > 0$，使当 $0 < |x - x_0| < \delta$ 时，恒有 $|f(x) - A| < \varepsilon$.

2. $\lim\limits_{x \to x_0} f(x) = A$ 的几何意义

$\forall \varepsilon > 0$，作出带形区域 $A - \varepsilon < f(x) < A + \varepsilon$. 必存在 x_0 的去心邻域 $0 < |x - x_0| < \delta$，对于此邻域内的 x，对应的函数图形位于这一带形区域内，如图 2-9 所示.

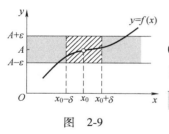

图 2-9

例 2.2.6 证明：$\lim\limits_{x \to x_0} C = C$，其中 C 为常数.

证 对 $\forall \varepsilon > 0$，任取 $\delta > 0$，当 $0 < |x - x_0| < \delta$ 时，有

$$|C - C| = 0 < \varepsilon,$$

由函数极限的定义知，$\lim\limits_{x \to x_0} C = C$.

例 2.2.7　证明：$\lim\limits_{x \to x_0} x = x_0$.

证　对 $\forall \varepsilon > 0$，取 $\delta = \varepsilon$，则当 $0 < |x - x_0| < \delta$ 时，有

$$|x - x_0| < \delta = \varepsilon,$$

所以，

$$\lim\limits_{x \to x_0} x = x_0.$$

例 2.2.8　证明：$\lim\limits_{x \to 2}(2x - 1) = 3$.

证　对 $\forall \varepsilon > 0$，取 $\delta = \dfrac{\varepsilon}{2}$，则当 $0 < |x - 2| < \delta$ 时，有

$$|(2x - 1) - 3| = |2x - 4| = 2|x - 2| < 2\delta = \varepsilon,$$

所以

$$\lim\limits_{x \to 2}(2x - 1) = 3.$$

例 2.2.9　证明：$\lim\limits_{x \to -1} \dfrac{x^2 - 1}{x + 1} = -2$.

证　对 $\forall \varepsilon > 0$，取 $\delta = \varepsilon$，则当 $0 < |x - (-1)| < \delta$ 时，有

$$\left| \frac{x^2 - 1}{x + 1} - (-2) \right| = |x - (-1)| < \delta = \varepsilon,$$

所以，

$$\lim\limits_{x \to -1} \frac{x^2 - 1}{x + 1} = -2.$$

其函数图形如图 2-10 所示.

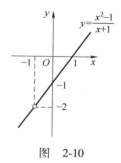

图　2-10

3. 左、右极限（单侧极限）

当 $x \to x_0$ 时（x_0 为有限值），函数 $f(x)$ 的左、右极限.

定义 2.2.5　如果对于任意给定的正数 ε，总存在正数 δ，使得当 $x_0 < x < x_0 + \delta$ 时，

$$|f(x) - A| < \varepsilon$$

恒成立. 则称 A 为 $x \to x_0$ 时，$f(x)$ 的右极限. 记为

$$\lim\limits_{x \to x_0^+} f(x) = A,\ \text{或}\ f(x_0 + 0) = A,\ \text{或}\ f(x_0^+) = A.$$

即 $\lim\limits_{x \to x_0^+} f(x) = A \Leftrightarrow \forall \varepsilon > 0,\ \exists \delta > 0$，使得当 $x_0 < x < x_0 + \delta$ 时，恒有 $|f(x) - A| < \varepsilon$.

定义 2.2.6　如果对于任意给定的正数 ε，总存在正数 δ，使得当 $x_0 - \delta < x < x_0$ 时，

$$|f(x) - A| < \varepsilon$$

恒成立. 则称 A 为 $x \to x_0$ 时，$f(x)$ 的左极限. 记为

$$\lim\limits_{x \to x_0^-} f(x) = A,\ \text{或}\ f(x_0 - 0) = A,\ \text{或}\ f(x_0^-) = A.$$

即 $\lim\limits_{x \to x_0^-} f(x) = A \Leftrightarrow \forall \varepsilon > 0,\ \exists \delta > 0$，使当 $x_0 - \delta < x < x_0$ 时，恒有 $|f(x) - A| < \varepsilon$.

定理 2.2.2 $\lim\limits_{x \to x_0} f(x) = A \Leftrightarrow \lim\limits_{x \to x_0^+} f(x) = \lim\limits_{x \to x_0^-} f(x) = A.$

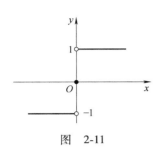

图 2-11

例 2.2.10

研究函数 $f(x) = \mathrm{sgn}\, x = \begin{cases} 1, & x > 0, \\ 0, & x = 0, \\ -1, & x < 0 \end{cases}$ 当 $x \to 0$ 时的极限.

解 因 $\lim\limits_{x \to 0^+} f(x) = \lim\limits_{x \to 0^+} 1 = 1,$

$$\lim\limits_{x \to 0^-} f(x) = \lim\limits_{x \to 0^-} (-1) = -1,$$

所以，$\lim\limits_{x \to 0} f(x)$ 不存在.

其函数图形如图 2-11 所示.

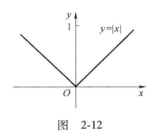

图 2-12

例 2.2.11 求极限 $\lim\limits_{x \to 0} |x|$.

解 因 $|x| = \begin{cases} x, & x \geqslant 0, \\ -x, & x < 0. \end{cases}$ 于是

$$\lim\limits_{x \to 0^+} |x| = \lim\limits_{x \to 0^+} x = 0,$$
$$\lim\limits_{x \to 0^-} |x| = \lim\limits_{x \to 0^-} (-x) = 0,$$

所以，$$\lim\limits_{x \to 0} |x| = 0.$$

其函数图形如图 2-12 所示.

例 2.2.12 证明：$\lim\limits_{x \to 1} \dfrac{|x-1|}{x-1}$ 不存在.

证 因

$$\lim\limits_{x \to 1^+} \frac{|x-1|}{x-1} = \lim\limits_{x \to 1^+} \frac{x-1}{x-1} = \lim\limits_{x \to 1^+} 1 = 1,$$

$$\lim\limits_{x \to 1^-} \frac{|x-1|}{x-1} = \lim\limits_{x \to 1^-} \frac{-(x-1)}{x-1} = \lim\limits_{x \to 1^-} (-1) = -1,$$

所以，$\lim\limits_{x \to 1} \dfrac{|x-1|}{x-1}$ 不存在.

2.2.3 函数极限的基本性质

定理 2.2.3（极限的唯一性） 如果 $\lim\limits_{x \to x_0} f(x)$ 存在，那么这极限唯一.

证 反证法. 假设 $\lim\limits_{x \to x_0} f(x) = A$，$\lim\limits_{x \to x_0} f(x) = B$，且 $A \neq B$，不妨设

$$A < B,$$

由函数极限的定义知，对

$$\varepsilon = \frac{B-A}{2},$$

∃ 正数 δ_1，当 $0<|x-x_0|<\delta_1$ 时，恒有

$$\frac{3A-B}{2}=A-\varepsilon<f(x)<A+\varepsilon=\frac{A+B}{2},$$

∃ 正数 δ_2，当 $0<|x-x_0|<\delta_2$ 时，恒有

$$\frac{A+B}{2}=B-\varepsilon<f(x)<B+\varepsilon=\frac{3B-A}{2},$$

取 $\delta=\min\{\delta_1,\delta_2\}$，则当 $0<|x-x_0|<\delta$ 时，有 $f(x)<\frac{A+B}{2}$ 且 $f(x)>\frac{A+B}{2}$，这是不可能的. 因此假设错误. 所以，如果 $\lim\limits_{x\to x_0}f(x)$ 存在，那么极限必唯一.

定理 2.2.4（函数极限的局部有界性）　如果 $\lim\limits_{x\to x_0}f(x)=A$，那么 $f(x)$ 在 x_0 的某去心邻域 $\overset{\circ}{U}(x_0,\delta)=\{x\mid 0<|x-x_0|<\delta\}$ 内有界. 即存在常数 $M>0$ 和 $\delta>0$，使得当 $0<|x-x_0|<\delta$ 时，有 $|f(x)|<M$.

证　由 $\lim\limits_{x\to x_0}f(x)=A$ 知，对 $\varepsilon=1$，∃ 正数 δ，当 $0<|x-x_0|<\delta$ 时，恒有

$$|f(x)-A|<\varepsilon=1,$$

故　　　　$|f(x)|\leqslant|f(x)-A|+|A|<|A|+1,$

取 $M=|A|+1$，则 $|f(x)|<M$.

定理 2.2.5（函数极限的局部保号性）　如果 $\lim\limits_{x\to x_0}f(x)=A$，而且 $A>0$（或 $A<0$），那么存在常数 $\delta>0$，当 $0<|x-x_0|<\delta$ 时，有 $f(x)>0$（或 $f(x)<0$）.

证　设 $\lim\limits_{x\to x_0}f(x)=A$，且 $A>0$.
由极限的定义，对 $\varepsilon=0.5A$，∃ $\delta>0$，当 $0<|x-x_0|<\delta$ 时，有

$$|f(x)-A|<\varepsilon,$$

即　　　　$A-\varepsilon<f(x)<A+\varepsilon,$

$$f(x)>A-\varepsilon=0.5A>0.$$

类似可证 $A<0$ 时的情形.

定理 2.2.6　如果在 x_0 的某去心邻域内 $f(x)\geqslant0$（或 $f(x)\leqslant0$），而且 $\lim\limits_{x\to x_0}f(x)=A$，那么 $A\geqslant0$（或 $A\leqslant0$）.

证 反证法. 假设在 x_0 的某去心邻域内 $f(x) \geqslant 0$, 而 $\lim\limits_{x \to x_0} f(x) = A < 0$, 由定理 2.2.5 知, 存在 $\delta > 0$, 当 $0 < |x-x_0| < \delta$ 时, 有 $f(x) < 0$, 与 $f(x) \geqslant 0$ 矛盾, 所以, $A \geqslant 0$.

类似可证 $f(x) \leqslant 0$ 时的情形.

定理 2.2.7(函数极限与数列极限的关系)   如果极限 $\lim\limits_{x \to x_0} f(x) = A$ 存在, $\{x_n\}$ 为函数 $f(x)$ 的定义域内任一收敛于 x_0 的数列, 且满足 $x_n \neq x_0 (n \in \mathbf{Z}_+)$, 那么相应的函数值数列 $\{f(x_n)\}$ 必收敛, 且

$$\lim_{n \to \infty} f(x_n) = \lim_{x \to x_0} f(x).$$

证 设 $\lim\limits_{x \to x_0} f(x) = A$, 则 $\forall \varepsilon > 0$, $\exists \delta > 0$, 当 $0 < |x-x_0| < \delta$ 时, 恒有 $|f(x) - A| < \varepsilon$.

又 $\lim\limits_{n \to \infty} x_n = x_0$, 故对 $\delta > 0$, 存在正整数 N, 当 $n > N$ 时, 有 $|x_n - x_0| < \delta$. 因 $x_n \neq x_0 (n \in \mathbf{Z}_+)$, 当 $n > N$ 时, 有 $0 < |x_n - x_0| < \delta$, 从而

$$|f(x_n) - A| < \varepsilon.$$

所以, $$\lim_{n \to \infty} f(x_n) = A = \lim_{x \to x_0} f(x).$$

例 2.2.13   证明: $\lim\limits_{x \to 0} \sin \dfrac{1}{x}$ 不存在.

证 取 $\{x_n\} = \left\{\dfrac{1}{n\pi}\right\}$, $n \in \mathbf{Z}_+$, 则 $x_n \neq 0$, $\lim\limits_{n \to \infty} x_n = 0$,

$$\lim_{n \to \infty} \sin \frac{1}{x_n} = \lim_{n \to \infty} \sin(n\pi) = 0.$$

取 $\{x_n'\} = \left\{\dfrac{1}{2n\pi + \dfrac{\pi}{2}}\right\}$, $n \in \mathbf{Z}_+$, 则 $x_n' \neq 0$, $\lim\limits_{n \to \infty} x_n' = 0$,

而 $$\lim_{n \to \infty} \sin \frac{1}{x_n'} = \lim_{n \to \infty} \sin\left(2n\pi + \frac{\pi}{2}\right) = 1.$$

所以, $\lim\limits_{x \to 0} \sin \dfrac{1}{x}$ 不存在.

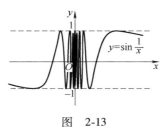

图   2-13

其函数图形如图 2-13 所示.

函数极限的其他五种形式, 以上相应结论类似可证.

2.2.4 函数极限的统一定义及性质

我们学习了数列 $f(n)$, $n \to \infty$ 的极限, 函数 $f(x)$ 当 $x \to \infty$,

$x \to +\infty$，$x \to -\infty$；$x \to x_0$，$x \to x_0^+$，$x \to x_0^-$ 时的极限的六种极限形式.

以后如果对所有七种极限情形都成立的性质或结论将极限统一写成 $\lim f(x)$.

1. 函数极限的统一定义

> **定义 2.2.7**　$\lim f(x) = A \Leftrightarrow \forall \varepsilon > 0$，$\exists$ 某个点，在该点以后，恒有
> $$|f(x) - A| < \varepsilon.$$

2. 函数极限的统一性质

（1）唯一性

> **定理 2.2.8**　若 $\lim f(x)$ 存在，则极限唯一.

（2）局部有界性

> **定理 2.2.9**　若 $\lim f(x)$ 存在，则在 x 的某一时刻后 $f(x)$ 有界.

（3）局部保号性

> **定理 2.2.10**　若 $\lim f(x) = A$，且 $A > 0$（或 $A < 0$），则在 x 的某一时刻后有 $f(x) > 0$（或 $f(x) < 0$）.

> **定理 2.2.11**　如果 $\lim f(x) = A$，且 $f(x) \geq 0$（或 $f(x) \leq 0$），则在 x 的某一时刻后有 $A \geq 0$（或 $A \leq 0$）.

习题 2.2

1. 用函数极限定义证明下列极限：

（1）$\lim\limits_{x \to 2}(3x - 1) = 5$；　　（2）$\lim\limits_{x \to 2}\dfrac{x^2 - 4}{x - 2} = 4$.

2. 证明：$\lim\limits_{x \to 0}\cos\dfrac{1}{x}$ 不存在.

2.3　无穷小量与无穷大量

2.3.1　无穷小量

在极限的研究中，极限为零的函数发挥着非常重要的作用，需要进行专门的讨论. 为此我们引入如下定义.

1. 定义 2.3.1

定义 2.3.1 以零为极限的变量称为无穷小量. 简称为无穷小.

即：如果 $\lim f(x)=0$，则称函数 $f(x)$ 为此种极限过程下的无穷小量. 也就是说，对 $\forall \varepsilon>0$，∃ 某个时刻，从此时刻后，不等式 $|f(x)|<\varepsilon$ 恒成立，则称函数 $f(x)$ 为此极限过程下的无穷小量.

无穷小量通常用希腊字母：$\alpha,\beta,\gamma,\cdots$ 表示.

例如，$\lim\limits_{n\to\infty}\dfrac{1}{2^n}=0$，所以数列 $\left\{\dfrac{1}{2^n}\right\}$ 为当 $n\to\infty$ 时的无穷小量.

$\lim\limits_{x\to+\infty}\dfrac{1}{x}=0$，所以函数 $\dfrac{1}{x}$ 为当 $x\to+\infty$ 时的无穷小量.

不要把无穷小量与很小的数混为一谈，任何非零数，不管绝对值多小，都不是无穷小量.

数零是唯一可以作为无穷小量的常数.

2. 无穷小量与函数极限的关系

定理 2.3.1 $\lim f(x)=A \Leftrightarrow f(x)=A+\alpha(x)$，其中，$\lim\alpha(x)=0$.

证 必要性. 设 $\lim f(x)=A$，则 $\forall \varepsilon>0$，总存在某个时刻，从此时刻后，恒有
$$|f(x)-A|<\varepsilon.$$
令 $f(x)-A=\alpha(x)$，则 $\lim\alpha(x)=0$. 因此 $f(x)-A$ 是一个无穷小量. 即
$$f(x)=A+\alpha(x).$$

充分性. 设 $f(x)=A+\alpha(x)$，其中 $\lim\alpha(x)=0$. 则 $\forall \varepsilon>0$，存在一个时刻，从此时刻后，有
$$|\alpha(x)|<\varepsilon.$$
从而有 $\qquad |f(x)-A|=|\alpha(x)|<\varepsilon.$
故 $\qquad\qquad \lim f(x)=A.$

3. 无穷小量的性质

定理 2.3.2 在同一变化过程中，两个无穷小量的和仍是无穷小量.

证 设 α,β 是同一变化过程中的无穷小量，即 $\lim\alpha=\lim\beta=0$，则 $\forall \varepsilon>0$，存在某个时刻，在该时刻以后，恒有
$$|\alpha|<\frac{\varepsilon}{2},|\beta|<\frac{\varepsilon}{2},$$

于是，　　　　　　　　$|\alpha+\beta| \leqslant |\alpha|+|\beta| < \varepsilon$,

故 $\alpha+\beta$ 是无穷小量.

由数学归纳法易知：

推论 2.3.1　在同一变化过程中，有限个无穷小量的和仍是无穷小量.

注：无穷多个无穷小量的代数和不一定是无穷小量.

例如，当 $n \to \infty$ 时，$\dfrac{1}{n}$ 为无穷小量，但 n 个 $\dfrac{1}{n}$ 的和不是无穷小量.

定理 2.3.3　在同一变化过程中，两个无穷小量的乘积仍是无穷小量.

证　设 α，β 是同一变化过程中的无穷小量，$\lim\alpha = \lim\beta = 0$，则 $\forall \varepsilon > 0$，存在某个时刻，在该时刻以后，恒有

$$|\alpha| < \sqrt{\varepsilon}, \quad |\beta| < \sqrt{\varepsilon},$$

于是，　　　　　　　　$|\alpha\beta| \leqslant |\alpha| \cdot |\beta| < \varepsilon$,

所以，$\alpha\beta$ 是无穷小量.

推论 2.3.2　在同一变化过程中，有限个无穷小量的乘积是无穷小量.

定理 2.3.4　有界变量与无穷小量的乘积是无穷小量.

证　设 α 是无穷小量，$f(x)$ 是有界变量，则存在正数 $M > 0$，使得 $|f(x)| < M$，$\forall \varepsilon > 0$，存在某个时刻，从此时刻后，恒有

$$|\alpha| < \frac{\varepsilon}{M},$$

于是，　　　　　$|f(x)\alpha| = |f(x)| \cdot |\alpha| < M \cdot |\alpha| < \varepsilon$,

故 $f(x)\alpha$ 是无穷小量.

推论 2.3.3　常数与无穷小量的乘积是无穷小量.

例 2.3.1　求极限 $\lim\limits_{x \to 0} x\sin\dfrac{1}{x}$.

解　因为　　　　　　$\left|\sin\dfrac{1}{x}\right| \leqslant 1, \lim\limits_{x \to 0} x = 0$,

所以，
$$\lim_{x \to 0} x \sin \frac{1}{x} = 0.$$

2.3.2　无穷大量

> **定义 2.3.2**　绝对值无限增大的变量称为无穷大量. 简称无穷大.

即：$\forall M > 0$（不论它多大），$\exists$ 某个时刻，从此时刻后，
$$|f(x)| > M$$
恒成立，则称 $f(x)$ 为无穷大量，或称 $f(x)$ 趋于无穷大. 记作
$$\lim f(x) = \infty.$$

例如，数列 $\{2^n\}$ 当 $n \to \infty$ 时为无穷大量.

函数 $\dfrac{1}{x}$ 当 $x \to 0$ 时为无穷大量.

函数 $\cot x$ 当 $x \to k\pi (k \in \mathbf{Z})$ 时为无穷大量.

（1）$\forall M > 0$（不论它多大），$\exists$ 某个时刻，从此时刻后，$f(x) > M$ 恒成立，则称 $f(x)$ 为正无穷大量，或称 $f(x)$ 趋于正无穷大. 记作
$$\lim f(x) = +\infty.$$

（2）$\forall M > 0$（不论它多大），$\exists$ 某个时刻，从此时刻后，$f(x) < -M$ 恒成立，则称 $f(x)$ 为负无穷大量，或称 $f(x)$ 趋于负无穷大. 记作
$$\lim f(x) = -\infty.$$

例 2.3.2　证明：$\lim\limits_{x \to 1} \dfrac{1}{x-1} = \infty$.

证　$\forall M > 0$（不论它多大），$\exists \delta = \dfrac{1}{M}$，

当 $0 < |x-1| < \delta$ 时，有
$$\left| \frac{1}{x-1} \right| > \frac{1}{\delta} = M,$$

所以，
$$\lim_{x \to 1} \frac{1}{x-1} = \infty.$$

其函数图形如图 2-14 所示.

注 1：无穷大量"∞"仅仅是一个记号，不要把与很大的数混淆，任何常数不管多大都不是无穷大量.

注 2：无穷大量一定是无界变量，但是无界变量不一定是无穷大量.

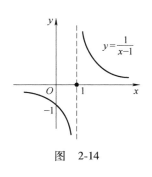

图　2-14

例如，$f(x) = x\cos x$ 在 $(-\infty, +\infty)$ 内是无界量，但在 $x \to \infty$ 时不是无穷大量.

2.3.3 无穷小量与无穷大量的关系

定理 2.3.5 在自变量的同一变化过程中，

（1）如果 $f(x)$ 为无穷大量，那么 $\dfrac{1}{f(x)}(f(x) \neq 0)$ 必为无穷小量；

（2）如果 $f(x)$ 为恒不为零的无穷小量，那么 $\dfrac{1}{f(x)}$ 必为无穷大量.

证 （1）对 $\forall \varepsilon > 0$，若 $\lim f(x) = \infty$，对 $M = \dfrac{1}{\varepsilon} > 0$，则 $\exists$ 某个时刻，从此时刻后，恒有

$$|f(x)| > M = \frac{1}{\varepsilon},$$

即

$$\left| \frac{1}{f(x)} \right| < \varepsilon,$$

所以，$\dfrac{1}{f(x)}$ 为无穷小量.

（2）反之，若 $f(x)$ 为无穷小量，且 $f(x) \neq 0$，对 $\forall M > 0$，取 $\varepsilon = \dfrac{1}{M} > 0$，则 $\exists$ 某个时刻，从此时刻后，恒有

$$|f(x)| < \varepsilon = \frac{1}{M},$$

由 $f(x) \neq 0$，知

$$\left| \frac{1}{f(x)} \right| > M,$$

所以，$\dfrac{1}{f(x)}$ 为无穷大量.

例 2.3.3 函数 $\dfrac{1}{x+1}$ 在什么变化过程中是无穷大量？在什么变化过程中是无穷小量？

解 因为 $\lim\limits_{x \to -1} \dfrac{1}{x+1} = \infty$，$\lim\limits_{x \to \infty} \dfrac{1}{x+1} = 0$，

所以，函数 $\dfrac{1}{x+1}$ 当 $x \to -1$ 时是无穷大量，当 $x \to \infty$ 时是无穷小量.

2.3.4　无穷小量的比较

当 $x \to 0$ 时，x，$3x$，x^2，x^3，$\sin x$，$x\sin\dfrac{1}{x}$ 都是无穷小量，它们之间有什么关系？又有何不同？为此，我们给出如下定义.

> **定义 2.3.3**　设在自变量 x 的同一变化过程中（如 $x \to x_0$，或 $x \to \infty$ 等），$\alpha(x)$，$\beta(x)$ 都是无穷小：
>
> （1）如果 $\lim\dfrac{\alpha(x)}{\beta(x)} = 0$，则称 $\alpha(x)$ 是 $\beta(x)$ 的高阶无穷小，记作 $\alpha(x) = o(\beta(x))$.
>
> （2）如果 $\lim\dfrac{\alpha(x)}{\beta(x)} = \infty$，则称 $\alpha(x)$ 是 $\beta(x)$ 的低阶无穷小.
>
> （3）如果 $\lim\dfrac{\alpha(x)}{\beta(x)} = C\,(C \neq 0)$，则称 $\alpha(x)$ 与 $\beta(x)$ 是同阶无穷小.
>
> （4）如果 $\lim\dfrac{\alpha(x)}{\beta(x)} = 1$，则称 $\alpha(x)$ 与 $\beta(x)$ 是等价无穷小，记作 $\alpha(x) \sim \beta(x)$.
>
> （5）如果 $\lim\dfrac{\alpha(x)}{\beta^k(x)} = C\,(C \neq 0)$，则称 $\alpha(x)$ 是 $\beta(x)$ 的 k 阶无穷小.

例如，由 $\lim\limits_{x \to 0}\dfrac{x^2}{3x} = 0$ 知，当 $x \to 0$ 时，x^2 是 $3x$ 的高阶无穷小量；

$\lim\limits_{x \to 0}\dfrac{x}{3x} = \dfrac{1}{3}$，所以，当 $x \to 0$ 时，x 与 $3x$ 是同阶无穷小量；

$\lim\limits_{x \to 0}\dfrac{x^2-1}{2(x-1)} = 1$，于是，当 $x \to 1$ 时，x^2-1 与 $2(x-1)$ 是等价无穷小量；

$\lim\limits_{x \to 0}\dfrac{1-\cos x}{x^2} = \dfrac{1}{2}$，因此，当 $x \to 0$ 时，$1-\cos x$ 是 x 的二阶无穷小量.

习题 2.3

1. 选择题：

（1）下列变量在给定的变化过程中，不是无穷大量的是 [　　].

（A）$\tan x\left(x \to \dfrac{\pi}{2}\right)$　　　　（B）$\ln x\,(x \to \infty)$

（C）$\dfrac{x^2+1}{x}\,(x \to -\infty)$　　（D）$\mathrm{e}^{\frac{1}{x}}\,(x \to 0^-)$

（2）下列变量在给定的变化过程中为无穷大量的是[　　].

（A）$x\cos\dfrac{1}{x}(x\to 0)$　　（B）$\dfrac{1}{x}\cdot\sin x(x\to 0)$

（C）$\dfrac{1}{x}\cdot\cos x(x\to 0)$　　（D）$x\cos x(x\to\infty)$

（3）当 $x\to 0$ 时，无穷小量 $\alpha=x^2$ 与 $\beta=1-\sqrt{1-2x^2}$ 的关系是[　　].

（A）β 与 α 是等价无穷小量

（B）β 与 α 是同阶非等价无穷小量

（C）β 是比 α 高阶的无穷小量

（D）β 是比 α 低阶的无穷小量

（4）数列 $f(n)=\begin{cases}\dfrac{n^2-3n+1}{n}, & n \text{ 为奇数}, \\[2mm] \dfrac{1}{n}, & n \text{ 为偶数},\end{cases}$ 当 $n\to +\infty$ 时，$f(n)$ 是[　　].

（A）无穷大量

（B）无界变量，但非无穷大量

（C）无穷小量

（D）有界变量，但非无穷大量

2. 函数 $\dfrac{x^2-9}{x+3}$ 在什么变化过程中是无穷大量？在什么变化过程中是无穷小量？

2.4　极限的运算法则

本节讨论极限的运算法则，并用这些法则求某些极限. 本节中"lim"下方没有标明自变量的变化过程的地方，表示对自变量的任何同一变化过程都成立.

2.4.1　极限运算法则

> **定理 2.4.1**　设 $\lim f(x)=A$，$\lim g(x)=B$，则
> （1）$\lim[f(x)+g(x)]=A+B$；
> （2）$\lim[f(x)-g(x)]=A-B$；
> （3）$\lim[f(x)\cdot g(x)]=A\cdot B$；
> （4）$\lim\dfrac{f(x)}{g(x)}=\dfrac{A}{B}(B\neq 0)$.

证　因 $\lim f(x)=A$，$\lim g(x)=B$. 所以，存在 $\lim\alpha(x)=0$，$\lim\beta(x)=0$，使得
$$f(x)=A+\alpha(x)，g(x)=B+\beta(x).$$
于是

（1）$f(x)+g(x)=[A+\alpha(x)]+[B+\beta(x)]$
$$=A+B+[\alpha(x)+\beta(x)]，$$
由无穷小运算法则，知 $\lim[\alpha(x)+\beta(x)]=0$，故
$$\lim[f(x)+g(x)]=A+B=\lim f(x)+\lim g(x).$$

（2）$f(x)-g(x)=[A+\alpha(x)]-[B+\beta(x)]$
$$=A-B+[\alpha(x)-\beta(x)]，$$
由无穷小运算法则，有 $\lim[\alpha(x)-\beta(x)]=0$，所以

$$\lim[f(x)-g(x)]=A-B=\lim f(x)-\lim g(x).$$

（3）$f(x)g(x)=[A+\alpha(x)]\cdot[B+\beta(x)]$

$$=A\cdot B+A\beta(x)+B\alpha(x)+\alpha(x)\cdot\beta(x),$$

由无穷小运算法则，得

$$\lim[A\beta(x)]=0,\ \lim[B\alpha(x)]=0,\ \lim[\alpha(x)\beta(x)]=0,$$

$$\lim[A\beta(x)+B\alpha(x)+\alpha(x)\beta(x)]=0,$$

因此，$\lim[f(x)g(x)]=A\cdot B=\lim f(x)\cdot\lim g(x).$

（4）$\dfrac{f(x)}{g(x)}=\dfrac{A+\alpha(x)}{B+\beta(x)}=\dfrac{A}{B}+\dfrac{B\alpha(x)-A\beta(x)}{B[B+\beta(x)]},$

由无穷小运算法则知，$\lim[B\alpha(x)-A\beta(x)]=0,$

由（1）（3）知 $\lim B[B+\beta(x)]=B^2\neq0$，于是，从某时刻后

$\dfrac{1}{B[B+\beta(x)]}$是有界变量，因此有

$$\lim\frac{B\alpha(x)-A\beta(x)}{B[B+\beta(x)]}=0,$$

所以，

$$\lim\frac{f(x)}{g(x)}=\frac{A}{B}=\frac{\lim f(x)}{\lim g(x)}.$$

推论 2.4.1   有限个函数的和、差、积、商（分母极限不为零）的极限等于极限的和、差、积、商.

推论 2.4.2   如果 $\lim f(x)$存在，而 c 为常数，则

$$\lim[cf(x)]=c\lim f(x).$$

即常数因子可以提到极限记号外面.

推论 2.4.3   如果 $\lim f(x)$存在，而 n 是正整数，则

$$\lim f^n(x)=[\lim f(x)]^n.$$

证 $\lim f^n(x)=\lim[f(x)f(x)\cdots f(x)]$

$$=\lim f(x)\lim f(x)\cdots\lim f(x)$$

$$=[\lim f(x)]^n.$$

推论 2.4.4   如果 $\lim f(x)$存在，且 $\lim f(x)\neq0$，而 n 是正整数，则

$$\lim f^{-n}(x)=[\lim f(x)]^{-n}.$$

证 $\lim f^{-n}(x)=\lim\dfrac{1}{f^n(x)}=\dfrac{1}{\lim f^n(x)}=\dfrac{1}{[\lim f(x)]^n}$

$$=[\lim f(x)]^{-n}.$$

推论 2.4.5 如果 $\lim f(x)$ 存在，而 n 是正整数，则

$$\lim f^{\frac{1}{n}}(x) = \left[\lim f(x)\right]^{\frac{1}{n}} (当 n 是偶数时，\lim f(x) \geqslant 0).$$

$$\lim f^{\alpha}(x) = \left[\lim f(x)\right]^{\alpha}, \ \alpha \in \mathbf{R}.$$

该推论的证明超出了目前的知识范围，在后面相应的内容中给出.

2.4.2 求极限方法举例

例 2.4.1 求极限 $\lim\limits_{x \to 2}(2x^3 - 3x^2 + 1)$.

解 $\lim\limits_{x \to 2}(2x^3 - 3x^2 + 1) = \lim\limits_{x \to 2}(2x^3) - \lim\limits_{x \to 2}(3x^2) + 1$

$$= 2\lim\limits_{x \to 2}x^3 - 3\lim\limits_{x \to 2}x^2 + 1$$

$$= 2 \times 2^3 - 3 \times 2^2 + 1$$

$$= 5.$$

一般类似可得：

结论 1 设多项式 $f(x) = a_0 x^n + a_1 x^{n-1} + \cdots + a_{n-1}x + a_n$，则有

$$\lim\limits_{x \to x_0} f(x) = a_0 x_0^n + a_1 x_0^{n-1} + \cdots + a_{n-1}x_0 + a_n = f(x_0).$$

例 2.4.2 求极限 $\lim\limits_{x \to 1}\dfrac{x^3 - 3x^2 + 1}{3x^5 - 2x + 2}$.

解 因为 $\lim\limits_{x \to 1}(3x^5 - 2x + 2) = 3 \times 1^5 - 2 \times 1 + 2 = 3 \neq 0$，

所以， $\lim\limits_{x \to 1}\dfrac{x^3 - 3x^2 + 1}{3x^5 - 2x + 2} = \dfrac{1^3 - 3 \times 1^2 + 1}{3 \times 1^5 - 2 \times 1 + 2} = -\dfrac{1}{3}$.

一般地，有

结论 2 设有理分式函数 $f(x) = \dfrac{P(x)}{Q(x)}$ [$P(x)$，$Q(x)$ 均为多项式]，且 $Q(x_0) \neq 0$，则

$$\lim\limits_{x \to x_0} f(x) = f(x_0) = \dfrac{P(x_0)}{Q(x_0)}.$$

例 2.4.3 求极限 $\lim\limits_{x \to -3}\dfrac{x^3 - 7x}{x^2 - 9}$.

解 因为 $\lim\limits_{x \to -3}(x^2 - 9) = (-3)^2 - 9 = 0$，商的极限运算法则不能直接应用，但

$$\lim\limits_{x \to -3}(x^3 - 7x) = (-3)^3 - 7 \times (-3) = -6 \neq 0,$$

所以， $\lim\limits_{x \to -3}\dfrac{x^2 - 9}{x^3 - 7x} = \dfrac{(-3)^2 - 9}{(-3)^3 - 7 \times (-3)} = 0,$

由无穷小量和无穷大量的关系知

$$\lim_{x \to -3} \frac{x^3 - 7x}{x^2 - 9} = \infty .$$

例 2.4.4　求极限 $\displaystyle\lim_{x \to 1} \frac{x^2 + x - 2}{2x^2 + x - 3}$.

解　因为 $\displaystyle\lim_{x \to 1}(2x^2 + x - 3) = 2 \times 1^2 + 1 - 3 = 0$, $\displaystyle\lim_{x \to 1}(x^2 + x - 2) = 1^2 + 1 - 2 = 0$,

商的极限运算法则不能直接使用.

这种两个非零无穷小量的比的极限, 记为" $\dfrac{0}{0}$ ". 这种形式的极限可能存在, 也可能不存在, 所以这种不确定极限的形式通常称为不定式.

但 $x \to 1$ 时, $x \ne 1$, 因此可约去分子分母中的公因子 $x-1$, 所以,

$$\lim_{x \to 1} \frac{x^2 + x - 2}{2x^2 + x - 3} = \lim_{x \to 1} \frac{(x+2)(x-1)}{(2x+3)(x-1)}$$
$$= \lim_{x \to 1} \frac{x+2}{2x+3}$$
$$= \frac{3}{5}.$$

例 2.4.5　求极限 $\displaystyle\lim_{x \to -1} \left(\frac{1}{x+1} - \frac{3}{x^3+1} \right)$.

解　因为 $\displaystyle\lim_{x \to -1} \frac{1}{x+1} = \infty$, $\displaystyle\lim_{x \to -1} \frac{3}{x^3+1} = \infty$, 不能用差的极限运算法则. 这种两个无穷大量的差的极限是不定式, 通常记为" $\infty - \infty$ ". 一般先通分再求极限, 即

$$\lim_{x \to -1} \left(\frac{1}{x+1} - \frac{3}{x^3+1} \right) = \lim_{x \to -1} \frac{x^2 - x + 1 - 3}{(x+1)(x^2 - x + 1)}$$
$$= \lim_{x \to -1} \frac{(x+1)(x-2)}{(x+1)(x^2 - x + 1)}$$
$$= \lim_{x \to -1} \frac{x-2}{x^2 - x + 1}$$
$$= -1.$$

例 2.4.6　求极限 $\displaystyle\lim_{x \to 0} \frac{x^2}{1 - \sqrt{1+x^2}}$.

解　因为 $\displaystyle\lim_{x \to 0} x^2 = 0$, $\displaystyle\lim_{x \to 0}(1 - \sqrt{1+x^2}) = 0$, 不能用商的极限运算法则. 又由于函数中包含有根式, 一般先将根式有理化再求极

限，即

$$\lim_{x \to 0} \frac{x^2}{1 - \sqrt{1 + x^2}} = \lim_{x \to 0} \frac{x^2 (1 + \sqrt{1 + x^2})}{(1 - \sqrt{1 + x^2})(1 + \sqrt{1 + x^2})}$$

$$= -\lim_{x \to 0} (1 + \sqrt{1 + x^2})$$

$$= -2.$$

例 2.4.7　求极限 $\lim\limits_{x \to 8} \dfrac{\sqrt[3]{x} - 2}{\sqrt{1 + x} - 3}$.

解　分子分母同时有理化，得

$$\lim_{x \to 8} \frac{\sqrt[3]{x} - 2}{\sqrt{1 + x} - 3} = \lim_{x \to 8} \frac{(\sqrt[3]{x} - 2)(\sqrt[3]{x^2} + 2\sqrt[3]{x} + 4)(\sqrt{1 + x} + 3)}{(\sqrt{1 + x} - 3)(\sqrt{1 + x} + 3)(\sqrt[3]{x^2} + 2\sqrt[3]{x} + 4)}$$

$$= \lim_{x \to 8} \frac{\sqrt{1 + x} + 3}{\sqrt[3]{x^2} + 2\sqrt[3]{x} + 4}$$

$$= \frac{1}{2}.$$

例 2.4.8　若 $\lim\limits_{x \to 1} \dfrac{x^2 + ax + b}{x^2 - 1} = 3$，求 a，b 的值.

解　由已知 $\lim\limits_{x \to 1} \dfrac{x^2 + ax + b}{x^2 - 1} = 3$，又 $\lim\limits_{x \to 1}(x^2 - 1) = 0$，得

$$\lim_{x \to 1}(x^2 + ax + b) = 1 + a + b = 0,$$

$$b = -a - 1. \tag{$*$}$$

于是，
$$\lim_{x \to 1} \frac{x^2 + ax + b}{x^2 - 1} = \lim_{x \to 1} \frac{x^2 + ax - a - 1}{x^2 - 1}$$

$$= \lim_{x \to 1} \frac{(x - 1)(x + a + 1)}{(x - 1)(x + 1)}$$

$$= \lim_{x \to 1} \frac{x + a + 1}{x + 1}$$

$$= \frac{a}{2} + 1 = 3.$$

因此 $a = 4$，代入式 $(*)$ 得 $b = -5$.

例 2.4.9　求极限 $\lim\limits_{n \to \infty} \dfrac{2n^2 - 2n + 3}{3n^2 + 1}$.

解　当 $n \to \infty$ 时，分子分母同时为无穷大量，不能直接用商的极限运算法则. 这种两个无穷大量的商的极限也是不定式，通常记为 "$\dfrac{\infty}{\infty}$". 将分子分母同时除以未知数的最高次幂 n^2，然后用四则运算求极限，得

$$\lim_{n\to\infty}\frac{2n^2-2n+3}{3n^2+1}=\lim_{n\to\infty}\frac{\dfrac{2n^2-2n+3}{n^2}}{\dfrac{3n^2+1}{n^2}}$$

$$=\lim_{n\to\infty}\frac{2-\dfrac{2}{n}+\dfrac{3}{n^2}}{3+\dfrac{1}{n^2}}$$

$$=\frac{\lim\limits_{n\to\infty}\left(2-\dfrac{2}{n}+\dfrac{3}{n^2}\right)}{\lim\limits_{n\to\infty}\left(3+\dfrac{1}{n^2}\right)}$$

$$=\frac{\lim\limits_{n\to\infty}2-2\lim\limits_{n\to\infty}\dfrac{1}{n}+3\lim\limits_{n\to\infty}\dfrac{1}{n^2}}{\lim\limits_{n\to\infty}3+\lim\limits_{n\to\infty}\dfrac{1}{n^2}}$$

$$=\frac{2}{3}.$$

注：分子分母同除以"最大的项"的本质是设法将表达式中的无穷大量转化为无穷小量，从而方便利用极限的四则运算法则.

例 2.4.10 求极限$\lim\limits_{x\to\infty}\dfrac{3x^3+4x^2+2}{7x^3+5x^2-3}$.

解 当$x\to\infty$时，分子分母同时为无穷大量，将分子分母同时除以未知数的最高次幂x^3，得

$$\lim_{x\to\infty}\frac{3x^3+4x^2+2}{7x^3+5x^2-3}=\lim_{x\to\infty}\frac{\dfrac{3x^3+4x^2+2}{x^3}}{\dfrac{7x^3+5x^2-3}{x^3}}$$

$$=\lim_{x\to\infty}\frac{3+\dfrac{4}{x}+\dfrac{2}{x^3}}{7+\dfrac{5}{x}-\dfrac{3}{x^3}}$$

$$=\frac{3+\lim\limits_{x\to\infty}\dfrac{4}{x}+\lim\limits_{x\to\infty}\dfrac{2}{x^3}}{7+\lim\limits_{x\to\infty}\dfrac{5}{x}-\lim\limits_{x\to\infty}\dfrac{3}{x^3}}$$

$$=\frac{3}{7}.$$

例 2. 4. 11 求极限 $\lim\limits_{x \to \infty} \dfrac{2x^2 - 3x + 1}{x^3 + 5x^2 - 1}$.

解 将分子分母同时除以未知数的最高次幂 x^3，得

$$\lim_{x \to \infty} \frac{2x^2 - 3x + 1}{x^3 + 5x^2 - 1} = \lim_{x \to \infty} \frac{\dfrac{2x^2 - 3x + 1}{x^3}}{\dfrac{x^3 + 5x^2 - 1}{x^3}}$$

$$= \lim_{x \to \infty} \frac{\dfrac{2}{x} - \dfrac{3}{x^2} + \dfrac{1}{x^3}}{1 + \dfrac{5}{x} - \dfrac{1}{x^3}}$$

$$= \frac{\lim\limits_{x \to \infty} \dfrac{2}{x} - \lim\limits_{x \to \infty} \dfrac{3}{x^2} + \lim\limits_{x \to \infty} \dfrac{1}{x^3}}{1 + \lim\limits_{x \to \infty} \dfrac{5}{x} - \lim\limits_{x \to \infty} \dfrac{1}{x^3}}$$

$$= 0.$$

例 2. 4. 12 求极限 $\lim\limits_{x \to \infty} \dfrac{x^4 - 3x^3 + 2x}{2x^3 + x^2 - 1}$.

解 将分子分母同时除以未知数的最高次幂 x^4，得

$$\lim_{x \to \infty} \frac{x^4 - 3x^3 + 2x}{2x^3 + x^2 - 1} = \lim_{x \to \infty} \frac{\dfrac{x^4 - 3x^3 + 2x}{x^4}}{\dfrac{2x^3 + x^2 - 1}{x^4}}$$

$$= \lim_{x \to \infty} \frac{1 - \dfrac{3}{x} + \dfrac{2}{x^3}}{\dfrac{2}{x} + \dfrac{1}{x^2} - \dfrac{1}{x^4}}$$

$$= \infty.$$

由上可得：

结论 3 设 $a_0 \neq 0$，$b_0 \neq 0$，m，n 为非负整数，则

$$\lim_{x \to \infty} \frac{a_0 x^n + a_1 x^{n-1} + \cdots + a_{n-1} x + a_n}{b_0 x^m + b_1 x^{m-1} + \cdots + b_{m-1} x + b_m} = \begin{cases} 0, & n < m, \\[2mm] \dfrac{a_0}{b_0}, & n = m, \\[2mm] \infty, & n > m. \end{cases}$$

例 2. 4. 13 求极限 $\lim\limits_{x \to \infty} \dfrac{(2x - 3)^{10}(3x + 2)^{20}}{(2x + 1)^{30}}$.

解 将分子分母同时除以未知数的最高次幂 x^{30}，得

$$\lim_{x \to \infty} \frac{(2x-3)^{10}(3x+2)^{20}}{(2x+1)^{30}} = \lim_{x \to \infty} \frac{\dfrac{(2x-3)^{10}(3x+2)^{20}}{x^{30}}}{\dfrac{(2x+1)^{30}}{x^{30}}}$$

$$= \lim_{x \to \infty} \frac{\left(2-\dfrac{3}{x}\right)^{10}\left(3+\dfrac{2}{x}\right)^{20}}{\left(2+\dfrac{1}{x}\right)^{30}}$$

$$= \left(\frac{3}{2}\right)^{20}.$$

例 2.4.14　求极限 $\lim\limits_{n \to \infty} \dfrac{4^n - 3^{n+1}}{2^{2n+1} + 3^n}$.

解　$\lim\limits_{n \to \infty} \dfrac{4^n - 3^{n+1}}{2^{2n+1} + 3^n} = \lim\limits_{n \to \infty} \dfrac{\dfrac{4^n - 3^{n+1}}{4^n}}{\dfrac{2^{2n+1} + 3^n}{4^n}}$

$$= \lim_{n \to \infty} \frac{1 - 3 \cdot \left(\dfrac{3}{4}\right)^n}{2 + \left(\dfrac{3}{4}\right)^n}$$

$$= \frac{1}{2}.$$

例 2.4.15　求极限 $\lim\limits_{x \to -\infty} \dfrac{\sqrt{4x^2+x-1} + x + 1}{\sqrt{x^2+\sin x}}$.

解　本题为 "$\dfrac{\infty}{\infty}$" 型不定式，可考虑分子分母同除以最大的项 x，考虑到 x 为负，有

$$\lim_{x \to -\infty} \frac{\sqrt{4x^2+x-1} + x + 1}{\sqrt{x^2+\sin x}} = \lim_{x \to -\infty} \frac{-\sqrt{4+\dfrac{1}{x}-\dfrac{1}{x^2}} + 1 + \dfrac{1}{x}}{-\sqrt{1+\dfrac{\sin x}{x^2}}}$$

$$= \frac{-2+1}{-1} = 1.$$

例 2.4.16　求极限 $\lim\limits_{x \to +\infty} \left(\sqrt{x^2+3x} - \sqrt{x^2+2}\right)$.

解　因为 $\lim\limits_{x \to +\infty} \sqrt{x^2+3x} = \infty$，$\lim\limits_{x \to +\infty} \sqrt{x^2+2} = \infty$，不能用减法的极限运算法则. 因函数中包含有根式，先将根式有理化再求极限得

$$\lim_{x \to +\infty} (\sqrt{x^2+3x} - \sqrt{x^2+2}) = \lim_{x \to +\infty} \frac{(\sqrt{x^2+3x} - \sqrt{x^2+2})(\sqrt{x^2+3x} + \sqrt{x^2+2})}{\sqrt{x^2+3x} + \sqrt{x^2+2}}$$

$$= \lim_{x \to +\infty} \frac{3x-2}{\sqrt{x^2+3x} + \sqrt{x^2+2}}$$

$$= \lim_{x \to +\infty} \frac{3 - \dfrac{2}{x}}{\sqrt{1 + \dfrac{3}{x}} + \sqrt{1 + \dfrac{2}{x^2}}}$$

$$= \frac{3}{2}.$$

例 2.4.17　证明：$\lim\limits_{x \to 0} \dfrac{e^{\frac{1}{x}}+1}{e^{\frac{1}{x}}-1}$ 不存在.

证　因为　　　　　$\lim\limits_{x \to 0^-} \dfrac{e^{\frac{1}{x}}+1}{e^{\frac{1}{x}}-1} = \dfrac{0+1}{0-1} = -1;$

$$\lim_{x \to 0^+} \frac{e^{\frac{1}{x}}+1}{e^{\frac{1}{x}}-1} = \lim_{x \to 0^+} \frac{1 + e^{-\frac{1}{x}}}{1 - e^{-\frac{1}{x}}} = \frac{1+0}{1-0} = 1.$$

所以，$\lim\limits_{x \to 0} \dfrac{e^{\frac{1}{x}}+1}{e^{\frac{1}{x}}-1}$ 不存在.

例 2.4.18　求极限 $\lim\limits_{n \to \infty} \left(\dfrac{1}{n^2} + \dfrac{3}{n^2} + \cdots + \dfrac{2n-1}{n^2} \right).$

解　　$\lim\limits_{n \to \infty} \left(\dfrac{1}{n^2} + \dfrac{3}{n^2} + \cdots + \dfrac{2n-1}{n^2} \right) = \lim\limits_{n \to \infty} \dfrac{\dfrac{n(1+2n-1)}{2}}{n^2} = 1.$

例 2.4.19　求极限 $\lim\limits_{n \to \infty} \left[\dfrac{1}{2!} + \dfrac{2}{3!} + \dfrac{3}{4!} + \cdots + \dfrac{n}{(n+1)!} \right].$

解　　$\lim\limits_{n \to \infty} \left[\dfrac{1}{2!} + \dfrac{2}{3!} + \dfrac{3}{4!} + \cdots + \dfrac{n}{(n+1)!} \right]$

$$= \lim_{n \to \infty} \left[\frac{2-1}{2!} + \frac{3-1}{3!} + \frac{4-1}{4!} + \cdots + \frac{n+1-1}{(n+1)!} \right]$$

$$= \lim_{n \to \infty} \left[\left(1 - \frac{1}{2!} \right) + \left(\frac{1}{2!} - \frac{1}{3!} \right) + \left(\frac{1}{3!} - \frac{1}{4!} \right) + \cdots + \left(\frac{1}{n!} - \frac{1}{(n+1)!} \right) \right]$$

$$= \lim_{n \to \infty} \left[1 - \frac{1}{(n+1)!} \right]$$

$$= 1.$$

例 2.4.20 用求极限的方法将循环小数 $0.7777\cdots$ 表示成分数形式.

解 $0.7777\cdots = 0.7 + 0.07 + 0.007 + 0.0007 + \cdots$

$$= \frac{7}{10} + \frac{7}{100} + \cdots + \frac{7}{10^n} + \cdots$$

$$= \lim_{n \to \infty} \frac{\frac{7}{10} \left[1 - \left(\frac{1}{10} \right)^n \right]}{1 - \frac{1}{10}}$$

$$= \frac{7}{9}.$$

2.4.3 复合函数极限的运算法则

定理 2.4.2 设函数 $y = f(g(x))$ 是由函数 $y = f(u)$ 与 $u = g(x)$ 复合而成, $f(g(x))$ 在点 x_0 处的某去心邻域内有定义, 若 $\lim\limits_{x \to x_0} g(x) = u_0$, $\lim\limits_{u \to u_0} f(u) = A$, 且存在正数 δ, 使得当 $0 < |x - x_0| < \delta$ 时, 有 $g(x) \neq u_0$, 则

$$\lim_{x \to x_0} f(g(x)) = \lim_{u \to u_0} f(u) = A.$$

证明略.

注 1: 定理 2.4.2 表示, 如果函数 $y = f(u)$ 与 $u = g(x)$ 满足定理的条件, 则做变量替换 $u = g(x)$, 可以把求 $\lim\limits_{x \to x_0} f(g(x))$ 化为求 $\lim\limits_{u \to u_0} f(u)$.

注 2: 定理 2.4.2 中把 $\lim\limits_{x \to x_0} g(x) = u_0$ 换成 $\lim\limits_{x \to x_0} g(x) = \infty$ 或 $\lim\limits_{x \to \infty} g(x) = \infty$, 把 $\lim\limits_{u \to u_0} f(u) = A$ 换成 $\lim\limits_{u \to \infty} f(u) = A$, 可得类似的定理.

例 2.4.21 求极限 $\lim\limits_{x \to -1} \sin \left[\frac{(x+1)\pi}{x^2 - 1} \right]$.

解 因为 $\lim\limits_{x \to -1} \frac{(x+1)\pi}{x^2 - 1} = \lim\limits_{x \to -1} \frac{\pi}{x-1} = -\frac{\pi}{2}$,

且当 $0 < |x - (-1)| < 1$ 时, $\frac{(x+1)\pi}{x^2 - 1} \neq -\frac{\pi}{2}$,

所以, $\lim\limits_{x \to -1} \sin \left[\frac{(x+1)\pi}{x^2 - 1} \right] = \sin \left(-\frac{\pi}{2} \right) = -1$.

例 2.4.22 求极限 $\lim\limits_{n \to \infty} \left(\sqrt{2} \sqrt[4]{2} \cdots \sqrt[2^n]{2} \right)$.

解 因 $\lim\limits_{n \to \infty} \left(\frac{1}{2} + \frac{1}{2^2} + \cdots + \frac{1}{2^n} \right) = \lim\limits_{n \to \infty} \frac{\frac{1}{2} \left(1 - \frac{1}{2^n} \right)}{1 - \frac{1}{2}} = 1$.

且对任意正整数 N，当 $n>N$ 时，$\dfrac{1}{2}+\dfrac{1}{2^2}+\cdots+\dfrac{1}{2^n}=\dfrac{\dfrac{1}{2}\left(1-\dfrac{1}{2^n}\right)}{1-\dfrac{1}{2}}\neq 1$，

所以，$\lim\limits_{n\to\infty}\left(\sqrt{2}\,\sqrt[4]{2}\cdots\sqrt[2^n]{2}\right)=\lim\limits_{n\to\infty}2^{\frac{1}{2}+\frac{1}{2^2}+\cdots+\frac{1}{2^n}}=2.$

习题 2.4

1. 求下列极限.

（1）$\lim\limits_{x\to-2}\dfrac{2x+1}{x^2-4}$；　　　　（2）$\lim\limits_{x\to-3}\dfrac{x+3}{x^2-9}$；

（3）$\lim\limits_{x\to1}\dfrac{x^2-1}{x^2-3x+2}$；

（4）$\lim\limits_{x\to1}\left(\dfrac{3}{1-x^3}-\dfrac{1}{1-x}\right)$；

（5）$\lim\limits_{x\to9}\dfrac{x-9}{\sqrt{x}-3}$；　　　（6）$\lim\limits_{x\to9}\dfrac{\sqrt{x}-3}{\sqrt{x-5}-2}$；

（7）$\lim\limits_{n\to\infty}\dfrac{n^3-2n-5}{3n^3+1}$；　（8）$\lim\limits_{x\to\infty}\dfrac{2x^3-3x+1}{x^3+5x^2-1}$；

（9）$\lim\limits_{x\to\infty}\dfrac{x^2-2x+3}{x^4+x^2+2}$；

（10）$\lim\limits_{x\to-\infty}\left(\sqrt{x^2+3x+1}-\sqrt{x^2-x-1}\right)$；

（11）$\lim\limits_{x\to\infty}\dfrac{\sin^2 x-x}{\arctan x^2+x}$；

（12）$\lim\limits_{x\to\infty}\dfrac{x^2-3}{x^5+x^2+2}(2\sin x-\cos x)$；

（13）$\lim\limits_{n\to\infty}\dfrac{1}{n\left(\sqrt{n^2+1}-\sqrt{n^2-1}\right)}$；

（14）$\lim\limits_{n\to\infty}\dfrac{5^{n+1}-(-2)^n}{3\cdot5^n+2\cdot3^n}$；

（15）$\lim\limits_{n\to\infty}\left[\dfrac{1}{1\cdot3}+\dfrac{1}{3\cdot5}+\dfrac{1}{5\cdot7}+\cdots+\dfrac{1}{(2n-1)\cdot(2n+1)}\right]$；

（16）$\lim\limits_{n\to\infty}\left(1+\dfrac{1}{2}+\dfrac{1}{4}+\dfrac{1}{8}+\cdots+\dfrac{1}{2^n}\right)$.

2. 用求极限的方法将循环小数 $0.5555\cdots$ 表示成分数形式.

3. 若 $\lim\limits_{x\to1}\dfrac{x^2+ax+b}{1-x}=-5$，求 a，b 的值.

4. 若 $\lim\limits_{x\to\infty}\left(\dfrac{x^2+1}{x+1}-ax-b\right)=0$，求 a，b 的值.

2.5　极限存在准则　两个重要极限

两个重要极限是学习微分学的必备基础，所有初等函数的求导法则都可由它们推导出来. 而两个重要极限是由极限存在的两个准则得到的，为此，本节我们先学习极限存在的两个准则，然后推导出两个重要极限.

2.5.1　极限存在的两个准则

1. 两边夹定理

定理 2.5.1（准则 I）　如果在某个变化过程中，三个变量 x，y，z 满足：

（1）$y\leqslant x\leqslant z$；

（2）$\lim y=\lim z=A$，

则　　　　　　　　　　　　$\lim x=A.$

证　因 $\lim y = \lim z = A$，所以对 $\forall\,\varepsilon > 0$，存在某个时刻，从此时刻以后，恒有

$$|y-A| < \varepsilon,\ |z-A| < \varepsilon$$

同时成立，即

$$A-\varepsilon < y < A+\varepsilon,\quad A-\varepsilon < z < A+\varepsilon,$$

由

$$A-\varepsilon < y < x < z < A+\varepsilon,$$

得

$$|x-A| < \varepsilon,$$

故

$$\lim x = A.$$

例 2.5.1　求 $\displaystyle\lim_{n\to\infty}\left(\dfrac{1}{n^2+n+1}+\dfrac{2}{n^2+n+2}+\cdots+\dfrac{n}{n^2+n+n}\right).$

解　因为

$$\frac{1}{n^2+n+n} \leqslant \frac{1}{n^2+n+k} \leqslant \frac{1}{n^2+n+1},$$

于是

$$\frac{1+2+\cdots+n}{n^2+n+n} \leqslant \frac{1}{n^2+n+1}+\frac{2}{n^2+n+2}+\cdots+\frac{n}{n^2+n+n} \leqslant \frac{1+2+\cdots+n}{n^2+n+1},$$

又

$$\lim_{n\to\infty}\frac{1+2+\cdots+n}{n^2+n+1}=\lim_{n\to\infty}\frac{\dfrac{n(1+n)}{2}}{n^2+n+1}=\frac{1}{2},$$

$$\lim_{n\to\infty}\frac{1+2+\cdots+n}{n^2+n+n}=\lim_{n\to\infty}\frac{\dfrac{n(1+n)}{2}}{n^2+n+n}=\frac{1}{2},$$

由两边夹定理得

$$\lim_{n\to\infty}\left(\frac{1}{n^2+n+1}+\frac{2}{n^2+n+2}+\cdots+\frac{n}{n^2+n+n}\right)=\frac{1}{2}.$$

例 2.5.2　证明：$\displaystyle\lim_{n\to\infty}\sqrt[n]{n}=1.$

证　由 $1 \leqslant \sqrt[n]{n} = n^{\frac{1}{n}} = (\underbrace{\sqrt{n}\,\cdot\,\sqrt{n}\,\cdot\,1\,\cdot\cdots\cdot\,1}_{n-2\uparrow})^{\frac{1}{n}} \leqslant \dfrac{\sqrt{n}+\sqrt{n}+n-2}{n} \leqslant 1+\dfrac{2}{\sqrt{n}},$

且

$$\lim_{n\to\infty}1=1,\quad \lim_{n\to\infty}\left(1+\frac{2}{\sqrt{n}}\right)=1,$$

由两边夹定理有

$$\lim_{n\to\infty}\sqrt[n]{n}=1.$$

例 2.5.3　证明：$\displaystyle\lim_{x\to0}\sin x=0.$

证　因对 $\forall\,x\in\mathbf{R}$，有

$$0\leqslant|\sin x|\leqslant|x|\text{（见图 2-15）},$$

且

$$\lim_{x\to0}0=0,\quad \lim_{x\to0}|x|=0,$$

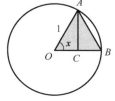

图　2-15

由两边夹定理有 $$\lim_{x\to 0}|\sin x|=0.$$

又因为 $$-|\sin x|\leqslant \sin x\leqslant |\sin x|,$$

所以 $$\lim_{x\to 0}\sin x=0.$$

注：利用两边夹定理求极限关键是构造出 $\{y_n\}$ 与 $\{z_n\}$ [或 $y(x)$ 与 $z(x)$]，并且 $\{y_n\}$ 与 $\{z_n\}$ [或 $y(x)$ 与 $z(x)$]的极限相等且容易求出.

例 2.5.4　证明：$\lim\limits_{x\to 0}\cos x=1.$

证　因对 $\forall x\in \mathbf{R}$，有 $0\leqslant 1-\cos x=2\sin^2\dfrac{x}{2}\leqslant 2\cdot\left(\dfrac{x}{2}\right)^2=\dfrac{x^2}{2},$

又 $$\lim_{x\to 0}0=0,\ \lim_{x\to 0}\dfrac{x^2}{2}=0,$$

由两边夹定理有 $$\lim_{x\to 0}(1-\cos x)=0,$$

于是 $$\lim_{x\to 0}\cos x=\lim_{x\to 0}\left[1-(1-\cos x)\right]=1.$$

2. 单调有界准则

如果数列 $\{x_n\}$ 满足条件：
$$x_1\leqslant x_2\leqslant \cdots\leqslant x_n\leqslant x_{n+1}\leqslant \cdots,$$
那么称 $\{x_n\}$ 为单调增加数列；
$$x_1\geqslant x_2\geqslant \cdots\geqslant x_n\geqslant x_{n+1}\geqslant \cdots,$$
那么称 $\{x_n\}$ 为单调减少数列.

单调增加数列和单调减少数列统称为单调数列.

定理 2.5.2（准则 Ⅱ）　单调有界数列必有极限.

即：单调增加且有上界（或单调减少且有下界）的数列 $\{x_n\}$ 必有极限.

几何解释如图 2-16 所示.

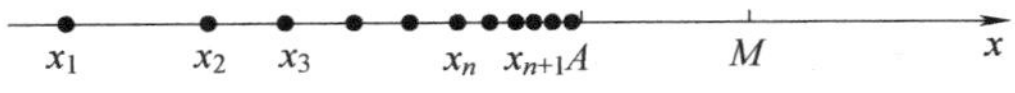

图　2-16

例 2.5.5　设 $x_1>0$，$x_{n+1}=\dfrac{1}{2}\left(x_n+\dfrac{1}{x_n}\right)$，求 $\lim\limits_{n\to\infty}x_n.$

解　因 $x_{n+1}=\dfrac{1}{2}\left(x_n+\dfrac{1}{x_n}\right)\geqslant \dfrac{1}{2}\times 2=1$，故 x_n 有下界.

由 $\dfrac{x_{n+1}}{x_n}=\dfrac{1}{2}\left(1+\dfrac{1}{x_n^2}\right)\leqslant \dfrac{1}{2}\left(1+\dfrac{1}{1}\right)=1$，知数列 $\{x_n\}$ 单调下降，

从而 $\lim\limits_{n\to\infty}x_n$ 存在.

不妨设 $\lim\limits_{n\to\infty} x_n = A$，然后在等式 $x_{n+1} = \dfrac{1}{2}\left(x_n + \dfrac{1}{x_n}\right)$ 两边取极限得

$$A = \frac{1}{2}\left(A + \frac{1}{A}\right),$$

解方程得 $A = \pm 1$，显然 $A = -1$ 不符合题意，应舍去. 所以

$$\lim_{n\to\infty} x_n = 1.$$

注：准则 Ⅱ 只给出了极限的存在性，但并未给出极限是多少. 此时，一般是在判定了"极限存在"以后，通过数列的递推表示，在等式的两边取极限得到.

例 2.5.6 设 $x_1 = \sqrt{2}$，$x_{n+1} = \sqrt{2 + x_n}$，$n = 1, 2, 3, \cdots$，试证数列 $\{x_n\}$ 极限存在，并求此极限.

解 由 $x_1 = \sqrt{2}$，$x_2 = \sqrt{2 + x_1}$ 知 $x_1 < x_2$，假设对正整数 k 有 $x_{k-1} < x_k$，则

$$x_{k+1} = \sqrt{2 + x_k} > \sqrt{2 + x_{k-1}} = x_k,$$

由数学归纳法知，对一切正整数 n，都有 $x_n < x_{n+1}$，即数列 $\{x_n\}$ 为单调增加数列.

又 $x_1 = \sqrt{2} < 2$，$x_2 = \sqrt{2 + x_1} < 2$，假设对正整数 k 有 $x_k < 2$，则

$$x_{k+1} = \sqrt{2 + x_k} < \sqrt{2 + 2} = 2,$$

即 $\{x_n\}$ 有上界，根据单调有界数列必有极限知，数列 $\{x_n\}$ 极限存在.

记 $\lim\limits_{n\to\infty} x_n = A$，对 $x_{n+1} = \sqrt{2 + x_n}$ 两边取极限，得 $A = \sqrt{2 + A}$，从而有 $A^2 - A - 2 = 0$，解得 $A = 2$ 或 $A = -1$，因为 $x_n > 0$，由极限的保号性知

$$\lim_{n\to\infty} x_n = 2.$$

注：题设给出数列的递推公式，一般都是通过证明此数列单调有界来确定数列极限的存在性，再在已知递推关系式两边同时取极限，求出具体的极限值.

例 2.5.7 设 $\lim\limits_{n\to\infty}(x_{n+1} - x_n) = 0$，则数列 $\{x_n\}$ 收敛，如果 [   ].

（A）$\{x_n\}$ 是单调数列   （B）$\{x_n\}$ 是有界数列

（C）$\{x_{2n}\}$ 与 $\{x_{2n+1}\}$ 都是单调数列   （D）$\{x_{2n}\}$ 与 $\{x_{2n+1}\}$ 收敛

解 若取 $x_n = \sqrt{n}$，则

$$\lim_{n\to\infty}(x_{n+1} - x_n) = \lim_{n\to\infty}\frac{1}{\sqrt{n+1} + \sqrt{n}} = 0,$$

从而 $\{x_n\}$，$\{x_{2n}\}$，$\{x_{2n+1}\}$ 都是单调增加的，但 $\lim\limits_{n\to\infty}\sqrt{n} = \infty$. 故否

定（A）和（C）.

若取 $x_n = \sin\sqrt{n}$ ，则显然 $\{x_n\}$ 有界，且

$$\lim_{n\to\infty}(x_{n+1}-x_n) = \lim_{n\to\infty}\left(\sin\sqrt{n+1}-\sin\sqrt{n}\right)$$

$$= \lim_{n\to\infty}2\cos\frac{\sqrt{n+1}+\sqrt{n}}{2}\sin\frac{\sqrt{n+1}-\sqrt{n}}{2} = 0,$$

但 $\lim\limits_{n\to\infty}\sin\sqrt{n}$ 不存在，故否定（B）. 因此，应选（D）.

事实上，设 $\{x_{2n}\}$ 收敛，即 $\lim\limits_{n\to\infty}x_{2n}=A$.

$$\lim_{n\to\infty}x_{2n+1} = \lim_{n\to\infty}\left[(x_{2n+1}-x_{2n})+x_{2n}\right] = \lim_{n\to\infty}(x_{2n+1}-x_{2n})+\lim_{n\to\infty}x_{2n} = 0+A = A,$$

由此可知

$$\lim_{n\to\infty}x_n = A.$$

注：数列 $\{y_n\}$ 收敛的充要条件是 $\{x_{2n}\}$ 与 $\{x_{2n+1}\}$ 均收敛且极限相同.

2.5.2　两个重要极限

1. $\lim\limits_{x\to 0}\dfrac{\sin x}{x} = 1.$

设单位圆的圆心为 O ，半径 $R=1$ ，圆心角 $\angle AOB = x\left(0 < x < \dfrac{\pi}{2}\right)$ ，

作单位圆的切线 AC ，得 Rt $\triangle ACO$ ，$\triangle OAB$ 的高为 BD （见图 2-17）. 则

$$S_{\triangle AOB} < S_{\text{扇形}AOB} < S_{\triangle AOC}.$$

即

$$\frac{1\cdot\sin x}{2} < \frac{1^2\cdot x}{2} < \frac{1\cdot\tan x}{2}$$

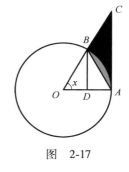

图　2-17

因此

$$\sin x < x < \tan x,$$

两边同时除以 $\sin x$ 得

$$1 < \frac{x}{\sin x} < \frac{1}{\cos x},$$

即

$$\cos x < \frac{\sin x}{x} < 1,$$

当用 $-x$ 代替 x 时，$\cos x$ 与 $\dfrac{\sin x}{x}$ 都不变，因此上式对于 $-\dfrac{\pi}{2} < x < 0$ 也成立.

即当 $0 < |x| < \dfrac{\pi}{2}$ 时，有 $\cos x < \dfrac{\sin x}{x} < 1$ ，

又

$$\lim_{x\to 0}\cos x = 1, \quad \lim_{x\to 0}1 = 1,$$

由两边夹定理有

$$\lim_{x\to 0}\frac{\sin x}{x} = 1.$$

其函数图形如图 2-18 所示.

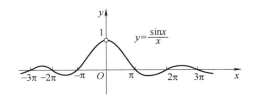

图 2-18

例 2.5.8   求极限 $\lim\limits_{x\to 0}\dfrac{2x-\sin x}{x+\sin x}$.

解
$$\lim_{x\to 0}\frac{2x-\sin x}{x+\sin x}=\lim_{x\to 0}\frac{2-\dfrac{\sin x}{x}}{1+\dfrac{\sin x}{x}}=\frac{1}{2}.$$

例 2.5.9   求极限 $\lim\limits_{x\to 0}\dfrac{\tan x}{x}$.

解
$$\lim_{x\to 0}\frac{\tan x}{x}=\lim_{x\to 0}\frac{\dfrac{\sin x}{\cos x}}{x}=\lim_{x\to 0}\frac{\sin x}{x}\cdot\lim_{x\to 0}\frac{1}{\cos x}=1.$$

例 2.5.10   求极限 $\lim\limits_{x\to 0}\dfrac{\sin(kx)}{x}\,(k\neq 0)$.

解
$$\lim_{x\to 0}\frac{\sin(kx)}{x}=k\lim_{x\to 0}\frac{\sin(kx)}{kx}\xlongequal{\alpha=kx}k\lim_{\alpha\to 0}\frac{\sin\alpha}{\alpha}=k.$$

一般地，有 $\lim\limits_{\varphi(x)\to 0}\dfrac{\sin\varphi(x)}{\varphi(x)}=1$，$\lim\limits_{\varphi(x)\to 0}\dfrac{\tan\varphi(x)}{\varphi(x)}=1$.

例 2.5.11   求极限 $\lim\limits_{x\to 0}\dfrac{1-\cos x}{x^2}$.

解
$$\lim_{x\to 0}\frac{1-\cos x}{x^2}=\lim_{x\to 0}\frac{2\sin^2\dfrac{x}{2}}{x^2}=\frac{1}{2}\lim_{x\to 0}\left(\frac{\sin\dfrac{x}{2}}{\dfrac{x}{2}}\right)^2=\frac{1}{2}.$$

例 2.5.12   求极限 $\lim\limits_{x\to\infty}\left(x\sin\dfrac{2x}{x^2+1}\right)$.

解
$$\lim_{x\to\infty}\left(x\sin\frac{2x}{x^2+1}\right)=\lim_{x\to\infty}\left(\frac{\sin\dfrac{2x}{x^2+1}}{\dfrac{2x}{x^2+1}}\cdot\frac{2x^2}{x^2+1}\right)$$

$$= \lim_{x \to \infty} \frac{\sin \dfrac{2x}{x^2+1}}{\dfrac{2x}{x^2+1}} \cdot \lim_{x \to \infty} \frac{2x^2}{x^2+1} = 2.$$

例 2.5.13　求极限 $\lim\limits_{x \to \pi} \dfrac{\sin x}{\pi - x}$.

解　　　　　$$\lim_{x \to \pi} \frac{\sin x}{\pi - x} = \lim_{x \to \pi} \frac{\sin(\pi - x)}{\pi - x} = 1.$$

例 2.5.14　求极限 $\lim\limits_{x \to 0} \dfrac{\arcsin x}{x}$.

解　　　　　$$\lim_{x \to 0} \frac{\arcsin x}{x} \xlongequal{\arcsin x = t} \lim_{t \to 0} \frac{t}{\sin t} = 1.$$

例 2.5.15　求极限 $\lim\limits_{x \to 0} \dfrac{\arctan x}{x}$.

解　　　　　$$\lim_{x \to 0} \frac{\arctan x}{x} \xlongequal{\arctan x = t} \lim_{t \to 0} \frac{t}{\tan t} = 1.$$

一般地，有 $\lim\limits_{\varphi(x) \to 0} \dfrac{\arcsin \varphi(x)}{\varphi(x)} = 1$，　$\lim\limits_{\varphi(x) \to 0} \dfrac{\arctan \varphi(x)}{\varphi(x)} = 1$.

例 2.5.16　求极限 $\lim\limits_{n \to \infty} 3^n \sin \dfrac{1}{3^n}$.

解　　　　　$$\lim_{n \to \infty} 3^n \sin \frac{1}{3^n} = \lim_{n \to \infty} \frac{\sin \dfrac{1}{3^n}}{\dfrac{1}{3^n}} = 1.$$

2. $\lim\limits_{n \to \infty} \left(1 + \dfrac{1}{n}\right)^n = \mathrm{e}$. 其中无理数 $\mathrm{e} = 2.718281828459045 \cdots$.

证　设 $x_n = \left(1 + \dfrac{1}{n}\right)^n$，由二项式定理展开有

$$\left(1 + \frac{1}{n}\right)^n = 1 + \frac{n}{1!} \cdot \frac{1}{n} + \frac{n(n-1)}{2!} \cdot \frac{1}{n^2} + \frac{n(n-1)(n-2)}{3!} \cdot \frac{1}{n^3} + \cdots +$$

$$\frac{n(n-1)(n-2)\cdots(n-n+1)}{n!} \cdot \frac{1}{n^n}$$

$$= 1 + \frac{1}{1!} + \frac{1}{2!} \cdot \left(1 - \frac{1}{n}\right) + \frac{1}{3!} \cdot \left(1 - \frac{1}{n}\right) \cdot \left(1 - \frac{2}{n}\right) + \cdots +$$

$$\frac{1}{n!} \cdot \left(1 - \frac{1}{n}\right) \cdot \left(1 - \frac{2}{n}\right) \cdot \cdots \cdot \left(1 - \frac{n-1}{n}\right),$$

同理有

$$x_{n+1} = \left(1 + \frac{1}{n+1}\right)^{n+1}$$

$$= 1 + \frac{1}{1!} + \frac{1}{2!} \cdot \left(1 - \frac{1}{n+1}\right) + \frac{1}{3!} \cdot \left(1 - \frac{1}{n+1}\right) \cdot \left(1 - \frac{2}{n+1}\right) + \cdots +$$

$$\frac{1}{n!} \cdot \left(1 - \frac{1}{n+1}\right) \cdot \left(1 - \frac{2}{n+1}\right) \cdot \cdots \cdot \left(1 - \frac{n-1}{n+1}\right) +$$

$$\frac{1}{(n+1)!} \cdot \left(1 - \frac{1}{n+1}\right) \cdot \left(1 - \frac{2}{n+1}\right) \cdot \cdots \cdot \left(1 - \frac{n}{n+1}\right),$$

由上知：x_n 的展开式有 n 项，x_{n+1} 的展开式有 $n+1$ 项，且 x_{n+1} 的展开式中的前 n 项都大于等于 x_n 中的对应项，又 x_{n+1} 的第 $n+1$ 项大于 0，所以 $x_n \leqslant x_{n+1}$，即 $\{x_n\}$ 是单调增加的. 将 x_n 的展开式中的括号内的数都用 1 代替得

$$x_n = 1 + \frac{1}{1!} + \frac{1}{2!} \cdot \left(1 - \frac{1}{n}\right) + \frac{1}{3!} \cdot \left(1 - \frac{1}{n}\right) \cdot \left(1 - \frac{2}{n}\right) + \cdots +$$

$$\frac{1}{n!} \cdot \left(1 - \frac{1}{n}\right) \cdot \left(1 - \frac{2}{n}\right) \cdot \cdots \cdot \left(1 - \frac{n-1}{n}\right)$$

$$< 1 + 1 + \frac{1}{2!} + \frac{1}{3!} + \cdots + \frac{1}{n!}$$

$$< 1 + 1 + \frac{1}{2} + \frac{1}{2^2} + \cdots + \frac{1}{2^{n-1}}$$

$$= 1 + \frac{1 - \dfrac{1}{2^n}}{1 - \dfrac{1}{2}} = 3 - \frac{1}{2^{n-1}} < 3,$$

即 $\{x_n\}$ 是有界的. 根据单调有界数列必有极限知，数列 $\{x_n\}$ 极限存在. 记为

$$\lim_{n \to \infty} \left(1 + \frac{1}{n}\right)^n = e, \ 其中 \ e = 2.718281828459045\cdots.$$

由两边夹定理可证，对于连续自变量 x，也有

$$\lim_{x \to \infty} \left(1 + \frac{1}{x}\right)^x = e \ 或者 \lim_{x \to 0} (1+x)^{\frac{1}{x}} = e.$$

例 2.5.17　　求极限 $\lim\limits_{x \to \infty} \left(1 + \dfrac{3}{x}\right)^x$.

解　$\lim\limits_{x \to \infty} \left(1 + \dfrac{3}{x}\right)^x = \lim\limits_{x \to \infty} \left(1 + \dfrac{3}{x}\right)^{\frac{x}{3} \cdot 3} = \left[\lim\limits_{x \to \infty} \left(1 + \dfrac{3}{x}\right)^{\frac{x}{3}}\right]^3$

$$\xlongequal{\frac{3}{x} = \alpha} \left[\lim_{\alpha \to 0} (1 + \alpha)^{\frac{1}{\alpha}}\right]^3$$

$$= e^3.$$

例 2.5.18　求极限 $\lim\limits_{x\to\infty}\left(\dfrac{3+x}{2+x}\right)^{2x}$.

解　$\lim\limits_{x\to\infty}\left(\dfrac{3+x}{2+x}\right)^{2x}=\lim\limits_{x\to\infty}\left(1+\dfrac{1}{2+x}\right)^{2(2+x)-4}$

$$=\left[\lim\limits_{x\to\infty}\left(1+\dfrac{1}{2+x}\right)^{2+x}\right]^2\cdot\left[\lim\limits_{x\to\infty}\left(1+\dfrac{1}{2+x}\right)\right]^{-4}$$

$$=\mathrm{e}^2.$$

例 2.5.19　求极限 $\lim\limits_{x\to\infty}\left(1-\dfrac{1}{x}\right)^{x}$.

解　$\lim\limits_{x\to\infty}\left(1-\dfrac{1}{x}\right)^{x}=\lim\limits_{x\to\infty}\left(1-\dfrac{1}{x}\right)^{(-x)\cdot(-1)}$

$$=\left[\lim\limits_{x\to\infty}\left(1-\dfrac{1}{x}\right)^{(-x)}\right]^{(-1)}$$

$$=\mathrm{e}^{-1}.$$

例 2.5.20　求极限 $\lim\limits_{x\to\frac{\pi}{2}}\left(1+\cos x\right)^{2\sec x}$.

解　$\lim\limits_{x\to\frac{\pi}{2}}\left(1+\cos x\right)^{2\sec x}=\lim\limits_{x\to\frac{\pi}{2}}\left(1+\cos x\right)^{\frac{2}{\cos x}}$

$$=\left[\lim\limits_{x\to\frac{\pi}{2}}\left(1+\cos x\right)^{\frac{1}{\cos x}}\right]^2$$

$$=\mathrm{e}^2.$$

习题 2.5

1. 求下列极限:

(1) $\lim\limits_{n\to\infty}\dfrac{n!}{n^n}$;

(2) $\lim\limits_{n\to\infty}\left(\dfrac{1}{\sqrt{n^2+1}}+\dfrac{1}{\sqrt{n^2+2}}+\cdots+\dfrac{1}{\sqrt{n^2+n}}\right)$.

2. 设 $x_1=\sqrt{3}$, $x_{n+1}=\sqrt{3+x_n}$, $n=1,2,3,\cdots$, 证明: 数列 $\{x_n\}$ 极限存在, 并求此极限.

3. 求下列极限:

(1) $\lim\limits_{x\to0}\dfrac{\sin(2x)}{\tan(3x)}$;　　(2) $\lim\limits_{x\to0}\dfrac{x+\sin x}{2x-\arctan x}$;

(3) $\lim\limits_{x\to\infty}\left(x\arcsin\dfrac{1}{3x+1}\right)$;　(4) $\lim\limits_{x\to\infty}\left(1-\dfrac{2}{x}\right)^{2x}$;

(5) $\lim\limits_{x\to\infty}\left(\dfrac{2x+3}{2x+1}\right)^{x+1}$;　(6) $\lim\limits_{x\to\infty}\left(1-\dfrac{1}{x^2}\right)^{x}$;

(7) $\lim\limits_{x\to0}\left(1+3\tan^2 x\right)^{\cot^2 x}$;　(8) $\lim\limits_{x\to1}x^{\frac{1}{1-x}}$.

2.6　函数的连续性

对于函数 $y=f(x)$, 当自变量 x 连续变化时, 其函数值 y 是否会连续变化呢? 这是函数的连续性问题.

2.6.1 连续函数的概念

定义 2.6.1 函数 $y=f(x)$，当自变量 x 从 x_0 改变到 $x_0+\Delta x$ 时，Δx 称为自变量 x 的改变量（增量），$\Delta y=f(x_0+\Delta x)-f(x_0)$ 称为函数 y 相应于 Δx 的改变量.

定义 2.6.2 设函数 $y=f(x)$ 在点 x_0 的某个邻域内有定义，如果

$$\lim_{\Delta x \to 0} \Delta y = \lim_{\Delta x \to 0} \left[f(x_0+\Delta x)-f(x_0) \right] = 0,$$

则称函数 $y=f(x)$ 在点 x_0 处连续.

例 2.6.1 证明：函数 $y=\sin x$ 在 $(-\infty, +\infty)$ 内的任意点处连续.

解 对 $\forall x \in \mathbf{R}$，有

$$\Delta y = \sin(x+\Delta x)-\sin x = 2\cos\left(x+\frac{\Delta x}{2}\right)\sin\frac{\Delta x}{2}$$

因为 $\left| \cos\left(x+\dfrac{\Delta x}{2}\right) \right| \leqslant 1$，$\lim\limits_{\Delta x \to 0} \sin\dfrac{\Delta x}{2}=0$，

于是，有 $\lim\limits_{\Delta x \to 0} \Delta y = 0$，

即函数 $y=\sin x$ 在 $(-\infty, +\infty)$ 内的任意点处连续.

例 2.6.2 证明：函数 $y=\cos x$ 在 $(-\infty, +\infty)$ 内的任意点处连续.

解 对 $\forall x \in \mathbf{R}$，有

$$\Delta y = \cos(x+\Delta x)-\cos x = -2\sin\left(x+\frac{\Delta x}{2}\right)\sin\frac{\Delta x}{2}$$

因为 $\left| \sin\left(x+\dfrac{\Delta x}{2}\right) \right| \leqslant 1$，$\lim\limits_{\Delta x \to 0} \sin\dfrac{\Delta x}{2}=0$，

所以 $\lim\limits_{\Delta x \to 0} \Delta y = 0$，

故函数 $y=\cos x$ 在 $(-\infty, +\infty)$ 内的任意点处连续.

例 2.6.3 证明：函数 $y=a^x$ 在 $(-\infty, +\infty)$ 内的任意点处连续.

解 对 $\forall x \in \mathbf{R}$，有

$$\Delta y = a^{x+\Delta x}-a^x = a^x(a^{\Delta x}-1),$$

因为 $\lim\limits_{\Delta x \to 0} \Delta y = a^x \lim\limits_{\Delta x \to 0}(a^{\Delta x}-1) = 0$，

所以，函数 $y=a^x$ 在 $(-\infty, +\infty)$ 内的任意点处连续.

定义 2.6.3 设函数 $y=f(x)$ 在点 x_0 的某一个邻域内有定义，如果

$$\lim_{x \to x_0} f(x) = f(x_0),$$

则称函数 $f(x)$ 在点 x_0 处连续.

例 2.6.4

证明：函数 $f(x)=\begin{cases} x\sin\dfrac{1}{x}, & x\neq 0, \\ 0, & x=0 \end{cases}$ 在点 $x=0$ 处连续.

证　因为　　$\lim\limits_{x\to 0}f(x)=\lim\limits_{x\to 0}x\sin\dfrac{1}{x}=0=f(0)$，

所以 $f(x)$ 在点 $x=0$ 处连续.

注：对于连续函数，极限符号和函数符号可以交换. 即

$$\lim_{x\to x_0}f(x)=f(x_0)=f\left(\lim_{x\to x_0}x\right).$$

定义 2.6.4　设函数 $y=f(x)$ 在点 x_0 的某一左邻域内有定义，如果

$$\lim_{x\to x_0^-}f(x)=f(x_0),$$

则称 $f(x)$ 在点 x_0 左连续.

设函数 $y=f(x)$ 在点 x_0 的某一右邻域内有定义，如果

$$\lim_{x\to x_0^+}f(x)=f(x_0),$$

则称 $f(x)$ 在点 x_0 右连续.

定理 2.6.1　函数 $y=f(x)$ 在点 x_0 处连续 $\Leftrightarrow$ 函数 $f(x)$ 在点 x_0 处既左连续又右连续. 即

$$\lim_{x\to x_0^-}f(x)=\lim_{x\to x_0^+}f(x)=f(x_0).$$

例 2.6.5

当 a 为何值时，函数 $f(x)=\begin{cases} \cos x, & x<0, \\ a+x, & x\geqslant 0 \end{cases}$ 在 $x=0$ 处连续？

解　因为 $f(0)=a+0=a$，

$$\lim_{x\to 0^-}f(x)=\lim_{x\to 0^-}\cos x=1,\ \lim_{x\to 0^+}f(x)=\lim_{x\to 0^+}(a+x)=a,$$
$$\lim_{x\to 0^-}f(x)=\lim_{x\to 0^+}f(x)=f(0)\Leftrightarrow a=1.$$

所以，当 $a=1$ 时，函数 $f(x)=\begin{cases} \cos x, & x<0, \\ a+x, & x\geqslant 0 \end{cases}$ 在 $x=0$ 处连续.

2.6.2　函数的间断点及其分类

1. 间断点的定义

设函数 $f(x)$ 在点 x_0 的某去心邻域内有定义. 如果函数 $f(x)$ 有下列三种情形之一：

（1）在点 x_0 没有定义；

（2）在点 x_0 有定义，但 $\lim\limits_{x \to x_0} f(x)$ 不存在；

（3）在点 x_0 有定义，且 $\lim\limits_{x \to x_0} f(x)$ 存在，但 $\lim\limits_{x \to x_0} f(x) \neq f(x_0)$，

则称函数 $f(x)$ 在点 x_0 不连续，而点 x_0 称为函数 $f(x)$ 的不连续点或间断点.

2. 间断点的分类

第一类间断点：$f(x)$ 在 x_0 处的左、右极限均存在的间断点.

$f(x)$ 在 x_0 处的左、右极限均存在，且相等的间断点，又称为可去间断点；

$f(x)$ 在 x_0 处的左、右极限均存在，但不相等的间断点，又称为跳跃间断点.

第二类间断点：$f(x)$ 在 x_0 的左、右极限中至少有一个不存在的间断点.

$\lim\limits_{x \to x_0} f(x) = \infty$ 的间断点 x_0 称为 $f(x)$ 的无穷间断点；

$\lim\limits_{x \to x_0} f(x)$ 因振荡而不存在的间断点 x_0 称为 $f(x)$ 的振荡间断点.

例 2.6.6　判断函数 $y = \dfrac{x^2 - 1}{x - 1}$ 在点 $x = 1$ 处的连续性.

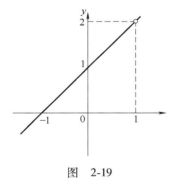

图　2-19

解　因 $y = \dfrac{x^2 - 1}{x - 1}$ 在点 $x = 1$ 处没有定义，所以函数在点 $x = 1$ 不连续. 由

$$\lim\limits_{x \to 1} \frac{x^2 - 1}{x - 1} = \lim\limits_{x \to 1}(x + 1) = 2,$$

可知 $x = 1$ 为函数 $y = \dfrac{x^2 - 1}{x - 1}$ 的第一类间断点，且是可去间断点. 如图 2-19 所示.

例 2.6.7　判断函数 $f(x) = \begin{cases} x - 1, & x < 0, \\ 0, & x = 0, \\ x + 1, & x > 0 \end{cases}$ 在点 $x = 0$ 处的连续性.

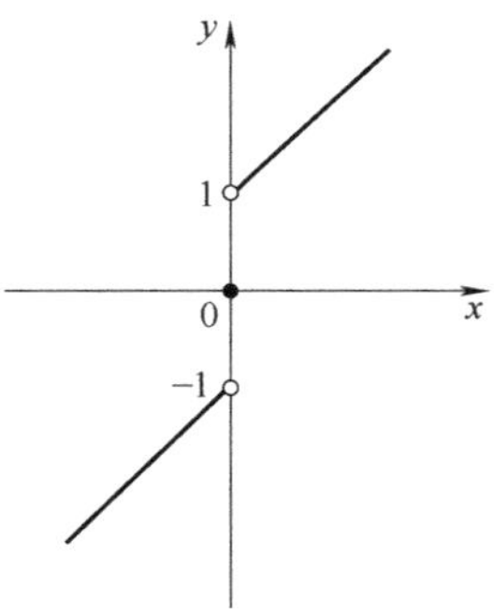

解　因为 $\quad \lim\limits_{x \to 0^-} f(x) = \lim\limits_{x \to 0^-}(x - 1) = -1,$

$$\lim\limits_{x \to 0^+} f(x) = \lim\limits_{x \to 0^+}(x + 1) = 1,$$

可知 $\lim\limits_{x \to 0} f(x)$ 不存在，故 $x = 0$ 为函数 $f(x)$ 的第一类间断点，且是跳跃间断点. 如图 2-20 所示.

图　2-20

例 2.6.8　判断函数 $y = \dfrac{1}{x}$ 在点 $x = 0$ 处的连续性.

解　因 $y = \dfrac{1}{x}$ 在点 $x = 0$ 处没有定义，所以函数在点 $x = 0$ 处不

连续. 由

$$\lim_{x\to 0}\frac{1}{x}=\infty ,$$

可知 $x=0$ 为函数的第二类间断点，且是无穷间断点. 如图 2-21
所示.

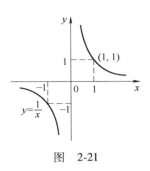

图　2-21

例 2.6.9　判断函数 $y=\sin\dfrac{1}{x}$ 在点 $x=0$ 处的连续性.

解　因 $y=\sin\dfrac{1}{x}$ 在点 $x=0$ 处没有定义，所以它是间断点. 由

$\lim\limits_{x\to 0}\sin\dfrac{1}{x}$ 不存在，且 $\sin\dfrac{1}{x}$ 的值在 -1 和 1 之间无限多次不停歇地来

回振荡，因此 $x=0$ 为函数 $y=\sin\dfrac{1}{x}$ 的第二类间断点，且是振荡间

断点. 如图 2-22 所示.

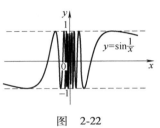

图　2-22

例 2.6.10　讨论正切函数 $y=\tan x$ 的间断点，并判断其
类型.

解　函数 $y=\tan x$ 在点 $x=k\pi+\dfrac{\pi}{2}(k\in\mathbf{Z})$ 处无定义，故 $x=k\pi+$

$\dfrac{\pi}{2}$ 为 $\tan x$ 的间断点. 因为

$$\lim_{x\to k\pi+\frac{\pi}{2}}\tan x=\infty ,$$

所以，点 $x=k\pi+\dfrac{\pi}{2}(k\in\mathbf{Z})$ 是 $y=\tan x$ 的第二类间断点，且是无穷

间断点. 如图 2-23 所示.

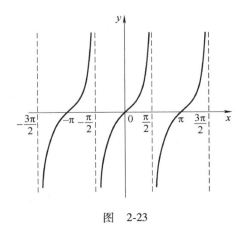

图　2-23

注：函数的间断点可能有无穷多个.

2.6.3 连续函数与连续区间

定义 2.6.5　(1) 如果函数 $y=f(x)$ 在区间 (a,b) 内每一点都连续，则称 $f(x)$ 为区间 (a,b) 上的连续函数. (a,b) 称为 $f(x)$ 的连续区间.

　　(2) 如果函数 $y=f(x)$ 在 (a,b) 内连续，并且在点 $x=a$ 处右连续，在点 $x=b$ 处左连续，则称 $f(x)$ 为闭区间 $[a,b]$ 上的连续函数.

结论 1　常量函数及 $y=\sin x$，$y=\cos x$，$y=a^x$ 为全体实数区间 **R** 上的连续函数.

结论 2　多项式 $f(x)=a_0x^n+a_1x^{n-1}+\cdots+a_{n-1}x+a_n$ 为 **R** 上的连续函数.

结论 3　有理分式函数 $f(x)=\dfrac{P(x)}{Q(x)}$ 在定义域内每一点都连续.

注：函数 $f(x)$ 在点 x_0 连续，表示以下三条同时满足：

(1) $f(x)$ 在点 x_0 有定义；

(2) $\lim\limits_{x\to x_0}f(x)$ 存在；

(3) $\lim\limits_{x\to x_0}f(x)=f(x_0)$.

2.6.4 连续函数的运算法则

1. 定理 2.6.2

定理 2.6.2　如果函数 $f(x)$，$g(x)$ 在点 x_0 处连续，则

$$f(x)+g(x)，f(x)-g(x)，f(x)g(x)，\frac{f(x)}{g(x)}[g(x_0)\neq 0]$$

在点 x_0 处也连续.

　　例如：由函数 $\sin x$，$\cos x$ 在 $(-\infty,+\infty)$ 内连续，可知 $\tan x$，$\cot x$，$\sec x$，$\csc x$ 在其定义域内也连续.

　　注：三角函数在其定义域内皆连续.

2. 反函数的连续性

定理 2.6.3　严格单调的连续函数必有严格单调的连续反函数.

　　例如：(1) 由函数 $y=\sin x$ 在 $\left[-\dfrac{\pi}{2},\dfrac{\pi}{2}\right]$ 上单调增加且连续，得 $y=\arcsin x$ 在 $[-1,1]$ 上单调增加且连续.

（2）由函数 $y=\cos x$ 在 $[0,\pi]$ 上单调减少且连续，得 $y=\arccos x$ 在 $[-1,1]$ 上单调减少且连续.

（3）由函数 $y=\tan x$ 在 $\left(-\dfrac{\pi}{2},\dfrac{\pi}{2}\right)$ 上单调增加且连续，得 $y=\arctan x$ 在 $(-\infty,+\infty)$ 内单调增加且连续.

（4）由函数 $y=\cot x$ 在 $(0,\pi)$ 上单调减少且连续，得 $y=\operatorname{arccot} x$ 在 $(-\infty,+\infty)$ 内单调减少且连续.

注：反三角函数在其定义域内皆连续.

（5）由指数函数 $y=a^x(a>0,a\neq1)$ 在 $(-\infty,+\infty)$ 内单调且连续，得对数函数 $y=\log_a x(a>0,a\neq1)$ 在 $(0,+\infty)$ 内单调且连续.

3. 复合函数的连续性

定理 2.6.4 设函数 $u=\varphi(x)$ 在点 $x=x_0$ 处连续，$\varphi(x_0)=u_0$，而函数 $y=f(u)$ 在点 $u=u_0$ 连续，则复合函数 $y=f(\varphi(x))$ 在点 $x=x_0$ 处也连续.

定理 2.6.5 基本初等函数在其定义域内是连续的.

定理 2.6.6 初等函数在其定义区间内都是连续的.

例 2.6.11 讨论函数 $f(x)=\dfrac{1}{1-\mathrm{e}^{\frac{x}{x-1}}}$ 的间断点类型.

解 显然 $x=1$ 为间断点，又由 $\dfrac{x}{x-1}=0$ 知 $x=0$ 也为间断点.

在 $x=0$ 处，因为

$$\lim_{x\to0}f(x)=\lim_{x\to0}\frac{1}{1-\mathrm{e}^{\frac{x}{x-1}}}=\infty,$$

所以 $x=0$ 为第二类间断点，且是无穷间断点.

在 $x=1$ 处，

$$\lim_{x\to1^+}f(x)=\lim_{x\to1^+}\frac{1}{1-\mathrm{e}^{\frac{x}{x-1}}}=0,$$

$$\lim_{x\to1^-}f(x)=\lim_{x\to1^-}\frac{1}{1-\mathrm{e}^{\frac{x}{x-1}}}=1,$$

所以 $x=1$ 是第一类间断点中的跳跃间断点.

2.6.5　闭区间上连续函数的性质

定义 2.6.6　设函数 $f(x)$ 在区间 I 上有定义，如果有 $x_0 \in I$，使得对 $\forall x \in I$ 都有
$$f(x) \leqslant f(x_0) \quad [f(x) \geqslant f(x_0)],$$
则称 $f(x_0)$ 为函数 $f(x)$ 在区间 I 上的最大（小）值.

定理 2.6.7（有界性定理）　在闭区间上连续的函数一定在该区间上有界.

定理 2.6.8（最大值和最小值定理）　闭区间上的连续函数在该区间上一定有最大值和最小值.

即：若函数 $f(x)$ 在闭区间 $[a,b]$ 上连续，则必 $\exists \xi_1, \xi_2 \in [a,b]$，使得对 $\forall x \in [a,b]$ 有
$$f(x) \leqslant f(\xi_1), \quad f(x) \geqslant f(\xi_2).$$

定理 2.6.9（介值定理）　如果函数 $f(x)$ 在闭区间 $[a,b]$ 上连续，m 和 M 分别为 $f(x)$ 在 $[a,b]$ 上的最小值与最大值，则对介于 m 与 M 之间的任意实数 c，至少存在一点 $\xi \in (a,b)$，使得
$$f(\xi) = c.$$

例 2.6.12　设 $f(x)$ 在 $[a,b]$ 上连续，$\alpha, \beta > 0$，证明：$\exists \xi \in [a,b]$，使得
$$f(\xi) = \frac{\alpha f(a) + \beta f(b)}{\alpha + \beta}.$$

证　设 $f(x)$ 在 $[a,b]$ 上的最大值为 M，最小值为 m，则
$$m \leqslant f(a) \leqslant M, \quad m \leqslant f(b) \leqslant M,$$
于是
$$\alpha m \leqslant \alpha f(a) \leqslant \alpha M, \quad \beta m \leqslant \beta f(b) \leqslant \beta M,$$
得
$$m \leqslant \frac{\alpha f(a) + \beta f(b)}{\alpha + \beta} \leqslant M.$$
由闭区间上连续函数的介值定理知，至少存在一点 $\xi \in [a,b]$，使得
$$f(\xi) = \frac{\alpha f(a) + \beta f(b)}{\alpha + \beta}.$$

定理 2.6.10(零点定理) 如果函数 $f(x)$ 在闭区间 $[a,b]$ 上连续，并且 $f(a)f(b)<0$，则至少存在一点 $\xi \in (a,b)$，使得

$$f(\xi)=0.$$

例 2.6.13 证明：方程 $x^3-4x^2+1=0$ 在 $(0,1)$ 内至少有一个实根.

证 令 $f(x)=x^3-4x^2+1$，则 $f(x)$ 在 $[0,1]$ 上连续，又

$$f(0)=1>0,f(1)=-2<0,$$

由零点定理，$\exists \xi \in (0,1)$，使得 $f(\xi)=0$，即

$$\xi^3-4\xi^2+1=0.$$

故方程 $x^3-4x^2+1=0$ 在 $(0,1)$ 内至少有一个实根.

例 2.6.14 设 $f(x)$ 和 $g(x)$ 在 $[a,b]$ 上连续，且 $f(a)<g(a)$，$f(b)>g(b)$，证明：$\exists \xi \in (a,b)$，使得

$$f(\xi)=g(\xi).$$

证 令 $F(x)=f(x)-g(x)$，则 $F(x)$ 在 $[a,b]$ 上连续，而

$$F(a)=f(a)-g(a)<0, \quad F(b)=f(b)-g(b)>0,$$

由零点定理，$\exists \xi \in (a,b)$，使得 $F(\xi)=f(\xi)-g(\xi)=0.$

即 $\qquad\qquad\qquad f(\xi)=g(\xi).$

2.6.6 利用连续函数求极限

例 2.6.15 求极限 $\lim\limits_{x\to 0}\dfrac{\ln(1+x)}{x}$.

解
$$\lim_{x\to 0}\frac{\ln(1+x)}{x}=\lim_{x\to 0}\ln(1+x)^{\frac{1}{x}}$$

$$=\ln\left[\lim_{x\to 0}(1+x)^{\frac{1}{x}}\right]$$

$$=\ln e=1.$$

即 $\qquad\qquad\qquad \ln(1+x)\sim x(x\to 0).$

例 2.6.16 求极限 $\lim\limits_{x\to 0}\dfrac{e^x-1}{x}$.

解 令 $e^x-1=y$，则 $x=\ln(1+y)$，当 $x\to 0$ 时，$y\to 0$，于是有

$$\lim_{x\to 0}\frac{e^x-1}{x}=\lim_{y\to 0}\frac{y}{\ln(1+y)}=1.$$

即 $\qquad\qquad\qquad e^x-1\sim x(x\to 0).$

类似可得 $\lim\limits_{x\to 0}\dfrac{a^x-1}{x}=\ln a.$ $\quad a^x-1\sim x\ln a(x\to 0).$

例 2.6.17　求极限 $\lim\limits_{x\to 0}\dfrac{(1+x)^{\alpha}-1}{x}(\alpha\neq 0)$.

解　令 $(1+x)^{\alpha}-1=y$，则 $x\to 0$ 时，$y\to 0$，于是有

$$\lim_{x\to 0}\frac{(1+x)^{\alpha}-1}{x}=\lim_{x\to 0}\left[\frac{(1+x)^{\alpha}-1}{\ln(1+x)^{\alpha}}\cdot\frac{\ln(1+x)^{\alpha}}{x}\right]$$

$$=\lim_{x\to 0}\frac{(1+x)^{\alpha}-1}{\ln(1+x)^{\alpha}}\cdot\lim_{x\to 0}\frac{\alpha\ln(1+x)}{x}$$

$$=\alpha\lim_{x\to 0}\frac{(1+x)^{\alpha}-1}{\ln(1+x)^{\alpha}}$$

$$=\alpha\lim_{y\to 0}\frac{y}{\ln(1+y)}=\alpha.$$

即 $\qquad (1+x)^{\alpha}-1\sim\alpha x(\alpha\neq 0,x\to 0)$.

习题 2.6

1. 求下列函数的间断点，并判断其类型：

（1）$y=\dfrac{x^2-4}{x-2}$；　　　　（2）$y=\dfrac{x^2-1}{x^2-4x+3}$；

（3）$y=\cot x$；

（4）$y=\begin{cases}\dfrac{\arcsin(2x)}{x}, & x<0,\\ 0, & x=0,\\ \mathrm{e}^{-x}, & x>0.\end{cases}$

2. 设 $f(x)=\begin{cases}x^2-2x+k, & x\geqslant 0,\\ \dfrac{\ln(1+3x)}{x}, & -\dfrac{1}{3}<x<0,\end{cases}$ 求 k 为何值时，函数 $f(x)$ 在定义域内连续.

3. 求下列极限：

（1）$\lim\limits_{x\to 3}\sqrt{\dfrac{x-3}{x^2-9}}$；　　　（2）$\lim\limits_{x\to 0}\dfrac{\ln(1+2x)}{3x}$.

2.7　利用等价无穷小量代换求极限

2.7.1　等价无穷小替换定理

定理 2.7.1　设在自变量的同一变化过程中，α，α_1，β，β_1 都是无穷小量，且 $\alpha\sim\alpha_1$，$\beta\sim\beta_1$，那么有：

（1）$\lim\alpha f(x)=\lim\alpha_1 f(x)$；

（2）$\lim\dfrac{\alpha}{\beta}=\lim\dfrac{\alpha_1}{\beta_1}=A$（或 ∞）.

证　（1）$\lim\alpha f(x)=\lim\left[\dfrac{\alpha}{\alpha_1}\cdot\alpha_1 f(x)\right]$

$$=\lim\frac{\alpha}{\alpha_1}\cdot\lim\alpha_1 f(x)$$

$$=\lim\alpha_1 f(x).$$

（2）$\lim\dfrac{\alpha}{\beta}=\lim\left(\dfrac{\alpha}{\alpha_1}\cdot\dfrac{\alpha_1}{\beta_1}\cdot\dfrac{\beta_1}{\beta}\right)$

$\qquad\qquad=\lim\dfrac{\alpha}{\alpha_1}\cdot\lim\dfrac{\alpha_1}{\beta_1}\cdot\lim\dfrac{\beta_1}{\beta}$

$\qquad\qquad=\lim\dfrac{\alpha_1}{\beta_1}=A\,(\text{或}\,\infty).$

该定理表明，求两个无穷小量之比的极限时，分子和分母都可用其等价无穷小量代换，从而简化计算.

2.7.2　常用等价无穷小量

当 $x\to 0$ 时，有

$\sin x\sim x,\qquad\tan x\sim x,\qquad\arcsin x\sim x,\qquad\qquad\arctan x\sim x,$

$\mathrm{e}^x-1\sim x,\quad\ln(1+x)\sim x,\quad(1+x)^\alpha-1\sim\alpha x\,(\alpha\neq0),\ 1-\cos x\sim\dfrac{1}{2}x^2.$

例 2.7.1　求极限 $\lim\limits_{x\to0}\dfrac{\tan x-\sin x}{\sin^3 x}$.

解　当 $x\to0$ 时，$\sin x\sim x$，$1-\cos x\sim\dfrac{1}{2}x^2$，所以，

$$\lim_{x\to0}\frac{\tan x-\sin x}{\sin^3 x}=\lim_{x\to0}\frac{\tan x(1-\cos x)}{x^3}$$

$$=\lim_{x\to0}\frac{x\cdot\dfrac{1}{2}x^2}{x^3}$$

$$=\frac{1}{2}.$$

例 2.7.2　求极限 $\lim\limits_{x\to0}\dfrac{\sqrt[3]{1+x\sin x}-1}{\arctan x^2}$.

解　当 $x\to0$ 时，$\sqrt[3]{1+x\sin x}-1\sim\dfrac{1}{3}x\sin x$，$\arctan x^2\sim x^2$，所以，

$$\lim_{x\to0}\frac{\sqrt[3]{1+x\sin x}-1}{\arctan x^2}=\lim_{x\to0}\frac{\dfrac{1}{3}x\sin x}{x^2}$$

$$=\frac{1}{3}.$$

例 2.7.3　求极限 $\lim\limits_{x\to0}\dfrac{\sqrt{1+\tan x}-\sqrt{1+\sin x}}{x(\mathrm{e}^{x^2}-1)}$.

解　$\lim\limits_{x \to 0} \dfrac{\sqrt{1+\tan x} - \sqrt{1+\sin x}}{x(\mathrm{e}^{x^2}-1)} = \lim\limits_{x \to 0} \dfrac{\tan x - \sin x}{x \cdot x^2 \cdot (\sqrt{1+\tan x} + \sqrt{1+\sin x})}$

$$= \frac{1}{2} \lim_{x \to 0} \frac{\tan x(1-\cos x)}{x^3}$$

$$= \frac{1}{2} \lim_{x \to 0} \frac{x \cdot \dfrac{1}{2}x^2}{x^3}$$

$$= \frac{1}{4}.$$

　　注：含有根式函数的极限问题，又没有直接等价代换公式，一般应先有理化，然后再用四则运算法则、无穷小量等价代换等方法求极限.

例 2.7.4　求极限 $\lim\limits_{x \to 0} \dfrac{\cos x - \cos(\sin x)\cos x}{x^2}$.

解　利用无穷小量的等价代换，有

$$\lim_{x \to 0} \frac{\cos x - \cos(\sin x)\cos x}{x^2} = \lim_{x \to 0} \frac{\cos x[1-\cos(\sin x)]}{x^2}$$

$$= \lim_{x \to 0} \frac{1-\cos(\sin x)}{x^2}$$

$$= \lim_{x \to 0} \frac{\dfrac{1}{2}\sin^2 x}{x^2}$$

$$= \frac{1}{2}.$$

例 2.7.5　求极限 $\lim\limits_{x \to 0} \dfrac{\mathrm{e}-\mathrm{e}^{\cos x}}{\ln(1+x^2)}$.

解　$\lim\limits_{x \to 0} \dfrac{\mathrm{e}-\mathrm{e}^{\cos x}}{\ln(1+x^2)} = \lim\limits_{x \to 0} \dfrac{\mathrm{e}^{\cos x}(\mathrm{e}^{1-\cos x}-1)}{x^2}$

$$= \mathrm{e} \lim_{x \to 0} \frac{1-\cos x}{x^2}$$

$$= \frac{\mathrm{e}}{2}.$$

例 2.7.6　求极限 $\lim\limits_{x \to \infty} x\sin \dfrac{2x}{x^2+1}$.

解　$\lim\limits_{x \to \infty} x\sin \dfrac{2x}{x^2+1} = \lim\limits_{x \to \infty}\left(x \cdot \dfrac{2x}{x^2+1}\right) = 2.$

例 2.7.7　求极限 $\lim\limits_{n\to\infty} n\left[\ln(n-3)-\ln n\right]$.

解
$$
\begin{aligned}
\lim_{n\to\infty} n\left[\ln(n-3)-\ln n\right] &= \lim_{n\to\infty}\left(n\cdot\ln\frac{n-3}{n}\right)\\
&= \lim_{n\to\infty}\left[n\cdot\ln\left(1-\frac{3}{n}\right)\right]\\
&= \lim_{n\to\infty}\left[n\cdot\left(-\frac{3}{n}\right)\right]\\
&= -3.
\end{aligned}
$$

例 2.7.8　求极限 $\lim\limits_{x\to 0}(1+2x)^{\frac{3}{\sin x}}$.

解
$$
\begin{aligned}
\lim_{x\to 0}(1+2x)^{\frac{3}{\sin x}} &= \lim_{x\to 0}\mathrm{e}^{\frac{3}{\sin x}\ln(1+2x)}\\
&= \mathrm{e}^{\lim\limits_{x\to 0}\left[\frac{3}{\sin x}\ln(1+2x)\right]}\\
&= \mathrm{e}^{\lim\limits_{x\to 0}\frac{3}{\sin x}\cdot 2x}\\
&= \mathrm{e}^{6}.
\end{aligned}
$$

一般地，

注 1：若 $\lim f(x)=0$，$\lim g(x)=\infty$，且 $\lim f(x)g(x)=k$，则
$$
\lim\left[1+f(x)\right]^{g(x)} = \mathrm{e}^{\lim f(x)g(x)} = \mathrm{e}^{k}.
$$

注 2：若 $\lim u(x)=a\,(a>0)$，$\lim v(x)=b$，则
$$
\lim u(x)^{v(x)} = a^{b}.
$$

例 2.7.9　求极限 $\lim\limits_{x\to 0}\cos x^{\frac{1}{\ln(1+x^2)}}$.

解
$$
\begin{aligned}
\lim_{x\to 0}\cos x^{\frac{1}{\ln(1+x^2)}} &= \lim_{x\to 0}\mathrm{e}^{\frac{1}{\ln(1+x^2)}\ln\cos x}\\
&= \mathrm{e}^{\lim\limits_{x\to 0}\frac{\ln\cos x}{\ln(1+x^2)}}\\
&= \mathrm{e}^{\lim\limits_{x\to 0}\frac{\cos x-1}{x^2}}\\
&= \mathrm{e}^{\lim\limits_{x\to 0}\frac{-\frac{1}{2}x^2}{x^2}}\\
&= \frac{1}{\sqrt{\mathrm{e}}},
\end{aligned}
$$

或
$$
\begin{aligned}
&= \lim_{x\to 0}\left(1-2\sin^2\frac{x}{2}\right)^{\frac{1}{\ln(1+x^2)}}\\
&= \mathrm{e}^{\lim\limits_{x\to 0}-2\sin^2\frac{x}{2}\cdot\frac{1}{\ln(1+x^2)}}\\
&= \mathrm{e}^{\lim\limits_{x\to 0}-2\cdot\left(\frac{x}{2}\right)^2\cdot\frac{1}{x^2}}\\
&= \mathrm{e}^{-\frac{1}{2}}.
\end{aligned}
$$

例 2.7.10　求极限 $\lim\limits_{x\to\infty}\left(\dfrac{x^2}{x^2-1}\right)^{x}$.

解
$$
\begin{aligned}
\lim_{x\to\infty}\left(\frac{x^2}{x^2-1}\right)^{x} &= \lim_{x\to\infty}\left(1+\frac{1}{x^2-1}\right)^{x}\\
&= \mathrm{e}^{\lim\limits_{x\to\infty}\frac{x}{x^2-1}}\\
&= 1.
\end{aligned}
$$

习题 2.7

求下列极限:

1. $\lim\limits_{x\to 0}\dfrac{\ln(1+3x)}{\tan(2x)}$;

2. $\lim\limits_{x\to 0}\dfrac{x\ln(1+x)}{(1-\cos x)}$;

3. $\lim\limits_{x\to 0}\dfrac{\tan x-\sin x\cos x}{x^3}$;

4. $\lim\limits_{x\to+\infty}\left(1-\dfrac{1}{x}\right)^{\sqrt{x}}$;

5. $\lim\limits_{x\to 0}(1+\tan x)^{\frac{2}{x}}$;

6. $\lim\limits_{x\to 0^+}(\cos\sqrt{x})^{\frac{\pi}{x}}$;

7. $\lim\limits_{x\to 0}\dfrac{e^{1-\cos x}-1}{\ln(1+\arcsin^2 x)}$.

总习题 2

1. 选择题:

(1) 设 $a_n>0$ $(n=1,2,\cdots)$, $S_n=a_1+a_2+\cdots+a_n$, 则数列 $\{S_n\}$ 有界是数列 $\{a_n\}$ 收敛的[   ].

(A) 充分必要条件

(B) 充分非必要条件

(C) 必要非充分条件

(D) 既非充分也非必要条件

(2) 设 $\lim\limits_{n\to\infty}a_n=a$, 且 $a\neq 0$, 则当 n 充分大时有 [   ].

(A) $|a_n|>\dfrac{|a|}{2}$ (B) $|a_n|<\dfrac{|a|}{2}$

(C) $a_n>a-\dfrac{1}{n}$ (D) $a_n<a+\dfrac{1}{n}$

(3) 设 $\{x_n\}$ 是数列, 下列命题中不正确的是 [   ].

(A) 若 $\lim\limits_{n\to\infty}x_n=a$, 则 $\lim\limits_{n\to\infty}x_{2n}=\lim\limits_{n\to\infty}x_{2n+1}=a$

(B) 若 $\lim\limits_{n\to\infty}x_{2n}=\lim\limits_{n\to\infty}x_{2n+1}=a$, 则 $\lim\limits_{n\to\infty}x_n=a$

(C) 若 $\lim\limits_{n\to\infty}x_n=a$, 则 $\lim\limits_{n\to\infty}x_{3n}=\lim\limits_{n\to\infty}x_{3n+1}=a$

(D) 若 $\lim\limits_{n\to\infty}x_{3n}=\lim\limits_{n\to\infty}x_{3n+1}=a$, 则 $\lim\limits_{n\to\infty}x_n=a$

(4) 设数列 $\{x_n\}$ 收敛, 则[   ].

(A) 当 $\lim\limits_{n\to\infty}\sin x_n=0$ 时, $\lim\limits_{n\to\infty}x_n=0$

(B) 当 $\lim\limits_{n\to\infty}(x_n+\sqrt{|x_n|})=0$ 时, $\lim\limits_{n\to\infty}x_n=0$

(C) 当 $\lim\limits_{n\to\infty}(x_n+x_n^2)=0$ 时, $\lim\limits_{n\to\infty}x_n=0$

(D) 当 $\lim\limits_{n\to\infty}(x_n+\sin x_n)=0$ 时, $\lim\limits_{n\to\infty}x_n=0$

(5) 当 $x\to 1$ 时, 函数 $\dfrac{x^2-1}{x-1}e^{\frac{1}{x-1}}$ 的极限[   ].

(A) 等于 2   (B) 等于 0

(C) 为 ∞ (D) 不存在但不为 ∞

(6) 极限 $\lim\limits_{x\to\infty}\left[\dfrac{x^2}{(x-a)(x+b)}\right]^x=[$ $]$.

(A) 1   (B) e

(C) e^{a-b} (D) e^{b-a}

(7) 若 $\lim\limits_{x\to 0}\left[\dfrac{1}{x}-\left(\dfrac{1}{x}-a\right)e^x\right]=1$, 则 a 等于 [   ].

(A) 0   (B) 1

(C) 2   (D) 3

(8) 设 $\lim\limits_{x\to a}\dfrac{f(x)-a}{x-a}=b$, 则 $\lim\limits_{x\to a}\dfrac{\sin f(x)-\sin a}{x-a}=$ [   ].

(A) $b\sin a$ (B) $b\cos a$

(C) $b\sin f(a)$ (D) $b\cos f(a)$

(9) 设函数 $f(x)$ 在 $x=0$ 点的左、右极限均存在, 则下列等式中不正确的是[   ].

(A) $\lim\limits_{x\to 0^+}f(x)=\lim\limits_{x\to 0^-}f(-x)$

(B) $\lim\limits_{x\to 0}f(x^2)=\lim\limits_{x\to 0^+}f(x)$

(C) $\lim\limits_{x\to 0}f(|x|)=\lim\limits_{x\to 0^+}f(x)$

(D) $\lim\limits_{x\to 0}f(x^3)=\lim\limits_{x\to 0^+}f(x)$

(10) 设函数 $f(x)=\begin{cases}\dfrac{1-\cos\sqrt{x}}{ax}, & x>0,\\ b, & x\leqslant 0\end{cases}$ 在 $x=0$ 处连续, 则[   ].

(A) $ab=\dfrac{1}{2}$ (B) $ab=-\dfrac{1}{2}$

(C) $ab=0$ (D) $ab=2$

(11) 设函数 $f(x)=\begin{cases}-1, & x<0,\\ 1, & x\geqslant 0,\end{cases}$ $g(x)=$

$$\begin{cases} 2-ax, & x\leqslant -1, \\ x, & -1<x<0, \\ x-b, & x\geqslant 0. \end{cases}$$ 若 $f(x)+g(x)$ 在 **R** 上连续，则 [　　].

(A) $a=3$, $b=1$　　(B) $a=3$, $b=2$

(C) $a=-3$, $b=1$　　(D) $a=-3$, $b=2$

(12) 当 $x\to 0^+$ 时，与 $\sqrt{x}$ 等价的无穷小量是[　　].

(A) $1-e^{\sqrt{x}}$　　(B) $\ln\dfrac{1+x}{1-\sqrt{x}}$

(C) $\sqrt{1+\sqrt{x}}-1$　　(D) $1-\cos\sqrt{x}$

(13) 当 $x\to 0$ 时，下列四个无穷小量中，比其他三个更高阶的无穷小量是[　　].

(A) x^2　　(B) $1-\cos x$

(C) $\sqrt{1-x^2}-1$　　(D) $\tan x-\sin x\cos x$

(14) 设 $\alpha_1=x(\cos\sqrt{x}-1)$，$\alpha_2=\sqrt{x}\ln(1+\sqrt[3]{x})$，$\alpha_3=\sqrt[3]{x+1}-1$，当 $x\to 0^+$ 时，以上 3 个无穷小量按照从低阶到高阶的排序是[　　].

(A) α_1, α_2, α_3　　(B) α_2, α_3, α_1

(C) α_2, α_1, α_3　　(D) α_3, α_2, α_1

(15) 设 $\cos x-1=x\sin\alpha(x)$，其中 $|\alpha(x)|<\dfrac{\pi}{2}$，则当 $x\to 0$ 时，$\alpha(x)$ 是[　　].

(A) 比 x 高阶的无穷小量

(B) 比 x 低阶的无穷小量

(C) 与 x 同阶但不等价的无穷小量

(D) 与 x 等价的无穷小量

(16) 当 $x\to 0^+$ 时，若 $\ln^{\alpha}(1+2x)$，$(1-\cos x)^{\frac{1}{\alpha}}$ 均是比 x 高阶的无穷小量，则 α 的取值范围是[　　].

(A) $(2,+\infty)$　　(B) $(1,2)$

(C) $\left(\dfrac{1}{2},1\right)$　　(D) $\left(0,\dfrac{1}{2}\right)$

(17) 函数 $f(x)=\dfrac{|x|^x-1}{x(x+1)\ln|x|}$ 的可去间断点的个数为[　　].

(A) 0　　(B) 1

(C) 2　　(D) 3

(18) 函数 $f(x)=\dfrac{x^2-x}{x^2-1}\sqrt{1+\dfrac{1}{x^2}}$ 的无穷间断点的个数为[　　].

(A) 0　　(B) 1

(C) 2　　(D) 3

(19) 函数 $f(x)=\dfrac{e^{\frac{1}{x-1}}\ln|1+x|}{(e^x-1)(x-2)}$ 的第二类间断点的个数为[　　].

(A) 1　　(B) 2

(C) 3　　(D) 4

2. 求下列极限：

(1) $\lim\limits_{n\to\infty}\dfrac{\sqrt[n]{1+2^n+\cdots+n^n}}{n}$；

(2) $\lim\limits_{n\to\infty}\left(\dfrac{1}{1+n}+\dfrac{1}{\sqrt{1+n^2}}+\dfrac{1}{\sqrt[3]{1+n^3}}+\cdots+\dfrac{1}{\sqrt[n]{1+n^n}}\right)$；

(3) $\lim\limits_{n\to\infty}\left[\dfrac{1}{1\cdot 2}+\dfrac{1}{2\cdot 3}+\cdots+\dfrac{1}{n(n+1)}\right]^n$；

(4) $\lim\limits_{x\to 1}\dfrac{\sqrt{3x+1}-2}{\sqrt{x+8}-3}$；

(5) $\lim\limits_{x\to 1}\dfrac{\sqrt{3-x}-\sqrt{1+x}}{x^2+x-2}$；

(6) $\lim\limits_{x\to+\infty}\sqrt{x^3}(\sqrt{x^3+2}-\sqrt{x^3-2})$；

(7) $\lim\limits_{x\to\infty}\dfrac{x^2+3x-\cos x}{2x^2+\sin^2 x}$；　(8) $\lim\limits_{x\to 0}(1+3x)^{\frac{2}{\sin x}}$；

(9) $\lim\limits_{x\to 0}(2\sin x+\cos x)^{\frac{1}{x}}$；

(10) $\lim\limits_{x\to 0}\left(\dfrac{1+2^x}{2}\right)^{\frac{1}{x}}$；　(11) $\lim\limits_{x\to 0}(x+2^x)^{\frac{2}{x}}$；

(12) $\lim\limits_{x\to 0}x\arctan\dfrac{x^3-2x+1}{x^2}$；

(13) $\lim\limits_{x\to 0}\dfrac{\tan x-\sin x}{\arcsin^3 x}$；　(14) $\lim\limits_{x\to 0}\dfrac{\sqrt[3]{1+2x}-1}{\ln(1+\sin x)}$；

(15) $\lim\limits_{x\to 0}\dfrac{\ln\cos x}{x^2}$.

3. 研究下列函数的极限：

(1) $\lim\limits_{x\to 0}\dfrac{\sqrt{1-\cos x}}{x}$；　(2) $\lim\limits_{x\to 0}\dfrac{e^{\frac{1}{x}}+1}{e^{\frac{1}{x}}-1}\arctan\dfrac{1}{x}$；

(3) $\lim\limits_{x\to\infty}\dfrac{e^x-x\arctan x}{e^x+x}$.

4. 求函数 $f(x)=\lim\limits_{n\to\infty}\dfrac{(n-1)x}{nx^2+1}$ 的间断点，并判断其类型.

5. 设 $f(x)$ 在 $[a,b]$ 上连续，$a<x_1<x_2<\cdots<x_n<b$，$c_i>0$，$i=1,2,\cdots,n$，证明：存在 $\xi\in[a,b]$，使得

$$f(\xi)=\dfrac{c_1 f(x_1)+c_2 f(x_2)+\cdots+c_n f(x_n)}{c_1+c_2+\cdots+c_n}.$$

3

第 3 章

导数与微分

3.1 导数的概念

前面已经学习了函数在一点的两个性质：极限与连续．它们刻画的只是函数 $f(x)$ 随 x 在 x_0 附近变化的定性性质，但不能反映它们之间的量的关系．我们在解决实际问题时，有时还需要研究变量之间变化快慢的程度．导数与微分恰恰是反映它们之间的量的关系的两个概念．我们通过两个经典的例子，引出导数这一重要的概念．

3.1.1 引例

1. 变速直线运动的瞬时速度问题

设一质点在坐标轴上做非匀速运动，已知路程 s 与时间 t 的关系为 $s = s(t)$．试确定 t_0 时的瞬时速度 $v(t_0)$．

解 从时刻 $t_0 \to t_0 + \Delta t$，质点走过的路程

$$\Delta s = s(t_0 + \Delta t) - s(t_0).$$

这段时间内的平均速度

$$\bar{v}(\Delta t) = \frac{\Delta s}{\Delta t}$$

若运动是匀速的，平均速度就等于质点在每个时刻的速度．若运动是非匀速的，平均速度 $\bar{v}(\Delta t)$ 是这段时间内运动快慢的平均值，Δt 越小，它越近似地表明 t_0 时运动的快慢．因此，人们把 t_0 时的速度定义为

$$v(t_0) = \lim_{\Delta t \to 0} \frac{\Delta s}{\Delta t} = \lim_{\Delta t \to 0} \frac{s(t_0 + \Delta t) - s(t_0)}{\Delta t},$$

此式既是 t_0 时的瞬时速度的定义式，又指明了它的计算方法．

2. 曲线的切线斜率问题

若已知平面曲线 $C: y = f(x)$，如何作过曲线上点 $M(x_0, f(x_0))$ 的切线并确定切线的斜率？

解　在曲线 C 上的一点 M 外另取 C 上一点 N，作割线 MN. 当点 N 沿曲线 C 趋于点 M 时，如果割线 MN 绕点 M 旋转而趋于极限位置 MT，直线 MT 就称为曲线 C 在点 M 处的切线（见图3-1）.

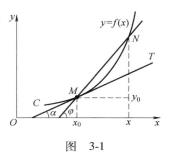

图　3-1

下面确定点 $M(x_0, y_0)$ 处切线 MT 的斜率.

在点 M 外另取 C 上一点 $N(x, y)$，于是割线 MN 的斜率为

$$\tan\varphi = \frac{y - y_0}{x - x_0} = \frac{f(x) - f(x_0)}{x - x_0},$$

其中，φ 为割线 MN 的倾角. 当点 N 沿曲线 C 趋于点 M 时，$x \to x_0$. 如果当 $x \to x_0$ 时，上式的极限存在，设为 k，即

$$k = \lim_{x \to x_0} \frac{f(x) - f(x_0)}{x - x_0}$$

存在，则此极限 k 是割线斜率的极限，也就是切线的斜率. 这里 $k = \tan\alpha$，其中 α 是切线 MT 的倾角. 于是，通过点 $M(x_0, f(x_0))$ 且以 k 为斜率的直线 MT 便是曲线 C 在点 M 处的切线.

上面两个实际问题的具体含义尽管不同，但从抽象的数量关系上来看，都可以归结为计算当自变量改变量趋于 0 时，函数改变量与自变量改变量的比的极限：

$$\lim_{x \to x_0} \frac{f(x) - f(x_0)}{x - x_0}.$$

令 $\Delta x = x - x_0$，则 $x \to x_0$ 相当于 $\Delta x \to 0$，$\Delta y = f(x) - f(x_0) = f(x_0 + \Delta x) - f(x_0)$，于是

$$\lim_{x \to x_0} \frac{f(x) - f(x_0)}{x - x_0} = \lim_{\Delta x \to 0} \frac{\Delta y}{\Delta x} = \lim_{\Delta x \to 0} \frac{f(x_0 + \Delta x) - f(x_0)}{\Delta x}.$$

3.1.2　导数的定义

1. 函数在一点处的导数与导函数

定义 3.1.1　设函数 $y = f(x)$ 在点 x_0 的某个邻域内有定义，当自变量 x 在 x_0 处取得增量 Δx（点 $x_0 + \Delta x$ 仍在该邻域内）时，相应地函数 y 取得增量 $\Delta y = f(x_0 + \Delta x) - f(x_0)$；如果 Δy 与 Δx 之比当 $\Delta x \to 0$ 时的极限存在，则称函数 $y = f(x)$ 在点 x_0 处可导，并称这个极限为函数 $y = f(x)$ 在点 x_0 处的导数，记为 $y'\big|_{x = x_0}$，即

$$f'(x_0) = \lim_{\Delta x \to 0} \frac{\Delta y}{\Delta x} = \lim_{\Delta x \to 0} \frac{f(x_0 + \Delta x) - f(x_0)}{\Delta x},$$

也可记为 $y'\big|_{x = x_0}$，$\dfrac{\mathrm{d}y}{\mathrm{d}x}\big|_{x = x_0}$ 或 $\dfrac{\mathrm{d}f(x)}{\mathrm{d}x}\big|_{x = x_0}$.

函数 $f(x)$ 在点 x_0 处可导有时也说成 $f(x)$ 在点 x_0 具有导数或导数存在.

导数的定义式也可以取不同的形式, 常见的有

$$f'(x_0) = \lim_{h \to 0} \frac{f(x_0+h) - f(x_0)}{h}, \quad f'(x_0) = \lim_{x \to x_0} \frac{f(x) - f(x_0)}{x - x_0}.$$

如果极限 $\lim\limits_{\Delta x \to 0} \dfrac{f(x_0+\Delta x) - f(x_0)}{\Delta x}$ 不存在, 就说函数 $y = f(x)$ 在点 x_0 处不可导.

如果不可导的原因是由于 $\lim\limits_{\Delta x \to 0} \dfrac{f(x_0+\Delta x) - f(x_0)}{\Delta x} = \infty$, 也往往说函数 $y = f(x)$ 在点 x_0 处的导数为无穷大.

在实际中, 需要讨论各种具有不同意义的变量的变化"快慢"问题, 在数学上就是所谓函数的变化率问题. $\dfrac{\Delta y}{\Delta x} = \dfrac{f(x_0+\Delta x) - f(x_0)}{\Delta x}$ 反映的是自变量从 x_0 改变到 $x_0+\Delta x$ 时, 函数的平均变化速度, 称为平均变化率; 导数 $f'(x_0) = \lim\limits_{\Delta x \to 0} \dfrac{\Delta y}{\Delta x}$ 反映的是函数在点 x_0 处的变化速度, 称为函数在点 x_0 的变化率.

> **定义 3.1.2** 如果函数 $y = f(x)$ 在开区间 (a,b) 内的每点处都可导, 那么就称函数 $f(x)$ 在开区间 (a,b) 内可导, 这时, 对于任意一个 $x \in (a,b)$ 内的每一点, 都对应着 $f(x)$ 的一个确定的导数值. 这样就构成了一个新的函数, 称其为 $y = f(x)$ 在 (a,b) 内对 x 的导函数, 简称为导数, 记作 y', $f'(x)$, $\dfrac{\mathrm{d}y}{\mathrm{d}x}$, 或 $\dfrac{\mathrm{d}f(x)}{\mathrm{d}x}$. 即
>
> $$y' = \lim_{\Delta x \to 0} \frac{f(x+\Delta x) - f(x)}{\Delta x} = \lim_{h \to 0} \frac{f(x+h) - f(x)}{h}.$$

注 1: 以上两个式子, 虽然 x 是 (a,b) 内的任意一个点, 但在取极限的过程中, x 是常数, Δx 和 h 是变量.

注 2: $f'(x_0)$ 与 $f'(x)$ 之间的关系: 函数 $f(x)$ 在点 x_0 处的导数 $f'(x_0)$ 就是导函数 $f'(x)$ 在点 $x = x_0$ 处的函数值, 即

$$f'(x_0) = f'(x) \big|_{x = x_0}.$$

$f'(x_0)$ 是 $f(x)$ 在 x_0 处的导数或导数 $f'(x)$ 在 x_0 处的值.

根据导数的定义, 变速直线运动的瞬时速度是路程 s 对时间 t 的导数, 即 $v(t) = s'(t)$; 曲线 $y = f(x)$ 在一点处的切线斜率是函数 $y = f(x)$ 在这点的导数 $f'(x_0)$.

用导数定义求导数的方法可以概括为:

（1）求出对应于自变量的改变量 Δx 的函数值的改变量 $\Delta y = f(x+\Delta x) - f(x)$；

（2）计算比值$\dfrac{\Delta y}{\Delta x} = \dfrac{f(x+\Delta x) - f(x)}{\Delta x}$；

（3）求 $\Delta x \to 0$ 时，$\dfrac{\Delta y}{\Delta x}$的极限，即

$$y' = f'(x) = \lim_{\Delta x \to 0}\frac{\Delta y}{\Delta x} = \lim_{\Delta x \to 0}\frac{f(x+\Delta x) - f(x)}{\Delta x}.$$

例 3.1.1　求函数 $y = ax + b$ 的导数.

解　对任意 Δx，$\Delta y = a(x+\Delta x) + b - (ax+b) = a\Delta x$，于是

$$\frac{\Delta y}{\Delta x} = \frac{a\Delta x}{\Delta x} = a,$$

因此

$$y' = \lim_{\Delta x \to 0}\frac{\Delta y}{\Delta x} = \lim_{\Delta x \to 0}a = a.$$

例 3.1.2　求 $f(x) = \dfrac{1}{x}$的导数.

解　对任意 Δx，$\Delta y = \dfrac{1}{x+\Delta x} - \dfrac{1}{x} = \dfrac{-\Delta x}{x(x+\Delta x)}$，于是

$$\frac{\Delta y}{\Delta x} = \frac{\dfrac{-\Delta x}{x(x+\Delta x)}}{\Delta x} = \frac{-1}{x(x+\Delta x)},$$

因此

$$f'(x) = \lim_{\Delta x \to 0}\frac{\Delta y}{\Delta x} = \lim_{\Delta x \to 0}\frac{-1}{x(x+\Delta x)} = -\frac{1}{x^2}.$$

例 3.1.3　函数 $f(x) = x^2$，求 $f'(x)$，$f'(1)$，$f'(x_0)$.

解　对任意 Δx，$\Delta y = (x+\Delta x)^2 - x^2$，于是

$$\frac{\Delta y}{\Delta x} = \frac{2x\Delta x + (\Delta x)^2}{\Delta x} = 2x + \Delta x,$$

因此

$$f'(x) = \lim_{\Delta x \to 0}\frac{\Delta y}{\Delta x} = \lim_{\Delta x \to 0}(2x + \Delta x) = 2x.$$

$$f'(1) = f'(x)\big|_{x=1} = 2,$$

$$f'(x_0) = f'(x)\big|_{x=x_0} = 2x_0.$$

例 3.1.4

讨论函数 $f(x) = \begin{cases} x\sin\dfrac{1}{x}, & x \neq 0, \\ 0, & x = 0 \end{cases}$ 在 $x = 0$ 处的连续性

和可导性.

解　由于 $\sin\dfrac{1}{x}$ 是有界函数,因此

$$\lim_{x\to 0}x\sin\frac{1}{x}=0,$$

即 $f(0)=\lim\limits_{x\to 0}f(x)=0$,$f(x)$ 在 $x=0$ 处连续.

在 $x=0$ 处,

$$\frac{\Delta y}{\Delta x}=\frac{(0+\Delta x)\sin\dfrac{1}{0+\Delta x}-0}{\Delta x}=\sin\frac{1}{\Delta x},$$

当 $\Delta x\to 0$ 时,$\dfrac{\Delta y}{\Delta x}$ 在 -1 到 1 之间振荡但极限不存在,所以,$f(x)$ 在 $x=0$ 处导数不存在.

3.1.3　导数的几何意义

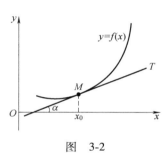

图　3-2

如图 3-2 所示,函数 $y=f(x)$ 在点 x_0 处的导数 $f'(x_0)$ 在几何上表示曲线 $y=f(x)$ 在点 $M(x_0,f(x_0))$ 处的切线的斜率,即

$$f'(x_0)=\tan\alpha,$$

其中,α 是切线的倾角.

如果 $y=f(x)$ 在点 x_0 处的导数为无穷大,这时曲线 $y=f(x)$ 的割线以垂直于 x 轴的直线 $x=x_0$ 为极限位置,即曲线 $y=f(x)$ 在点 $M(x_0,f(x_0))$ 处具有垂直于 x 轴的切线 $x=x_0$.

由直线的点斜式方程,可知曲线 $y=f(x)$ 在点 $M(x_0,y_0)$ 处的切线方程为

$$y-y_0=f'(x_0)(x-x_0).$$

过切点 $M(x_0,y_0)$ 且与切线垂直的直线叫作曲线 $y=f(x)$ 在点 M 处的法线.如果 $f'(x_0)\neq 0$,那么法线的斜率为 $-\dfrac{1}{f'(x_0)}$,从而法线方程为

$$y-y_0=-\frac{1}{f'(x_0)}(x-x_0).$$

例 3.1.5　求双曲线 $y=\dfrac{1}{x}$ 在点 $(1,1)$ 处的切线的斜率,并写出在该点处的切线方程和法线方程.

解　由例 3.1.2 可知　$y'=-\dfrac{1}{x^2}$.

切线的斜率为

$$k_1=y'\big|_{x=1}=\left(-\frac{1}{x^2}\right)\bigg|_{x=1}=-1.$$

故，切线方程为 $y-1=-1(x-1)$，即 $x+y-2=0$.

　　法线的斜率为

$$k_2=-\frac{1}{k_1}=1,$$

所以，法线方程为 $y-1=1(x-1)$，即 $x-y=0$.

3.1.4　单侧导数

　　我们知道，极限 $\lim\limits_{\Delta x\to 0}\dfrac{f(x+\Delta x)-f(x)}{\Delta x}$ 存在的充分必要条件是

$$\lim_{\Delta x\to 0^-}\frac{f(x+\Delta x)-f(x)}{\Delta x}\ \text{及}\ \lim_{\Delta x\to 0^+}\frac{f(x+\Delta x)-f(x)}{\Delta x}$$

都存在且相等. 由此，我们给出单侧导数，即左、右导数的定义.

> **定义 3.1.3**　设函数 $y=f(x)$ 在点 x_0 的某个邻域内有定义，如果 $\lim\limits_{\Delta x\to 0^-}\dfrac{f(x+\Delta x)-f(x)}{\Delta x}$ 存在，则称之为 $f(x)$ 在 x_0 处的左导数，记为 $f'_-(x_0)$；如果 $\lim\limits_{\Delta x\to 0^+}\dfrac{f(x+\Delta x)-f(x)}{\Delta x}$ 存在，则称之为 $f(x)$ 在 x_0 处的右导数，记为 $f'_+(x_0)$.

　　导数与左、右导数的关系：函数 $f(x)$ 在点 x_0 处可导的充分必要条件是左导数 $f'_-(x_0)$ 和右导数 $f'_+(x_0)$ 都存在且相等.

　　如果函数 $f(x)$ 在开区间 (a,b) 内可导，且右导数 $f'_+(a)$ 和左导数 $f'_-(b)$ 都存在，就说 $f(x)$ 在闭区间 $[a,b]$ 上可导.

　　例 3.1.6　求函数 $f(x)=|x|$ 在 $x=0$ 处的导数（见图 3-3）.

　　解　$f'_-(0)=\lim\limits_{\Delta x\to 0^-}\dfrac{f(0+\Delta x)-f(0)}{\Delta x}=\lim\limits_{\Delta x\to 0^-}\dfrac{|\Delta x|}{\Delta x}=-1,$

$$f'_+(0)=\lim_{\Delta x\to 0^+}\frac{f(0+\Delta x)-f(0)}{\Delta x}=\lim_{\Delta x\to 0^+}\frac{|\Delta x|}{\Delta x}=1,$$

因为 $f'_-(0)\neq f'_+(0)$，所以函数 $f(x)=|x|$ 在 $x=0$ 处不可导.

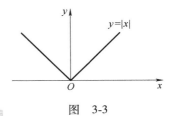

图　3-3

3.1.5　函数的可导性与连续性的关系

　　设函数 $y=f(x)$ 在点 x_0 处可导，即 $\lim\limits_{\Delta x\to 0}\dfrac{\Delta y}{\Delta x}=f'(x_0)$ 存在. 根据极限运算法则，有

$$\lim_{\Delta x\to 0}\Delta y=\lim_{\Delta x\to 0}\left(\frac{\Delta y}{\Delta x}\cdot\Delta x\right)=\lim_{\Delta x\to 0}\frac{\Delta y}{\Delta x}\cdot\lim_{\Delta x\to 0}\Delta x=f'(x_0)\cdot 0=0.$$

由此说明函数 $y=f(x)$ 在点 x_0 处是连续的. 所以，如果函数 $y=$

$f(x)$ 在点 x 处可导，则函数在该点必连续.

另一方面，一个函数在某点连续却不一定在该点处可导. 例如，函数 $f(x)=\sqrt[3]{x}$ 在区间 $(-\infty,+\infty)$ 内连续，但在点 $x=0$ 处不可导，如图 3-4 所示. 这是因为

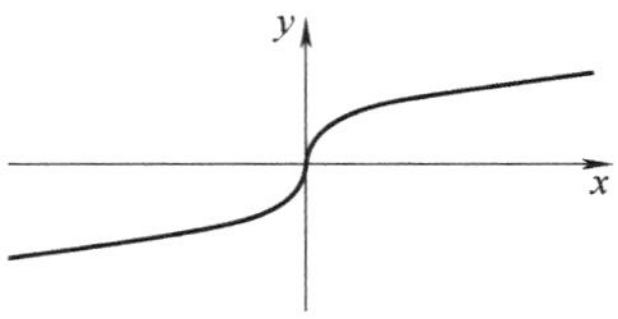

$$\lim_{\Delta x \to 0}\frac{f(0+\Delta x)-f(0)}{\Delta x}=\lim_{\Delta x \to 0}\frac{\sqrt[3]{\Delta x}-0}{\Delta x}=+\infty.$$

图 3-4

例 3.1.7

讨论 $f(x)=\begin{cases} x-1, & x\leqslant 0, \\ 2x, & 0<x\leqslant 1, \\ x^2+1, & 1<x\leqslant 2, \\ \dfrac{1}{2}x+4, & x>2 \end{cases}$ 在 $x=0$，$x=1$，$x=2$ 处的连续性和可导性.

解 在 $x=0$ 处，

$$f(0-0)=\lim_{x \to 0-0}(x-1)=-1=f(0),$$

$$f(0+0)=\lim_{x \to 0+0}2x=0,$$

所以，$f(x)$ 在 $x=0$ 处不连续，从而也不可导.

在 $x=1$ 处，

$$f(1-0)=\lim_{x \to 1-0}2x=2=f(1),$$

$$f(1+0)=\lim_{x \to 1+0}(x^2+1)=2,$$

即 $\lim_{x \to 1}f(x)=f(1)=2$，因此 $f(x)$ 在 $x=1$ 处连续.

$$f'_-(1)=\lim_{\Delta x \to 0^-}\frac{f(1+\Delta x)-f(1)}{\Delta x}=\lim_{\Delta x \to 0^-}\frac{2(1+\Delta x)-2}{\Delta x}=2,$$

$$f'_+(1)=\lim_{\Delta x \to 0^+}\frac{f(1+\Delta x)-f(1)}{\Delta x}=\lim_{\Delta x \to 0^+}\frac{[(1+\Delta x)^2+1]-2}{\Delta x}$$

$$=\lim_{\Delta x \to 0^+}\frac{2\Delta x+(\Delta x)^2}{\Delta x}=\lim_{\Delta x \to 0^+}(2+\Delta x)=2,$$

即 $f'_+(1)=f'_-(1)$，因此 $y=f(x)$ 在 $x=1$ 处可导.

在 $x=2$ 处，

$$f(2-0)=\lim_{x \to 2-0}(x^2+1)=5=f(2),$$

$$f(2+0)=\lim_{x \to 2+0}\left(\frac{1}{2}x+4\right)=5,$$

即 $\lim_{x \to 2}f(x)=f(2)=5$，因此 $f(x)$ 在 $x=2$ 处连续.

$$f'_-(2)=\lim_{\Delta x \to 0^-}\frac{f(2+\Delta x)-f(2)}{\Delta x}=\lim_{\Delta x \to 0^-}\frac{[(2+\Delta x)^2+1]-5}{\Delta x}$$

$$=\lim_{\Delta x \to 0^-}\frac{4\Delta x+(\Delta x)^2}{\Delta x}=\lim_{\Delta x \to 0^-}(4+\Delta x)=4,$$

$$f'_+(2) = \lim_{\Delta x \to 0^+} \frac{f(2+\Delta x) - f(2)}{\Delta x} = \lim_{\Delta x \to 0^+} \frac{\left[\frac{1}{2}(2+\Delta x) + 4\right] - 5}{\Delta x} = \frac{1}{2},$$

即 $f'_+(2) \neq f'_-(2)$，因此 $y = f(x)$ 在 $x = 2$ 处不可导.

例 3.1.8 讨论 a，b 满足什么条件时 $y = f(x) = \begin{cases} x^2, & x \le x_0, \\ ax+b, & x > x_0 \end{cases}$ 在

x_0 处可导.

解 首先函数必须在 x_0 处连续. 由于

$$\lim_{x \to x_0^-} f(x) = x_0^2, \quad \lim_{x \to x_0^+} f(x) = ax_0 + b, \quad f(x_0) = x_0^2,$$

因此

$$ax_0 + b = x_0^2.$$

又

$$f'_-(x_0) = \lim_{x \to x_0^-} \frac{f(x) - f(x_0)}{x - x_0} = \lim_{x \to x_0^-} \frac{x^2 - x_0^2}{x - x_0} = 2x_0,$$

$$f'_+(x_0) = \lim_{x \to x_0^+} \frac{f(x) - f(x_0)}{x - x_0} = \lim_{x \to x_0^+} \frac{(ax+b) - x_0^2}{x - x_0}$$

$$= \lim_{x \to x_0^+} \frac{(ax+b) - (ax_0+b)}{x - x_0} = \lim_{x \to x_0^+} \frac{ax - ax_0}{x - x_0} = a.$$

由 $f'_-(x_0) = f'_+(x_0)$ 可得 $a = 2x_0$，代入 $ax_0 + b = x_0^2$，得 $b = -x_0^2$.

当 $a = 2x_0$，$b = -x_0^2$ 时，$y = f(x)$ 在 x_0 处可导.

习题 3.1

1. 下列条件中，当 $\Delta x \to 0$ 时，使 $f(x)$ 在点 $x = x_0$ 处不可导的条件是 [ ].

(A) Δy 与 Δx 是等价无穷小量

(B) Δy 与 Δx 是同阶无穷小量

(C) Δy 是比 Δx 较高阶的无穷小量

(D) Δy 是比 Δx 较低阶的无穷小量

2. 若 $f(x)$ 在点 $x = x_0$ 处可导，则下列各式中结果等于 $f'(x_0)$ 的是 [ ].

(A) $\lim\limits_{\Delta x \to 0} \dfrac{f(x_0) - f(x_0 + \Delta x)}{\Delta x}$

(B) $\lim\limits_{\Delta x \to 0} \dfrac{f(x_0 - \Delta x) - f(x_0)}{\Delta x}$

(C) $\lim\limits_{\Delta x \to 0} \dfrac{f(x_0 + 2\Delta x) - f(x_0)}{\Delta x}$

(D) $\lim\limits_{\Delta x \to 0} \dfrac{f(x_0 + 2\Delta x) - f(x_0 + \Delta x)}{\Delta x}$

3. 下列结论错误的是 [ ].

(A) 如果函数 $f(x)$ 在点 $x = x_0$ 处连续，则 $f(x)$ 在点 $x = x_0$ 处可导

(B) 如果函数 $f(x)$ 在点 $x = x_0$ 处不连续，则 $f(x)$ 在点 $x = x_0$ 处不可导

(C) 如果函数 $f(x)$ 在点 $x = x_0$ 处可导，则 $f(x)$ 在点 $x = x_0$ 处连续

(D) 如果函数 $f(x)$ 在点 $x = x_0$ 处不可导，则 $f(x)$ 在点 $x = x_0$ 处也可能连续

4. 设 $f(x) = x(x+1)(x+2)(x+3)$，则 $f'(0) =$ [ ].

(A) 6   (B) 3

(C) 2   (D) 0

5. 函数 $f(x) = |x-1|$ [ ].

（A）在点 $x=1$ 处连续可导

（B）在点 $x=1$ 处不连续

（C）在点 $x=0$ 处连续可导

（D）在点 $x=0$ 处不连续

6. 设 $f(x)=10x^2$，试按定义求 $f'(-1)$.

7. 已知 $f(x)=\begin{cases} -x, & x<0, \\ x^2, & x\geqslant 0. \end{cases}$ 试问 $f'_+(0)$，$f'_-(0)$，

$f'(0)$ 是否存在？

8. 讨论函数

$$f(x)=\begin{cases} x^2\sin\dfrac{1}{x}, & x\neq 0, \\ 0, & x=0 \end{cases}$$

在 $x=0$ 处的连续性和可导性.

3.2 导数的基本公式和运算法则

导数的定义不仅阐明了导数概念的实质，也可以用来求函数的导数，但我们会发现，直接用定义求导有时将是十分复杂的，因此，本节我们将介绍基本初等函数求导公式和导数的运算法则，借助这些公式和法则，就能比较方便地求出常见的初等函数的导数.

3.2.1 导数的基本公式

我们利用导数的定义 $f'(x)=\lim\limits_{\Delta x\to 0}\dfrac{f(x+\Delta x)-f(x)}{\Delta x}=\lim\limits_{h\to 0}\dfrac{f(x+h)-f(x)}{h}$

来求几个常见的基本初等函数的导数.

1. 常数函数的导数

设 $f(x)=C$（C 为常数），则

$$f'(x)=\lim_{h\to 0}\frac{f(x+h)-f(x)}{h}=\lim_{h\to 0}\frac{C-C}{h}=0,$$

即 $(C)'=0$.

2. 幂函数的导数

设 $f(x)=x^n$（n 为正整数），则

$$f'(x)=\lim_{h\to 0}\frac{f(x+h)-f(x)}{h}=\lim_{h\to 0}\frac{(x+h)^n-x^n}{h}.$$

根据二项式定理，得

$$(x+h)^n=x^n+C_n^1x^{n-1}h+C_n^2x^{n-2}h^2+\cdots+C_n^{n-1}xh^{n-1}+h^n.$$

所以

$$f'(x)=\lim_{h\to 0}(nx^{n-1}+C_n^2x^{n-2}h+\cdots+C_n^{n-1}xh^{n-2}+h^{n-1}),$$

即

$$(x^n)'=nx^{n-1}.$$

以后将证明，在函数相应的定义区间内，此公式对一般实指数也成立，即对于任意给定的实数 μ，有

$$(x^\mu)'=\mu x^{\mu-1}.$$

利用此公式，立即得

$$\left(\frac{1}{x}\right)' = -\frac{1}{x^2}, \quad (\sqrt{x})' = \frac{1}{2\sqrt{x}}.$$

3. 指数函数的导数

设 $f(x) = a^x (a>0, \ a \neq 1)$，则

$$f'(x) = \lim_{h \to 0} \frac{f(x+h) - f(x)}{h} = \lim_{h \to 0} \frac{a^{x+h} - a^x}{h}$$

$$= a^x \lim_{h \to 0} \frac{a^h - 1}{h} \xlongequal{\diamondsuit \ a^h - 1 = t} a^x \lim_{t \to 0} \frac{t}{\log_a(1+t)}$$

$$= a^x \frac{1}{\log_a e} = a^x \ln a.$$

即
$$(a^x)' = a^x \ln a.$$

特别地，有
$$(e^x)' = e^x.$$

4. 对数函数的导数

设 $f(x) = \log_a x (a>0, \ a \neq 1)$，则

$$f'(x) = \lim_{h \to 0} \frac{\log_a(x+h) - \log_a x}{h} = \lim_{h \to 0} \frac{1}{h} \log_a\left(1 + \frac{h}{x}\right)$$

$$= \frac{1}{x} \lim_{h \to 0} \log_a\left(1 + \frac{h}{x}\right)^{\frac{x}{h}} = \frac{1}{x} \log_a e = \frac{1}{x \ln a}.$$

即
$$(\log_a x)' = \frac{1}{x \ln a}.$$

特别地，有
$$(\ln x)' = \frac{1}{x}.$$

5. 三角函数的导数

设 $f(x) = \sin x$，则

$$f'(x) = \lim_{h \to 0} \frac{f(x+h) - f(x)}{h} = \lim_{h \to 0} \frac{\sin(x+h) - \sin x}{h}$$

$$= \lim_{h \to 0} \frac{1}{h} \cdot 2\cos\left(x + \frac{h}{2}\right) \sin\frac{h}{2}$$

$$= \lim_{h \to 0} \cos\left(x + \frac{h}{2}\right) \cdot \frac{\sin\frac{h}{2}}{\frac{h}{2}} = \cos x,$$

即
$$(\sin x)' = \cos x.$$

类似可得
$$(\cos x)' = -\sin x.$$

3.2.2 导数的运算法则

1. 函数和或差的导数

> **定理 3.2.1** 如果函数 $u=u(x)$ 及 $v=v(x)$ 在点 x 具有导数,那么它们的和、差都在点 x 具有导数,并且
> $$[u(x)\pm v(x)]'=u'(x)\pm v'(x).$$

证 因为函数 $u=u(x)$ 及 $v=v(x)$ 在点 x 具有导数,根据导数的定义,有

$$\lim_{h\to 0}\frac{u(x+h)-u(x)}{h}=u'(x),\lim_{h\to 0}\frac{v(x+h)-v(x)}{h}=v'(x),$$

$$[u(x)\pm v(x)]'=\lim_{h\to 0}\frac{[u(x+h)\pm v(x+h)]-[u(x)\pm v(x)]}{h}$$

$$=\lim_{h\to 0}\frac{[u(x+h)-u(x)]\pm[v(x+h)-v(x)]}{h}.$$

根据极限运算法则,有

$$[u(x)\pm v(x)]'=\lim_{h\to 0}\frac{u(x+h)-u(x)}{h}\pm\lim_{h\to 0}\frac{v(x+h)-v(x)}{h}=u'(x)\pm v'(x).$$

2. 乘积的导数

> **定理 3.2.2** 如果函数 $u=u(x)$ 及 $v=v(x)$ 在点 x 具有导数,那么它们的积在点 x 具有导数,并且
> $$[u(x)\cdot v(x)]'=u'(x)v(x)+u(x)v'(x).$$

证 根据导数的定义,有

$$[u(x)\cdot v(x)]'=\lim_{h\to 0}\frac{u(x+h)v(x+h)-u(x)v(x)}{h}$$

$$=\lim_{h\to 0}\frac{1}{h}[u(x+h)v(x+h)-u(x)v(x+h)+$$

$$u(x)v(x+h)-u(x)v(x)]$$

$$=\lim_{h\to 0}\left[\frac{u(x+h)-u(x)}{h}v(x+h)+u(x)\frac{v(x+h)-v(x)}{h}\right].$$

根据可导与连续的关系:可导必连续,可知 $\lim\limits_{h\to 0}v(x+h)=v(x)$,再根据极限运算法则,得

$$[u(x)\cdot v(x)]'=\lim_{h\to 0}\frac{u(x+h)-u(x)}{h}\cdot\lim_{h\to 0}v(x+h)+$$

$$u(x)\cdot\lim_{h\to 0}\frac{v(x+h)-v(x)}{h}$$

$$=u'(x)v(x)+u(x)v'(x).$$

3. 商的导数

定理 3.2.3 如果函数 $u=u(x)$ 及 $v=v(x)$ 在点 x 具有导数,那么它们的商(除分母为零的点外)都在点 x 具有导数,并且

$$\left[\frac{u(x)}{v(x)}\right]' = \frac{u'(x)v(x)-u(x)v'(x)}{v^2(x)}.$$

证

$$\left[\frac{u(x)}{v(x)}\right]' = \lim_{h \to 0} \frac{\dfrac{u(x+h)}{v(x+h)} - \dfrac{u(x)}{v(x)}}{h}$$

$$= \lim_{h \to 0} \frac{u(x+h)v(x)-u(x)v(x+h)}{v(x+h)v(x)h}$$

$$= \lim_{h \to 0} \frac{[u(x+h)-u(x)]v(x)-u(x)[v(x+h)-v(x)]}{v(x+h)v(x)h}$$

$$= \lim_{h \to 0} \frac{\dfrac{u(x+h)-u(x)}{h}v(x)-u(x)\dfrac{v(x+h)-v(x)}{h}}{v(x+h)v(x)}$$

$$= \frac{u'(x)v(x)-u(x)v'(x)}{v^2(x)}.$$

注 1:以上三个定理可以简单表示为:

如果函数 $u=u(x)$ 及 $v=v(x)$ 在点 x 具有导数,则

$$[u(x) \pm v(x)]' = u'(x) \pm v'(x);$$

$$[u(x) \cdot v(x)]' = u'(x)v(x)+u(x)v'(x);$$

$$\left[\frac{u(x)}{v(x)}\right]' = \frac{u'(x)v(x)-u(x)v'(x)}{v^2(x)}.$$

特别地,$(Cu)' = C'u+Cu' = Cu'$.

注 2:定理 3.2.1 和定理 3.2.2 可推广到任意有限个可导函数的情形. 例如,设 $u=u(x)$,$v=v(x)$,$w=w(x)$ 均可导,则有

$$(u+v-w)' = u'+v'-w'.$$

$$(uvw)' = [(uv)w]' = (uv)'w+(uv)w'$$

$$= (u'v+uv')w+uvw' = u'vw+uv'w+uvw'.$$

即

$$(uvw)' = u'vw+uv'w+uvw'.$$

例 3.2.1 设 $f(x)=x^3+3\sin x-\cos 2\pi$,求 $f'(x)$ 及 $f'\left(\dfrac{\pi}{2}\right)$.

解 $f'(x) = (x^3)'+(3\sin x)'-(\cos 2\pi)' = 3x^2+3\cos x$,

$$f'\left(\frac{\pi}{2}\right) = \frac{3}{4}\pi^2.$$

例 3.2.2 设 $y = e^x \ln x$，求 y'.

解 $y' = (e^x)' \ln x + e^x (\ln x)'$

$$= e^x \ln x + e^x \frac{1}{x} = e^x \left(\ln x + \frac{1}{x} \right).$$

例 3.2.3 设 $y = \tan x$，求 y'.

解 $y' = (\tan x)' = \left(\dfrac{\sin x}{\cos x} \right)' = \dfrac{(\sin x)' \cos x - \sin x (\cos x)'}{\cos^2 x}$

$$= \frac{\cos^2 x + \sin^2 x}{\cos^2 x} = \frac{1}{\cos^2 x} = \sec^2 x,$$

即 $$(\tan x)' = \sec^2 x.$$

例 3.2.4 设 $y = \sec x$，求 y'.

解 $y' = (\sec x)' = \left(\dfrac{1}{\cos x} \right)' = \dfrac{(1)' \cos x - 1 \cdot (\cos x)'}{\cos^2 x}$

$$= \frac{\sin x}{\cos^2 x} = \sec x \tan x,$$

即 $$(\sec x)' = \sec x \tan x.$$

用类似方法，还可求得余切函数及余割函数的导数公式：

$$(\cot x)' = -\csc^2 x, \quad (\csc x)' = -\csc x \cot x.$$

3.2.3 反函数的求导法则

定理 3.2.4 如果函数 $y = f(x)$ 在某区间 I 内单调、可导且 $f'(x) \neq 0$，那么它的反函数 $x = \varphi(y)$ 在对应区间 I_y 内也可导，并且

$$\varphi'(y) = \frac{1}{f'(x)}, \quad \text{或} \frac{dx}{dy} = \frac{1}{\dfrac{dy}{dx}},$$

即反函数的导数等于直接函数的导数的倒数.

证 由于函数 $y = f(x)$ 在某区间 I 内单调、可导、从而连续，所以 $y = f(x)$ 的反函数 $x = \varphi(y)$ 在相应的区间 I_y 内单调而且连续.

任取 $y \in I_y$，给 y 以增量 $\Delta y (\Delta y \neq 0, \ y + \Delta y \in I_y)$，则 $x = \varphi(y)$ 有增量

$$\Delta x = \varphi(y + \Delta y) - \varphi(y).$$

而且，根据单调性，$\Delta x \neq 0$，因此

$$\frac{\Delta x}{\Delta y} = \frac{1}{\dfrac{\Delta y}{\Delta x}}.$$

由 $x=\varphi(y)$ 的连续性，可得：当 $\Delta y \to 0$ 时，$\Delta x \to 0$. 因此

$$\varphi'(y) = \lim_{\Delta y \to 0} \frac{\Delta x}{\Delta y} = \lim_{\Delta x \to 0} \frac{1}{\dfrac{\Delta y}{\Delta x}} = \frac{1}{\lim\limits_{\Delta x \to 0} \dfrac{\Delta y}{\Delta x}} = \frac{1}{f'(x)}$$

即

$$\frac{\mathrm{d}x}{\mathrm{d}y} = \frac{1}{\dfrac{\mathrm{d}y}{\mathrm{d}x}}.$$

例 3.2.5　求 $y=\arcsin x$，$y=\arctan x$，$y=\log_a x$ 的导数.

解　（1）设 $y=\arcsin x$，$x \in [-1,1]$，$y \in \left[-\dfrac{\pi}{2}, \dfrac{\pi}{2}\right]$，它是直接函数 $x=\sin y$ 的反函数.

$x=\sin y$ 在开区间 $\left(-\dfrac{\pi}{2}, \dfrac{\pi}{2}\right)$ 内单调、可导，且

$$(\sin y)' = \cos y > 0.$$

因此，由反函数的求导法则，在对应区间 $x \in (-1,1)$ 内有

$$(\arcsin x)' = \frac{1}{(\sin y)'} = \frac{1}{\cos y} = \frac{1}{\sqrt{1-\sin^2 y}} = \frac{1}{\sqrt{1-x^2}}.$$

类似可得

$$(\arccos x)' = -\frac{1}{\sqrt{1-x^2}}.$$

（2）设 $y=\arctan x$，$x \in (-\infty, +\infty)$，$y \in \left(-\dfrac{\pi}{2}, \dfrac{\pi}{2}\right)$，它是直接函数 $x=\tan y$ 的反函数.

函数 $x=\tan y$ 在区间 $\left(-\dfrac{\pi}{2}, \dfrac{\pi}{2}\right)$ 内单调、可导，且

$$(\tan y)' = \sec^2 y \neq 0.$$

因此，由反函数的求导法则，在对应区间 $x \in (-\infty, +\infty)$ 内，有

$$(\arctan x)' = \frac{1}{(\tan y)'} = \frac{1}{\sec^2 y} = \frac{1}{1+\tan^2 y} = \frac{1}{1+x^2}.$$

类似可得

$$(\text{arccot}\, x)' = -\frac{1}{1+x^2}.$$

（3）设 $y=\log_a x$，$x \in (0, +\infty)$，它是直接函数 $x=a^y$ 在 $y \in (-\infty, +\infty)$ 时的反函数.

直接函数 $x=a^y$ 在 $y \in (-\infty, +\infty)$ 内单调、可导，且

$$(a^y)' = a^y \ln a \neq 0.$$

因此，由反函数的求导法则，在对应区间 $x \in (0, +\infty)$ 内，有

$$(\log_a x)' = \frac{1}{(a^y)'} = \frac{1}{a^y \ln a} = \frac{1}{x \ln a}.$$

3.2.4 复合函数的求导法则

定理 3.2.5 设函数 $y=f(u)$，$u=\varphi(x)$，y 是 x 的复合函数 $y=f(\varphi(x))$。如果 $u=\varphi(x)$ 在点 x 处可导，$\dfrac{\mathrm{d}u}{\mathrm{d}x}=\varphi'(x)$，$y=f(u)$ 在点 u 处可导，$\dfrac{\mathrm{d}y}{\mathrm{d}u}=f'(u)$，则复合函数 $y=f(\varphi(x))$ 在点 x 处可导，且其导数为

$$\frac{\mathrm{d}y}{\mathrm{d}x}=\frac{\mathrm{d}y}{\mathrm{d}u}\cdot\frac{\mathrm{d}u}{\mathrm{d}x}\ \text{或}\ y_x'=y_u'\cdot u_x'\ \text{或}\ \frac{\mathrm{d}y}{\mathrm{d}x}=f'(u)\cdot\varphi'(x).$$

证 设自变量 x 的改变量为 Δx，则 u 相应的改变量为 $\Delta u=\varphi(x+\Delta x)-\varphi(x)$，同时

$$\Delta y=f(u+\Delta u)-f(u).$$

（1）当 $\Delta u=0$ 时（此时 $u=C$），显然 $\Delta y=0$，因此 $y'=0$，结论成立.

（2）当 $\Delta u\neq0$ 时，有

$$\frac{\Delta y}{\Delta x}=\frac{f(\varphi(x+\Delta x))-f(\varphi(x))}{\Delta x}$$

$$=\frac{f(\varphi(x+\Delta x))-f(\varphi(x))}{\varphi(x+\Delta x)-\varphi(x)}\cdot\frac{\varphi(x+\Delta x)-\varphi(x)}{\Delta x}$$

$$=\frac{f(u+\Delta u)-f(u)}{\Delta u}\cdot\frac{u(x+\Delta x)-u(x)}{\Delta x}.$$

于是

$$\frac{\mathrm{d}y}{\mathrm{d}x}=\lim_{\Delta x\to0}\frac{\Delta y}{\Delta x}=\lim_{\Delta u\to0}\frac{f(u+\Delta u)-f(u)}{\Delta u}\cdot\lim_{\Delta x\to0}\frac{\varphi(x+\Delta x)-\varphi(x)}{\Delta x}.$$

以上证明也可简写为

$$\frac{\mathrm{d}y}{\mathrm{d}x}=\lim_{\Delta x\to0}\frac{\Delta y}{\Delta x}=\lim_{\Delta x\to0}\frac{\Delta y}{\Delta u}\cdot\lim_{\Delta x\to0}\frac{\Delta u}{\Delta x}.$$

由于 $u=\varphi(x)$ 在点 x 处可导，根据可导与连续的关系可知 $u=\varphi(x)$ 在点 x 处连续，即

$$\lim_{\Delta x\to0}\Delta u=0.$$

因此

$$\frac{\mathrm{d}y}{\mathrm{d}x}=\lim_{\Delta u\to0}\frac{\Delta y}{\Delta u}\cdot\lim_{\Delta x\to0}\frac{\Delta u}{\Delta x}=\frac{\mathrm{d}y}{\mathrm{d}u}\frac{\mathrm{d}u}{\mathrm{d}x}=f'(u)\varphi'(x),$$

即

$$y_x'=y_u'\cdot u_x'.$$

复合函数的求导法则可以推广到多个中间变量的情形：设 $y=f(u)$，$u=\varphi(v)$，$v=\psi(x)$，则

$$\frac{\mathrm{d}y}{\mathrm{d}x} = \frac{\mathrm{d}y}{\mathrm{d}u} \cdot \frac{\mathrm{d}u}{\mathrm{d}x} = \frac{\mathrm{d}y}{\mathrm{d}u} \cdot \frac{\mathrm{d}u}{\mathrm{d}v} \cdot \frac{\mathrm{d}v}{\mathrm{d}x}.$$

例 3.2.6　求函数 $y = \mathrm{e}^{\sin x}$ 的导数.

解　复合函数 $y = \mathrm{e}^{\sin x}$ 可以分解为 $y = \mathrm{e}^u$，$u = \sin x$，因此

$$\frac{\mathrm{d}y}{\mathrm{d}x} = \frac{\mathrm{d}y}{\mathrm{d}u} \cdot \frac{\mathrm{d}u}{\mathrm{d}x} = (\mathrm{e}^u)'_u \cdot (\sin x)'_x = \mathrm{e}^u \cdot (\sin x)'_x = \cos x \, \mathrm{e}^{\sin x}.$$

例 3.2.7　求函数 $y = \cos(\ln x + 1)$ 的导数.

解　复合函数 $y = \cos(\ln x + 1)$ 可以分解为 $y = \cos u$，$u = \ln x + 1$，因此

$$\begin{aligned}
\frac{\mathrm{d}y}{\mathrm{d}x} &= \frac{\mathrm{d}y}{\mathrm{d}u} \cdot \frac{\mathrm{d}u}{\mathrm{d}x} = (\cos u)'_u \cdot (\ln x + 1)'_x \\
&= -\sin(\ln x + 1)(\ln x + 1)'_x \\
&= -\frac{\sin(\ln x + 1)}{x}.
\end{aligned}$$

例 3.2.8　求函数 $y = \sin^2 x$ 的导数.

解　复合函数 $y = \sin^2 x$ 可以分解为 $y = u^2$，$u = \sin x$，因此

$$\begin{aligned}
\frac{\mathrm{d}y}{\mathrm{d}x} &= \frac{\mathrm{d}y}{\mathrm{d}u} \cdot \frac{\mathrm{d}u}{\mathrm{d}x} = (u^2)'_u \cdot (\sin x)'_x \\
&= 2u(\sin x)'_x = 2\sin x \cos x = \sin 2x.
\end{aligned}$$

例 3.2.9　求函数 $y = \sqrt{1 + 2x^2}$ 的导数.

解　复合函数 $y = \sqrt{1 + 2x^2}$ 可以分解为 $y = \sqrt{u}$，$u = 1 + 2x^2$. 因此

$$\begin{aligned}
\frac{\mathrm{d}y}{\mathrm{d}x} &= \frac{\mathrm{d}y}{\mathrm{d}u} \cdot \frac{\mathrm{d}u}{\mathrm{d}x} = (\sqrt{u})'_u \cdot (2x^2 + 1)'_x \\
&= \frac{1}{2\sqrt{u}}(2x^2 + 1)'_x = \frac{2x}{\sqrt{2x^2 + 1}}.
\end{aligned}$$

对求解复合函数的导数比较熟练后，就不必再写出中间变量.

例 3.2.10　$y = \ln \sin x$，求 $\dfrac{\mathrm{d}y}{\mathrm{d}x}$.

解　$\dfrac{\mathrm{d}y}{\mathrm{d}x} = (\ln \sin x)' = \dfrac{1}{\sin x} \cdot (\sin x)' = \dfrac{1}{\sin x} \cdot \cos x = \cot x.$

例 3.2.11　$y = (1 + 3x)^{20}$，求 $\dfrac{\mathrm{d}y}{\mathrm{d}x}$.

解　$\dfrac{\mathrm{d}y}{\mathrm{d}x} = \left[(1 + 3x)^{20}\right]' = 20(1 + 3x)^{19} \cdot (1 + 3x)' = 60(1 + 3x)^{19}.$

例 3. 2. 12 $y = e^{\sin\frac{1}{x}}$，求 $\dfrac{dy}{dx}$.

解 $\dfrac{dy}{dx} = (e^{\sin\frac{1}{x}})' = e^{\sin\frac{1}{x}} \cdot \left(\sin\dfrac{1}{x}\right)' = e^{\sin\frac{1}{x}} \cdot \cos\dfrac{1}{x} \cdot \left(\dfrac{1}{x}\right)'$

$$= -\dfrac{1}{x^2} \cdot e^{\sin\frac{1}{x}} \cdot \cos\dfrac{1}{x}.$$

例 3. 2. 13 $y = \ln\cos(e^x)$，求 $\dfrac{dy}{dx}$.

解 $\dfrac{dy}{dx} = [\ln\cos(e^x)]' = \dfrac{1}{\cos(e^x)} \cdot [\cos(e^x)]'$

$$= \dfrac{1}{\cos(e^x)} \cdot [-\sin(e^x)] \cdot (e^x)' = -e^x\tan(e^x).$$

例 3. 2. 14 设 $x > 0$，证明幂函数的导数公式

$$(x^\mu)' = \mu x^{\mu-1}.$$

解 因为 $x^\mu = (e^{\ln x})^\mu = e^{\mu\ln x}$，所以

$$(x^\mu)' = (e^{\mu\ln x})' = e^{\mu\ln x} \cdot (\mu\ln x)' = e^{\mu\ln x} \cdot \mu x^{-1} = \mu x^{\mu-1}.$$

例 3. 2. 15 已知函数 $f(x)$ 可导，求函数 $y = f(\sin 3x)$ 的导数.

解 复合函数 $y = f(\sin 3x)$ 可以分解为

$$y = f(u), \quad u = \sin 3x.$$

根据复合函数求导法则，得到

$$y'_x = y'_u \cdot u'_x = f'(u) \cdot 3\cos 3x = 3f'(\sin 3x) \cdot \cos 3x.$$

3. 2. 5　基本求导法则与导数公式

1. 基本初等函数的导数

(1) $(C)' = 0$；　　　　　　　　(2) $(x^\mu)' = \mu x^{\mu-1}$；

(3) $(\sin x)' = \cos x$；　　　　　 (4) $(\cos x)' = -\sin x$，

(5) $(\tan x)' = \sec^2 x$；　　　　 (6) $(\cot x)' = -\csc^2 x$；

(7) $(\sec x)' = \sec x \cdot \tan x$；　 (8) $(\csc x)' = -\csc x \cdot \cot x$；

(9) $(a^x)' = a^x\ln a$；　　　　　 (10) $(e^x)' = e^x$；

(11) $(\log_a x)' = \dfrac{1}{x\ln a}$；　　 (12) $(\ln x)' = \dfrac{1}{x}$；

(13) $(\arcsin x)' = \dfrac{1}{\sqrt{1-x^2}}$；　(14) $(\arccos x)' = -\dfrac{1}{\sqrt{1-x^2}}$；

(15) $(\arctan x)' = \dfrac{1}{1+x^2}$；　(16) $(\text{arccot}\, x)' = -\dfrac{1}{1+x^2}$.

2. 函数的和、差、积、商的求导法则

设 $u = u(x)$，$v = v(x)$ 都可导，则

（1）$(u \pm v)' = u' \pm v'$;　　　　（2）$(Cu)' = Cu'$;

（3）$(uv)' = u'v + uv'$;　　　　（4）$\left(\dfrac{u}{v}\right)' = \dfrac{u'v - uv'}{v^2}$.

3. 反函数的求导法则

如果函数 $y = f(x)$ 在某区间 I 内单调、可导且 $f'(x) \neq 0$，那么它的反函数 $x = \varphi(y)$ 在对应区间 I_y 内也可导，并且

$$\frac{\mathrm{d}x}{\mathrm{d}y} = \frac{1}{\dfrac{\mathrm{d}y}{\mathrm{d}x}}.$$

4. 复合函数的求导法则

设函数 $y = f(u)$，$u = \varphi(x)$ 都可导，则复合函数 $y = f(\varphi(x))$ 可导，且其导数为

$$\frac{\mathrm{d}y}{\mathrm{d}x} = \frac{\mathrm{d}y}{\mathrm{d}u} \cdot \frac{\mathrm{d}u}{\mathrm{d}x} \text{或} \; y'_x = y'_u \cdot u'_x \text{或} \frac{\mathrm{d}y}{\mathrm{d}x} = f'(u) \cdot \varphi'(x).$$

习题 3.2

1. 推导如下导数公式：

（1）$(\cos x)' = -\sin x$;　　　（2）$(\cot x)' = -\csc^2 x$;

（3）$(\csc x)' = -\csc x \cot x$.

2. 求下列函数的导数：

（1）$y = 2x^3 + \dfrac{7}{x^4} + \dfrac{2}{x} + 5$;　　（2）$y = 5x^2 + 3\mathrm{e}^x - 2^x$;

（3）$y = 2\tan x + \sec x - 1$;　　（4）$y = \sin x \cdot \cos x$;

（5）$y = \dfrac{\ln x}{x}$;　　　　　（6）$y = \dfrac{\mathrm{e}^x}{x^2} + \ln 3$;

（7）$y = \dfrac{1+x}{1-x}$;　　　　　（8）$y = x^2 \mathrm{e}^x \cos x$.

3. 求下列函数的导数：

（1）$y = (1 + x^2)^4$;　　　　（2）$y = \cos(4 - 3x)$;

（3）$y = \mathrm{e}^{-3x^2}$;　　　　　（4）$y = \ln(1 + x^2)$;

（5）$y = \ln\cos x$;　　　　　（6）$y = \log_a(a^2 + x^2)$.

（7）$y = \sin^n x \cos nx$.

4. 求下列函数的导数：

（1）$y = \arcsin(1 - 2x)$;　　（2）$y = \arcsin\sqrt{x}$;

（3）$y = (\arcsin x)^2$;　　　（4）$y = \left(\arcsin\dfrac{x}{2}\right)^2$;

（5）$y = \arccos\dfrac{1}{x}$;　　　（6）$y = \dfrac{\arcsin x}{\arccos x}$;

（7）$y = \arctan(\mathrm{e}^x)$;　　　（8）$y = \mathrm{e}^{\arctan\sqrt{x}}$;

（9）$y = \arctan\dfrac{x+1}{x-1}$;　　（10）$y = \text{arccot}\dfrac{1}{x}$.

5. 设 $f(x)$ 可导，求下列函数的导数 $\dfrac{\mathrm{d}y}{\mathrm{d}x}$：

（1）$y = f(x^2)$;

（2）$y = f(\sin x) + f(\cos x)$.

3.3　高阶导数

3.3.1　高阶导数的定义

一般地，函数 $y = f(x)$ 的导数 $y' = f'(x)$ 仍然是 x 的函数. 所以我们还可以讨论 $f'(x)$ 的导数.

根据导数的定义，如果

$$\lim_{\Delta x \to 0} \frac{f'(x+\Delta x)-f'(x)}{\Delta x}$$

存在，则称此极限（即 $f'(x)$ 的导数）为函数 $y=f(x)$ 的二阶导数，记作 y''、$f''(x)$ 或 $\dfrac{\mathrm{d}^2 y}{\mathrm{d} x^2}$，即

$$y''=(y')',f''(x)=[f'(x)]',\frac{\mathrm{d}^2 y}{\mathrm{d} x^2}=\frac{\mathrm{d}}{\mathrm{d} x}\left(\frac{\mathrm{d} y}{\mathrm{d} x}\right).$$

相应地，把 $y=f(x)$ 的导数 $f'(x)$ 叫作函数 $y=f(x)$ 的一阶导数.

同样，如果 y'' 仍然可导，将其导数叫作三阶导数，记作 y'''、$f'''(x)$ 或 $\dfrac{\mathrm{d}^3 y}{\mathrm{d} x^3}$.

一般地，如果 $f(x)$ 的 $n-1$ 阶导数如果可导，将其导数叫作 n 阶导数，记作

$$y^{(n)},f^{(n)}(x),\frac{\mathrm{d}^n y}{\mathrm{d} x^n}.$$

函数 $f(x)$ 具有 n 阶导数，也常说成函数 $f(x)$ n 阶可导. 二阶及二阶以上的导数统称为高阶导数. 为方便起见，我们称 $f(x)$ 为 $f(x)$ 的零阶导数，即 $f(x)=f^{(0)}(x)$.

例 3.3.1 $y=ax+b$，求 y''.

解 $y'=a$，$y''=0$.

例 3.3.2   求函数 $y=\mathrm{e}^x$ 的 n 阶导数.

解 $y'=\mathrm{e}^x$，$y''=\mathrm{e}^x$，$y'''=\mathrm{e}^x$，$y^{(4)}=\mathrm{e}^x$. 一般地，可得
$$y^{(n)}=\mathrm{e}^x,\ \text{即}\ (\mathrm{e}^x)^{(n)}=\mathrm{e}^x.$$

例 3.3.3   求正弦函数与余弦函数的 n 阶导数.

解 $y=\sin x$，

$$y'=\cos x=\sin\left(x+\frac{\pi}{2}\right),$$

$$y''=\cos\left(x+\frac{\pi}{2}\right)=\sin\left(x+\frac{\pi}{2}+\frac{\pi}{2}\right)=\sin\left(x+2\cdot\frac{\pi}{2}\right),$$

$$y'''=\cos\left(x+2\cdot\frac{\pi}{2}\right)=\sin\left(x+2\cdot\frac{\pi}{2}+\frac{\pi}{2}\right)=\sin\left(x+3\cdot\frac{\pi}{2}\right),$$

$$y^{(4)}=\cos\left(x+3\cdot\frac{\pi}{2}\right)=\sin\left(x+4\cdot\frac{\pi}{2}\right),$$

一般地，可得

$$y^{(n)}=\sin\left(x+n\cdot\frac{\pi}{2}\right),\ \text{即}\ (\sin x)^{(n)}=\sin\left(x+n\cdot\frac{\pi}{2}\right).$$

用类似方法，可得

$$(\cos x)^{(n)} = \cos\left(x + n \cdot \frac{\pi}{2}\right).$$

例 3.3.4　求对数函数 $\ln x$ 的 n 阶导数.

　　解　$y = \ln x, y' = x^{-1}, y'' = -x^{-2}$,

　　　　$y''' = (-1)(-2)x^{-3}, y^{(4)} = (-1)(-2)(-3)x^{-4}$,

一般地，可得

$$y^{(n)} = (-1)(-2)\cdots(-n+1)x^{-n} = (-1)^{n-1}\frac{(n-1)!}{x^n},$$

即

$$(\ln x)^{(n)} = (-1)^{n-1}\frac{(n-1)!}{x^n}.$$

例 3.3.5　求幂函数 $y = x^{\mu}$(μ 是任意常数)的 n 阶导数.

　　解　$y' = \mu x^{\mu-1}$,

　　　　$y'' = \mu(\mu-1)x^{\mu-2}$,

　　　　$y''' = \mu(\mu-1)(\mu-2)x^{\mu-3}$,

　　　　$y^{(4)} = \mu(\mu-1)(\mu-2)(\mu-3)x^{\mu-4}$.

一般地，可得

$$y^{(n)} = \mu(\mu-1)(\mu-2)\cdots(\mu-n+1)x^{\mu-n},$$

即

$$(x^{\mu})^{(n)} = \mu(\mu-1)(\mu-2)\cdots(\mu-n+1)x^{\mu-n}.$$

当 $\mu = n$ 时，得到

$$(x^n)^{(n)} = n \cdot (n-1) \cdot (n-2) \cdots 3 \cdot 2 \cdot 1 = n!.$$

而

$$(x^n)^{(n+1)} = 0.$$

　　注：求高阶导数就是按照前面的求导法则与导数公式多次接连地求导数，若需要得到函数的高阶导数公式，则常常需要在逐次求导过程中，善于寻找它的某种规律.

3.3.2　高阶导数的运算

　　如果函数 $u = u(x)$ 及 $v = v(x)$ 都在点 x 处具有 n 阶导数，由导数的线性性质，$au(x) \pm bv(x)$ 也在点 x 处具有 n 阶导数，且

$$(au \pm bv)^{(n)} = au^{(n)} \pm bv^{(n)}.$$

　　下面考察乘积的高阶导数.

　　　　$(uv)' = u'v + uv'$,

　　　　$(uv)'' = u''v + 2u'v' + uv''$,

　　　　$(uv)''' = (u''v + 2u'v' + uv'')' = u'''v + 3u''v' + 3u'v'' + uv'''$,

将以上各阶导数的形式与二项式展开的结果进行对照：

　　$u + v = uv^0 + u^0v$,　　　　　　$(uv)' = u'v^{(0)} + u^{(0)}v'$,

　　$(u+v)^2 = u^2v^0 + 2uv + u^0v^2$,　　$(uv)'' = u''v^{(0)} + 2u'v' + u^{(0)}v''$,

$$(u+v)^3 = u^3v^0 + 3u^2v + 3uv^2 + u^0v^3, \quad (uv)''' = u'''v^{(0)} + 3u''v' + 3u'v'' + u^{(0)}v'''.$$

可以看到，uv 的 n 阶导数公式和 $(u+v)^n$ 的展开式二者形式上是相同的. 可以用数学归纳法证明 uv 的 n 阶导数公式有如下形式：

$$(uv)^{(n)} = \sum_{k=0}^{n} C_n^k u^{(n-k)} v^{(k)}.$$

这一公式称为莱布尼茨公式.

例 3.3.6 $y = x^2 e^{2x}$，求 $y^{(10)}$.

解 设 $u = e^{2x}$，$v = x^2$，则

$$(u)^{(k)} = 2^k e^{2x}(k = 1, 2, \cdots, 10),$$

$$v' = 2x, v'' = 2, (v)^{(k)} = 0(k = 3, 4, \cdots, 10),$$

代入莱布尼茨公式，得

$$y^{(10)} = (uv)^{(10)} = u^{(10)}v + C_{10}^1 u^{(9)}v' + C_{10}^2 u^{(8)}v''$$

$$= 2^{10}e^{2x} \cdot x^2 + 10 \cdot 2^9 e^{2x} \cdot 2x + \frac{10 \cdot 9}{2!} \cdot 2^8 e^{2x} \cdot 2$$

$$= 2^{10}e^{2x}(x^2 + 10x + 22.5).$$

例 3.3.7 $y = \dfrac{1}{x^2 - 3x + 2}$，求 $y^{(n)}$.

解 因为 $y = \dfrac{1}{x^2 - 3x + 2} = \dfrac{1}{x-2} - \dfrac{1}{x-1}$，故

$$y' = \frac{-1}{(x-2)^2} - \frac{-1}{(x-1)^2} = (-1)\frac{1}{(x-2)^2} - (-1)\frac{1}{(x-1)^2},$$

$$y'' = \frac{(-1)(-2)}{(x-2)^3} - \frac{(-1)(-2)}{(x-1)^3} = (-1)^2\frac{1 \cdot 2}{(x-2)^3} - (-1)^2\frac{1 \cdot 2}{(x-1)^3}.$$

一般地，可得

$$y^{(n)} = (-1)^n \frac{n!}{(x-2)^{n+1}} - (-1)^n \frac{n!}{(x-1)^{n+1}} = (-1)^n n! \left[\frac{1}{(x-2)^{n+1}} - \frac{1}{(x-1)^{n+1}} \right].$$

注：求 n 阶导数时我们往往需要运用计算技巧，如通过四则运算、变量代换、恒等变形等，尽可能化为求某些熟知函数的 n 阶导数公式.

习题 3.3

1. 求下列函数的二阶导数：

(1) $y = x^2 - \ln x$；

(2) $y = \dfrac{1}{x^3 + 1}$；

(3) $y = x\cos x$；

(4) $y = e^{-t}\sin t$；

(5) $y = xe^{x^2}$；

(6) $y = (1 + x^2)\arctan x$；

(7) $y = \ln(1 - x^2)$；

(8) $y = \ln(x + \sqrt{1 + x^2})$；

2. $y = 3x^4 e^5$，求 $y^{(10)}$.

3. 设 $y = (x+1)^6$，求 $y'''(1)$.

4. 设 $y = x\ln x$，求 $y^{(10)}$.

5. 设 $f''(x)$ 存在，$y=f(x^2)$，求 $\dfrac{\mathrm{d}^2 y}{\mathrm{d}x^2}$.

6. 验证函数 $y=c_1\mathrm{e}^{\lambda x}+c_2\mathrm{e}^{-\lambda x}$（$c_1$，$c_1$，$\lambda$ 是常数）

满足关系 $y''-\lambda^2 y=0$.

7. 验证函数 $y=\mathrm{e}^x\sin x$ 满足关系 $y''-2y'+2y=0$.

3.4　隐函数及由参数方程所确定的函数的导数

3.4.1　隐函数的导数

显函数：形如 $y=f(x)$ 的函数称为显函数. 例如，$y=\cos x$，$y=\ln x+\mathrm{e}^x$.

隐函数：如果在方程 $F(x,y)=0$ 中，当 x 取某区间内的任一值时，相应地总有满足这个方程的唯一的 y 值存在，那么就说方程 $F(x,y)=0$ 在该区间内确定了一个隐函数. 例如，方程 $x+y^3-1=0$ 确定的函数就是隐函数.

把一个隐函数化成显函数，叫作隐函数的显化. 例如，从方程 $x+y^3-1=0$ 得到 $y=\sqrt[3]{1-x}$，就把隐函数化成了显函数. 隐函数的显化有时是困难的，甚至是不可能的. 但在实际问题中，有时并不需要隐函数的显化，只需要计算隐函数的导数即可，因此，我们希望有一种方法，不管隐函数能否显化，都能直接由方程算出它所确定的隐函数的导数.

例 3.4.1　求由方程 $\mathrm{e}^y-\mathrm{e}^x+xy=0$ 所确定的隐函数 y 的导数.

解　注意到在方程中 y 是 x 的函数，$y=y(x)$，方程两边同时对 x 求导，得

$$(\mathrm{e}^y)'-(\mathrm{e}^x)'+(xy)'=(0)',$$

即

$$\mathrm{e}^y\cdot y'-\mathrm{e}^x+y+xy'=0,$$

从而

$$y'=\frac{\mathrm{e}^x-y}{x+\mathrm{e}^y}\ (x+\mathrm{e}^y\neq 0).$$

例 3.4.2　设 $y=f(x)$ 由方程 $\ln(x^2+y)=x^3 y+\sin x$ 确定，求 $f'(0)$.

解　方程两边同时对 x 求导，得

$$\frac{2x+y'}{x^2+y}=3x^2 y+x^3 y'+\cos x.$$

根据已知方程，当 $x=0$ 时 $\ln y=0$，即 $y=1$. 将 $x=0$，$y=1$ 代入上式，得

$$f'(0)=y'\big|_{x=0}=1.$$

例 3.4.3　曲线 C 的方程为 $x^3+y^3=3xy$，求曲线 C 上过点 $\left(\dfrac{3}{2},\dfrac{3}{2}\right)$ 的切线方程，并证明过该点的法线经过原点.

解 方程 $x^3+y^3=3xy$ 两边同时对 x 求导，得

$$3x^2+3y^2 \cdot y'=3y+3xy',$$

$$y' \Big|_{\left(\frac{3}{2},\frac{3}{2}\right)} =\frac{y-x^2}{y^2-x} \Big|_{\left(\frac{3}{2},\frac{3}{2}\right)} =-1.$$

由此，我们得到过点 $\left(\dfrac{3}{2},\dfrac{3}{2}\right)$ 的切线的斜率为 -1，法线的斜率为

1. 所以，过点 $\left(\dfrac{3}{2},\dfrac{3}{2}\right)$ 的切线方程为

$$y-\frac{3}{2}=-\left(x-\frac{3}{2}\right),\ 即\quad x+y-3=0;$$

过点 $\left(\dfrac{3}{2},\dfrac{3}{2}\right)$ 的法线方程为

$$y-\frac{3}{2}=x-\frac{3}{2},即\ y=x,$$

显然，法线 $y=x$ 经过原点.

例 3.4.4 求由方程 $x-y+\dfrac{1}{2}\sin y=0$ 所确定的隐函数 y 的二阶

导数.

解 方程两边对 x 求导，得

$$1-y'+\frac{1}{2}\cos y \cdot y'=0,$$

解得

$$y'=\frac{2}{2-\cos y}.$$

将上式两边再对 x 求导，得

$$y''=-2\frac{1}{(2-\cos y)^2}\sin y \cdot y'.$$

将 y' 代入上式，得

$$y''=\frac{-2\sin y \cdot \dfrac{2}{2-\cos y}}{(2-\cos y)^2}=-\frac{4\sin y}{(2-\cos y)^3}.$$

3.4.2 对数求导法

对有些函数求导时，若先在 $y=f(x)$ 的两边取对数，然后再求出 y 的导数，往往会比通常直接求导的方法简便. 这种求导方法称为对数求导法. 具体步骤如下：

（1）对 $y=f(x)$ 两边同时取对数，得

$$\ln y=\ln f(x);$$

（2）上式两边同时对 x 求导，得

$$\frac{1}{y}y' = [\ln f(x)]', y' = f(x) \cdot [\ln f(x)]'.$$

例 3.4.5　$y = x^{\sin x}(x>0)$，求 y'.

解　两边取对数，得

$$\ln y = \sin x \cdot \ln x,$$

上式两边对 x 求导，得

$$\frac{1}{y}y' = \cos x \cdot \ln x + \sin x \cdot \frac{1}{x},$$

于是

$$y' = y\left(\cos x \cdot \ln x + \sin x \cdot \frac{1}{x}\right)$$

$$= x^{\sin x}\left(\cos x \cdot \ln x + \frac{\sin x}{x}\right).$$

一般地，我们称形如 $y = u(x)^{v(x)}(u(x)>0)$ 的函数为幂指函数. 从上面的例题可以看出，求幂指函数 $y = u(x)^{v(x)}$ 的导数，可以先将两边同时取对数，得

$$\ln y = v(x) \cdot \ln u(x).$$

两边同时对 x 求导，得

$$\frac{1}{y}y' = [v(x)]'\ln u(x) + v(x)\frac{1}{u(x)}[u(x)]'.$$

于是 $y' = y\left[v'(x)\ln u(x) + v(x)\dfrac{1}{u(x)}u'(x)\right]$

$$= u(x)^{v(x)}\left[v'(x)\ln u(x) + v(x)\frac{1}{u(x)}u'(x)\right].$$

幂指函数的导数也可以按下面的方法来求.

$y = u(x)^{v(x)} = \mathrm{e}^{v(x)\ln u(x)}$，

$y' = \mathrm{e}^{v(x)\ln u(x)}[v(x)\ln u(x)]'$

$$= \mathrm{e}^{v(x)\ln u(x)}\left[v'(x)\ln u(x) + v(x)\frac{1}{u(x)}u'(x)\right]$$

$$= u(x)^{v(x)}\left[v'(x)\ln u(x) + v(x)\frac{1}{u(x)}u'(x)\right].$$

例 3.4.6　求函数 $y = \sqrt{\dfrac{(x-1)(x-2)(x-3)}{(x-4)(x-5)(x-6)}}\,(x>6)$ 的导数.

解　先在两边取对数，得

$\ln y = \dfrac{1}{2}[\ln(x-1) + \ln(x-2) + \ln(x-3) - \ln(x-4) - \ln(x-5) - \ln(x-6)]$，

上式两边对 x 求导，有

$$\frac{1}{y}y' = \frac{1}{2}\left(\frac{1}{x-1} + \frac{1}{x-2} + \frac{1}{x-3} - \frac{1}{x-4} - \frac{1}{x-5} - \frac{1}{x-6}\right),$$

于是

$$y' = \frac{y}{2}\left(\frac{1}{x-1}+\frac{1}{x-2}+\frac{1}{x-3}-\frac{1}{x-4}-\frac{1}{x-5}-\frac{1}{x-6}\right).$$

对数求导法适用于求幂指函数 $y = u(x)^{v(x)}$ 的导数及多因子之积和商的导数.

例 3.4.7　求函数 $y = \dfrac{(x+1)\sqrt[3]{x-1}}{(x+4)^2 e^x}$ 的导数.

解　等式两边取对数，得

$$\ln y = \ln(x+1) + \frac{1}{3}\ln(x-1) - 2\ln(x+4) - x.$$

上式两边对 x 求导，得

$$\frac{1}{y}\cdot y' = \frac{1}{x+1} + \frac{1}{3(x-1)} - \frac{2}{x+4} - 1,$$

$$y' = y\left[\frac{1}{x+1} + \frac{1}{3(x-1)} - \frac{2}{x+4} - 1\right]$$

$$= \frac{(x+1)\sqrt[3]{x-1}}{(x+4)^2 e^x}\left[\frac{1}{x+1} + \frac{1}{3(x-1)} - \frac{2}{x+4} - 1\right].$$

求隐函数的导数时，只要记住 x 是自变量，y 是 x 的函数，于是 y 的函数便是 x 的复合函数，将方程两边同时对 x 求导，就得到一个含有导数 y' 的方程，从中解出 y' 即可.

3.4.3　由参数方程所确定的函数的导数

设 y 与 x 的函数关系由参数方程 $\begin{cases} x = \varphi(t), \\ y = \psi(t) \end{cases}$ 确定，下面讨论如何求变量 y 对 x 的导数.

在实际问题中，消去参数方程中的参数 t 写出 y 与 x 的函数关系有时会有困难. 因此，我们希望有一种方法能直接根据参数方程算出它所确定的函数的导数.

设 $x = \varphi(t)$，$y = \psi(t)$ 都是可导函数，且 $\varphi'(t) \neq 0$，则函数 $x = \varphi(t)$ 具有单调连续的反函数 $t = \varphi^{-1}(x)$，且 $t = \varphi^{-1}(x)$ 也是可导的. 此时，

$$y = \psi(t) = \psi(\varphi^{-1}(x)).$$

根据复合函数求导法则，得

$$\frac{\mathrm{d}y}{\mathrm{d}x} = \frac{\mathrm{d}y}{\mathrm{d}t}\cdot\frac{\mathrm{d}t}{\mathrm{d}x},$$

再利用反函数求导法则

$$\frac{dt}{dx} = \frac{1}{\dfrac{dx}{dt}},$$

因此

$$\frac{dy}{dx} = \frac{dy}{dt} \cdot \frac{dt}{dx} = \frac{dy}{dt} \cdot \frac{1}{\dfrac{dx}{dt}} = \frac{\psi'(t)}{\varphi'(t)},$$

即

$$\frac{dy}{dx} = \frac{\psi'(t)}{\varphi'(t)} \ \text{或} \ \frac{dy}{dx} = \frac{\dfrac{dy}{dt}}{\dfrac{dx}{dt}}.$$

定理 3.4.1　若 $x = \varphi(t)$ 和 $y = \psi(t)$ 都可导，$\varphi'(t) \neq 0$，则

$$\frac{dy}{dx} = \frac{\dfrac{dy}{dt}}{\dfrac{dx}{dt}} = \frac{\psi'(t)}{\varphi'(t)}.$$

例 3.4.8　求椭圆 $\begin{cases} x = a\cos t, \\ y = b\sin t \end{cases}$ 在相应于 $t = \dfrac{\pi}{4}$ 点处的切线方程.

解　$$\frac{dy}{dx} = \frac{(b\sin t)'}{(a\cos t)'} = \frac{b\cos t}{-a\sin t} = -\frac{b}{a}\cot t.$$

于是，所求切线的斜率为

$$\frac{dy}{dx}\bigg|_{t=\frac{\pi}{4}} = -\frac{b}{a}.$$

又切点的坐标为

$$x_0 = a\cos\frac{\pi}{4} = a\frac{\sqrt{2}}{2}, \quad y_0 = b\sin\frac{\pi}{4} = b\frac{\sqrt{2}}{2},$$

故切线方程为 $y - b\dfrac{\sqrt{2}}{2} = -\dfrac{b}{a}\left(x - a\dfrac{\sqrt{2}}{2}\right)$，　即

$$bx + ay - \sqrt{2}\,ab = 0.$$

例 3.4.9　已知摆线的参数方程

$$\begin{cases} x = a(t - \sin t), \\ y = a(1 - \cos t). \end{cases}$$

求：(1) $\dfrac{dy}{dx}$；

(2) 在相应于 $t = \dfrac{2\pi}{3}$ 点处的法线方程；

（3）$\dfrac{\mathrm{d}^2 y}{\mathrm{d}x^2}$.

解 （1）$\dfrac{\mathrm{d}y}{\mathrm{d}x} = \dfrac{y'(t)}{x'(t)} = \dfrac{[a(1-\cos t)]'}{[a(t-\sin t)]'} = \dfrac{a\sin t}{a(1-\cos t)} = \dfrac{\sin t}{1-\cos t}$（$t \neq$

$2n\pi$，n 为整数）.

（2）$\dfrac{\mathrm{d}y}{\mathrm{d}x}\bigg|_{t=\frac{2\pi}{3}} = \dfrac{\sin\dfrac{2\pi}{3}}{1-\cos\dfrac{2\pi}{3}} = \dfrac{\sqrt{3}}{3}$，

从而，法线斜率为 $-\sqrt{3}$.

另外，当 $t = \dfrac{2\pi}{3}$ 时，有

$$x = a\left(\dfrac{2\pi}{3} - \sin\dfrac{2\pi}{3}\right) = a\left(\dfrac{2\pi}{3} - \dfrac{\sqrt{3}}{2}\right), y = a\left(1 - \cos\dfrac{2\pi}{3}\right) = \dfrac{3a}{2}.$$

所以，法线方程为

$$y - \dfrac{3a}{2} = -\sqrt{3}\left[x - a\left(\dfrac{2\pi}{3} - \dfrac{\sqrt{3}}{2}\right)\right], \text{即} \sqrt{3}x + y = \dfrac{2\sqrt{3}}{3}a\pi.$$

（3）$\dfrac{\mathrm{d}^2 y}{\mathrm{d}x^2} = \dfrac{\mathrm{d}}{\mathrm{d}x}\left(\dfrac{\mathrm{d}y}{\mathrm{d}x}\right) = \dfrac{\mathrm{d}}{\mathrm{d}t}\left(\dfrac{\sin t}{1-\cos t}\right) \cdot \dfrac{\mathrm{d}t}{\mathrm{d}x}$

$= \dfrac{\cos t(1-\cos t) - \sin^2 t}{(1-\cos t)^2} \cdot \dfrac{1}{a(1-\cos t)}$

$= -\dfrac{1}{a(1-\cos t)^2}$（$t \neq 2n\pi, n$ 为整数）.

习题 3.4

1. 求由下列方程所确定的隐函数的导数 $\dfrac{\mathrm{d}y}{\mathrm{d}x}$：

（1）$x^2 + y^2 - xy = 1$；　　　（2）$y = x + \ln y$；

（3）$\arcsin y = \mathrm{e}^{x+y}$；　　　（4）$y = 1 - x\mathrm{e}^y$.

2. 用对数求导法求下列函数的导数：

（1）$y = \left(\dfrac{x}{1+x}\right)^x$；

（2）$y = x\sqrt{\dfrac{1-x}{1+x}}$；

（3）$y = \dfrac{\sqrt{x+2}\,(3-x)^4}{(x+1)^5}$；

（4）$y = \sqrt{x\sin x\sqrt{1-\mathrm{e}^x}}$；

（5）$y = \sin x^{\cos x}(\sin x > 0)$.

3. 求下列参数方程所确定的函数的导数 $\dfrac{\mathrm{d}y}{\mathrm{d}x}$：

（1）$\begin{cases} x = 1 - t^2, \\ y = t - t^3; \end{cases}$ 　　　（2）$\begin{cases} x = \theta(1-\sin\theta), \\ y = \theta\cos\theta; \end{cases}$

（3）$\begin{cases} x = t\mathrm{e}^{-t}, \\ y = \mathrm{e}^{-t}; \end{cases}$ 　　　（4）$\begin{cases} x = \ln(1+t^2), \\ y = t - \arctan t. \end{cases}$

4. 已知 $\begin{cases} x = \mathrm{e}^t\sin t, \\ y = \mathrm{e}^t\cos t, \end{cases}$ 求当 $t = \dfrac{\pi}{4}$ 时，$\dfrac{\mathrm{d}y}{\mathrm{d}x}$ 的值.

5. 求曲线 $\begin{cases} x = \dfrac{3at}{1+t^2}, \\ y = \dfrac{3at^2}{1+t^2} \end{cases}$ 在 $t = 2$ 处的切线方程和法线

方程.

6. 求下列参数方程所确定的函数的二阶导数 $\dfrac{\mathrm{d}^2 y}{\mathrm{d} x^2}$:

$(1)\begin{cases} x = \dfrac{t^2}{2}, \\ y = 1-t; \end{cases}$ 　$(2)\begin{cases} x = a\cos t, \\ y = b\sin t. \end{cases}$

3.5　函数的微分

前面我们从研究一个变量相对于另一个变量的变化快慢问题引出了导数. 本节将从讨论函数的增量的线性近似问题而引出微积分的另一个概念——微分.

3.5.1　微分的定义

引例　函数增量的计算及增量的构成.

如图 3-5 所示，边长为 x_0 的正方形铁片，将其均匀受热，其边长由 x_0 变到 $x_0+\Delta x$，考察铁片面积的增量. 设此正方形的边长为 x，面积为 y，则 y 是 x 的函数：$y = x^2$. 铁片面积的改变量为

$$\Delta y = (x_0+\Delta x)^2 - (x_0)^2 = 2x_0\Delta x + (\Delta x)^2.$$

Δy 为图中阴影部分，它可以分为两部分，一部分是两个长为 x_0、宽为 Δx 的长方形面积 $2x_0\Delta x$，是 Δx 的线性函数；另一部分是长为 Δx 的正方形的面积 $(\Delta x)^2$.

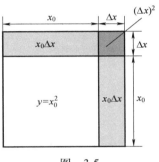

图　3-5

当 $\Delta x \to 0$ 时，$(\Delta x)^2 = o(\Delta x)$，$(\Delta x)^2$ 与 $2x_0\Delta x$ 相比要小得多，因此 Δy 的主要部分是 $2x_0\Delta x$，即 $\Delta y \approx 2x_0\Delta x$. 而且误差为

$$\Delta y - 2x_0\Delta x = o(\Delta x).$$

定义 3.5.1　设函数 $y = f(x)$ 在 x_0 某邻域内有定义，x_0 及 $x_0+\Delta x$ 在这区间内，如果函数的增量

$$\Delta y = f(x_0+\Delta x) - f(x_0)$$

可表示为

$$\Delta y = A\Delta x + o(\Delta x),$$

其中，A 只与 x_0 有关，与 Δx 无关，那么称函数 $y = f(x)$ 在点 x_0 是可微的，$A\Delta x$ 叫作函数 $y = f(x)$ 在点 x_0 处的微分，记作 $\mathrm{d} y$，即

$$\mathrm{d} y = A\Delta x.$$

由微分的定义，$\Delta y = A\Delta x + o(\Delta x) = \mathrm{d} y + o(\Delta x)$. 当 $\mathrm{d} y \neq 0$ 时，

$$\lim_{\Delta x \to 0} \frac{\Delta y}{\mathrm{d} y} = \frac{1}{A} \lim_{\Delta x \to 0} \frac{\Delta y}{\Delta x} = \frac{1}{A} \lim_{\Delta x \to 0} \frac{A \cdot \Delta x + o(\Delta x)}{\Delta x} = \frac{1}{A} \cdot A = 1.$$

说明 $\Delta x \to 0$ 时，Δy 与 $\mathrm{d} y$ 是等价无穷小量，$\mathrm{d} y$ 可作为 Δy 的近似

值，其误差 $o(\Delta x)$ 随着 $|\Delta x|$ 的减小而迅速减少. 因此 $\mathrm{d}y = A\Delta x$ 是函数增量 Δy 的线性主部.

3.5.2 微分与导数的关系

定理 3.5.1 函数 $f(x)$ 在点 x_0 可微的充分必要条件是函数 $f(x)$ 在点 x_0 可导，且当函数 $f(x)$ 在点 x_0 可微时，其微分一定是
$$\mathrm{d}y = f'(x_0)\Delta x.$$

证 设函数 $f(x)$ 在点 x_0 可微，则按定义有
$$\Delta y = f(x_0 + \Delta x) - f(x_0) = A\Delta x + o(\Delta x),$$

将上式两边同时除以 Δx，得
$$\frac{\Delta y}{\Delta x} = A + \frac{o(\Delta x)}{\Delta x}.$$

令 $\Delta x \to 0$ 时，对上式两边取极限，得
$$A = \lim_{\Delta x \to 0} \frac{\Delta y}{\Delta x} = f'(x_0).$$

因此，如果函数 $f(x)$ 在点 x_0 可微，那么 $f(x)$ 在点 x_0 也一定可导，且 $A = f'(x_0)$.

反之，如果 $f(x)$ 在点 x_0 可导，即
$$\lim_{\Delta x \to 0} \frac{\Delta y}{\Delta x} = f'(x_0) \text{ 存在},$$

根据极限与无穷小量的关系，上式可以写成
$$\frac{\Delta y}{\Delta x} = f'(x_0) + \alpha, \text{而且} \lim_{\Delta x \to 0} \alpha = 0.$$

于是
$$\Delta y = f'(x_0)\Delta x + \alpha\Delta x,$$

其中，$f'(x_0)$ 与 x_0 有关，而与 Δx 无关，$\lim\limits_{\Delta x \to 0} \dfrac{\alpha\Delta x}{\Delta x} = \lim\limits_{\Delta x \to 0} \alpha = 0$.

故上式相当于
$$\Delta y = A\Delta x + o(\Delta x), A = f'(x_0),$$

所以，$f(x)$ 在点 x_0 也是可微的.

函数 $y = f(x)$ 在任意点 x 的微分，称为函数的微分，记作 $\mathrm{d}y$ 或 $\mathrm{d}f(x)$，即
$$\mathrm{d}y = f'(x)\Delta x.$$

例 3.5.1 求函数 $y = x^3$ 当 $x = 1$，$\Delta x = 0.01$ 时的微分.

解 根据公式 $\mathrm{d}y = y'\Delta x$，即 $\mathrm{d}y = (x^3)'\Delta x = 3x^2\Delta x$.

当 $x = 1$，$\Delta x = 0.01$ 时的微分为
$$\mathrm{d}y \big|_{x=1, \Delta x=0.01} = 3x^2 \big|_{x=1} \Delta x \big|_{\Delta x=0.01} = 3 \times 1^2 \times 0.01 = 0.03.$$

例 3.5.2　　求函数 $y=x$ 的微分.

解　$dy=(x)'\Delta x=\Delta x.$

这表明函数 $y=x$ 的微分为 $dy=\Delta x$. 所以通常把自变量 x 的增量 Δx 称为自变量 x 的微分, 记作 dx, 即 $dx=\Delta x$. 于是函数 $y=f(x)$ 的微分又可以记作

$$dy=f'(x)dx.$$

从而, 有 $\dfrac{dy}{dx}=f'(x)$, 即函数的微分 dy 与自变量的微分 dx 之商等于该函数的导数. 因此, 导数也叫作"微商".

3.5.3　微分的几何意义

如图 3-6 所示, 对于函数 $y=f(x)$, 当自变量从 x_0 变到 $x_0+\Delta x$ 时, Δy 表示曲线 $y=f(x)$ 纵坐标的增量, dy 表示曲线过点 $M(x_0,y_0)$ 的切线上相应的纵坐标的增量. 当 $|\Delta x|$ 很小时, $|\Delta y-dy|$ 比 $|\Delta x|$ 小得多. 因此, 在 x_0 附近, 可以用 dy 近似 Δy, 即 $\Delta y\approx dy$, 这个近似称为非线性函数的局部线性化, 在几何上就是局部用切线段近似代替曲线段, 也称为以直代曲, 它是微分学重要的思想方法之一.

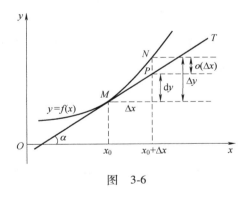

图　3-6

3.5.4　基本微分公式与微分运算法则

1. 基本微分公式

由函数导数与微分的关系式 $dy=f'(x)dx$ 可以看出, 要计算函数的微分, 只要计算函数的导数, 再乘以自变量的微分 dx, 就可以得到 dy. 根据导数的基本公式可得如下基本微分公式:

(1) $d(C)=0$, C 为常数;　　(2) $d(x^\mu)=\mu x^{\mu-1}dx$;

(3) $d(a^x)=a^x\ln a\,dx$;　　(4) $d(e^x)=e^x dx$;

(5) $d(\log_a x)=\dfrac{1}{x\ln a}dx$;　　(6) $d(\ln x)=\dfrac{1}{x}dx$;

（7）$d(\sin x)=\cos x dx$；　　　　　（8）$d(\cos x)=-\sin x dx$；

（9）$d(\tan x)=\sec^2 x dx$；　　　　（10）$d(\cot x)=-\csc^2 x dx$；

（11）$d(\sec x)=\sec x\tan x dx$；　　（12）$d(\csc x)=-\csc x\cot x dx$；

（13）$d(\arcsin x)=\dfrac{1}{\sqrt{1-x^2}}dx$；　（14）$d(\arccos x)=-\dfrac{1}{\sqrt{1-x^2}}dx$；

（15）$d(\arctan x)=\dfrac{1}{1+x^2}dx$；　（16）$d(\text{arccot}x)=-\dfrac{1}{1+x^2}dx$.

2. 微分运算法则

设函数 $u=u(x)$，$v=v(x)$ 可微，则

（1）$d(u\pm v)=du\pm dv$；　　　　　（2）$d(Cu)=Cdu$；

（3）$d(uv)=vdu+udv$；　　　（4）$d\left(\dfrac{u}{v}\right)=\dfrac{vdu-udv}{v^2}(v\neq 0)$.

下面对上式（3）乘积的微分法则加以证明.

根据函数微分的表达式，有

$$d(uv)=(uv)'dx=(u'v+uv')dx=u'vdx+uv'dx.$$

由于 $u'dx=du$，$v'dx=dv$，所以

$$d(uv)=vdu+udv.$$

3. 复合函数的微分法则

如果函数 $y=f(u)$ 在对应的点 u 可微，则

$$dy=f'(u)du.$$

如果 u 是 x 的函数 $u=\varphi(x)$，而且 u 在点 x 处可微，则 $y=f(\varphi(x))$，根据复合函数求导法则

$$\frac{dy}{dx}=f'(u)\varphi'(x),$$

所以

$$dy=f'(u)\varphi'(x)dx.$$

根据 u 在点 x 处可微可知，$\varphi'(x)dx=du$，所以，

$$dy=f'(u)du.$$

由此可见，无论 u 是自变量还是另一个变量的可微函数，微分形式 $dy=f'(u)du$ 保持不变. 这一性质称为微分形式不变性.

例 3.5.3　$y=\sin(2x+1)$，求 dy.

解　方法一　应用公式 $dy=y'dx$,

$$dy=[\sin(2x+1)]'dx=\cos(2x+1)(2x+1)'dx=2\cos(2x+1)dx.$$

方法二　令 $u=2x+1$ 则 $y=\sin u$，由微分形式不变性，得

$$dy=d(\sin u)=\cos u du=\cos(2x+1)d(2x+1)$$
$$=\cos(2x+1)\cdot 2dx=2\cos(2x+1)dx.$$

前面在求复合函数的导数时，可以不写出中间变量.完全类似，

在求复合函数的微分时,也可以不写出中间变量.下面我们用这种方法来求解几个例子.

例 3.5.4　$y=\ln(1+e^{x^2})$,求 dy.

解　$dy=d\ln(1+e^{x^2})=\dfrac{1}{1+e^{x^2}}d(1+e^{x^2})$

$$=\frac{1}{1+e^{x^2}}\cdot e^{x^2}d(x^2)=\frac{1}{1+e^{x^2}}\cdot e^{x^2}\cdot 2xdx=\frac{2xe^{x^2}}{1+e^{x^2}}dx.$$

例 3.5.5　$y=e^{1-3x}\ln x$,求 dy.

解　根据乘积的微分法则,得

$$dy=d(e^{1-3x})\ln x+e^{1-3x}d(\ln x)=e^{1-3x}d(1-3x)\ln x+e^{1-3x}\frac{1}{x}dx$$

$$=-3e^{1-3x}\ln xdx+e^{1-3x}\frac{1}{x}dx=e^{1-3x}\left(\frac{1}{x}-3\ln x\right)dx.$$

例 3.5.6　已知 $(x+y)^2(xy+2)^3=1$,求 dy.

解　方程两边同时求微分,得

$$(xy+2)^3d(x+y)^2+(x+y)^2d(xy+2)^3=0,$$

$$(xy+2)^32(x+y)d(x+y)+(x+y)^23(xy+2)^2d(xy+2)=0,$$

$$(xy+2)^32(x+y)(dx+dy)+(x+y)^23(xy+2)^2(xdy+ydx)=0.$$

整理得

$$dy=-\frac{(xy+2)^3(2x+2y)+3y(x+y)^2(xy+2)^2}{(xy+2)^3(2x+2y)+3x(x+y)^2(xy+2)^2}dx=-\frac{5xy+3y^2+4}{5xy+3x^2+4}dx.$$

例 3.5.7　在括号中填入适当的函数,使等式成立.

(1) $d(\quad)=xdx$;　　　　(2) $d(\quad)=\cos 2tdt$;

(3) $d(\sin x^2)=(\quad)d(\sqrt{x})$.

解　(1) 因为 $(x^2)'=2x$, $d(x^2)=2xdx$, 所以

$$xdx=\frac{1}{2}d(x^2)=d\left(\frac{1}{2}x^2\right),\ 即\ d\left(\frac{1}{2}x^2\right)=xdx.$$

一般地, 有 $d\left(\dfrac{1}{2}x^2+C\right)=xdx$($C$ 为任意常数).

(2) 因为 $d(\sin 2t)=2\cos 2tdt$, 所以

$$\cos 2tdt=\frac{1}{2}d(\sin 2t)=d\left(\frac{1}{2}\sin 2t\right).$$

一般地, 有 $d\left(\dfrac{1}{2}\sin 2t+C\right)=\cos 2tdt$($C$ 为任意常数).

(3) 由 $d(\sin x^2)=2x\cos x^2dx$, $d(\sqrt{x})=\dfrac{1}{2\sqrt{x}}dx$, 可得

$$\frac{\mathrm{d}(\sin x^2)}{\mathrm{d}(\sqrt{x})} = \frac{2x\cos x^2 \mathrm{d}x}{\dfrac{1}{2\sqrt{x}}\mathrm{d}x} = 4x\sqrt{x}\cos x^2,$$

因此

$$\mathrm{d}(\sin x^2) = (4x\sqrt{x}\cos x^2)\mathrm{d}(\sqrt{x}).$$

3.5.5 微分在近似计算中的应用

1. 函数的近似计算

根据微分的定义我们知道，如果函数 $y = f(x)$ 在点 x_0 处的导数 $f'(x) \neq 0$，有

$$\Delta y = f(x_0 + \Delta x) - f(x_0) = \mathrm{d}y + o(\Delta x) = f'(x_0)\Delta x + o(\Delta x).$$

当 $|\Delta x|$ 很小时，我们忽略高阶无穷小项 $o(\Delta x)$，有

$$f(x_0 + \Delta x) \approx f(x_0) + f'(x_0)\Delta x.$$

特别地当 $x_0 = 0$ 时，有

$$f(\Delta x) \approx f(0) + f'(0)\Delta x,$$

也可以写作

$$f(x) \approx f(0) + f'(0)x.$$

这些都是近似计算公式.

例 3.5.8   一个外径为 10cm 的球，球壳的厚度为 0.01cm. 求球壳体积的近似值.

解   球体体积为 $V = \dfrac{4}{3}\pi R^3$，$R_0 = 5\text{cm}$，$\Delta R = 0.01\text{cm}$，$V' = 4\pi R^2$.

根据近似计算公式，球壳的体积为

$$\Delta V = V(R_0 + \Delta R) - V(R_0) \approx V'(R_0)\Delta R = 4\pi R_0^2 \Delta R$$

$$\approx (4 \times 3.14 \times 5^2 \times 0.01)\text{cm}^3 = 3.14\text{cm}^3.$$

故球壳的体积约为 3.14cm^3.

例 3.5.9   计算 $\sqrt[3]{1.03}$ 的近似值.

解   该问题可以看成 $f(x) = \sqrt[3]{x}$ 在 1.03 的近似问题.

根据近似计算公式 $f(x_0 + \Delta x) \approx f(x_0) + f'(x)\Delta x$ 可知

$$x_0 = 1, \Delta x = 0.03, f'(x) = \frac{1}{3\sqrt[3]{x^2}},$$

故

$$f(1.03) \approx f(1) + f'(1) \times 0.03 = 1 + \frac{1}{3} \times 0.03 = 1.01,$$

即 $\sqrt[3]{1.03} \approx 1.01$.

常用的近似公式(假定$|x|$是较小的数值)有:

(1) $\sqrt[n]{1+x} \approx 1+\dfrac{1}{n}x$;

(2) $\sin x \approx x$(x 的单位以 rad 计);

(3) $\tan x \approx x$(x 的单位以 rad 计);

(4) $e^x \approx 1+x$;

(5) $\ln(1+x) \approx x$.

证　(1) 取 $f(x)=\sqrt[n]{1+x}$,那么

$$f(0)=1, f'(0)=\frac{1}{n}(1+x)^{\frac{1}{n}-1}\Big|_{x=0}=\frac{1}{n},$$

代入 $f(x) \approx f(0)+f'(0)x$,得

$$\sqrt[n]{1+x} \approx 1+\frac{1}{n}x.$$

(2) 取 $f(x)=\sin x$,那么

$$f(0)=0, f'(0)=\cos x\big|_{x=0}=1,$$

代入 $f(x) \approx f(0)+f'(0)x$,得

$$\sin x \approx x.$$

其他几个的证明是类似的,读者可作为练习.

习题 3.5

1. 已知 $y=x^2-3x+5$,计算在 $x=1$ 处当 Δx 分别等于 1,0.1,0.01 时的 Δy 及 dy,是否得到结论 Δx 越小,Δy 与 dy 越接近?

2. 设函数 $y=f(x)$ 分别如图 3-7 所示,请在图中分别标出在点 x_0 的 dy,Δy 及 $\Delta y-dy$,并说明正负.

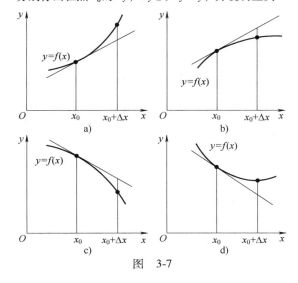

图　3-7

3. 求下列函数的微分:

(1) $y=\dfrac{1}{x}+2\sqrt{x}$;　　(2) $y=x\sin 2x$;

(3) $y=\sqrt{1-x^2}$;　　(4) $y=\ln^2(1-x)$;

(5) $y=x^2 e^{2x}$;　　(6) $y=e^{-x}\cos x$;

(7) $y=\arcsin\sqrt{x}$;　　(8) $y=\tan^2(1+2x^2)$;

(9) $y=\arctan\dfrac{1-x^2}{1+x^2}$;　　(10) $y=\arccos\ln x$.

4. 将适当的函数填入下列括号内,使等式成立:

(1) $d(\quad)=2dx$;　　(2) $d(\quad)=4xdx$;

(3) $d(\quad)=\cos t dt$;　　(4) $d(\quad)=\sin 3x dx$;

(5) $d(\quad)=\dfrac{1}{1+x}dx$;　　(6) $d(\quad)=e^{-x}dx$;

(7) $d(\quad)=\dfrac{1}{\sqrt{x}}dx$;　　(8) $d(\quad)=\sec^2 3x dx$.

5. 计算下列三角函数值的近似值:

(1) $\cos 29°$;　　(2) $\sin 30°30'$.

6. 当 $|x|$ 较小时，证明：

（1）$\tan x \approx x$（x 以 rad 计）；

（2）$\ln(1+x) \approx x$；

（3）$\sqrt[n]{1+x} \approx 1+\dfrac{1}{n}x$；

（4）$e^x \approx 1+x$.

总习题 3

1. 选择题：

（1）设 $f(x)$ 在 $x=a$ 的某个邻域内有定义，则 $f(x)$ 在 $x=a$ 可导的一个充分条件是 [　　].

（A）$\lim\limits_{h \to +\infty} h\left[f\left(a+\dfrac{1}{h}\right)-f(a)\right]$ 存在

（B）$\lim\limits_{h \to 0} \dfrac{f(a+2h)-f(a+h)}{h}$ 存在

（C）$\lim\limits_{h \to 0} \dfrac{f(a+h)-f(a-h)}{2h}$ 存在

（D）$\lim\limits_{h \to 0} \dfrac{f(a)-f(a-h)}{h}$ 存在

（2）设 $f(x)=\begin{cases} x^2, & x \leqslant 0, \\ x^{\frac{1}{3}}, & x>0, \end{cases}$ 则 $f(x)$ 在点 $x=0$ 处 [　　].

（A）左导数不存在，右导数存在

（B）右导数不存在，左导数存在

（C）左、右导数都存在

（D）左、右导数都不存在

（3）若曲线 $y=x^2+ax+b$ 和 $y=x^3+x$ 在点 $(1,2)$ 处相切（其中，a，b 是常数），则 a，b 的值为 [　　].

（A）$a=2$，$b=-1$　　（B）$a=1$，$b=-3$

（C）$a=0$，$b=-2$　　（D）$a=-3$，$b=1$

（4）设 $f(x)=\begin{cases} 1, & x>0, \\ 0, & x=0, \\ 2, & x<0, \end{cases}$ 则 $f'(x)=$ [　　].

（A）不存在，$x \in (-\infty, +\infty)$

（B）存在且为连续函数，$x \in (-\infty, +\infty)$

（C）等于 0，$x \in (-\infty, +\infty)$

（D）等于 0，$x \in (-\infty, 0) \cup (0, +\infty)$

（5）若 $f(x)=\begin{cases} x\sin\dfrac{1}{x}, & x \neq 0, \\ 0, & x=0, \end{cases}$ $g(x)=$ $\begin{cases} x^2\sin\dfrac{1}{x}, & x \neq 0, \\ 0, & x=0, \end{cases}$ 则在点 $x=0$ 处 [　　].

（A）$f(x)$ 可导，$g(x)$ 不可导

（B）$f(x)$ 不可导，$g(x)$ 可导

（C）$f(x)$ 和 $g(x)$ 都可导

（D）$f(x)$ 和 $g(x)$ 都不可导

（6）设 $f(x)$ 二阶可导，$y=f(\ln x)$，则 $y''=$ [　　].

（A）$f''(\ln x)$

（B）$f''(\ln x)\dfrac{1}{x^2}$

（C）$\dfrac{1}{x^2}[f''(\ln x)+f'(\ln x)]$

（D）$\dfrac{1}{x^2}[f''(\ln x)-f'(\ln x)]$

（7）$y=\cos^2 2x$，则 $dy=$ [　　].

（A）$(\cos^2 2x)'(2x)'dx$　　（B）$(\cos^2 2x)'d\cos 2x$

（C）$-2\cos 2x\sin 2x\,dx$　　（D）$2\cos 2x\,d\cos 2x$

（8）若 $f(u)$ 可导，且 $y=f(e^x)$，则有 $dy=$ [　　].

（A）$f'(e^x)dx$　　　　　　（B）$f'(e^x)de^x$

（C）$[f(e^x)]'de^x$　　　　（D）$[f(e^x)]'e^x dx$

（9）设函数 $y=f(x)$ 在点 $x=x_0$ 处可微，$\Delta y=$ $f(x_0+\Delta x)-f(x_0)$，则当 $\Delta x \to 0$ 时，必有 [　　].

（A）dy 是比 Δx 高阶的无穷小量

（B）dy 是比 Δx 低阶的无穷小量

（C）$\Delta y - dy$ 是比 Δx 高阶的无穷小量

（D）$\Delta y - dy$ 是与 Δx 同阶的无穷小量

（10）$f(x)$ 在点 $x=x_0$ 处可微是 $f(x)$ 在 $x=x_0$ 处连续的 [　　].

（A）充分且必要条件

（B）必要非充分条件

（C）充分非必要条件

（D）既非充分也非必要条件

2. 求下列函数 $f(x)$ 的 $f'_-(0)$，$f'_+(0)$，并判断 $f'(0)$ 是否存在.

（1）$f(x) = \begin{cases} \sin x, & x < 0, \\ \ln(1+x), & x \geqslant 0; \end{cases}$

（2）$f(x) = \begin{cases} \dfrac{x}{1+\mathrm{e}^{\frac{1}{x}}}, & x \neq 0, \\ 0, & x = 0. \end{cases}$

3. 求下列函数的导数：

（1）$y = \arcsin(\sin x)$；

（2）$y = \arctan \dfrac{1+x}{1-x}$；

（3）$y = \ln\tan \dfrac{x}{2} - \cos x \cdot \ln\tan x$；

（4）$y = \ln(\mathrm{e}^x + \sqrt{1+\mathrm{e}^{2x}})$；

（5）$y = x^{\frac{1}{x}} \ (x > 0)$.

4. 设 $y = \dfrac{1-x}{1+x}$，求 $y^{(n)}$.

5. 设函数 $y = y(x)$ 由方程 $\mathrm{e}^{xy} + \ln\dfrac{y}{x+1} = 0$ 所确定，求 $y'(0)$.

6. 设函数 $y = y(x)$ 由方程 $\mathrm{e}^y + xy = \mathrm{e}$ 所确定，求 $y''(0)$.

7. 设 $y = x\sqrt{\dfrac{x+1}{x-1}} + x^{\sin x}$，求 y'.

8. 求下列由参数方程所确定的函数的一阶导数 $\dfrac{\mathrm{d}y}{\mathrm{d}x}$ 及二阶导数 $\dfrac{\mathrm{d}^2 y}{\mathrm{d}x^2}$：

（1）$\begin{cases} x = a\cos^3\theta, \\ y = a\sin^3\theta; \end{cases}$　　（2）$\begin{cases} x = \ln\sqrt{1+t^2}, \\ y = \arctan t. \end{cases}$

9. 求曲线 $\begin{cases} x = \mathrm{e}^t \sin 2t, \\ y = \mathrm{e}^t \cos t \end{cases}$ 在点 $(0,1)$ 处的法线方程.

10. 设方程 $x^2 y + xy^2 = 1$ 确定 y 是 x 的函数，求 $\mathrm{d}y$.

11. 利用函数的微分替代函数的增量求 $\sqrt[3]{1.02}$ 的近似值.

第 4 章
微分中值定理及导数的应用

微分学的产生与 17 世纪产生的一些实际的科学问题是密不可分的. 除了上一章提到的求变速直线运动的瞬时速度和求曲线的切线问题之外, 另一类问题是求函数的极大值和极小值. 在这一章中, 我们以导数为工具, 研究以上问题, 还要研究函数单调性函数的凹凸性以及导数在经济学中的应用.

函数 $f(x)$ 在点 x_0 存在导数 $f'(x_0)$ 只能反映 $f(x)$ 在点 x_0 的一种局部性质, 即当 $x \to x_0$ 时, $\Delta f = f(x) - f(x_0)$ 与 $\Delta x = x - x_0$ 比值的变化趋势. 如果 $f(x)$ 是在某个区间上处处存在导数, 就可以利用 $f'(x)$ 研究 $f(x)$.

4.1 微分中值定理

本节的三个中值定理是这一章的理论基础, 我们先讲罗尔(Rolle)定理, 然后根据它推导出拉格朗日(Lagrange)中值定理和柯西(Cauchy)中值定理.

4.1.1 罗尔定理

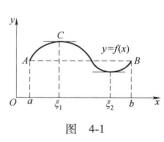

图　4-1

首先观察图 4-1. 设曲线弧 AB 是定义在 $[a,b]$ 上的连续曲线 $y=f(x)$, 若除端点外处处有不垂直于 x 轴的切线, 且两端点纵坐标相等, 则在 AB 上至少存在一点 C, 其切线是水平的. 即两端点同高的连续曲线内至少有一点的切线是水平的. 如果用分析的语言把这个几何现象描述出来, 就可以得到罗尔定理. 在此之前, 我们首先介绍费马(Fermat)引理.

定理 4.1.1(费马引理)　如果函数 $f(x)$ 在点 x_0 的某邻域 $U(x_0)$ 内有定义, 并且在 x_0 处可导, 如果对任意 $x \in U(x_0)$, 都有
$$f(x) \leqslant f(x_0) \quad (或 f(x) \geqslant f(x_0)),$$
那么 $f'(x_0) = 0$.

证 不妨设当 $x \in U(x_0)$ 时, $f(x) \leqslant f(x_0)$(如果 $f(x) \geqslant f(x_0)$, 可以类似地证明). 对于 $x_0 + \Delta x \in U(x_0)$, 有

$$f(x_0 + \Delta x) \leqslant f(x_0),$$

若 $\Delta x > 0$ 时,

$$\frac{f(x_0 + \Delta x) - f(x_0)}{\Delta x} \leqslant 0;$$

若 $\Delta x < 0$ 时,

$$\frac{f(x_0 + \Delta x) - f(x_0)}{\Delta x} \geqslant 0.$$

由极限的保号性, 可以得到

$$\text{若 } \Delta x > 0, f'_+(x_0) = \lim_{\Delta x \to 0^+} \frac{f(x_0 + \Delta x) - f(x_0)}{\Delta x} \leqslant 0,$$

$$\text{若 } \Delta x < 0, f'_-(x_0) = \lim_{\Delta x \to 0^-} \frac{f(x_0 + \Delta x) - f(x_0)}{\Delta x} \geqslant 0.$$

所以, $f'(x_0) = 0$. 证毕.

导数等于零的点称为函数的**驻点**(或稳定点, **临界点**).

> **定理 4.1.2**(罗尔定理) 如果函数 $f(x)$ 满足条件:
> (1) 在闭区间 $[a, b]$ 上连续;
> (2) 在开区间 (a, b) 内可导;
> (3) 在区间端点处函数值相等, 即
> $$f(a) = f(b),$$
> 则至少存在一点 $\xi \in (a, b)$, 使得
> $$f'(\xi) = 0.$$

证 因为 $f(x)$ 在 $[a, b]$ 上连续, 根据闭区间上连续函数的性质, $f(x)$ 在 $[a, b]$ 上可以取得最大值 M 和最小值 m.

(1) 若 $M = m$, 则 $f(x) \equiv M$, 由此可得 $f'(x) = 0$, 从而对于任意 $\xi \in (a, b)$, 都有 $f'(\xi) = 0$.

(2) 若 $M \neq m$, 由于 $f(a) = f(b)$, 所以最值不可能同时在区间端点取得. 设 $M \neq f(a)$, 则在 (a, b) 内至少存在一点 ξ, 使得 $f(\xi) = M$.

对任意的 $x \in [a, b]$, $f(x) \leqslant M$, 由费马引理, $f'(\xi) = 0$. 证毕.

罗尔定理的几何意义: 如果连续光滑曲线 $y = f(x)$ 在点 A, B 处的纵坐标相同, 那么在曲线弧 AB 上至少有一点 C 在该点处的切线是水平的.

注 1: 定理条件只是充分的, 并非必要条件. 若罗尔定理的三

个条件中有一个不满足，其结论可能不成立.

例如，$f(x)=|x|$，$x\in[-2,2]$.

函数 $f(x)$ 在 $[-2,2]$ 上除 $f'(0)$ 不存在外，满足罗尔定理的一切条件，但在区间 $[-2,2]$ 内找不到一点能使 $f'(x)=0$.

又如，$f(x)=\begin{cases}1-x, & x\in(0,1),\\ 0, & x=0,\end{cases}$　$f(x)=x$，$x\in[0,1]$.

注 2：定理条件只是充分的，并非必要条件.

例如，符号函数 $f(x)=\mathrm{sgn}x$，罗尔定理的三个条件都不满足，但是

$$\forall\xi\in(-\infty,0)\cup(0,+\infty),\quad f'(\xi)=0.$$

例 4.1.1　验证函数 $f(x)=x^3+4x^2-7x-10$ 在 $[-1,2]$ 满足罗尔定理.

证　（1）定理的假设条件满足.

$f(x)$ 在 $[-1,2]$ 上连续，在 $(1,2)$ 上可导，且 $f(-1)=0=f(2)$.

（2）结论正确.

方程 $f'(x)=0$，即 $3x^2+8x-7=0$ 有实根，$x_1=\dfrac{1}{3}(-4-\sqrt{37})$，

$x_2=\dfrac{1}{3}(-4+\sqrt{37})$，其中，$x_2\in(-1,2)$，符合要求.

例 4.1.2　不用求导，判断函数 $f(x)=(x-1)(x-2)(x-3)$ 的导数有几个实根，以及根的范围.

解　由于 $f(x)$ 在闭区间 $[1,2]$，$[2,3]$ 上连续，在开区间 $(1,2)$，$(2,3)$ 上可导，而且 $f(1)=f(2)=f(3)=0$，即 $f(x)$ 在 $[1,2]$，$[2,3]$ 上满足罗尔定理，因此至少存在 $\xi_1\in(1,2)$，$\xi_2\in(2,3)$，使得

$$f'(\xi_1)=f'(\xi_2)=0.$$

显然 $\xi_1\neq\xi_2$，由此说明 $f'(x)=0$ 至少有两个不同的根.

由 $f(x)$ 为三次多项式可知 $f'(x)$ 为二次多项式，故 $f(x)$ 至多有两个实根，

因此，$f'(x)$ 恰有两个根，分别在区间 $(1,2)$ 和区间 $(2,3)$ 内.

例 4.1.3　证明：方程 $x^5-5x+1=0$ 有且仅有一个小于 1 的正根.

证　（1）存在性.

设 $f(x)=x^5-5x+1$，则 $f(x)$ 在 $[0,1]$ 上连续，且 $f(0)=1$，$f(1)=-3$.

根据零点定理，存在 $x_0\in(0,1)$，使 $f(x_0)=0$，x_0 即为方程小于 1 的正实根.

（2）唯一性.

设另有 $x_1 \in (0,1)$，$x_1 \neq x_0$，使 $f(x_1) = 0$，在 x_0，x_1 之间满足罗尔定理条件，因此，至少存在一个 ξ，且 ξ 在 x_0 和 x_1 之间，使得

$$f'(\xi) = 0.$$

但与 $f'(x) = 5(x^4 - 1) < 0 (x \in (0,1))$ 矛盾，假设不真. 即仅有一个实根.

注：罗尔定理常常被用来证明含有中值的等式，一般来说含有中值的等式较为复杂，基本思路是构造适当的函数满足罗尔定理的条件，然后使用罗尔定理进行证明. 如何构造函数是证明的关键点，也是难点.

4.1.2　拉格朗日中值定理

在罗尔定理中，由于要求 $f(a) = f(b)$，使该定理在使用上受到了很大的限制，如果取消该条件，保留其余两个条件，结论将会相应地改变，于是我们就得到了微分学中非常重要的拉格朗日中值定理.

> **定理 4.1.3**（拉格朗日中值定理）　若函数 $f(x)$ 在闭区间 $[a,b]$ 上连续，在开区间 (a,b) 内可导，则在 (a,b) 内至少存在一点 ξ，满足
>
> $$f(b) - f(a) = f'(\xi)(b - a). \tag{4-1-1}$$

为便于理解，我们从几何上解释该定理：式（4-1-1）可化为 $f'(\xi) = \dfrac{f(b) - f(a)}{b - a}$（见图 4-2），恰为图中弦 AB 的斜率.

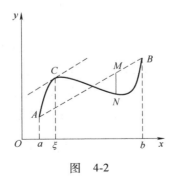

图　4-2

故定理 4.1.3 可以表示为：若曲线 $y = f(x)$ 在 (a,b) 内处处有不垂直于 x 轴的切线，则在 (a,b) 内至少有一点处的切线平行于弦 AB. 从几何意义上不难看出，罗尔定理是拉格朗日中值定理的一

个特例.

证明思路：构造一个既满足罗尔定理又与 $f(x)$ 有密切联系的函数，从图 4-2 看：MN 与 $f(x)$ 有联系，且在 A 和 B 两端点处长度为 0. 设 AB 的方程为 $L(x)$，有向线段 MN 的值为 $\Phi(x)$，则

$$\Phi(x)=f(x)-L(x)=f(x)-\left[\frac{f(b)-f(a)}{b-a}\cdot(x-a)+f(a)\right]$$

$$=f(x)-f(a)-\frac{f(b)-f(a)}{b-a}\cdot(x-a).$$

显然 $\Phi(x)$ 满足罗尔定理，故有以下证明.

证　构造函数 $\Phi(x)=f(x)-f(a)-\dfrac{f(b)-f(a)}{b-a}\cdot(x-a)$，显然

$$\Phi(a)=\Phi(b),$$

$\Phi(x)$ 在 $[a,b]$ 上满足罗尔定理，故在 (a,b) 内至少存在一点 ξ，使得

$$\Phi'(\xi)=0,$$

又

$$\Phi'(x)=f'(x)-\frac{f(b)-f(a)}{b-a},$$

故

$$f'(\xi)=\frac{f(b)-f(a)}{b-a}.$$

注：当 $b<a$ 时式(4-1-1)仍成立，习惯上称式(4-1-1)为拉格朗日中值公式；因为 $\xi\in(a,b)$，若记 $\theta=\dfrac{\xi-a}{b-a}$，则

$$\xi=a+\theta(b-a),0<\theta<1.$$

代入式(4-1-1)，得

$$f(b)=f(a)+f'(a+\theta(b-a))(b-a),0<\theta<1.$$

如果取 x 与 $x+\Delta x$ 为 $[a,b]$ 内任意两点，在 x 与 $x+\Delta x$ 之间应用拉格朗日中值定理，则有

$$\Delta y=f(x+\Delta x)-f(x)=f'(x+\theta\Delta x)\Delta x,0<\theta<1.$$

此式称为有限增量公式. 故将拉格朗日中值定理称为**有限增量定理**，也叫作**微分中值定理**，它准确地表达了函数在一个区间上的增量(Δx 有限即可)与该区间内某点的导数的关系.

推论　若 $f(x)$ 在区间 (a,b) 上导数恒为零，则 $f(x)$ 在区间 (a,b) 上为常数.

证　$\forall x_1,x_2\in(a,b)$，$x_1<x_2$，则 $f(x)$ 在 $[x_1,x_2]$ 上满足拉格朗日中值定理的条件，因此，$\exists\xi\in(x_1,x_2)$ 有

$$f(x_2)-f(x_1)=f'(\xi)(x_2-x_1),$$

又 $f'(\xi)=0$，所有

$$f(x_2)=f(x_1).$$

故 $f(x)$ 为一个常数.

例 4.1.4　证明：当 $x>0$ 时，有

$$\frac{x}{1+x}<\ln(1+x)<x.$$

证　设 $f(x)=\ln(1+x)$，则 $f(x)$ 在 $[0,x]$ 上满足拉格朗日中值定理的条件，故

$$f(x)-f(0)=f'(\xi)(x-0)\,(0<\xi<x),$$

其中，$f(0)=0$，$f'(x)=\dfrac{1}{1+x}$，由此可得

$$\ln(1+x)=\frac{x}{1+\xi},0<\xi<x.$$

注意到 $\dfrac{1}{1+x}<\dfrac{1}{1+\xi}<1$，所以 $\dfrac{x}{1+x}<\ln(1+x)<x$，即可得证.

注：不等式的证明是拉格朗日中值定理的一个直接应用. 由 $f(b)-f(a)=f'(\xi)(b-a)$，只要估计出 $A\leqslant f'(\xi)\leqslant B$，就能得到两个不等式 $A(b-a)\leqslant f(b)-f(a)\leqslant B(b-a)$.

例 4.1.5　设 $f(x)$ 在闭区间 $[a,b]$ 上连续，在开区间 (a,b) 内可导，且 $f(a)=f(b)=1$，证明必有一点 $\xi\in(a,b)$ 使得

$$\frac{e^b-e^a}{b-a}=e^\xi[f(\xi)+f'(\xi)].$$

分析：令 $\xi=x$，则欲证结论变为

$$e^x[f(x)+f'(x)]=\frac{e^b-e^a}{b-a}.$$

证　令 $F(x)=e^xf(x)$，则 $F(x)$ 在 $[a,b]$ 上连续，在 (a,b) 内可导，由拉格朗日中值定理可知，存在 $\xi\in(a,b)$，使得

$$F'(\xi)=\frac{F(b)-F(a)}{b-a},$$

即

$$e^\xi[f(\xi)+f'(\xi)]=\frac{e^b\cdot1-e^a\cdot1}{b-a}=\frac{e^b-e^a}{b-a}.$$

4.1.3　柯西中值定理

在拉格朗日中值定理中，若曲线弧 AB 是由参数方程

$$\begin{cases}X=F(x),\\Y=f(x)\end{cases}(a\leqslant x\leqslant b)$$

给出，则 AB 的斜率

$$k_{AB} = \frac{f(b)-f(a)}{F(b)-F(a)},$$

点 (X,Y) 处的导数为

$$\frac{\mathrm{d}Y}{\mathrm{d}X} = \frac{f'(x)}{F'(x)},$$

则拉格朗日中值定理可以写为一个新的形式.

定理 4.1.4(柯西中值定理) 若函数 $f(x)$, $F(x)$ 在 $[a,b]$ 上连续, 在 (a,b) 内可导, 且 $F'(x)$ 在 (a,b) 内每一点均不为零, 则至少存在一点 $\xi \in (a,b)$ 满足

$$\frac{f(b)-f(a)}{F(b)-F(a)} = \frac{f'(\xi)}{F'(\xi)}. \tag{4-1-2}$$

证 从分析可知, 它与拉格朗日中值定理相比仅在形式上有所不同, 因而证明思路完全一致.

首先, 根据 $F'(x) \neq 0$ 可得 $F(b)-F(a) \neq 0$, 否则, 如果 $F(b)=F(a)$, $F(x)$ 在 $[a,b]$ 上满足罗尔定理, $\exists \eta \in (a,b)$, $F'(\eta)=0$, 与 $F'(x)$ 在 (a,b) 内每一点均不为零, 矛盾.

构造函数

$$\Phi(x) = f(x) - f(a) - \frac{f(b)-f(a)}{F(b)-F(a)} [F(x)-F(a)],$$

则 $\Phi(x)$ 在 $[a,b]$ 上满足罗尔定理. 故至少存在一点 $\xi \in (a,b)$, $\Phi'(\xi)=0$. 又

$$\Phi'(x) = f'(x) - \frac{f(b)-f(a)}{F(b)-F(a)} F'(x)$$

故

$$\frac{f(b)-f(a)}{F(b)-F(a)} = \frac{f'(\xi)}{F'(\xi)}.$$

说明: 当 $F(x)=x$, 则 $F(b)-F(a)=b-a$. $F'(x)=1$. 故式(4-1-2)就可以写成

$$f(b)-f(a) = f'(\xi)(b-a), a<\xi<b.$$

这就是拉格朗日中值定理, 可见拉格朗日中值定理也是柯西中值定理的特例.

例 4.1.6 设函数 $f(x)$ 在 $[0,1]$ 上连续, 在 $(0,1)$ 内可导, 证明: 至少存在一点 $\xi \in (0,1)$, 使

$$f'(\xi) = 2\xi[f(1)-f(0)].$$

分析: 结论可变形为

$$\frac{f(1)-f(0)}{1-0} = \frac{f'(\xi)}{2\xi} = \frac{f'(x)}{(x^2)'}\bigg|_{x=\xi}.$$

证　设 $F(x)=x^2$，$f(x)$，$F(x)$ 在 $[0,1]$ 上满足柯西中值定理条件，因此，在 $(0,1)$ 内至少存在一点 ξ，有

$$\frac{f(1)-f(0)}{1-0}=\frac{f'(\xi)}{2\xi}，即 f'(\xi)=2\xi[f(1)-f(0)].$$

综上所述，三个中值定理是从特殊到一般的关系，罗尔定理可视为拉格朗日中值定理的特例，而拉格朗日中值定理又可视为柯西中值定理的特例，但同时柯西中值定理也可视为拉格朗日中值定理的参数方程形式，因此，在实际中拉格朗日中值定理应用更为广泛.

习题 4.1

1. 填空题：

（1）函数 $f(x)=x^4$ 在区间 $[1,2]$ 上满足拉格朗日中值定理条件，则中值 $\xi=$＿＿＿＿.

（2）设 $f(x)=x(x-1)(x-2)(x-3)(x-4)\cdots(x-n)$，则方程 $f'(x)=0$ 有＿＿＿＿个根，它们分别在区间＿＿＿＿上.

2. 选择题：

（1）下列函数在给定区间上满足罗尔定理条件的是 [　　].

（A）$y=x^2-5x+6$，$[2,3]$

（B）$y=\dfrac{1}{\sqrt{(x-1)^2}}$，$[0,2]$

（C）$y=xe^{-x}$，$[0,1]$

（D）$y=\begin{cases}x+1,&x<5,\\1,&x\geqslant 5,\end{cases}$ $[0,5]$

（2）下列函数中，在 $[-1,1]$ 上满足罗尔定理条件的是 [　　].

（A）$f(x)=\begin{cases}\sin\dfrac{1}{x},&x\neq 0,\\0,&x=0\end{cases}$

（B）$f(x)=\begin{cases}x\sin\dfrac{1}{x},&x\neq 0,\\0,&x=0\end{cases}$

（C）$f(x)=\begin{cases}x^2\sin\dfrac{1}{x},&x\neq 0,\\0,&x=0\end{cases}$

（D）$f(x)=\begin{cases}x^2\sin\dfrac{1}{x^2},&x\neq 0,\\0,&x=0\end{cases}$

（3）函数 $f(x)=x-\dfrac{3}{2}x^{\frac{1}{3}}$ 在下列区间上不满足拉格朗日中值定理条件的是 [　　].

（A）$[0,1]$　　　　　　（B）$[-1,1]$

（C）$\left[0,\dfrac{27}{8}\right]$　　　　（D）$[-1,0]$

3. 下列函数在给定区间上是否满足罗尔定理的所有条件？若满足，请求出定理中的数值 ξ：

（1）$f(x)=2x^2-x-3$，$[-1,1.5]$；

（2）$f(x)=\dfrac{1}{1+x^2}$，$[-2,2]$；

（3）$f(x)=x\sqrt{3-x}$，$[0,3]$；

（4）$f(x)=e^{x^2}-1$，$[-1,1]$.

4. 下列函数在给定区间上是否满足拉格朗日中值定理的所有条件？若满足，请求出定理中的数值 ξ：

（1）$f(x)=x^3$，$[0,a]$ $(a>0)$；

（2）$f(x)=\ln x$，$[1,2]$；

（3）$f(x)=x^3-5x^2+x-2$，$[-1,0]$.

5. 不用求出函数 $f(x)=(x-1)(x-2)(x-3)(x-4)$ 的导数，说明方程 $f'(x)=0$ 有几个实根，并指出它们所在的区间.

6. 函数 $f(x)=x^3$ 与 $g(x)=x^2+1$ 在区间 $[1,2]$ 上是否满足柯西中值定理的条件？如满足，请求出定理中的数值 ξ.

7. 若四次方程 $a_0x^4+a_1x^3+a_2x^2+a_3x+a_4=0$ 有四个不同的实根，试证明：$4a_0x^3+3a_1x^2+2a_2x+a_3=0$ 的所有根皆为实根.

8. 证明:
$$| \sin x_2 - \sin x_1 | \leqslant | x_2 - x_1 |.$$

9. 证明: 若函数 $f(x)$ 在 $(-\infty, +\infty)$ 内满足关系式 $f'(x) = f(x)$, 且 $f(0) = 1$ 则 $f(x) = e^x$.

4.2　洛必达法则

若 $x \to a$ (或 ∞) 时, 函数 $f(x)$, $g(x)$ 都趋于 0 或 ∞, 则 $\lim\limits_{x \to a} \dfrac{f(x)}{g(x)}$ (或 $\lim\limits_{x \to \infty} \dfrac{f(x)}{g(x)}$) 可能存在, 也可能不存在. 我们称这种极限为不定式(或未定式), 并简记为 "$\dfrac{0}{0}$" 或 "$\dfrac{\infty}{\infty}$". 很显然, 这种极限不能用商的运算法则来计算. 下面我们借助柯西中值定理来推出解决这类极限的一种简便而又重要的方法.

> **定理 4.2.1** $\left(\text{"}\dfrac{0}{0}\text{"型的洛必达法则}\right)$　设函数 $f(x)$, $g(x)$ 在 a 的某去心邻域内满足下列条件:
>
> (1) $\lim\limits_{x \to a} f(x) = \lim\limits_{x \to a} g(x) = 0$;
>
> (2) $f(x)$, $g(x)$ 可导, 且 $g'(x) \neq 0$;
>
> (3) $\lim\limits_{x \to a} \dfrac{f'(x)}{g'(x)}$ 存在或为 ∞,
>
> 则
> $$\lim_{x \to a} \frac{f(x)}{g(x)} = \lim_{x \to a} \frac{f'(x)}{g'(x)}.$$

证　由于 $\dfrac{f(x)}{g(x)}$ 在 $x \to a$ 时的极限与 $f(x)$, $g(x)$ 在 $x = a$ 处是否有定义无关, 故不妨设 $f(a) = g(a) = 0$. 则由定理条件可得 $f(x)$, $g(x)$ 在点 $x = a$ 的某一邻域内连续, 设 x 是该邻域内的一点且 $x \neq a$, 则在 x 和 a 之间, $f(x)$ 和 $g(x)$ 满足柯西中值定理的条件
$$\frac{f(x)}{g(x)} = \frac{f(x) - f(a)}{g(x) - g(a)} = \frac{f'(\xi)}{g'(\xi)} (\xi \text{ 介于 } x, a \text{ 之间}).$$

令 $x \to a$, 并对上式两端求极限, 注意到 $x \to a$ 时, $\xi \to a$, 得
$$\lim_{x \to a} \frac{f(x)}{g(x)} = \lim_{x \to a} \frac{f(\xi)}{g(\xi)} = \lim_{x \to a} \frac{f'(x)}{g'(x)}.$$

> **定理 4.2.2** $\left(\text{"}\dfrac{\infty}{\infty}\text{"型的洛必达法则}\right)$　设函数 $f(x)$, $g(x)$ 在 a 的某去心邻域内满足下列条件:
>
> (1) $\lim\limits_{x \to a} f(x) = \lim\limits_{x \to a} g(x) = \infty$;
>
> (2) $f(x)$, $g(x)$ 可导, 且 $g'(x) \neq 0$;

（3）$\lim\limits_{x\to a}\dfrac{f'(x)}{g'(x)}$存在或$\infty$，

则
$$\lim\limits_{x\to a}\dfrac{f(x)}{g(x)}=\lim\limits_{x\to a}\dfrac{f'(x)}{g'(x)}.$$

证明略.

注 1：洛必达法则说明，函数若分子分母的极限均为 0 或 ∞，假如存在极限则可以通过分子分母分别求导后商的极限来计算.

注 2：进一步地，若$\dfrac{f'(x)}{g'(x)}$当 $x\to a$ 时仍为"$\dfrac{0}{0}$"型或"$\dfrac{\infty}{\infty}$"型，且满足原定理中的条件，则可以继续使用该法则$\lim\limits_{x\to a}\dfrac{f'(x)}{g'(x)}=\lim\limits_{x\to a}\dfrac{f''(x)}{g''(x)}$，直到可得极限为止.

注 3：在洛必达法则中，当函数 $f(x)$ 和 $g(x)$ 是初等函数时，其可导性往往可以保证，无须太关注. 但是需要注意的是在使用洛必达法则之前**必须验证函数是否为"$\dfrac{0}{0}$"型或"$\dfrac{\infty}{\infty}$"型，否则不能使用**.

例 4.2.1　求$\lim\limits_{x\to 0}\dfrac{\sin ax}{\sin bx}(b\neq 0)$　$\left(\text{"}\dfrac{0}{0}\text{"型}\right)$.

解　$\lim\limits_{x\to 0}\dfrac{\sin ax}{\sin bx}=\lim\limits_{x\to 0}\dfrac{(\sin ax)'}{(\sin bx)'}=\lim\limits_{x\to 0}\dfrac{a\cos ax}{b\cos bx}=\dfrac{a}{b}(b\neq 0)$.

例 4.2.2　求$\lim\limits_{x\to 1}\dfrac{x^3-3x+2}{x^3-x^2-x+1}$　$\left(\text{"}\dfrac{0}{0}\text{"型}\right)$.

解　$\lim\limits_{x\to 1}\dfrac{x^3-3x+2}{x^3-x^2-x+1}=\lim\limits_{x\to 1}\dfrac{3x^2-3}{3x^2-2x-1}=\lim\limits_{x\to 1}\dfrac{6x}{6x-2}=\dfrac{3}{2}$.

例 4.2.3　求$\lim\limits_{x\to 0}\dfrac{x-\sin x}{x^3}$　$\left(\text{"}\dfrac{0}{0}\text{"型}\right)$.

解　$\lim\limits_{x\to 0}\dfrac{x-\sin x}{x^3}=\lim\limits_{x\to 0}\dfrac{1-\cos x}{3x^2}=\lim\limits_{x\to 0}\dfrac{\sin x}{6x}=\lim\limits_{x\to 0}\dfrac{\cos x}{6}=\dfrac{1}{6}$.

完全类似地，我们可以得到 $x\to\infty$，函数不定式"$\dfrac{0}{0}$"型的洛必达法则和不定式"$\dfrac{\infty}{\infty}$"型的洛必达法则.

定理 4.2.3   设函数 $f(x)$，$g(x)$ 在 $x \to \infty$ 时满足下列条件：

(1) $\lim\limits_{x \to \infty} f(x) = \lim\limits_{x \to \infty} g(x) = 0$；

(2) 当 $|x| > N$ 时，$f'(x)$ 和 $g'(x)$ 都存在，且 $g'(x) \neq 0$；

(3) $\lim\limits_{x \to \infty} \dfrac{f'(x)}{g'(x)}$ 存在或为 ∞，

则 $$\lim_{x \to \infty} \frac{f(x)}{g(x)} = \lim_{x \to \infty} \frac{f'(x)}{g'(x)}.$$

注 1：以上各法则均可以推广到有限阶导数的情形.

注 2：其中 $x \to a$，$x \to \infty$ 均可更改为 $a+0$，$a-0$，$+\infty$，$-\infty$，但必须具有一样的条件. 使用方法同上.

例 4.2.4   求 $\lim\limits_{x \to +\infty} \dfrac{\dfrac{\pi}{2} - \arctan x}{\dfrac{1}{x}}$ $\left(\text{“}\dfrac{0}{0}\text{”型}\right)$.

解 $\lim\limits_{x \to +\infty} \dfrac{\dfrac{\pi}{2} - \arctan x}{\dfrac{1}{x}} = \lim\limits_{x \to +\infty} \dfrac{-\dfrac{1}{1+x^2}}{-\dfrac{1}{x^2}} = \lim\limits_{x \to +\infty} \dfrac{x^2}{1+x^2} = 1.$

例 4.2.5   求 $\lim\limits_{x \to +\infty} \dfrac{\ln x}{x^{\alpha}} (\alpha > 0)$ $\left(\text{“}\dfrac{\infty}{\infty}\text{”型}\right)$.

解 $\lim\limits_{x \to +\infty} \dfrac{\ln x}{x^{\alpha}} = \lim\limits_{x \to +\infty} \dfrac{\dfrac{1}{x}}{\alpha x^{\alpha-1}} = \lim\limits_{x \to +\infty} \dfrac{1}{\alpha x^{\alpha}} = 0.$

例 4.2.6   求 $\lim\limits_{x \to +\infty} \dfrac{x^n}{\mathrm{e}^{\lambda x}} (n \in \mathbf{N}, \lambda > 0)$ $\left(\text{“}\dfrac{\infty}{\infty}\text{”型}\right)$.

解 $\lim\limits_{x \to +\infty} \dfrac{x^n}{\mathrm{e}^{\lambda x}} = \lim\limits_{x \to +\infty} \dfrac{nx^{n-1}}{\lambda \mathrm{e}^{\lambda x}} = \lim\limits_{x \to +\infty} \dfrac{n(n-1)x^{n-2}}{\lambda^2 \mathrm{e}^{\lambda x}} = \cdots = \lim\limits_{x \to +\infty} \dfrac{n!}{\lambda^n \mathrm{e}^{\lambda x}} = 0.$

事实上，例 4.2.6 中若 n 不为正整数而是任何正数，极限仍为 0.

从例 4.2.5 和例 4.2.6 中可以看出，对于对数函数 $\ln x$、幂函数 x^n 和指数函数 $\mathrm{e}^{\lambda x}$ 在 $x \to \infty$ 时均为无穷大量，但这三个函数增大的"速度"是不一样的，幂函数增大的"速度"比对数函数快，指数函数增大的"速度"比幂函数快.

除了以上 "$\dfrac{0}{0}$"，"$\dfrac{\infty}{\infty}$" 型两种不定式之外，还有 "$0 \cdot \infty$"，"$\infty - \infty$"，"0^0"，"1^{∞}"，"∞^0" 型的不定式，但我们总可以转换

为以上两种形式.

对于**"$0 \cdot \infty$"型不定式**, 把其中一个因子取倒数放在分母上或通分, 即可化为"$\dfrac{0}{0}$"型或"$\dfrac{\infty}{\infty}$"型不定式的极限.

例 4.2.7　求 $\lim\limits_{x \to 0^+} x^{\alpha} \ln x \,(n > 0)$.

解　$\lim\limits_{x \to 0^+} x^{\alpha} \ln x = \lim\limits_{x \to 0^+} \dfrac{\ln x}{\dfrac{1}{x^{\alpha}}} = \lim\limits_{x \to 0^+} \dfrac{\dfrac{1}{x}}{\dfrac{-\alpha}{x^{\alpha+1}}} = \lim\limits_{x \to 0^+} \left(-\dfrac{x^{\alpha}}{\alpha} \right) = 0 \,(\alpha > 0)$.

对于**"$\infty - \infty$"型不定式**, 经过通分或分子有理化, 即可化为"$\dfrac{0}{0}$"型不定式的极限.

例 4.2.8　求 $\lim\limits_{x \to \frac{\pi}{2}} (\sec x - \tan x)$.

解　$\lim\limits_{x \to \frac{\pi}{2}} (\sec x - \tan x) = \lim\limits_{x \to \frac{\pi}{2}} \left(\dfrac{1}{\cos x} - \dfrac{\sin x}{\cos x} \right) = \lim\limits_{x \to \frac{\pi}{2}} \dfrac{1 - \sin x}{\cos x}$

$\qquad\qquad = \lim\limits_{x \to \frac{\pi}{2}} \dfrac{-\cos x}{-\sin x} = 0.$

对于 **1^{∞}、0^0、∞^0 等型的不定式**, 两边取对数或由对数恒等式(化为以 e 为底的指数函数的极限, 再利用指数函数的连续性化为求指数部分的极限)化为"$0 \cdot \infty$"型及"$\infty - \infty$"型, 再化为"$\dfrac{0}{0}$"型或"$\dfrac{\infty}{\infty}$"型, 求出关于函数对数的极限后, 再还原回去.

例 4.2.9　求 $\lim\limits_{x \to 0^+} x^x$.

解　$\lim\limits_{x \to 0^+} x^x = \lim\limits_{x \to 0^+} e^{x \ln x} = e^{\lim\limits_{x \to 0^+} x \ln x} = e^{\lim\limits_{x \to 0^+} \frac{\ln x}{\frac{1}{x}}} = e^{\lim\limits_{x \to 0^+} \frac{\frac{1}{x}}{-\frac{1}{x^2}}} = 1.$

例 4.2.10　求 $\lim\limits_{x \to 0} \left(\dfrac{a_1^x + a_2^x + \cdots + a_n^x}{n} \right)^{\frac{1}{x}}$.

解　$\lim\limits_{x \to 0} \left(\dfrac{a_1^x + a_2^x + \cdots + a_n^x}{n} \right)^{\frac{1}{x}} = \lim\limits_{x \to 0} e^{\frac{\ln \frac{a_1^x + a_2^x + \cdots + a_n^x}{n}}{x}} = \lim\limits_{x \to 0} e^{\frac{\ln(a_1^x + a_2^x + \cdots + a_n^x) - \ln n}{x}}$

$\qquad\qquad = e^{\lim\limits_{x \to 0} \frac{\frac{a_1^x \ln a_1 + a_2^x \ln a_2 + \cdots + a_n^x \ln a_n}{a_1^x + a_2^x + \cdots + a_n^x}}{1}}$

$\qquad\qquad = e^{\frac{\ln a_1 + \ln a_2 + \cdots + \ln a_n}{n}} = \sqrt[n]{a_1 a_2 \cdots a_n}.$

例 4.2.11　求 $\lim\limits_{x\to 0}\dfrac{\tan x-x}{x^2\sin x}$.

解　注意到 $x\to 0$ 时 $\sin x\sim x$，于是有

$$\lim_{x\to 0}\frac{\tan x-x}{x^2\sin x}=\lim_{x\to 0}\frac{\tan x-x}{x^3}=\lim_{x\to 0}\frac{\sec^2 x-1}{3x^2}=\lim_{x\to 0}\frac{2\sec^2 x\tan x}{6x}=\frac{1}{3}\lim_{x\to 0}\frac{\tan x}{x}=\frac{1}{3}.$$

注：在利用洛必达法则的同时，也可以与其他求极限的方法相结合，如等价无穷小或重要极限等，从而可使运算（主要是求导）变得更加简捷.

例 4.2.12　求 $\lim\limits_{x\to\infty}\dfrac{x+\cos x}{x}$.

解　显然，

$$\lim_{x\to\infty}\frac{x+\cos x}{x}=1+\lim_{x\to\infty}\frac{\cos x}{x}=1+0=1.$$

此极限属于"$\dfrac{\infty}{\infty}$"型的不定式，满足洛必达法则的前两个条件，但是由于

$$\frac{(x+\cos x)'}{x'}=\frac{1-\sin x}{1},$$

当 $x\to\infty$ 时，$1-\sin x$ 极限不存在，也不是无穷大，即洛必达法则的第三个条件不满足，故所给的极限不能用洛必达法则.

注 1：如果运用洛必达法则求不出极限，那么也不能说极限不存在，而是要转而寻求其他方法.

注 2：若 $\lim\dfrac{f(x)}{g(x)}$ 是不定式极限，如果 $\lim\dfrac{f'(x)}{g'(x)}$ 不存在，则 $\lim\dfrac{f(x)}{g(x)}$ 不一定不存在.

习题 4.2

1. 选择题：

(1) 求下列极限，能直接使用洛必达法则的是 [　　].

(A) $\lim\limits_{x\to\infty}\dfrac{\sin x}{x}$　　(B) $\lim\limits_{x\to 0}\dfrac{\sin x}{x}$

(C) $\lim\limits_{x\to 0}\dfrac{x^2\sin\dfrac{1}{x}}{x}$　　(D) $\lim\limits_{x\to\frac{\pi}{2}}\dfrac{\tan 5x}{\sin 3x}$

(2) 设 $f(x)=2^x+3^x-2$，则当 $x\to 0$ 时，（　　）.

(A) $f(x)$ 与 x 是等价无穷小量

(B) $f(x)$ 与 x 是同阶非等价无穷小量

(C) $f(x)$ 是比 x 较高阶的无穷小量

(D) $f(x)$ 是比 x 较低阶的无穷小量

2. 利用洛必达法则求下列极限：

(1) $\lim\limits_{x\to 0}\dfrac{e^x-e^{-x}}{x}$;

(2) $\lim\limits_{x\to 1}\dfrac{\ln x}{x-1}$;

（3）$\lim\limits_{x\to 1}\dfrac{x^3-3x^2+2}{x^3-x^2-x+1}$；　（4）$\lim\limits_{x\to\left(\frac{\pi}{2}\right)^+}\dfrac{\ln\left(x-\dfrac{\pi}{2}\right)}{\tan x}$；

（5）$\lim\limits_{x\to a}\dfrac{ax^3-x^4}{a^4-2a^3x+2ax^3-x^4}$　$(a\neq 0)$；

（6）$\lim\limits_{x\to +\infty}\dfrac{x^n}{e^{ax}}$　$(a>0,\ n$ 为正整数$)$；

（7）$\lim\limits_{x\to +\infty}\dfrac{\ln\left(1+\dfrac{1}{x}\right)}{\operatorname{arccot}x}$；

（8）$\lim\limits_{x\to 0}\left(\dfrac{1}{x}-\dfrac{1}{e^x-1}\right)$；（9）$\lim\limits_{x\to 0}(1+\sin x)^{\frac{1}{x}}$；

（10）$\lim\limits_{x\to 0^+}\left(\ln\dfrac{1}{x}\right)^x$；（11）$\lim\limits_{x\to 0^+}x^{\sin x}$；

（12）$\lim\limits_{x\to 0}\left(\dfrac{a^x+b^x}{2}\right)^{\frac{3}{x}}(a>0,b>0,a\neq 1,b\neq 1)$．

3. 求下列极限：

（1）$\lim\limits_{x\to 0}\dfrac{\sqrt{1+x^3}-1}{1-\cos\sqrt{x-\sin x}}$；

（2）$\lim\limits_{x\to 0}\dfrac{\sqrt{1+\tan x}-\sqrt{1+\sin x}}{x\ln(1+x)-x^2}$．

4. 验证下列极限存在，但不能用洛必达法则

得出：

（1）$\lim\limits_{x\to\infty}\dfrac{x+\sin x}{x}$；　　（2）$\lim\limits_{x\to 0}\dfrac{x^2\sin\dfrac{1}{x}}{x}$．

5. 设函数 $f(x)=\begin{cases}\dfrac{\ln(1+kx)}{x}, & x\neq 0,\\ -1, & x=0,\end{cases}$ 若 $f(x)$ 在

$x=0$ 处可导，求 k 与 $f'(0)$ 的值.

6. 设函数 $f(x)=\begin{cases}\dfrac{1-\cos x}{x^2}, & x>0,\\ k, & x=0,\\ \dfrac{1}{x}-\dfrac{1}{e^x-1}, & x<0,\end{cases}$ 试问当 k 为

何值时，在点 $x=0$ 处连续？

7. 设 $f(x)=\begin{cases}e^{-\frac{1}{x^2}}, & x\neq 0,\\ 0, & x=0,\end{cases}$ 证明：$f'(x)$ 在 $x=0$

处连续.

8. 讨论函数 $f(x)=\begin{cases}\left[\dfrac{(1+x)^{\frac{1}{x}}}{e}\right]^{\frac{1}{x}}, & x>0,\\ e^{-\frac{1}{2}}, & x\leqslant 0\end{cases}$ 在

$x=0$ 处的连续性.

4.3　泰勒公式

在实际问题的计算中，我们往往需要求一些函数的值，如 $\sin 3$，$\ln\left(1+\dfrac{1}{2}\right)$，$e^{0.5}$ 等. 要直接计算这些函数的值是不可能的，我们采用微分做近似计算，例如

$$e^x\approx 1+x,\ \ln(1+x)\approx x(\,|x|\,\text{很小时}).$$

但此种做法也有**两处不足**：

（1）近似程度不够高，仅是 x 的高阶无穷小量；

（2）无法估计其误差的大小.

基于这两点，我们设想用更高次的多项式来近似表示这些函数，并给出相应的误差公式.

设 $f(x)$ 在 x_0 的邻域具有 1 到 $(n+1)$ 阶导数，且可以近似表示为 $(x-x_0)$ 的 n 次多项式

$$p_n(x)=a_0+a_1(x-x_0)^1+a_2(x-x_0)^2+\cdots+a_n(x-x_n)^n　　（4\text{-}3\text{-}1）$$

其中，

$$f(x)-p_n(x)=o((x-x_0)^n),$$

且有

$$p_n(x_0)=f(x_0),p_n'(x_0)=f'(x_0),p_n''(x_0)=f''(x_0),\cdots,p_n^{(n)}(x_0)=f^{(n)}(x_0),$$

即 $p_n(x)$ 在 x_0 的函数及各阶导数值等于 $f(x)$ 在 x_0 的函数值及各阶导数值. 将上式代入式(4-3-1)即可得到

$$a_0=f(x_0),a_1=f'(x_0),a_2=\frac{1}{2!}f''(x_0),\cdots,a_n=\frac{1}{n!}f^{(n)}(x_0),$$

从而有

$$p_n(x)=f(x_0)+f'(x_0)(x-x_0)+\frac{f''(x_0)}{2!}(x-x_0)^2+\cdots+\frac{f^{(n)}(x_0)}{n!}(x-x_0)^n.$$

(4-3-2)

下面定理说明该式的确可以近似表示 $f(x)$.

定理(泰勒中值定理)   设 $f(x)$ 在开区间 (a,b) 内具有直到 $(n+1)$ 阶导数，$x_0\in(a,b)$，则对任意的 $x\in(a,b)$，有

$$f(x)=f(x_0)+f'(x_0)(x-x_0)+\frac{f''(x_0)}{2!}(x-x_0)^2+\cdots+\frac{f^{(n)}(x_0)}{n!}(x-x_0)^n+R_n(x),$$

(4-3-3)

其中，$R_n(x)=\frac{f^{(n+1)}(\xi)}{(n+1)!}(x-x_0)^{n+1}(\xi$ 介于 x_0,x 之间$)$.   (4-3-4)

分析：只需证明 $f(x)$ 与 $p_n(x)$ 之间只是相差了 $(x-x_0)^n$ 的高阶无穷小量.

证   设 $R_n(x)=f(x)-p_n(x)$，只需证 $R_n(x)=\frac{f^{(n+1)}(\xi)}{(n+1)!}(x-x_0)^{n+1}$.

因为 $f(x)$，$p_n(x)$ 具有直到 $(n+1)$ 阶导数，故 $R_n(x)$ 也有直到 $(n+1)$ 阶导数且

$$R_n(x_0)=R_n'(x_0)=R_n''(x_0)=\cdots=R_n^{(n)}(x_0)=0.$$

对函数 $R_n(x)$，$(x-x_0)^{n+1}$ 在以 x_0，x_1 为端点的区间上应用柯西中值定理得

$$\frac{R_n(x)}{(x-x_0)^{n+1}}=\frac{R_n(x)-R_n(x_0)}{(x-x_0)^{n+1}-0}=\frac{R'(\xi_1)}{(n+1)(\xi_1-x_0)^n}\quad(\xi_1$ 介于 x_0,x 之间$)$.

对函数 $R_n'(x)$，$(n+1)(x-x_0)^n$ 在以 x_0，ξ_1 为端点的区间上再次应用柯西中值定理得

$$\frac{R_n'(\xi_1)}{(n+1)(\xi_1-x_0)^n}=\frac{R_n'(\xi_1)-R_n'(x_0)}{(n+1)(\xi_1-x_0)^n-0}=\frac{R_n''(\xi_2)}{n(n+1)(\xi_2-x_0)^{n-1}}$$

$$(\xi_2$ 介于 x_0,ξ_1 之间$)$.

如此继续下去，使用 $n+1$ 次柯西中值定理得

$$\frac{R_n(x)}{(x-x_0)^{n+1}}=\frac{R_n^{(n+1)}(\xi)}{(n+1)!}\quad(\xi \text{ 介于 } \xi_n, x_0 \text{ 之间,因此 } \xi \text{ 介于 } x_0, x \text{ 之间}).$$

注意到 $R_n^{(n+1)}(x)=f^{(n+1)}(x)-p_n^{(n+1)}(x)=f^{(n+1)}(x)$,

$$R_n(x)=\frac{f^{(n+1)}(\xi)}{(n+1)!}(x-x_0)^{n+1}\quad(\xi \text{ 介于 } x_0, x \text{ 之间}),\text{定理证毕}.$$

注 1：多项式 $p_n(x)$ 称为 $f(x)$ 按 $(x-x_0)$ 的幂展开的 n 次多项式.

注 2：余项 $R_n(x)$ 的表达式(4-3-4)称为 $f(x)$ 在 x_0 的邻域内的**拉格朗日型余项**.

注 3：称式(4-3-3)为 $f(x)$ 按 $(x-x_0)$ 的幂展开的含有拉格朗日型余项的 n 阶**泰勒公式**.

注 4：对于固定的 n 和存在的 ξ，$|f^{(n+1)}(\xi)|$ 是一个有界量，即 $|f^{(n+1)}(\xi)|<m$，故

$$|R_n(x)|=\left|\frac{f^{(n+1)}(\xi)}{(n+1)!}(x-x_0)^{n+1}\right|\leqslant \frac{m}{(n+1)!}|x-x_0|^{n+1},$$

于是有

$$\lim_{x\to x_0}\frac{R_n(x)}{(x-x_0)^n}=0,$$

即

$$R_n(x)=o((x-x_0)^n).\tag{4-3-5}$$

$R_n(x)$ 的表达式(4-3-5)称为 $f(x)$ 在 x_0 的邻域内的**佩亚诺(Peano)型余项**.

注 5：当 $n=0$ 时，有 $f(x)=f(x_0)+f'(\xi)(x-x_0)$($\xi$ 介于 x_0，x 之间)，这就是拉格朗日中值定理. 因此，泰勒中值定理是拉格朗日中值定理的一个推广.

注 6：当 $x_0=0$ 时，ξ 介于 0，x 之间，可令 $\xi=\theta x(0<\theta<1)$，泰勒公式(4-3-3)变为

$$f(x)=f(0)+f'(0)x+\frac{f''(0)}{2!}x^2+\frac{f'''(0)}{3!}x^3+\cdots+$$

$$\frac{f^{(n)}(0)}{n!}x^n+\frac{f^{(n+1)}(\theta x)}{(n+1)!}x^{n+1}(0<\theta<1).\tag{4-3-6}$$

称式(4-3-6)为含有拉格朗日型余项的**麦克劳林公式**. 从而含有皮亚诺型余项的麦克劳林公式为

$$f(x)=f(0)+f'(0)x+\frac{f''(0)}{2!}x^2+\frac{f'''(0)}{3!}x^3+\cdots+\frac{f^{(n)}(0)}{n!}x^n+o(x^n).$$

$$\tag{4-3-7}$$

此时有

$$f(x) \approx f(0) + f'(0)x + \frac{f''(0)}{2!}x^2 + \cdots + \frac{f^{(n)}(0)}{n!}x^n.$$

例 4.3.1　写出函数 $f(x) = e^x$ 的含有拉格朗日型余项的 n 阶麦克劳林公式.

解　因为

$$f(x) = f'(x) = f''(x) = f'''(x) = \cdots = f^{(n)}(x) = e^x,$$

所以

$$f(0) = f'(0) = f''(0) = f'''(0) = \cdots = f^{(n)}(0) = 1,$$

代入式(4-3-6)得

$$e^x = 1 + x + \frac{x^2}{2!} + \frac{x^3}{3!} + \cdots + \frac{x^n}{n!} + \frac{e^{\theta x}}{(n+1)!}x^{n+1} \quad (0 < \theta < 1).$$

取 $n = 1$，则近似公式

$$e^x = 1 + x.$$

如果取 $x = 1$，则得无理数 e 的近似值为

$$e \approx 1 + 1 + \frac{1}{2!} + \frac{1}{3!} + \cdots + \frac{1}{n!},$$

误差为

$$|R_n| \leqslant \frac{e}{(n+1)!} \leqslant \frac{3}{(n+1)!}$$

如果取 $n = 10$ 得 $e \approx 2.718282$，误差为 10^{-6}.

例 4.3.2　写出函数 $f(x) = \sin x$ 的含有拉格朗日型余项的 n 阶麦克劳林公式.

解　$f'(x) = \cos x, f''(x) = -\sin x, f'''(x) = -\cos x, f^{(4)}(x) = -\sin x, \cdots,$

$$f^{(n)}(x) = \sin\left(x + \frac{n\pi}{2}\right),$$

所以

$$f(0) = 0, f'(0) = 1, f''(0) = 0, f'''(x) = -1, f^{(4)}(x) = 0, \cdots,$$

可以看出，函数在 0 处的各阶导数按照 0，1，0，-1 的顺序循环，令 $n = 2m$，按照式(4-3-6)得

$$\sin x = x - \frac{x^3}{3!} + \frac{x^5}{5!} - \cdots + (-1)^{m-1}\frac{x^{2m-1}}{(2m-1)!} + R_{2m},$$

$$R_{2m} = \frac{\sin\left[\theta x + (2m+1)\frac{\pi}{2}\right]}{(2m+1)!}x^{2m+1} \quad (0 < \theta < 1).$$

如果取 $m = 1$，则有近似公式

$$\sin x \approx x.$$

误差为

$$|R_2| \leqslant \left| \frac{\sin\left(\theta x + \frac{3\pi}{2}\right)}{3!} x^3 \right| \leqslant \frac{|x|^3}{6}.$$

如果 m 取 2 和 3，则可得到 $\sin x$ 的近似多项式分别为

$$\sin x \approx x - \frac{x^3}{3!} \text{ 和 } \sin x \approx x - \frac{x^3}{3!} + \frac{x^5}{5!}.$$

误差分别不超过 $\dfrac{|x|^5}{5!}$ 和 $\dfrac{|x|^7}{7!}$.

　　类似地，还可以得到如下含有拉格朗日型余项的麦克劳林公式

$$\cos x = 1 - \frac{x^2}{2!} + \frac{x^4}{4!} - \cdots + (-1)^m \frac{x^{2m}}{(2m)!} + \frac{\cos[\theta x + (m+1)\pi]}{(2m+2)!} x^{2m+2}, \theta \in (0,1);$$

$$\ln(1+x) = x - \frac{x^2}{2} + \frac{x^3}{3} - \cdots + (-1)^{n-1}\frac{x^n}{n} + \frac{(-1)^n}{(n+1)(1+\theta x)^{n+1}} x^{n+1}, \theta \in (0,1);$$

$$(1+x)^\alpha = 1 + \alpha x + \frac{\alpha(\alpha-1)}{2!} x^2 + \cdots + \frac{\alpha(\alpha-1)\cdots(\alpha-n+1)}{n!} x^n +$$

$$\frac{\alpha(\alpha-1)\cdots(\alpha-n+1)(\alpha-n)}{(n+1)!} (1+\theta x)^{\alpha-n-1} x^{n+1}, \theta \in (0,1).$$

> **例 4.3.3**　求 $f(x) = \ln(3+x)$ 在 $x = -1$ 处的含有皮亚诺型余项的泰勒公式.

　　解　$f(x) = \ln[2+(x+1)] = \ln\left[2\left(1+\frac{x+1}{2}\right)\right] = \ln 2 + \ln\left(1+\frac{x+1}{2}\right),$

将 $\ln(1+x)$ 的麦克劳林公式中的 x 换成 $\dfrac{x+1}{2}$，得

$$f(x) = \ln 2 + \frac{x+1}{2} - \frac{1}{2}\left(\frac{x+1}{2}\right)^2 + \frac{1}{3}\left(\frac{x+1}{2}\right)^3 - \cdots + (-1)^{n-1}\frac{1}{n}\left(\frac{x+1}{2}\right)^n + o\left(\left(\frac{x+1}{2}\right)^n\right)$$

$$= \ln 2 + \frac{1}{2}(x+1) - \frac{1}{2 \cdot 2^2}(x+1)^2 + \frac{1}{3 \cdot 2^3}(x+1)^2 - \cdots +$$

$$\frac{(-1)^{n-1}}{n \cdot 2^n}(x+1)^n + o((x+1)^n).$$

> **例 4.3.4**　利用含有皮亚诺型余项的麦克劳林公式，求极限

$$\lim_{x\to 0} \frac{e^{x^2} + 2\cos x - 3}{x^4}.$$

　　解　因为分式的分母是 x^4，所以只需将分子 e^{x^2} 和 $\cos x$ 用含有皮亚诺型余项的麦克劳林公式**展开到 x^4 项**：

$$e^{x^2} = 1 + x^2 + \frac{1}{2!}x^4 + o(x^4),$$

$$\cos x = 1 - \frac{x^2}{2!} + \frac{x^4}{4!} + o(x^5),$$

$$e^{x^2} + 2\cos x - 3 = \left(\frac{1}{2!} + 2 \cdot \frac{1}{4!}\right)x^4 + o(x^4),$$

所以

$$\lim_{x \to 0} \frac{e^{x^2} + 2\cos x - 3}{x^4} = \lim_{x \to 0} \frac{\frac{7}{12}x^4 + o(x^4)}{x^4} = \frac{7}{12}.$$

例 4.3.5   求极限 $\lim\limits_{x \to 0} \dfrac{\sqrt{3x+4} + \sqrt{4-3x} - 4}{x^2}$.

解   因为分式的分母是 x^2，所以只需将分子用含有皮亚诺型余项的麦克劳林公式展开到 x^2 项：

$$\sqrt{3x+4} = 2\left(1 + \frac{3}{4}x\right)^{\frac{1}{2}} = 2\left[1 + \frac{1}{2} \cdot \left(\frac{3}{4}x\right) + \frac{1}{2!} \cdot \frac{1}{2}\left(\frac{1}{2} - 1\right)\left(\frac{3}{4}x\right)^2\right] + o(x^2)$$

$$= 2 + \frac{3}{4}x - \frac{1}{4} \cdot \frac{9}{16}x^2 + o(x^2),$$

$$\sqrt{4-3x} = 2\left(1 - \frac{3}{4}x\right)^{\frac{1}{2}} = 2 - \frac{3}{4}x - \frac{1}{4} \cdot \frac{9}{16}x^2 + o(x^2),$$

所以

$$\lim_{x \to 0} \frac{\sqrt{3x+4} + \sqrt{4-3x} - 4}{x^2} = \lim_{x \to 0} \frac{-\frac{1}{2} \cdot \frac{9}{16}x^2 + o(x^2)}{x^2} = -\frac{9}{32}.$$

总之，要在理解泰勒公式、麦克劳林公式的基础上灵活地展开和估计误差.

习题 4.3

1. 设 $f(x) = 1 + 3x + 5x^2 - 2x^3$，写出它在 $x = -1$ 处的泰勒展开多项式.

2. 求函数 $f(x) = \ln x$ 按 $(x-2)$ 的幂展开的含有皮亚诺型余项的 n 阶泰勒公式.

3. 写出下列函数的麦克劳林公式：

（1）$f(x) = \dfrac{1}{1-x}$;   （2）$f(x) = xe^x$;

（3）$f(x) = \sin^2 x$;   （4）$f(x) = \tan x$.

4. 利用泰勒公式求下列极限：

（1）$\lim\limits_{x \to 0} \dfrac{\sin x - x\cos x}{\sin^3 x}$;   （2）$\lim\limits_{x \to 0} \dfrac{\cos x \ln(1+x) - x}{x^2}$;

（3）$\lim\limits_{x \to 0} \dfrac{1 + \frac{1}{2}x^2 - \sqrt{1+x^2}}{(\cos x - e^{x^2})\sin x^2}$;

（4）$\lim\limits_{x \to 0} \dfrac{e^x - \sin x - 1}{1 - \sqrt{1-x^2}}$;

（5）$\lim\limits_{x \to 0} \dfrac{e^x - x - 1}{x \sin x}$;   （6）$\lim\limits_{x \to \infty}\left[x - x^2\ln\left(1 + \dfrac{1}{x}\right)\right]$.

5. 试求一个二次三项式使 $2^x = p(x) + o(x^2) \, (x \to 0)$.

6. 求常数 a，b，使 $e^x - \dfrac{1+ax}{1+bx}$ 是 x 的三阶无穷小量.

7. 按 $(x-4)$ 的幂展开多项式 $f(x) = x^4 - 5x^3 + x^2 - 3x + 4$.

8. 应用麦克劳林公式，按 x 的幂展开函数 $f(x) = (x^2 - 3x + 1)^3$.

9. 求函数 $f(x) = \sqrt{x}$ 按 $(x - 4)$ 的幂展开的含有拉格朗日型余项的三阶泰勒公式.

10. 求函数 $f(x) = \tan x$ 的含有佩亚诺型余项的三阶麦克劳林公式.

11. 求函数 $f(x) = xe^x$ 的含有佩亚诺型余项的 n 阶麦克劳林公式.

12. 验证当 $0 < x \leqslant \dfrac{1}{2}$ 时，按公式 $e^x \approx 1 + x + \dfrac{x^2}{2} + \dfrac{x^3}{6}$ 计算 e^x 的近似值时，所产生的误差小于 0.01，并求 $\sqrt{e}$ 的近似值，使其误差小于 0.01.

13. 利用泰勒公式求下列极限:

(1) $\lim\limits_{x \to +\infty} (\sqrt[3]{x^3 + 3x^2} - \sqrt[4]{x^4 - 2x^3})$;

(2) $\lim\limits_{x \to 0} \dfrac{\cos x - e^{-\frac{x^2}{2}}}{x^2 [x + \ln(1 - x)]}$.

4.4　函数的单调性与曲线的凹凸性

4.4.1　函数单调性的判定

我们在研究函数的图形时，首先考虑的是函数的增减变化. 除了用定义判断增减性外，还可以通过函数的导数来判断.

结合函数的几何图形，如图 4-3 所示，若 $y = f(x)$ 在某区间内单调增加，则其图像为一条逐渐上升的曲线，此时函数曲线在每一点的切线的斜率为正，即 $\tan\alpha = f'(x) > 0$，反之则斜率为负，即:

若 $y = f(x)$ 在某区间上单调增加，则 $y' \geqslant 0$;

若 $y = f(x)$ 在某区间上单调减少，则 $y' \leqslant 0$.

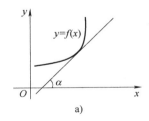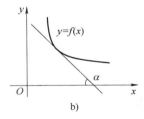

图　4-3

定理 4.4.1　设 $y = f(x)$ 在 $[a, b]$ 上连续，在 (a, b) 内可导，则

(1) 若在 (a, b) 内 $f'(x) > 0$，则 $y = f(x)$ 在 $[a, b]$ 上单调增加;

(2) 若在 (a, b) 内 $f'(x) < 0$，则 $y = f(x)$ 在 $[a, b]$ 上单调减少.

证　若 $\forall x_1, x_2 \in [a, b]$ 且 $x_1 < x_2$，则由拉格朗日中值定理知

$$f(x_2)-f(x_1)=f'(\xi)(x_2-x_1),[x_1,x_2]\subset[a,b],x_1\leqslant\xi\leqslant x_2.$$

（1）如果 $f'(x)>0$，则 $f'(\xi)>0$，可得

$$f(x_2)>f(x_1),$$

所以函数 $y=f(x)$ 在 (a,b) 内单调增加. 如图 4-4a 所示.

（2）如果 $f'(x)<0$，则 $f'(\xi)<0$，可得

$$f(x_2)<f(x_1),$$

所以函数 $y=f(x)$ 在 (a,b) 内单调减少. 如图 4-4b 所示.

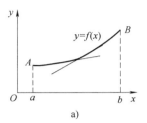 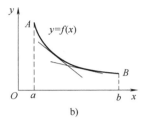

图 4-4

注：如果在区间 (a,b) 内 $f'(x)\geqslant0$（或 $f'(x)\leqslant0$），但等号只在有限个点处成立，则 $y=f(x)$ 在 (a,b) 内仍是单调增加（或单调减少）的.

（$f(x_1)\geqslant f(x_2)$ 不称单调，这里我们所指的单调实际上是严格单调的）

例如，$y=x^3$ 在 $(-\infty,+\infty)$ 上除 $x=0$ 外，其余点均 $y'>0$. 故单调递增，如图 4-5 所示.

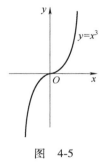

图 4-5

不难看出，单调增加或减少的分界点或者导数为零或者不存在. 因此，我们常常把这种点作为讨论函数的分界点，但要注意：导数为 0 的点并不一定是分界点.

例 4.4.1 确定函数 $f(x)=e^x-x-1$ 的单调性.

解 定义域为 $(-\infty,+\infty)$，且

$$f'(x)=e^x-1.$$

在 $(-\infty,0)$ 内，　　　　　　$f'(x)<0$，

所以，函数 $f(x)$ 在 $(-\infty,0]$ 上单调减少；

在 $(0,+\infty)$ 内，　　　　　　$f'(x)>0$，

函数在 $[0,+\infty)$ 上单调增加.

例 4.4.2 确定函数 $f(x)=\sqrt[3]{x^2}$ 的单调区间.

解 定义域为 $(-\infty,+\infty)$，且

$$f'(x)=\frac{2}{3\sqrt[3]{x}}(x\neq0),$$

当 $x=0$ 时，导数不存在．

当 $x<0$ 时，$f'(x)<0$；当 $x>0$ 时，$f'(x)>0$，所以，函数 $f(x)$ 在 $(-\infty,0)$ 上单调减少，在 $(0,+\infty)$ 上单调增加．

在例 4.4.1 中，$x=0$ 是函数 $f(x)=e^x-x-1$ 的单调减少区间 $(-\infty,0]$ 和单调增加区间 $[0,+\infty)$ 的分界点，而在该点处导数为 0．在例 4.4.2 中，$x=0$ 是函数 $f(x)=\sqrt[3]{x^2}$ 的单调减少区间 $(-\infty,0]$ 和单调增加区间 $[0,+\infty)$ 的分界点，但在该点处导数不存在．

结论：如果函数在定义域上连续，只有有限个点导数不存在，首先找到 $y'=0$ 的点以及 y' 不存在的点，然后利用这些点将定义域划分为若干个区间，再判断 y' 在每一个区间的符号，若 $y'>0$，函数单调增加，若 $y'<0$，函数单调减少．通常，我们可以列表进行分析．

例 4.4.3　讨论 $y=2x^3-9x^2+12x-3$ 的单调区间．

解　定义域为 $(-\infty,+\infty)$，且

$$f'(x)=6x^2-18x+12=6(x-1)(x-2),$$

令　　　　　　　$f'(x)=0$，得 $x=1$，$x=2$，

$x=1$ 和 $x=2$ 将定义域分成三个区间：$(-\infty,1)$，$(1,2)$，$(2,+\infty)$，做出表 4-1．

表　4-1

x	$(-\infty,1)$	1	$(1,2)$	2	$(2,+\infty)$
$f'(x)$	+	0	−	0	+
$f(x)$	↗	2	↘	1	↗

所以，$f(x)$ 的单调增加区间为 $(-\infty,1)$ 和 $(2,+\infty)$；单调减少区间为 $(1,2)$．

例 4.4.4　证明：当 $x>1$ 时，$2\sqrt{x}>3-\dfrac{1}{x}$．

分析：欲利用结论，则需构造一函数 $f(x)$ 使得 $f(x)>f(1)$．

证　令 $f(x)=2\sqrt{x}-3+\dfrac{1}{x}$，则

$$f(1)=0,f'(x)=\frac{1}{\sqrt{x}}-\frac{1}{x^2}.$$

当 $x>1$ 时，$x^2>\sqrt{x}$，因此

$$\frac{1}{\sqrt{x}}>\frac{1}{x^2},f'(x)>0.$$

所以，$f(x)$ 在 $x>1$ 时，是单调增加的，$f(x)>f(1)$．即 $2\sqrt{x}>3-\dfrac{1}{x}$．

例 4.4.5 证明：当 $x>0$ 时，$\sin x>x-\dfrac{1}{6}x^3$.

证 设 $f(x)=\sin x-x+\dfrac{1}{6}x^3$，则

$$f'(x)=\cos x-1+\frac{1}{2}x^2,$$

$$f''(x)=x-\sin x>0,$$

于是当 $x>0$ 时，$\qquad f'(x)>f'(0)=0$，

所以 $f(x)$ 在 $(0,+\infty)$ 上单调增加，当 $x>0$ 时，

$$f(x)>f(0),$$

又 $\qquad\qquad\qquad f(0)=\sin 0-0+\dfrac{1}{6}\times 0^3=0,$

因此 $\sin x-x+\dfrac{1}{6}x^3>0$，即 $\quad\sin x>x-\dfrac{1}{6}x^3$.

4. 4. 2 曲线的凹凸性及拐点

4.4.1 节研究函数的单调性，反映在图形上就是曲线的上升和下降. 在曲线上升和下降的过程中还有曲线弯曲方向的问题. 例如，曲线 $y=x^2$ 和 $y=\sqrt{x}$，在区间 $[0,1]$ 上都是单调增加的，但是 $y=x^2$ 是向上弯曲的，$y=\sqrt{x}$ 是向下弯曲的.

我们观察图 4-6 中的两条曲线，每一点都有不平行于 y 轴的切线，但图 4-6a 所示曲线位于每一点切线的上方，在图 4-6b 中，曲线位于每一点切线的下方. 根据这一特征，下面给出曲线凹凸性的定义.

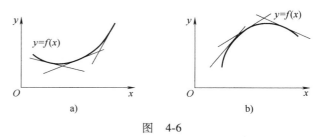

图 4-6

定义 4.4.1 设函数 $f(x)$ 在 (a,b) 内可导，如果曲线 $f(x)$ 位于其上每一点的切线的上方，即对于任意 $x_0\in(a,b)$，都有

$$f(x)>f(x_0)+f'(x_0)(x-x_0)\quad(x_0\in(a,b),x\neq x_0),$$

则称曲线在该区间内是凹的符号简记为 $\cup$；如果曲线 $f(x)$ 位于其上每一点的切线的下方，即对于任意 $x_0\in(a,b)$，都有

$$f(x) < f(x_0) + f'(x_0)(x - x_0) \quad (x_0 \in (a, b), \ x \neq x_0),$$

则称曲线在该区间内是凸的，符号简记为 ∩;

　　从几何上看，如果曲线弧是凹的，如图 4-7a 所示，则曲线上任意两点的弦位于相同区间的曲线的上方. 特别地，弦的中点位于曲线上具有相同横坐标的点的上方. 相反，如果曲线弧是凸的，如图 4-7b 所示，则曲线上任意两点的弦位于相同区间的曲线的下方. 特别地，弦的中点位于曲线上具有相同横坐标的点的上方. 由此，我们还有如下定义.

定义 4.4.2　设函数 $f(x)$ 在 (a,b) 内可导，如果对 (a,b) 内任意两点 x_1, x_2, 恒有

$$f\left(\frac{x_1 + x_2}{2}\right) < \frac{f(x_1) + f(x_2)}{2},$$

则称 $f(x)$ 在 (a,b) 内的图形是凹的.

　　如果对 (a,b) 内任意两点 x_1, x_2, 恒有

$$f\left(\frac{x_1 + x_2}{2}\right) > \frac{f(x_1) + f(x_2)}{2},$$

则称 $f(x)$ 在 (a,b) 内的图形是凸的.

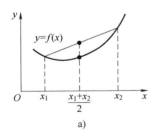 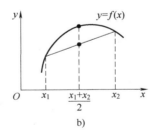

图　4-7

　　一般情况用定义来判断曲线的凹凸性比较困难，当函数 $y = f(x)$ 二阶可导时，可利用 $f''(x)$ 来判断 $y = f(x)$ 的凹凸性.

定理 4.4.2　设函数 $y = f(x)$ 在区间 (a,b) 内具有二阶导数，那么

　　(1) 如果当 $x \in (a,b)$ 时，恒有 $f''(x) > 0$，则曲线 $y = f(x)$ 在区间 (a,b) 内上凹;

　　(2) 如果当 $x \in (a,b)$ 时，恒有 $f''(x) < 0$，则曲线 $y = f(x)$ 在区间 (a,b) 内上凸;

证 这里只证明(1)，(2)的证明类似可得.

设 x_1，x_2 为 $[a,b]$ 内的任意两点，且 $x_1<x_2$. 记

$$x_0=\frac{x_1+x_2}{2}, x_1-x_0=x_2-x_1=h.$$

根据拉格朗日中值定理，可得

$$f(x_1)=f(x_0)-f'(\xi_1)h \quad (x_1<\xi_1<x_0),$$
$$f(x_2)=f(x_0)+f'(\xi_2)h \quad (x_0<\xi_2<x_2),$$

两式相加得

$$f(x_1)+f(x_2)=2f(x_0)+[f'(\xi_2)-f'(\xi_1)]h,$$

对函数 $f'(x)$ 在区间 $[\xi_1,\xi_2]$ 上再次应用拉格朗日中值定理

$$f'(\xi_2)-f'(\xi_1)=f''(\xi)(\xi_2-\xi_1),\xi_1<\xi<\xi_2,$$

于是

$$f(x_1)+f(x_2)=2f(x_0)+f''(\xi)(\xi_2-\xi_1)h,\xi_1<\xi<\xi_2.$$

注意到 $(\xi_2-\xi_1)h>0$，如果当 $x\in(a,b)$ 时，恒有 $f''(x)>0$，则

$$f''(\xi)>0.$$

因此

$$f(x_1)+f(x_2)>2f(x_0),$$

即

$$\frac{f(x_1)+f(x_2)}{2}>f(x_0)=f\left(\frac{x_1+x_2}{2}\right).$$

所以，曲线 $y=f(x)$ 在区间 (a,b) 是凹的.

定义 4.4.3 连续曲线上凹与下凹的分界点称为曲线的拐点.

由于拐点是凹和凸的分界点，因此在拐点左右临近的 $f''(x)$ 必然异号，所以在拐点处 $f''(x)=0$ 或者 $f''(x)$ 不存在.

例 4.4.6 求曲线 $y=3x^4-4x^3+1$ 的拐点及凹、凸区间.

解 定义域为 $(-\infty,+\infty)$，且

$$y'=12x^3-12x^2, y''=36x\left(x-\frac{2}{3}\right).$$

所求曲线的拐点及凹凸区间列于表 4-2.

表 4-2

x	$(-\infty,0)$	0	$\left(0,\dfrac{2}{3}\right)$	$\dfrac{2}{3}$	$\left(\dfrac{2}{3},+\infty\right)$
$f''(x)$	$+$	0	$-$	0	$+$
$f(x)$	凹 $\cup$	拐点 $(0,1)$	凸 $\cap$	拐点 $\left(\dfrac{2}{3},\dfrac{11}{27}\right)$	凹 $\cup$

例 4.4.7　求曲线 $y=(x-2)^{\frac{5}{3}}$ 的拐点及凹凸区间.

解　定义域为 $(-\infty,+\infty)$，且

$$y'=\frac{5}{3}(x-2)^{\frac{2}{3}},\ y''=\frac{10}{9}(x-2)^{-\frac{1}{3}}=\frac{10}{9\sqrt[3]{x-2}}.$$

当 $x=2$ 时，$y'=0$，y'' 不存在. 将所求结果列于表 4-3.

表　4-3

x	$(-\infty,2)$	2	$(2,+\infty)$
$f''(x)$	$-$	不存在	$+$
$f(x)$	$\cap$ 凸	拐点 $(2,1)$	凹 $\cup$

求曲线的凹凸区间和拐点的方法：先求出 $f''(x)=0$ 或者 $f''(x)$ 不存在的点，这些点将定义域分成若干个区间，再判断每个区间内 $f''(x)$ 的符号，若某点左右区间 $f''(x)$ 异号，则该点为拐点，否则不是拐点.

例 4.4.8　利用函数图形的凹凸性证明不等式

$$\frac{1}{2}(x^n+y^n)>\left(\frac{x+y}{2}\right)^n\ (x>0,y>0,x\neq y,n>1).$$

证　设 $f(t)=t^n(t>0)$，$f'(t)=nt^{n-1}$，$f''(t)=n(n-1)t^{n-2}>0$，所以函数 $f(t)$ 的图形是凹的，对 $0<t<+\infty$ 内任意两点 x，y，有

$$\frac{1}{2}[f(x)+f(y)]>f\left(\frac{x+y}{2}\right),$$

即

$$\frac{1}{2}(x^n+y^n)>\left(\frac{x+y}{2}\right)^n.$$

习题 4.4

1. 选择题：

(1) 函数 $f(x)=e^x+e^{-x}$ 在区间 $(-1,1)$ 内 [　].

(A) 单调增加　　　(B) 单调减少

(C) 不增不减　　　(D) 有增有减

(2) 函数 $f(x)=ax^2+b$ 在区间 $(0,+\infty)$ 内单调增加，则 a，b 应满足 [　].

(A) $a<0$，$b=0$

(B) $a>0$，b 为任意常数

(C) $a<0$，b 不等于 0

(D) $a<0$，b 为任意常数

(3) 函数 $y=x^3+12x+1$ 在定义域内 [　].

(A) 单调增加　　　(B) 单调减少

(C) 图形凹　　　　(D) 图形凸

(4) 设函数 $f(x)$ 在开区间 (a,b) 内有 $f'(x)<0$ 且 $f''(x)<0$，则 $y=f(x)$ 在 (a,b) 内 [　].

(A) 单调增加，图形凹

(B) 单调增加，图形凸

(C) 单调减少，图形凹

(D) 单调减少，图形凸

(5) "$f''(x)=0$" 是 $f(x)$ 的图形在 $x=x_0$ 处有拐点的 [　].

(A) 充分必要条件

（B）充分条件非必要条件

（C）必要条件非充分条件

（D）既非必要条件也非充分条件

（6）下列曲线中有拐点$(0,0)$的是[　　].

（A）$y=x^2$　　　　　　（B）$y=x^3$

（C）$y=x^4$　　　　　　（D）$y=x^{\frac{2}{3}}$

2. 求下列函数的单调区间：

（1）$y=3x^2+6x+5$；

（2）$y=x^3+x$；

（3）$y=x^4-2x^2+2$；

（4）$y=x-e^x$；

（5）$y=\dfrac{x^2}{1+x}$；

（6）$y=2x^2-\ln x$.

3. 若$0<x_1<x_2<2$，证明$\dfrac{e^{x_1}}{x_1^2}>\dfrac{e^{x_2}}{x_2^2}$.

4. 证明：函数$y=x-\ln(1+x^2)$单调增加.

5. 确定下列曲线的凹凸及拐点：

（1）$y=x^2-x^3$；

（2）$y=3x^5-5x^3$；

（3）$y=\ln(1+x^2)$；

（4）$y=\dfrac{2x}{1+x^2}$；

（5）$y=xe^x$；

（6）$y=e^{-x}$；

（7）$y=x^{\frac{1}{3}}$.

6. 若曲线$y=ax^3+bx^2+cx+d$在点$x=0$处有极值$y=0$，点$(1,1)$为拐点，求a，b，c，d的值.

7. 求曲线$y=\dfrac{x}{e^x}$在拐点处的切线方程.

8. 利用函数图形的凹凸性，证明下列不等式：

（1）$\dfrac{e^x+e^y}{x}>e^{\frac{x+y}{2}}(x\neq y)$；

（2）$x\ln x+y\ln y>(x+y)\ln\dfrac{x+y}{2}(x>0,y>0,x\neq y)$.

9. 试确定$y=k(x^2-3)^2$中k的值，使曲线拐点处的法线通过原点.

10. 设$y=f(x)$在$x=x_0$的某邻域内具有三阶连续导数，如果$f''(x_0)=0$而$f'''(x_0)\neq0$，试问$(x_0,f(x_0))$是否为拐点？为什么？

4.5　函数的极值与最大（小）值

4.5.1　函数的极值

在上一节里，我们看到了函数$f(x)=2x^3-9x^2+12x-3$单调性的分界点是$x=1$，在$x=1$的左侧递增，$x=1$的右侧递减，即在$x=1$的一个去心邻域，总有$f(x)<f(1)$.同样，在$x=2$的左侧递减，右侧递增，即在$x=2$的一个去心邻域，总有$f(x)>f(2)$.具有这种性质的点在应用上有重要意义，我们称之为**极值点**.

> **定义 4.5.1**　设函数$f(x)$在区间(a,b)内有定义，x_0是(a,b)内一点，若存在x_0的一个去心邻域$\mathring{U}(x_0)$，使得对于任意$x\in\mathring{U}(x_0)$，总有
> $$f(x)<f(x_0),$$
> 则称$f(x_0)$为$f(x)$的一个极大值.若有
> $$f(x)>f(x_0),$$
> 则称$f(x_0)$为$f(x)$的一个极小值.

极大值和极小值统称为**极值**，使函数取得极值的点称为**极值点**.

注 1：极值是函数的局部概念，它只是与极值点临近的所有点的函数值相比较而言的，并不意味着它在定义域内最大或者最小.

注 2：极值不唯一.

从图 4-8 可以看出，函数在点 x_1，x_4，x_6 分别取得极小值 $f(x_1)$，$f(x_4)$，$f(x_6)$，函数在点 x_2 和 x_5 分别取得极大值 $f(x_2)$ 和 $f(x_5)$.

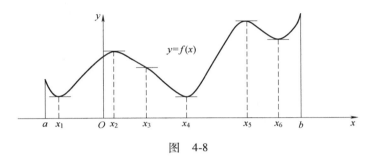

图　4-8

从图中还可以看出，在函数取得极值的点处，若有切线（可导），则该切线是水平的；但是，有水平切线的点未必是极值点，由此我们给出函数极值的如下定理.

定理 4.5.1（极值的必要条件）　设 $f(x)$ 在点 x_0 处可导且取得极值，则在该点处有

$$f'(x_0) = 0.$$

证　若 $f(x)$ 在 x_0 处取得极小值，则在 x_0 的某一去心邻域内：

当 $x < x_0$ 时，$\dfrac{f(x) - f(x_0)}{x - x_0} < 0$；

当 $x > x_0$ 时，$\dfrac{f(x) - f(x_0)}{x - x_0} > 0$.

根据极限保号性得

$$f'_-(x_0) = \lim_{x \to x_0^-} \frac{f(x) - f(x_0)}{x - x_0} \leqslant 0,$$

$$f'_+(x_0) = \lim_{x \to x_0^+} \frac{f(x) - f(x_0)}{x - x_0} \geqslant 0.$$

根据定理假设，$f(x)$ 在点 x_0 处可导，$f'(x_0) = f'_+(x_0) = f'_-(x_0) = 0$.

同理可证极大值的情形.

该定理说明，**可导且取得极值的点的导数为零（即为驻点），但是驻点并不一定是极值点**. 例如，图 4-8 中的点 x_3 是驻点，但不是极值点；再如，函数 $f(x) = x^3$，$f'(0) = 0$，$x = 0$ 是 $f(x)$ 的驻点，但 $x = 0$ 不是极值点. 此外，不可导点也可能是极值点，如函数 $f(x) = |x|$，在 $x = 0$ 处不可导，但 $x = 0$ 是极小值点. 因此，求函数的驻点之后，还需要判定是否为极值点. 从图 4-9 易知，在某点左右两侧的单调性不相同即导数是异号时，此点必是极值点. 有如下定理：

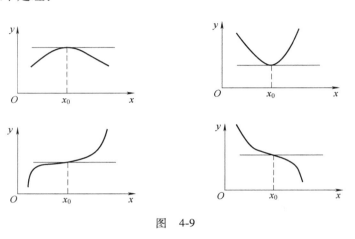

图 4-9

定理 4.5.2（极值第一充分条件） 设 $f(x)$ 在点 x_0 的某一邻域内可导且

$$f'(x_0) = 0.$$

（1）若当 x 取 x_0 左侧临近的值时，$f'(x) > 0$，

当 x 取 x_0 右侧临近的值时，$f'(x) < 0$，

则 $f(x)$ 在 x_0 处取得极大值.

（2）若当 x 取 x_0 左侧临近的值时，$f'(x) < 0$，

当 x 取 x_0 右侧临近的值时，$f'(x) > 0$，

则 $f(x)$ 在 x_0 处取得极小值.

（3）若当 x 取 x_0 左右侧临近的值时，$f'(x)$ 不改变符号，

则 $f(x)$ 在 x_0 处无极值.

证 （1）当 x 取 x_0 左侧临近的值时 $f'(x) > 0$，则 $f(x)$ 在点 x_0 左侧单调递增，同时，当 x 取 x_0 右侧临近的值时 $f'(x) < 0$，则 $f(x)$ 在点 x_0 右侧单调递减，由极值的定义，$f'(x_0)$ 为极大值.

（2）根据（1）类似可证.

（3）若当 x 取 x_0 左右侧临近的值 $f'(x)$ 不改变符号，则 $f(x)$

在 x_0 左右两侧均单调递增或单调递减，因此，$f(x)$ 在 x_0 处不可能取得极值.

注 1：根据极值的定义，在点 x_0 处连续，但不可导，定理 4.5.2 的三种情形仍成立.

注 2：在点 x_0 处不连续时，则定理 4.5.2 不一定成立.

例如，$x = 0$ 是 $f(x) = |x|$ 的极小值点，而 $x = 0$ 是 $g(x) = \begin{cases} |x|, & x \neq 0, \\ 1, & x = 0 \end{cases}$ 的极大值点.

若 $f(x)$ 在驻点处有二阶导数且不为零，还可以利用下面的定理判断在驻点处是否可以取到极值.

> **定理 4.5.3**（极值的第二充分条件）　若 $f(x)$ 在 x_0 处有二阶导数且
>
> $$f'(x_0) = 0, f''(x_0) \neq 0.$$
>
> 则
>
> （1）当 $f''(x_0) < 0$ 时，$f(x)$ 在 x_0 处取得极大值；
>
> （2）当 $f''(x_0) > 0$ 时，$f(x)$ 在 x_0 处取得极小值.
>
> 若二阶导不存在或为零时，则用极值的第一充分条件判定.

证　只证明情形（1）.

由二阶导数的定义，注意到 $f'(x_0) = 0$，有

$$f''(x_0) = \lim_{x \to x_0} \frac{f'(x) - f'(x_0)}{x - x_0} = \lim_{x \to x_0} \frac{f'(x)}{x - x_0} < 0,$$

根据极限的保号性，存在 x_0 的某一去心邻域内有

$$\frac{f'(x)}{x - x_0} < 0.$$

于是，当 $x < x_0$ 时，$f'(x) > 0$，当 $x > x_0$ 时，$f'(x) < 0$. 由极值的第一充分条件得，$f(x)$ 在 x_0 处取得极大值.

注：当 $f'(x_0) = 0$，$f''(x_0) = 0$ 时，无法判定 $f(x_0)$ 是否为极值.

例如，$x_0 = 0$ 是 $f(x) = x^4$ 的极小值点，也是 $f(x) = -x^4$ 的极大值点，但不是 $f(x) = x^3$ 的极值点.

根据以上情况，我们可以总结出求极值的一般步骤：

（1）求函数的定义域（无定义的点不可能为极值点，但可能是单调性的分界点）；

（2）求 $f'(x)$，令 $f'(x) = 0$，求驻点 x_0；

（3）求 $f''(x)$，计算 $f''(x_0)$ 的大小，即可判定.

特别地，若有导数不存在的点，或二阶导数为零的点，则一

般使用下面的方法:

(1) 求定义域,找出可去间断点;

(2) 求 $f'(x)$,找出不可导点;

(3) 令 $f'(x)=0$,找出驻点.

(4) 以三类点为分界点将定义域分为若干区间,在各个区间上列表讨论 $f'(x)$ 的符号,然后由以上定理加以判定.

例 4.5.1   求函数 $f(x)=(x-1)^2(x+1)^3$ 的单调区间和极值.

解   定义域为 $(-\infty,+\infty)$,且

$f'(x)=2(x-1)(x+1)^3+3(x-1)^2(x+1)^2=(x-1)(x+1)^2(5x-1)$,

令 $f'(x)=0$,得驻点

$$x_1=-1, x_2=\frac{1}{5}, x_3=1.$$

$x_1=-1$,$x_2=\frac{1}{5}$,$x_3=1$ 将定义域分成四个区间 $(-\infty,-1)$,$\left(-1,\frac{1}{5}\right)$,$\left(\frac{1}{5},1\right)$,$(1,+\infty)$. 列表 4-4 进行讨论.

表 4-4

x	$(-\infty,-1)$	-1	$\left(-1,\frac{1}{5}\right)$	$\frac{1}{5}$	$\left(\frac{1}{5},1\right)$	1	$(1,+\infty)$
$f'(x)$	$+$	0	$+$	0	$-$	0	$+$
$f(x)$	↗	非极值	↗	极大值	↘	极小值	↗

所以,函数在区间 $\left(-\infty,\frac{1}{5}\right)$,$(1,+\infty)$ 上单调递增,在区间 $\left(\frac{1}{5},1\right)$ 上单调递减,在 $x=\frac{1}{5}$ 处取得极大值 $f\left(\frac{1}{5}\right)=\frac{3456}{3125}$,在 $x=1$ 处取得极小值 $f(1)=0$.

例 4.5.2   求函数 $f(x)=1-(x-2)^{\frac{2}{3}}$ 的极值.

解 $f'(x)=-\frac{2}{3}(x-2)^{-\frac{1}{3}}(x\neq2)$.

在 $x=2$ 处,函数连续但不可导.

当 $x<2$ 时,$f'(x)>0$;

当 $x>2$ 时,$f'(x)<0$.

所以,在 $x=2$ 处,函数取得极大值,$f(2)=1$.

例 4.5.3   求出函数 $f(x)=(x^2-1)^3+2$ 的极值.

解 $f'(x)=3(x^2-1)^2(x^2-1)'=6x(x^2-1)^2$,

$f''(x)=6(x^2-1)^2+6x\cdot2(x^2-1)\cdot(x^2-1)'=6(x^2-1)(5x^2-1)$,

令 $f'(x)=0$，得驻点

$$x_1=0, x_2=-1, x_3=1.$$
$$f''(0)=6>0,$$

故 $f(0)=1$ 为 $f(x)$ 的一个极小值．

$$f''(-1)=f''(1)=0,$$

在 $x=-1$ 处，当 $x<-1$ 时 $f'(x)<0$，当 $-1<x<0$ 时 $f'(x)<0$，故 $x=-1$ 不是极值点．

在 $x=1$ 处，当 $0<x<1$ 时 $f'(x)>0$，当 $x>1$ 时 $f'(x)>0$，故 $x=1$ 也不是极值点．

因此，$f(x)=(x^2-1)^3+2$ 在 $(-\infty,+\infty)$ 上只有一个极小值 $f(0)=1$．

4.5.2　最大值与最小值

在实际生活和科技领域中，我们常常要解决一些最多、最少、最大、最小的问题，如商品最多、花钱最少、效益最高、成本最低等，这类问题可归结为数学里的最值问题．

函数的最值和极值是有区别的：极值是函数的局部性质，是将一点的函数值与其邻域内的其他函数值相比较而取得的，从而极值点一定是区间内部的点，而且极值是不唯一的；而最值是函数的一种全局性质，是将一点的函数值同定义域内的所有点的函数值相比较而取得的，从而最值是唯一的．

由费马引理和函数最值的定义，设 $x_0\in(a,b)$，$f(x_0)$ 是 $f(x)$ 在 $[a,b]$ 上的最值，如果 $f'(x_0)$ 存在，则 $f'(x_0)=0$．

这个结论的证明略去，大家可以尝试自行证明．

设函数 $f(x)$ 在 $[a,b]$ 上连续，在 (a,b) 内可导且最多有有限个导数为 0 的点，由闭区间上连续函数的性质，函数 $f(x)$ 在 $[a,b]$ 上必有最值．最值点可能为 (a,b) 内的点，也可能为端点；如果最值点 x_0 是 (a,b) 内的点，即 $f(x_0)$ 是最值，$x_0\in(a,b)$，则 x_0 必为极值点，从而 x_0 一定是 $f(x)$ 的驻点或不可导点．因此，我们得到求函数最值的一般方法：

（1）求 $f(x)$ 在 (a,b) 内的驻点 $x_1,x_2,\cdots,x_m$ 和不可导点 $x'_1,x'_2,\cdots,x'_n$．

（2）计算函数值 $f(a)$，$f(b)$，$f(x_i)(i=1,2,\cdots,m)$，$f(x'_j)(j=1,2,\cdots,n)$．

（3）比较（2）中各值的大小，其中最大的便是 $f(x)$ 在 $[a,b]$ 上的最大值，最小的便是 $f(x)$ 在 $[a,b]$ 上的最小值．

例 4.5.4　求函数 $y=2x^3+3x^2-12x+14$ 在 $[-3,4]$ 上的最值.

解　$y'=6x^2+6x-12$，令 $y'=0$ 得驻点

$$x_1=1，x_2=-2.$$

当 $x_1=1$ 时，$y_1=7$；当 $x_2=-2$ 时，$y_2=34$.

在区间端点处，$x=-3$ 时，函数值 $y=23$；当 $x_2=4$ 时，$y=142$.

比较以上四个函数值可得：$y=2x^3+3x^2-12x+14$ 在 $x=1$ 处取得最小值 7，在 $x=4$ 处取得最大值 142.

注：若函数在区间（开、闭、半开半闭）上可导且只有一个驻点，并且在该点处函数取得极值，则该极值便是最值. 若是极大值，则为最大值；若是极小值，则为最小值.

例 4.5.5　求函数 $f(x)=|2x^3-9x^2+12x|$ 在闭区间 $\left[-\dfrac{1}{4},\dfrac{5}{2}\right]$ 上的最值.

解　$f(x)=\begin{cases} -(2x^3-9x^2+12x)，& -\dfrac{1}{4}\leqslant x\leqslant 0,\\[2mm] 2x^3-9x^2+12x，& 0<x\leqslant\dfrac{5}{2}. \end{cases}$

当 $x=0$ 时，分界点为可疑极值点，当 $x\neq 0$ 时，

$$f'(x)=\begin{cases} -6x^2+18x-12=-6(x-1)(x-2)，& -\dfrac{1}{4}\leqslant x<0,\\[2mm] 6x^2-18x+12=6(x-1)(x-2)，& 0<x\leqslant\dfrac{5}{2}. \end{cases}$$

$f(x)$ 在 $\left[-\dfrac{1}{4},\dfrac{5}{2}\right]$ 内可能的极值点为 $x_1=0$，$x_2=1$，$x_3=2$.

$$f\left(-\dfrac{1}{4}\right)=\dfrac{115}{32},f(0)=0,f(1)=5,f(2)=4,f\left(\dfrac{5}{2}\right)=5.$$

所以，函数 $f(x)$ 在 $x=0$ 处取最小值 0；在 $x=1$ 和 $\dfrac{5}{2}$ 处取最大值 5.
其函数图形如图 4-10 所示.

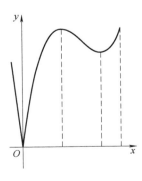

图　4-10

例 4.5.6　铁路上 AB 段的距离为 100km，工厂 C 距 A 处 20km，$AC\perp AB$，如图 4-11 所示，要在 AB 线上选定一点 D 向工厂 C 修一条公路，已知铁路与公路每千米货运价之比为 3：5，为使货物从 B 运到工厂 C 的运费最省，问点 D 应如何选取？

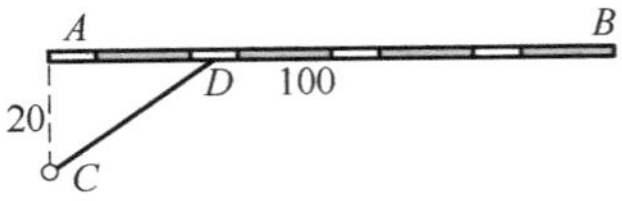

解　设 $AD=x$(km)，则 $CD=\sqrt{20^2+x^2}$，总运费为

$$y=5k\sqrt{20^2+x^2}+3k(100-x)\quad(0\leqslant x\leqslant 100),$$

图　4-11

$$y' = k\left(\frac{5x}{\sqrt{400+x^2}}-3\right), y'' = 5k\frac{400}{(400+x^2)^{\frac{3}{2}}},$$

令 $y'=0$，得 $x=15$，又

$$y''\big|_{x=15}>0,$$

所以 $x=15$ 为唯一的极小值点，从而为最小值点，故 $AD=15\mathrm{km}$ 时运费最省.

例 4.5.7　剪去一个大正方形的四角上同样大小的小正方形后制成一个无盖盒子，如图 4-12 所示，问剪去小正方形的边长为何值时，可使盒子的容积最大？

解　设正方形的边长为 a，每个小正方形的边长为 x，则盒子的容积为

$$V(x) = x(a-2x)^2, x\in\left(0,\frac{a}{2}\right),$$

而

$$V'(x) = (a-2x)(a-6x),$$

所以 $x=\frac{a}{6}$ 为 $V(x)$ 在区间内的唯一驻点，且

$$V''\left(\frac{a}{6}\right) = -4a<0,$$

所以 $x=\frac{a}{6}$ 时盒子的容积最大.

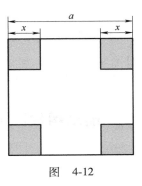

图　4-12

习题 4.5

1. 选择题：

（1）函数 $y=\dfrac{x}{1-x^2}$ 在 $(-1,1)$ 内 [　].

（A）单调增加　　　（B）单调减少

（C）有极大值　　　（D）有极小值

（2）函数 $y=f(x)$ 在 $x=x_0$ 处取得极大值，则必有 [　].

（A）$f'(x_0)=0$

（B）$f''(x_0)<0$

（C）$f'(x_0)=0$ 且 $f''(x_0)<0$

（D）$f'(x_0)=0$ 或 $f'(x_0)$ 不存在

（3）$f'(x)=0$，$f''(x)>0$ 是函数 $f(x)$ 在点 $x=x_0$ 处取得极小值的一个 [　].

（A）必要充分条件

（B）充分条件非必要条件

（C）必要条件非充分条件

（D）既非必要也非充分条件

（4）对曲线 $y=x^5+x^3$，下列结论正确的是 [　].

（A）有 4 个极值点

（B）有 3 个拐点

（C）有 2 个极值点

（D）有 1 个拐点

（5）$f(x)=\left|x^{\frac{1}{3}}\right|$，点 $x=0$ 是 $f(x)$ 的 [　].

（A）间断点　　　（B）极小值点

（C）极大值点　　　（D）拐点

（6）设函数 $f(x)=x^3+ax^2+bx+c$，且 $f(0)=f'(0)=0$，则下列结论不正确的是 [　].

（A）$b=c=0$

（B）当 $a>0$ 时，$f(0)$ 为极小值

（C）当 $a<0$ 时，$f(0)$ 为极大值

（D）当 $a\neq 0$ 时，$(0,f(0))$ 为拐点

（7）设 $\lim\limits_{x\to a}\dfrac{f(x)-f(a)}{(x-a)^2}=-1$，则 $f(x)$ 在 $x=a$ 处 [　　].

（A）不可导　　　　（B）可导且 $f'(a)\neq 0$

（C）有极大值　　　（D）有极小值

2. 利用二阶导数，判断下列函数的极值：

（1）$y=x^3-3x^2-9x-5$；

（2）$y=(x-3)^2(x-2)$；

（3）$y=2x-\ln(4x)^2$；

（4）$y=2e^x+e^{-x}$.

3. 求下列函数在给定区间上的最大值和最小值：

（1）$y=x^4-2x^2+5$，$[-2,2]$；

（2）$y=\ln(x^2+1)$，$[-1,2]$；

（3）$y=\dfrac{x^2}{1+x}$，$\left[-\dfrac{1}{2},1\right]$；

（4）$y=x+\sqrt{x}$，$[0,4]$.

4. 已知函数 $f(x)=ax^3-6ax^2+b(a>0)$，在区间 $[-1,2]$ 上的最大值为 3，最小值为 -29，求 a，b 的值.

5. 预做一个底为正方形，容积为 $108\mathrm{m}^3$ 的长方体开口容器，怎样做所用的材料最省？

6. 用围墙围成面积为 $216\mathrm{m}^2$ 的一块矩形土地，并在正中用一堵墙将其隔成两块，问这块土地的长和宽选取多大的尺寸，才能使所用建筑材料最省？

7. 预做一个容积为 $300\mathrm{m}^3$ 的无盖圆柱形蓄水池，已知池底单位造价为周围单位造价的两倍，问蓄水池的尺寸应怎样设计才能使总造价最低？

4.6　描绘函数图形

正确地描绘函数的图形，有助于了解函数在其定义域内的动态性质. 在描绘函数图形时，我们不可能计算出所有的函数值，描出曲线上的所有点. 只能有选择地描出曲线上一些最能反映曲线特征的"关键点"和一些关键信息，例如：极值点和拐点、函数的增减性、凹凸性等. 同时，某些曲线还会有渐近线，这对描绘曲线图形具有很好的参考作用. 下面我们先介绍曲线的渐近线.

4.6.1　曲线的渐近线

定义 4.6.1　当 x 趋于某一个点时，或者趋于无穷时，如果曲线 $y=f(x)$ 无限延展，并且与某条直线 L 距离趋于 0，则称此直线 L 为曲线 $y=f(x)$ 的渐近线.

下面分三种情形讨论给定曲线 $y=f(x)$ 的渐近线.

1. 水平渐近线（平行于 x 轴的渐近线）

如果曲线 $y=f(x)$ 的定义域是无限区间，且有 $\lim\limits_{x\to-\infty}f(x)=b$ 或 $\lim\limits_{x\to+\infty}f(x)=b$，则直线 $y=b$ 为曲线 $y=f(x)$ 的渐近线，称为**水平渐近线**.

例 4.6.1　求 $y=\arctan x$ 的水平渐近线.

解　根据

$$\lim_{x\to+\infty}\arctan x=\frac{\pi}{2},\lim_{x\to-\infty}\arctan x=-\frac{\pi}{2}$$

可得，曲线**有两条水平渐近线** $y=\frac{\pi}{2}$，$y=-\frac{\pi}{2}$．如图 4-13 所示．

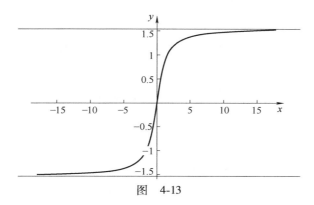

图　4-13

2. 铅直渐近线

如果 $\lim\limits_{x\to x_0^+}f(x)=\infty$ 或 $\lim\limits_{x\to x_0^-}f(x)=\infty$，则 $x=x_0$ 是 $y=f(x)$ 的一条渐

近线，称为**铅直渐近线**．

例 4. 6. 2　求曲线 $y=\dfrac{1}{(x+2)(x-3)}$ 的铅直渐近线．

解　根据

$$\lim_{x\to-2}\frac{1}{(x+2)(x-3)}=\infty,\lim_{x\to 3}\frac{1}{(x+2)(x-3)}=\infty$$

可得，曲线有两条铅直渐近线 $x=-2$，$x=3$．如图 4-14 所示．

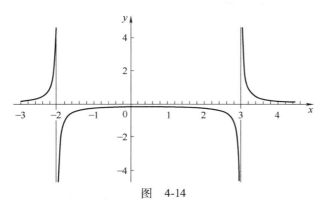

图　4-14

3. 斜渐近线

如果 $\lim\limits_{x\to\pm\infty}[f(x)-(kx+b)]=0(k\neq 0)$ 成立，则 $y=kx+b$ 是曲线

$y=f(x)$ 的一条渐近线，称为**斜渐近线**．

由 $\lim\limits_{x\to\pm\infty}[f(x)-(kx+b)]=0$ 可求出

$$k = \lim_{x \to \pm\infty} \frac{f(x)}{x} \neq 0, b = \lim_{x \to \pm\infty} [f(x) - kx].$$

注：以下两种情况均可断定 $y = f(x)$ 不存在斜渐近线：

（1）$\lim\limits_{x \to \pm\infty} \dfrac{f(x)}{x}$ 不存在；

（2）$\lim\limits_{x \to \pm\infty} \dfrac{f(x)}{x} = a$ 存在，但 $\lim\limits_{x \to \pm\infty} [f(x) - ax]$ 不存在.

例 4.6.3　求 $f(x) = \dfrac{2(x-2)(x+3)}{x-1}$ 的渐近线.

解　定义域为 $(-\infty, 1) \cup (1, +\infty)$. 由
$$\lim_{x \to 1} f(x) = \infty,$$
可得曲线的铅直渐近线 $x = 1$.

又
$$\lim_{x \to \infty} \frac{f(x)}{x} = \lim_{x \to \infty} \frac{2(x-2)(x+3)}{x(x-1)} = 2,$$

$$\lim_{x \to \infty} [f(x) - ax] = \lim_{x \to \infty} \left[\frac{2(x-2)(x+3)}{x-1} - 2x \right] = \lim_{x \to \infty} \frac{4x-12}{x-1} = 4,$$

因此，$y = 2x + 4$ 是曲线的一条斜渐近线.

$f(x) = \dfrac{2(x-2)(x+3)}{x-1}$ 的两条渐近线如图 4-15 所示.

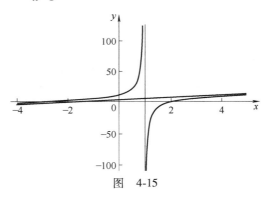

图　4-15

例 4.6.4　求曲线 $y = f(x) = \dfrac{x^3}{x^2 + 2x - 3}$ 的渐近线.

解　定义域为 $x \in \mathbf{R}$，$x \neq -3$ 且 $x \neq 1$. 由
$$\lim_{x \to -3} \frac{x^3}{x^2 + 2x - 3} = \infty, \ \lim_{x \to 1} \frac{x^3}{x^2 + 2x - 3} = \infty$$
得曲线的铅直渐近线　$x = -3$，$x = 1$.

又因
$$k = \lim_{x \to \infty} \frac{f(x)}{x} = \lim_{x \to \infty} \frac{x^2}{x^2 + 2x - 3} = 1,$$

$$b = \lim_{x \to \infty} [f(x) - x] = \lim_{x \to \infty} \frac{-2x^2 + 3x}{x^2 + 2x - 3} = -2,$$

得曲线的斜渐近线 $\qquad y=x-2.$

$f(x)=\dfrac{x^3}{x^2+2x-3}$ 的渐近线如图 4-16 所示.

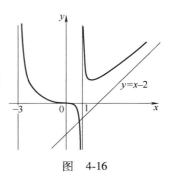

图 4-16

4.6.2 函数图形的画法

前面讲函数的各种性态可应用于函数的作图中. 作图时应考虑以下因素:

1）确定函数的定义域，对函数进行周期性、奇偶性、曲线与坐标交点等性态的讨论;

2）求 $f'(x)=0$ 和 $f''(x)=0$ 在函数定义域内的实根，用这些根和函数的间断点或导数不存在的点把函数的定义域划分成几个区间;

3）确定这些区间的 $f'(x)$ 和 $f''(x)$ 符号，并由此确定函数在这些区间的单调性、凹凸性、极值点、拐点.

4）确定函数图形的渐近线以及其他变化趋势.

5）描绘 $f'(x)=0$ 和 $f''(x)=0$ 的根对应的曲线上的点，或补充一些点，画出函数图形.

例 4.6.5 作函数 $f(x)=\dfrac{4(x+1)}{x^2}-2$ 的图形.

解 定义域为 $x\in\mathbf{R}$，且 $x\neq0$. 非奇非偶函数，且无对称性.

$$f'(x)=-\frac{4(x+2)}{x^3}, f''(x)=\frac{8(x+3)}{x^4}.$$

令 $f'(x)=0$，得驻点 $\qquad x=-2,$
令 $f''(x)=0$，得 $\qquad x=-3.$

$$\lim_{x\to\infty}f(x)=\lim_{x\to\infty}\left[\frac{4(x+1)}{x^2}-2\right]=-2,$$

得水平渐近线 $\qquad y=-2;$

$$\lim_{x\to0}f(x)=\lim_{x\to0}\left[\frac{4(x+1)}{x^2}-2\right]=+\infty,$$

得铅直渐近线 $\qquad x=0.$

列表 4-5 确定函数增减区间、凹凸区间及极值点和拐点.

表 4-5

x	$(-\infty,-3)$	-3	$(-3,-2)$	-2	$(-2,0)$	0	$(0,+\infty)$
$f'(x)$	$-$		$-$	0	$+$	不存在	$-$
$f''(x)$	$-$	0	$+$		$+$		$+$
$f(x)$	↘	拐点 $\left(-3,-\dfrac{26}{9}\right)$	↘	极值点 $(-2,-3)$	↗	间断点	↘

　　补充点：$(1-\sqrt{3},0)$，$(1+\sqrt{3},0)$；$A(-1,-2)$，$B(1,6)$，$C(2,1)$.

　　结合以上各点作图，如图 4-17 所示.

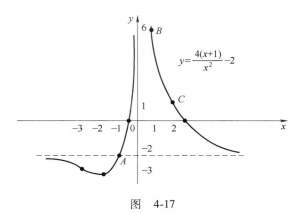

图　4-17

例 4.6.6　作函数 $\varphi(x)=\dfrac{1}{\sqrt{2\pi}}\mathrm{e}^{-\frac{x^2}{2}}$ 的图形.

　　解　定义域：$(-\infty,+\infty)$ 值域：$0<\varphi(x)\leqslant\dfrac{1}{\sqrt{2\pi}}\approx0.4$.

　　偶函数，图形关于 y 轴对称.

$$\varphi'(x)=-\frac{x}{\sqrt{2\pi}}\mathrm{e}^{-\frac{x^2}{2}},\varphi''(x)=\frac{(x+1)(x-1)}{\sqrt{2\pi}}\mathrm{e}^{-\frac{x^2}{2}}.$$

令 $\varphi'(x)=0$，得驻点 $x=0$，令 $\varphi''(x)=0$，得 $x=-1,x=1$.

由 $\lim\limits_{x\to\infty}\varphi(x)=\lim\limits_{x\to\infty}\dfrac{1}{\sqrt{2\pi}}\mathrm{e}^{-\frac{x^2}{2}}=0$ 得水平渐近线 $y=0$.

列表 4-6 确定函数增减区间、凹凸区间及极值点和拐点.

表　4-6

x	$(-\infty,-1)$	-1	$(-1,0)$	0	$(0,1)$	1	$(1,+\infty)$
$\varphi'(x)$	$+$		$+$	0	$-$		$-$
$\varphi''(x)$	$+$	0	$-$		$-$	0	$+$
$\varphi(x)$	↗	拐点 $\left(-1,\dfrac{1}{\sqrt{2\pi\mathrm{e}}}\right)$	↗	极大值 $\dfrac{1}{\sqrt{2\pi}}$	↘	拐点 $\left(1,\dfrac{1}{\sqrt{2\pi\mathrm{e}}}\right)$	↘

　　综合以上情况作图，如图 4-18 所示.

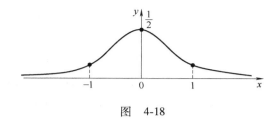

图　4-18

习题 4.6

1. 选择题:

(1) 曲线 $y=\dfrac{3x}{1-2x^2}$ 的渐近线有[　　].

(A) 1 条　　　　　　(B) 2 条

(C) 3 条　　　　　　(D) 4 条

(2) 曲线 $y=\dfrac{1}{f(x)}$ 有水平渐近线的充分条件是[　　].

(A) $\lim\limits_{x\to\infty}f(x)=0$　　(B) $\lim\limits_{x\to\infty}f(x)=\infty$

(C) $\lim\limits_{x\to0}f(x)=0$　　(D) $\lim\limits_{x\to0}f(x)=\infty$

(3) 曲线 $y=\dfrac{1}{f(x)}$ 有铅直渐近线的充分条件是[　　].

(A) $\lim\limits_{x\to\infty}f(x)=0$　　(B) $\lim\limits_{x\to\infty}f(x)=\infty$

(C) $\lim\limits_{x\to0}f(x)=0$　　(D) $\lim\limits_{x\to0}f(x)=\infty$

(4) 设函数 $y=\dfrac{2x}{1+x^2}+1$,则下列结论中错误的是[　　].

(A) y 是奇函数,且是有界函数

(B) y 有两个极值点

(C) y 只有一个拐点

(D) y 只有一条水平渐近线

(5) 关于函数 $y=\dfrac{x^3}{1-x^2}$ 的结论错误的是[　　].

(A) 有一个零点　　(B) 有两个极值点

(C) 有一个拐点　　(D) 有两条渐近线

(6) 曲线 $y=\dfrac{1+e^{-x^2}}{1-e^{-x^2}}$[　　].

(A) 没有渐近线

(B) 只有水平渐近线

(C) 只有铅直渐近线

(D) 既有水平渐近线又有铅直渐近线

2. 求下列曲线的渐近线:

(1) $y=e^{\frac{1}{x}}-1$;　　(2) $y=\dfrac{(x+1)^3}{(x-1)^2}$;

(3) $y=\dfrac{x^3}{(x+1)^2}$;　　(4) $y=\dfrac{e^x}{1+x}$;

(5) $y=xe^{\frac{1}{x^2}}$;　　(6) $y=x\ln\left(e+\dfrac{1}{x}\right)$;

(7) $y=x+e^{-x}$.

3. 作下列函数的图形:

(1) $y=(x+2)e^{\frac{1}{x}}$;　　(2) $y=\dfrac{1-2x}{x^2}+1$;

(3) $y=\dfrac{36x}{(x+3)^2}+1$;　　(4) $y=x+e^{-x}$;

(5) $y=x^3-x^2-x+1$;　　(6) $y=\dfrac{x^3}{(x-1)^2}$;

(7) $y=\dfrac{(x-3)^3}{4(x-1)^2}$;　　(8) $y=xe^{-x}$;

(9) $y=\dfrac{8}{4-x^2}$;　　(10) $y=x^2+\dfrac{1}{x}$.

4.7　导数在经济分析中的应用——边际分析与弹性分析

4.7.1　函数变化率

在经济问题中,常常会使用变化率的概念,变化率又分为平均变化率和瞬时变化率.

（1）函数 $f(x)$ 在 $(x_0, x_0+\Delta x)$ 内的平均变化率为

$$\frac{\Delta y}{\Delta x} = \frac{f(x_0+\Delta x)-f(x_0)}{\Delta x}.$$

（2）函数 $f(x)$ 的瞬时变化率为函数对自变量的导数，即当自变量增量趋于零时平均变化率的极限. 其表达式为

$$\lim_{\Delta x \to 0} \frac{\Delta y}{\Delta x} = \lim_{\Delta x \to 0} \frac{f(x+\Delta x)-f(x)}{\Delta x}.$$

（3）函数 $f(x)$ 在 $x=x_0$ 的瞬时变化率为 $f(x)$ 在 $x=x_0$ 处的导数 $f'(x_0)$，表示函数 $f(x)$ 在点 $x=x_0$ 处的变化速度. 其表达式为

$$\lim_{\Delta x \to 0} \frac{\Delta y}{\Delta x} = \lim_{\Delta x \to 0} \frac{f(x_0+\Delta x)-f(x_0)}{\Delta x}.$$

4.7.2 边际分析

"边际"（Margin）一词一般指事物在时间或空间的边缘或者界限，是反映事物数量的一个概念. 在经济学中，边际概念是反映一种经济变量 y 相对于另一种经济变量 x 的变化率，边际量是指生产、交换、分配和消费在一定条件下的最后增加量. 研究这个增量的性质和作用，构成了边际分析的基本内容. 西方经济学认为，边际量或者增量分析，比总量分析和平均分析，更能精确地描绘经济变量之间的函数关系.

如果函数 $f(x)$ 可导，导函数 $f'(x)$ 称为边际函数，函数 $f(x)$ 在 $x=x_0$ 处的导数值 $f'(x_0)$ 称为 $f(x)$ 在 $x=x_0$ 处的边际函数值，表示 $f(x)$ 在点 $x=x_0$ 处的变化速度. 即：

在点 $x=x_0$ 处，x 从 x_0 改变一个"单位"时 y 的增量 Δy 的准确值为 $\Delta y \Big|_{\substack{x=x_0 \\ \Delta x=1}}$，当 x 改变的"一个单位"相对很小时，

$$\Delta y \Big|_{\substack{x=x_0 \\ \Delta x=1}} \approx \mathrm{d}y = f'(x)\Delta x \Big|_{\substack{x=x_0 \\ \Delta x=1}} = f'(x_0).$$

边际函数值的经济意义是：经济函数在点 $x=x_0$ 处，当自变量再增加 1 个单位时，因变量 $f(x)$ 近似增加 $f'(x_0)$ 个单位. 但在应用问题中解释边际函数值的具体意义时，常略去"近似"两字.

例 4.7.1 设函数 $y=x^2$，试求：y 在 $x=10$ 和 $x=-5$ 时的边际函数值.

解 $y'=2x$，$y'|_{x=10}=20$，$y'|_{x=-5}=-10$.

即 $x=10$ 时的边际函数值为 20；$x=-5$ 时的边际函数值为 -10.

这表示：当 $x=10$ 时，x 每增加 1 个单位，$y=x^2$ 就增加 20 个单位.

当 $x=-5$ 时，x 每减少 1 个单位，$y=x^2$ 就减少 10 个单位.

1. 边际成本

总成本是生产一定数量产品所需要的各种生产要素投入的价格或费用总额，它由固定成本和可变成本组成.

固定成本是指支付固定生产要素的费用，包括厂房、设备折旧以及管理人员工资等. 固定成本在一定范围内不随产量的变动而变动.

可变成本是指支付可变生产要素的费用，包括原材料、燃料的支出以及生产工人的工资等.

平均成本是指生产一定数量产品，平均每单位产品的成本. 边际成本是总成本的变化率.

设 C 为总成本，C_1 为固定成本，C_2 为可变成本，平均成本为 $\overline{C}$，Q 为产量，则

总成本为 $C=C(Q)=C_1+C_2(Q)$；

平均成本为 $\overline{C}=\dfrac{C(Q)}{Q}=\dfrac{C_1}{Q}+\dfrac{C_2(Q)}{Q}$，它表示生产 Q 个单位的产品，平均每个单位产品的成本.

边际成本 $C'=C'(Q)$，表示产量为 Q 时的成本.

由微分近似公式，当 ΔQ 很小时，有

$$C(Q+\Delta Q)-C(Q)\approx C'(Q)\Delta Q.$$

在经济上对大量产品而言，ΔQ 认为很小，不妨令 $\Delta Q=1$，得

$$C(Q+1)-C(Q)\approx C'(Q).$$

因此，边际成本 $C'(Q)$ 表示产量从 Q 个单位时再生产一个单位产品所需的成本，即表示生产第 $Q+1$ 个单位产品的成本.

例 4.7.2 已知某商品的成本函数为

$$C=C(Q)=100+\frac{Q^2}{4}.$$

求：（1）当 $Q=10$ 时的总成本、平均成本及边际成本；

（2）当产量为多少时，平均成本最小.

解 （1）平均成本 $\overline{C}=\dfrac{C(Q)}{Q}=\dfrac{100}{Q}+\dfrac{Q}{4}$，边际成本函数 $C'=C'(Q)=\dfrac{Q}{2}$.

当 $Q=10$ 时，总成本为

$$C(10)=100+\frac{10^2}{4}=125,$$

平均成本为 $\qquad \overline{C}(10)=\dfrac{100}{10}+\dfrac{10}{4}=12.5,$

边际成本为 $\qquad C'(10)=\dfrac{10}{2}=5.$

（2）$\overline{C}'(Q)=-\dfrac{100}{Q^2}+\dfrac{1}{4}$，令 $\overline{C}'(Q)=0$，得

$$Q_1=20,Q_2=-20（舍），$$

又 $\qquad\qquad\qquad \overline{C}''(Q)=\dfrac{200}{Q^3},\overline{C}''(20)=\dfrac{200}{20^3}>0,$

因此产量为 20 时，平均成本最小.

2. 边际收益

设 R 表示销售 Q 个单位某种商品的总收益. 平均收益 $\overline{R}=\dfrac{R(Q)}{Q}=P(Q)$ 表示销售 Q 个单位商品时，平均每单位商品的收益，即单位商品的售价.

边际收益 $R'=R'(Q)$ 表示销量为 Q 时的边际收益.

由微分近似公式，令 $\Delta Q=1$，得

$$R(Q+1)-R(Q)\approx R'(Q).$$

因此，收益 $R'(Q)$ 表示销售 Q 个单位时再销售一个单位商品所得的收益，即表示销售第 $Q+1$ 个单位商品的收益.

3. 边际利润

设 $L=L(Q)=R(Q)-C(Q)$，L 表示销售 Q 个单位某种商品的总利润.

平均利润 $\overline{L}=\dfrac{L(Q)}{Q}$ 表示销售 Q 个单位商品时，平均每单位商品的利润.

$L'=L'(Q)=R'(Q)-C'(Q)$ 表示产量或销量为 Q 时的边际利润.

由微分近似公式，令 $\Delta Q=1$，得

$$L(Q+1)-L(Q)\approx L'(Q).$$

因此，边际利润 $L'(Q)$ 表示产量或销量为 Q 个单位时再生产或销售一个单位商品所得的利润，即表示生产或销售第 $Q+1$ 个单位商品的利润.

最大利润原理　当 $R'(Q)$，$R''(Q)$，$C'(Q)$，$C''(Q)$ 均存在时，

（1）$L=L(Q)$ 取得最大利润的必要条件为

$$L'(Q)=0, 即 R'(Q)=C'(Q),$$

边际成本等于边际收益.

（2）$L=L(Q)$ 取得最大利润的充分条件为

$$L'(Q)=0 且 L''(Q)<0,$$

即 $R'(Q)=C'(Q)$ 且 $R''(Q)<C''(Q)$ 时，边际收益的变化率小于边际成本的变化率.

例 4.7.3　某产品的价格为 P，需求函数为 $Q(P)=50-5P$，成本函数为 $C(Q)=50+2Q$，问产量为多少时的总利润 L 最大？并验证是否符合最大利润原理.

解　根据 $Q(P)=50-5P$ 得 $P=10-\dfrac{Q}{5}$，又因为 $R(Q)=Q\cdot P=10Q-\dfrac{Q^2}{5}$，因此

$$L(Q)=R(Q)-C(Q)=-\frac{Q^2}{5}+8Q-50=-\frac{1}{5}(Q-20)^2+30,$$

所以，当 $Q=20$ 时，总利润最大，且 $L_{\max}=30$.

根据 $R(Q)=10Q-\dfrac{Q^2}{5}$ 得 $R'(Q)=10-\dfrac{2Q}{5}$，$R''(Q)=-\dfrac{2}{5}$. 故

$$R'(20)=10-\frac{2Q}{5}\bigg|_{Q=20}=2,R''(20)=-\frac{2}{5}\bigg|_{Q=20}=-\frac{2}{5},$$

根据 $C(Q)=50+2Q$ 得

$$C'(Q)=2,C''(Q)=0,C'(20)=2,C''(20)=0.$$

由以上可知，$R'(20)=C'(20)$，$R''(20)<C''(20)$，符合最大利润原理.

例 4.7.4　生产某产品的固定成本 20000 元，每生产一单位产品成本增加 100 元，已知总收益函数

$$R(Q)=\begin{cases}400Q-\dfrac{1}{2}Q^2, & 0\leqslant Q\leqslant 400,\\[2mm] 80000, & Q>400.\end{cases}$$

其中，Q 是年产量，问每年生产多少产品时总利润最大，此时总利润是多少？

解　由已知可得

$$C(Q)=20000+100Q,$$

又根据 $L(Q)=R(Q)-C(Q)$，因此

$$L(Q)=\begin{cases}-\dfrac{Q^2}{2}+300Q-20000, & 0\leqslant Q\leqslant 400,\\[2mm] 60000-100Q, & Q>400,\end{cases}$$

$$L'(Q)=\begin{cases}-Q+300, & 0\leqslant Q\leqslant 400,\\[2mm] -100, & Q>400.\end{cases}$$

令 $L'(Q)=0$，得 $Q=300$，此时 $L''(300)=-1<0$ 所以，当年产量为 300 个单位时总利润最大，此时总利润 $L_{\max}=25000$ 元.

4. 边际需求

需求函数 $Q=f(P)$ 的导数 $Q'=f'(P)$ 称为边际需求函数，P 表示价格；价格函数 $P=f^{-1}(Q)$ 是需求函数的反函数，价格函数的导数称为边际价格函数，由反函数的求导公式可知边际需求函数与边际价格函数互为倒数.

边际需求函数 $Q'=f'(P)$ 的经济意义是：当产品的价格在 P 的基础上每上涨（或下降）1 个单位时，需求量 Q 将减少（或增加）$|Q'|$ 个单位.

一般地，$Q=f(P)$ 是单调减少函数.

例 4.7.5 已知某商品的需求函数为 $Q=12-\dfrac{P^2}{4}$，求边际需求函数及 $P=8$ 时的边际需求.

解 边际需求函数为 $Q'(P)=\left(12-\dfrac{P^2}{4}\right)'=-\dfrac{P}{2}$，因此 $P=8$ 时，边际需求为

$$Q'(8)=-\frac{P}{2}\bigg|_{P=8}=-4.$$

$Q'(8)=-4$ 表示当 $P=8$ 时价格上涨 1 个单位时，需求将减少 4 个单位，价格下降 1 个单位时，需求将增加 4 个单位.

5. 供给函数

"供给"是指在一定价格条件下，生产者愿意出售并且有可供出售的商品量. 设 Q 为供给量，P 为商品价格，则供给函数为 $Q=\varphi(P)$，那么边际供给函数为 $Q'=\varphi'(P)$.

例 4.7.6 设某商品的价格与销售量的关系为 $P=P(Q)=10-\dfrac{Q}{5}$，求销售量 $Q=30$ 时的总收益、平均收益和边际收益.

解 总收益函数为

$$R(Q)=Q\cdot P(Q)=10Q-\frac{Q^2}{5},$$

平均收益函数为

$$\overline{R}(Q)=\frac{R(Q)}{Q}=10-\frac{Q}{5},$$

边际收益函数为

$$R'(Q)=10-\frac{2Q}{5}.$$

当 $Q=30$ 时，总收益为

$$R(30)=10\times30-\frac{30^2}{5}=300-180=120,$$

平均收益为　　　　　　$$\overline{R}(30)=10-\frac{30}{5}=4,$$

边际收益为　　　　　　$$R'(30)=10-\frac{2\times30}{5}=-2.$$

4.7.3　弹性分析

在经济理论(特别是计量经济学)中，利用函数与自变量的相对改变量之比研究经济变量对另一经济变量变化的影响程度的方法称为弹性分析.

定义 4.7.1　函数 $f(x)$ 在 $x=x_0$ 处可导，函数的相对改变量 $\frac{\Delta y}{y_0}$ 与

自变量在 $x=x_0$ 处的相对改变量 $\frac{\Delta x}{x_0}$ 之比 $\frac{\Delta y/y_0}{\Delta x/x_0}$ 称为函数 $f(x)$ 从

$x=x_0$ 到 $x=x_0+\Delta x$ 两点间的相对变化率，也称为两点间的弹性；

若极限 $\lim\limits_{\Delta x\to0}\frac{\Delta y/y_0}{\Delta x/x_0}$ 存在，则称其值为函数在 $x=x_0$ 处的相对变化

率，也称为弹性，记作

$$\frac{Ey}{Ex}\Big|_{x=x_0},或\frac{E}{Ex}f(x_0).$$

即　　$$\frac{Ey}{Ex}\Big|_{x=x_0}=\frac{E}{Ex}f(x_0)=\lim_{\Delta x\to0}\frac{\Delta y/y_0}{\Delta x/x_0}=\lim_{\Delta x\to0}\frac{\Delta y}{\Delta x}\cdot\frac{x_0}{y_0}=f'(x_0)\cdot\frac{x_0}{y_0}.$$

若 $f(x)$ 是可导函数，则 $\frac{Ey}{Ex}=\frac{E}{Ex}f(x)=\lim\limits_{\Delta x\to0}\frac{\Delta y/y}{\Delta x/x}=y'\cdot\frac{x}{y}$ 称为 $f(x)$

的弹性函数.

弹性的意义：$\frac{Ey}{Ex}\Big|_{x=x_0}=\frac{E}{Ex}f(x_0)$ 表示在点 $x=x_0$ 处，当 x 产生

1%的改变时，$f(x)$ 近似地改变了 $\frac{E}{Ex}f(x_0)\%$. 弹性 $\frac{Ey}{Ex}=\frac{E}{Ex}f(x)$ 反映

了随 x 的变化 $f(x)$ 变化幅度的大小.

例 4.7.7　求函数 $y=2e^{-3x}$ 的弹性函数 $\frac{Ey}{Ex}$ 及 $\frac{Ey}{Ex}\Big|_{x=2}$.

解　$$\frac{Ey}{Ex}=y'\cdot\frac{x}{y}=(2e^{-3x})'\cdot\frac{x}{2e^{-3x}}=-6e^{-3x}\frac{x}{2e^{-3x}}=-3x,$$

$$\left.\frac{Ey}{Ex}\right|_{x=2}=\left.(-3x)\right|_{x=2}=-6.$$

例 4.7.8　求幂函数 $y=x^a$（a 为常数）的弹性函数 $\dfrac{Ey}{Ex}$.

解　$\dfrac{Ey}{Ex}=y'\cdot\dfrac{x}{y}=(x^a)'\cdot\dfrac{x}{x^a}=ax^{a-1}\dfrac{x}{x^a}=a.$

由此可见，幂函数的弹性函数为常数，所以也称幂函数为不变弹性函数.

例 4.7.9　求函数 $y=3+2x$ 在 $x=3$ 处的弹性.

解　　　　　　　　　　$y'=(3+2x)'=2,$

$$\left.\frac{Ey}{Ex}\right|_{x=3}=\left.y'\cdot\frac{x}{y}\right|_{x=3}=\left.\frac{2x}{3+2x}\right|_{x=3}=\frac{2}{3}.$$

1. 需求弹性

一般而言，需求量 Q 是价格 P 的单调减少函数，因此 $\dfrac{\Delta Q/Q_0}{\Delta P/P_0}$

和 $\lim\limits_{\Delta P\to 0}\left(\dfrac{\Delta Q/Q_0}{\Delta P/P_0}\right)$ 皆为负数，为了用正数表示弹性，常采用需求函数的相对变化率的相反数来定义需求弹性.

定义 4.7.2　设某商品需求函数 $Q=f(P)$ 在点 $P=P_0$ 处可导，

$-\dfrac{\Delta Q/Q_0}{\Delta P/P_0}$ 称为该商品在 $P=P_0$ 与 $P=P_0+\Delta P$ 两点间的需求弹性，

记为

$$\overline{\eta}_{(P_0,P_0+\Delta P)}=-\frac{\Delta Q/Q_0}{\Delta P/P_0}=-\frac{\Delta Q}{\Delta P}\cdot\frac{P_0}{Q_0}.$$

$$\lim_{\Delta P\to 0}\left(-\frac{\Delta Q/Q_0}{\Delta P/P_0}\right)=-f'(P)\cdot\frac{P_0}{f(P_0)}$$ 称为该商品在 $P=P_0$ 处的需求弹性.

$\eta(P)=-f'(P)\cdot\dfrac{P}{f(P)}$ 称为该商品的需求弹性函数. 需求弹性描述当商品价格变动时需求量变动的强弱.

例 4.7.10　已知某商品的需求函数 $Q=\dfrac{1200}{P}$，求：

（1）从 $P=30$ 到 $P=20$、50 各点间的需求弹性；

（2）$P=30$ 时的需求弹性.

解　（1）根据 $\overline{\eta}_{(P_0,P_0+\Delta P)}=-\dfrac{\Delta Q}{\Delta P}\cdot\dfrac{P_0}{Q_0}$，可得

$$\overline{\eta}_{(30,20)}=-\frac{\dfrac{1200}{20}-\dfrac{1200}{30}}{20-30}\cdot\frac{3}{4}=\frac{3}{2},\ \overline{\eta}_{(30,50)}=-\frac{\dfrac{1200}{50}-\dfrac{1200}{30}}{50-30}\cdot\frac{3}{4}=\frac{3}{5}.$$

（2）$Q'=-\dfrac{1200}{P^2}$，$\eta(P)=-Q'(P)\cdot\dfrac{P}{Q(P)}=\dfrac{1200}{P^2}\cdot\dfrac{P}{1200/P}=1$.

即
$$\eta(30)=1.$$

$\eta(30)=1$ 表示在 $P=30$ 处，当价格上涨 1%时，需求量减少 1%，当价格下降 1%时，需求量增加 1%.

2. 用需求弹性分析总收益的变化

总收益 $R=R(Q)=P\cdot Q=P\cdot f(P)$，其中，$P$ 是商品价格销售量 $Q=f(P)$.

边际收益

$$R'=f(P)+P\cdot f'(P)=f(P)\left[1+f'(P)\cdot\frac{P}{f(P)}\right]=f(P)(1-\eta).$$

（1）若 $\eta<1$，即低弹性，需求变动的幅度小于价格变动的幅度，此时 $R'>0$，即 $R(Q)$ 单调增加. 价格上涨，总收益增加，价格下跌，总收益减少.

（2）若 $\eta>1$，即高弹性，需求变动的幅度大于价格变动的幅度，此时 $R'<0$，即 $R(Q)$ 单调减少，价格上涨，总收益减少，价格下跌，总收益增加.

（3）若 $\eta=1$，即单位弹性，需求变动的幅度等于价格变动的幅度，此时 $R'=0$，总收益达到最大.

综上所述，总收益的变化受需求弹性的制约，随商品价格的变化而变化，其变化关系如图 4-19 所示.

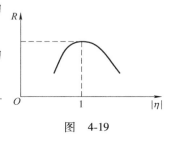

图 4-19

例 4.7.11 设某商品的需求函数为
$$Q(P)=75-P^2,$$

（1）求 $P=4$ 时的需求价格弹性，并说明其经济意义；

（2）当 $P=4$ 时，若价格提高 1%，总收益是增加还是减少，变化是百分之几？

解 由 $Q(P)=f(P)=75-P^2$ 得

$$\eta(P)=-f'(P)\cdot\frac{P}{f(P)}=-(-2P)\cdot\frac{P}{75-P^2}=\frac{2P^2}{75-P^2}.$$

（1）$\eta(4)=\dfrac{2\times 4^2}{75-4^2}=\dfrac{32}{59}\approx 0.54$.

其经济意义为：$P=4$ 时，价格上涨 1%，需求量减少 0.54%，价格下降 1%，需求量增加 0.54%.

（2）因 $\eta = \dfrac{32}{59} < 1$，所以 $R' > 0$，总收益 R 递增，于是价格上涨时总收益将增加.

由 $R' = f(P)(1-\eta)$，得

$$R'(4) = f(4)\left(1 - \frac{32}{59}\right) = (75-16)\left(1 - \frac{32}{59}\right) = 27.$$

由 $R = P \cdot Q = 75P - P^3$，得

$$R(4) = 75 \times 4 - 4^3 = 236.$$

$$\left.\frac{ER}{EP}\right|_{P=4} = R'(4) \cdot \frac{4}{R(4)} = 27 \cdot \frac{4}{236} \approx 0.46,$$

所以 $P=4$ 时，价格上涨 1%，收益增加 0.46%.

3. 供给弹性

定义 4.7.3 已知某商品的供给函数 $Q = \varphi(P)$ 在点 $P = P_0$ 可导，P 表示价格，Q 表示供应量，$\dfrac{\Delta Q / Q_0}{\Delta P / P_0}$ 称为商品在 $P = P_0$ 与 $P = P_0 + \Delta P$ 两点间的供给弹性，记为

$$\overline{\varepsilon}_{(P_0, P_0 + \Delta P)} = \frac{\Delta Q / Q_0}{\Delta P / P_0} = \frac{\Delta Q}{\Delta P} \cdot \frac{P_0}{Q_0}.$$

$$\lim_{\Delta P \to 0}\left(\frac{\Delta Q / Q_0}{\Delta P / P_0}\right) = \varphi'(P) \cdot \frac{P_0}{\varphi(P_0)} \text{称为该商品在 } P = P_0 \text{ 处的供}$$

给弹性，记为

$$\varepsilon\,|_{P=P_0} = \varepsilon(P_0) = \varphi'(P_0) \cdot \frac{P_0}{\varphi(P_0)}.$$

例 4.7.12 设某商品的供给函数 $Q = 3\mathrm{e}^{2P}$，求供给弹性函数及 $P=1$ 时的供给弹性.

解 $\varepsilon = \dfrac{EQ}{EP} = Q'(P) \cdot \dfrac{P}{Q} = (3\mathrm{e}^{2P})' \dfrac{P}{3\mathrm{e}^{2P}} = 6\mathrm{e}^{2P}\dfrac{P}{3\mathrm{e}^{2P}} = 2P,$

$$\varepsilon(1) = 2P\,|_{P=1} = 2,$$

这说明当价格 P 从 1 上涨或下跌 1% 时，则供给量相应地增加或减少 2%.

均衡价格：市场上需求量与供给量相等时的价格. 如图 4-20 所示.

当 $P < P_0$ 时，生产者愿意销售的商品量<消费者希望购买的商品量："供不应求".

当 $P > P_0$ 时，生产者愿意销售的商品量>消费者希望购买的商

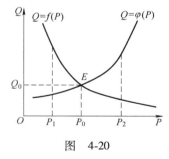

图 4-20

品量："供过于求".

例 4.7.13　设某商品的需求函数为 $Q(P)=b-aP(a,b>0)$，供给函数 $Q(P)=cP-d(c,d>0)$，求均衡价格.

解　令 $b-aP_0=cP_0-d$，得均衡价格

$$P_0=\frac{b+d}{a+c}.$$

习题 4.7

1. 设某商品生产 x 个单位的总成本函数为 $C(x)=1100+\dfrac{x^2}{1200}$，试求：

（1）生产 900 个单位产品时的总成本和平均单位成本；

（2）生产 900 个单位到 1000 个单位时的平均变化率；

（3）生产 900 个单位和 1000 个单位时的边际成本.

2. 某化工厂日产能力最高为 1000t，每天的生产总成本 C（单位：元）是日产量 x（单位：t）的函数

$$C=C(x)=1000+7x+50\sqrt{x},x\in[0,1000].$$

（1）当日产量为 100t 时的边际成本；

（2）当日产量为 100t 时的平均单位成本.

3. 若某商品的价格函数为 $P=c+\dfrac{b}{a+Q}(Q\geqslant0,a,b,c$ 为常数)，P 表示某商品的价格，Q 表示某商品的需求量，试求：

（1）总收益函数；

（2）边际收益函数.

4. 设生产 x 单位某产品，总收益 R 为 x 的函数：$R=R(x)=200x-0.01x^2$，求：生产 50 个单位产品时的总收益、平均收益和边际收益.

5. 生产 x 单位某种商品的利润是 x 的函数：$L(x)=5000+x-0.00001x^2$，问生产多少单位时获得的利润最大？

6. 某厂每批生产某种商品 x 单位的费用为 $C(x)=5x+200$，得到的收益是 $R(x)=10x-0.01x^2$，问每批生产多少单位时才能使利润最大？

7. 某商品的价格 P 与需求量 Q 的关系为

$$P=10-\frac{Q}{5},$$

（1）求需求量为 20 时的总收益 R、平均收益 $\bar{R}$ 及边际收益 R'；

（2）Q 为多少时，总收益最大？

8. 某工厂生产某产品，日总成本为 C 元，其中固定成本为 200 元，每多生产一个单位产品，成本增加 10 元. 该产品的需求函数 $Q=50-2P$，问 Q 为多少时，工厂日总利润 L 最大？

9. 求下列函数的弹性：

（1）$y=ax^2+bx+c$；　　（2）$y=xe^x$；

（3）$y=a^{bx}$；　　（4）$y=\ln x$.

10. 设某商品需求量 Q，对价格 P 的函数关系为 $Q=f(P)=1600\left(\dfrac{1}{4}\right)^P$，求需求量 Q 对于价格 P 的弹性函数.

11. 设某商品需求函数为 $Q=e^{-\frac{P}{4}}$，求 $P=3$，$P=4$，$P=5$ 时的需求弹性函数.

12. 某商品的需求函数为

$$Q=Q(P)=75-P^2.$$

（1）当 $P=6$ 时，若价格 P 上涨 1%，总收益将变化百分之几？

（2）P 为多少时，总收益最大？

总习题 4

1. 填空题:

(1) 曲线 $y=x^2+2\ln x$ 在其拐点处的切线方程是_____.

(2) 若曲线 $y=x^3+ax^2+bx+1$ 有拐点 $(-1,0)$,则 $b=$ _____.

(3) 曲线 $y=\dfrac{x^3}{1+x^2}+\arctan(1+x^2)$ 的斜渐近线方程为_____.

(4) 曲线 $y=x\left(1+\arcsin\dfrac{2}{x}\right)$ 的斜渐近线方程为_____.

(5) 曲线 $y=\dfrac{2x^3}{x^2+1}$ 的渐近线方程为_____.

(6) 设某商品的需求函数为 $Q=40-2P$(P 为商品的价格),则该商品的边际收益为_____.

2. 选择题:

(1) 函数 $f(x)=\ln|(x-1)(x-2)(x-3)|$ 的驻点个数为[ ].

(A) 0   (B) 1

(C) 2   (D) 3

(2) 设函数 $f(x)$,$g(x)$ 具有二阶导数,且 $g''(x)\leq0$,若 $g(x_0)=a$ 是 $g(x)$ 的极值,则 $f(g(x))$ 在 x_0 取极大值的一个充分条件是[ ].

(A) $f'(a)<0$ (B) $f'(a)>0$

(C) $f''(a)<0$ (D) $f''(a)>0$

(3) 曲线 $y=(x-1)(x-2)^2(x-3)^3(x-4)^4$ 的一个拐点是[ ].

(A) $(1,0)$ (B) $(2,0)$

(C) $(3,0)$ (D) $(4,0)$

(4) 设函数 $f(x)$ 具有二阶导数,$g(x)=f(0)(1-x)+f(1)x$,则在区间 $[0,1]$ 上,[ ].

(A) 当 $f'(x)\geq0$ 时,$f(x)\geq g(x)$

(B) 当 $f'(x)\geq0$ 时,$f(x)\leq g(x)$

(C) 当 $f''(x)\geq0$ 时,$f(x)\geq g(x)$

(D) 当 $f''(x)\geq0$ 时,$f(x)\leq g(x)$

(5) 设函数 $f(x)$ 在 $(-\infty,+\infty)$ 内连续,其中二阶导数 $f''(x)$ 的图形如图 4-21 所示,则曲线 $y=f(x)$ 的拐点个数为[ ].

(A) 0   (B) 1

(C) 2   (D) 3

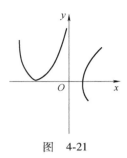

图 4-21

(6) 曲线 $y=\dfrac{x^2+x}{x^2-1}$ 的渐近线的条数为[ ].

(A) 0   (B) 1

(C) 2   (D) 3

(7) 下列曲线中有渐近线的是[ ].

(A) $y=x+\sin x$ (B) $y=x^2+\sin x$

(C) $y=x+\sin\dfrac{1}{x}$ (D) $y=x^2+\sin\dfrac{1}{x}$

3. 求方程 $k\arctan x-x=0$ 有不同实根的个数,其中 k 为参数.

4. 设函数 $y=y(x)$ 由参数方程 $\begin{cases} x=\dfrac{1}{3}t^3+t+\dfrac{1}{3}, \\ y=\dfrac{1}{3}t^3-t+\dfrac{1}{3} \end{cases}$ 确定,求 $y=y(x)$ 的极值和曲线 $y=y(x)$ 的凹凸区间及拐点.

5. 已知函数 $y(x)$ 由方程 $x^3+y^3-3x+3y-2=0$ 确定,求 $y(x)$ 的极值.

6. 已知方程 $\dfrac{1}{\ln(1+x)}-\dfrac{1}{x}=k$ 在区间 $(0,1)$ 内有实根,确定常数 k 的取值范围.

7. 设函数 $y=f(x)$ 由方程 $y^3+xy^2+x^2y+6=0$ 确定,求 $f(x)$ 的极值.

8. 设生产某商品的固定成本为 60000 元,可变成本为 20 元/件,价格函数为

$$P=60-\dfrac{Q}{1000},$$

其中,P 是单价,单位:元,Q 是销售量,单位:

件. 已知产销平衡, 求:

（1）该商品的边际利润;

（2）当 $P=50$ 时的边际利润, 并解释其经济意义;

（3）使得利润最大的定价 P.

9. 为了实现利润的最大化, 厂商需要对某商品确定其定价模型, 设 Q 为该商品的需求量, P 为价格, MC 为边际成本, η 为需求弹性（$\eta>0$）.

（1）证明定价模型为 $P=\dfrac{MC}{1-\dfrac{1}{\eta}}$.

（2）若该商品的成本函数为 $C(Q)=1600+Q^2$, 需求函数为 $Q=40-P$, 试由（1）中的定价模型确定此商品的价格.

10. 设某商品的最大需求量为 1200 件, 该商品的需求函数 $Q=Q(P)$, 需求弹性 $\eta=\dfrac{P}{120-P}$（$\eta>0$）, P 为单价（万元）. 求:

（1）需求函数的表达式;

（2）当 $P=100$ 万元时的边际收益, 并说明其经济意义.

11. 证明题:

（1）设函数 $f(x)$ 在闭区间 $[0,1]$ 上连续, 在开区间 $(0,1)$ 内可导, 且 $f(0)=0$, $f(1)=\dfrac{1}{3}$, 证明: 存在 $\xi\in\left(0,\dfrac{1}{2}\right)$, $\eta\in\left(\dfrac{1}{2},1\right)$, 使得 $f'(\xi)+f'(\eta)=\xi^2+\eta^2$.

（2）证明: 对任意正整数 n, 都有 $\dfrac{1}{n+1}<\ln\left(1+\dfrac{1}{n}\right)<\dfrac{1}{n}$ 成立.

（3）证明: 方程 $4\arctan x-x+\dfrac{4\pi}{3}-\sqrt{3}=0$ 恰有两个实根.

（4）证明: $x\ln\dfrac{1+x}{1-x}+\cos x\geqslant 1+\dfrac{x^2}{2}$（$-1<x<1$）.

（5）设奇函数 $f(x)$ 在闭区间 $[-1,1]$ 上具有二阶导数, 且 $f(1)=1$. 证明:

1）存在 $\xi\in(0,1)$, 使得 $f'(\xi)=1$;

2）存在 $\eta\in(-1,1)$, 使得 $f'(\eta)+f''(\eta)=1$.

（6）设函数 $f(x)$ 在 $[0,+\infty)$ 上可导, 且 $f(0)=0$, $\lim\limits_{x\to+\infty}f(x)=2$. 证明:

1）存在 $a>0$, 使得 $f(a)=1$;

2）对（1）中的 a, 存在 $\xi\in(0,a)$, 使得 $f'(\xi)=\dfrac{1}{a}$.

（7）已知常数 $k\geqslant\ln 2-1$. 证明: $(x-1)(x-\ln^2 x+2k\ln x-1)\geqslant 0$.

（8）设函数 $f(x)$ 在区间 $[0,1]$ 上具有二阶导数, 且 $f(1)>0$, $\lim\limits_{x\to 0^+}\dfrac{f(x)}{x}<0$. 证明:

1）方程 $f(x)=0$ 在区间 $(0,1)$ 内至少存在一个实根;

2）方程 $f(x)f''(x)+[f'(x)]^2=0$ 在区间 $(0,1)$ 内至少存在两个不同实根.

第 5 章
不定积分

我们已经讨论了对已知函数如何求导数(或微分)的问题. 于是我们自然会考虑到它的逆问题:已知导数(或微分)去求原来的函数. 例如:已知物体的运动方程为 $s=f(t)$,则此物体的速度是距离 s 对时间 t 的导数. 反过来,如果已知物体的运动速度函数 $v=v(t)$,求物体的运动方程 $s=f(t)$,使它的导数 $f'(t)$ 等于已知函数 $v(t)$,这是求导运算的逆运算问题. 这个问题可以看作已知 $f'(x)$,如何求 $f(x)$ 的问题这就是所谓的求原函数或者不定积分问题.

有了导数的基本公式和求导法则,只要一个初等函数的导数存在,我们一定能求出它的导数,并且其导数也是初等函数. 而在不定积分中,我们会发现,即使 $f(x)$ 是初等函数,而且存在 $F(x)$ 满足 $F'(x)=f(x)$,$F(x)$ 也不一定是初等函数. 仅从这个角度上看,求不定积分的问题比求导数的问题要复杂,因此,对于不定积分的学习更具挑战性.

5.1 不定积分的概念与性质

5.1.1 原函数

定义 5.1.1 设 $f(x)$ 是定义在某区间 I 上的已知函数,如果存在一个函数 $F(x)$,对于该区间 I 上每一点都满足
$$F'(x)=f(x) \text{ 或 } dF(x)=f(x)dx,$$
则称函数 $F(x)$ 是已知函数 $f(x)$ 在该区间 I 上的一个**原函数**.

例 5.1.1 在 $(-\infty, +\infty)$ 上,函数 $F(x)=x^2$ 在 $(-\infty, +\infty)$ 上满足
$$F'(x)=(x^2)'=2x,$$
所以 $F(x)=x^2$ 在 $(-\infty, +\infty)$ 上是 $f(x)=2x$ 的一个原函数.

同理,x^2-1,$x^2+\sqrt{3}$ 也是 $2x$ 的原函数.

例 5.1.2　在区间 $[0,T]$ 上，已知函数 $v=gt$（g 是常数），由于函数 $s=\dfrac{1}{2}gt^2$ 满足

$$s'=\left(\frac{1}{2}gt^2\right)'=gt,$$

所以 $s=\dfrac{1}{2}gt^2$ 是 $v=gt$ 的一个原函数.

同理，$\dfrac{1}{2}gt^2+\dfrac{1}{2}$，$\dfrac{1}{2}gt^2-\dfrac{4}{5}$ 也是 gt 的原函数.

显然，求原函数是求导数（微分）的逆运算，因此原函数又称为"反导数".

从上面两例可以看到，已知函数的原函数可能不止一个. 实际上，一个已知函数的原函数有无穷多个.

如果 $F(x)$ 是 $f(x)$ 的一个原函数，那么函数 $F(x)+C$（其中，C 是任意常数）也满足 $[F(x)+C]'=F'(x)=f(x)$，所以 $F(x)+C$ 都是 $f(x)$ 的原函数.

另一方面，如果 $F(x)$，$G(x)$ 都是 $f(x)$ 的原函数，即

$$F'(x)=G'(x)=f(x),(F(x)-G(x))'=0,$$

由拉格朗日中值定理的推论可知：

$$F(x)-G(x)=C,G(x)=F(x)+C.$$

即 $F(x)$ 和 $G(x)$ 相差一个常数，于是我们得到以下定理.

定理 5.1.1　如果 $F(x)$ 是 $f(x)$ 在区间 I 上的一个原函数，那么 $f(x)$ 的所有原函数可以表示为
　　　　$F(x)+C$（其中，C 是任意常数）.

5.1.2　不定积分

定义 5.1.2　在区间 I 上所有满足 $\mathrm{d}F(x)=f(x)\mathrm{d}x$ 的函数 $F(x)$ 构成的函数族称为 $f(x)\mathrm{d}x$ 在区间 I 上的不定积分. 记作
$$\int f(x)\mathrm{d}x.$$
其中，记号 $\int$ 称为积分号，$f(x)$ 称为被积函数，$f(x)\mathrm{d}x$ 称为被积表达式，x 称为积分变量.

注：（1）不定积分是一个集合的概念，也称函数族. $f(x)\mathrm{d}x$ 在区间 I 上的不定积分恰好是 $f(x)$ 在区间 I 上的全体原函数的

集合.

如果 $F(x)$ 是 $f(x)$ 在区间 I 上的一个原函数，那么 $F(x)+C$ 就是 $f(x)$ 的不定积分，即

$$\int f(x)\mathrm{d}x = F(x) + C.$$

（2）不定积分与区间 I 有关. 例如，在 $(0,+\infty)$ 上，$\int\dfrac{1}{x}\mathrm{d}x = \ln x + C$，而在 $(-\infty,0)$ 上，

$$\int\frac{1}{x}\mathrm{d}x = \ln(-x) + C.$$

例 5.1.3　求函数 $f(x)=3x^2$ 的不定积分.

　解　因为 $(x^3)'=3x^2$（或 $\mathrm{d}x^3=3x^2\mathrm{d}x$），所以

$$\int 3x^2\mathrm{d}x = x^3 + C.$$

例 5.1.4　求函数 $f(x)=\dfrac{1}{x}$ 的不定积分.

　解　因为当 $x>0$ 时，$(\ln x)'=\dfrac{1}{x}$，所以

$$\int\frac{1}{x}\mathrm{d}x = \ln x + C\,(x>0).$$

当 $x<0$ 时，$[\ln(-x)]）=\dfrac{1}{-x}\cdot(-1)=\dfrac{1}{x}$，所以

$$\int\frac{1}{x}\mathrm{d}x = \ln(-x) + C\,(x<0).$$

综合上面两式，得到

$$\int\frac{1}{x}\mathrm{d}x = \ln|x| + C\,(x\neq 0).$$

5.1.3　不定积分的几何意义

由于函数 $f(x)$ 的不定积分中含有任意常数 C，因此，对于每一个确定的常数 C，都有一个确定的原函数 $F(x)+C$. 从几何角度解释，就是有一条确定的曲线与之对应，称为 $f(x)$ 的**积分曲线**. 当 C 取不同的值时，就得到不同的积分曲线. 因此，函数 $f(x)$ 的不定积分 $\int f(x)\mathrm{d}x$ 表示一个积分曲线族，而 $f(x)$ 正是积分曲线在横坐标 x 点 x 的斜率，此积分曲线族中的每一条曲线，对应于同一横坐标 $x=x_0$ 的点处有相同的斜率 $f(x_0)$，所以对应于这些点，它们的切线互相平行，曲线族中的任意两条曲线的纵坐标之间相差一个常数. 积分曲线族 $y=F(x)+C$ 中每一条曲线都可以由曲线

$y=F(x)$ 沿 y 轴方向上下移动而得到. 当给定一个初始条件, 就可以确定一个 C 的值, 于是就唯一确定了一条积分曲线, 如图 5-1 所示.

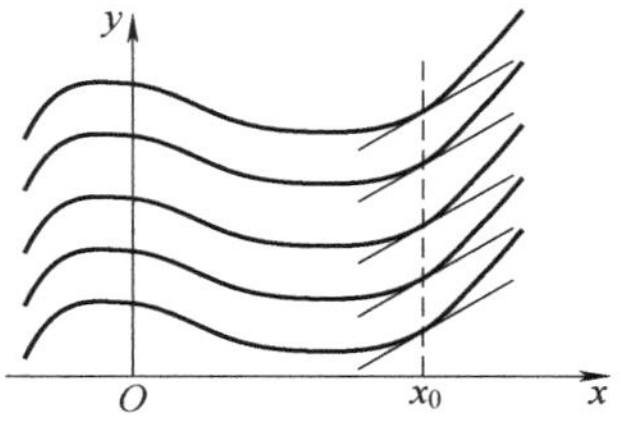

图 5-1

例 5.1.5 设曲线通过点 $(1,2)$ 且其上任一点处的切线斜率等于该点横坐标的两倍, 求此曲线的方程.

解 设所求的曲线方程为 $y=f(x)$, 按题设可知, 曲线上任一点 (x,y) 处的切线斜率为

$$y'=f'(x)=2x,$$

即 $f(x)$ 是 $2x$ 的一个原函数.

$$f(x)=\int 2x\mathrm{d}x=x^2+C,$$

因所求曲线通过点 $(1,2)$, 故

$$2=1+C,\ C=1.$$

于是所求曲线方程为 $y=x^2+1$.

5.1.4 不定积分的性质

从不定积分的定义可知, 不定积分有以下性质:

性质 1 $\dfrac{\mathrm{d}}{\mathrm{d}x}\left[\int f(x)\mathrm{d}x\right]=f(x)$, 或 $\mathrm{d}\left[\int f(x)\mathrm{d}x\right]=f(x)\mathrm{d}x$;

性质 2 $\int F'(x)\mathrm{d}x=F(x)+C$, 或 $\int \mathrm{d}F(x)=F(x)+C$.

由以上两个性质可见, 微分运算 (以记号 d 表示) 与求不定积分的运算是互逆的. 当记号 $\int$ 与 d 连在一起时, 或者抵消, 或者抵消后差一个常数.

性质 3 $\int [f(x)+g(x)]\mathrm{d}x=\int f(x)\mathrm{d}x+\int g(x)\mathrm{d}x$.
即函数的和的不定积分等于各个函数的不定积分的和.

这是因为 $\left[\int f(x)\mathrm{d}x+\int g(x)\mathrm{d}x\right]'=\left[\int f(x)\mathrm{d}x\right]'+\left[\int g(x)\mathrm{d}x\right]'=f(x)+g(x)$.

性质 4 $\int kf(x)\mathrm{d}x=k\int f(x)\mathrm{d}x$ (k 是常数, $k\neq 0$).
即求不定积分时, 被积函数中不为零的常数因子可以提到积分号的外面来.

这是因为 $\left[k\int f(x)\,\mathrm{d}x\right]' = k\left[\int f(x)\,\mathrm{d}x\right]' = kf(x).$

注：性质 3 可以推广到有限多个函数之和的情况.

性质 4 中 $k = 0$ 时结论不成立.

性质 3 和性质 4 称为微积分的线性性质，综合起来可以写为

$$\int[af(x) + bg(x)]\,\mathrm{d}x = a\int f(x)\,\mathrm{d}x + b\int g(x)\,\mathrm{d}x\,(其中\,a\,和\,b\,不同时为\,0).$$

由不定积分和微分之间的互逆关系，可以从导数的基本公式直接推导得到以下不定积分的基本公式.

5.1.5　基本积分表

(1) $\int k\mathrm{d}x = kx + C\,(k\,是常数)$；

(2) $\int x^\mu\mathrm{d}x = \dfrac{1}{\mu + 1}x^{\mu+1} + C\,(\mu \neq -1)$；

(3) $\int \dfrac{1}{x}\mathrm{d}x = \ln|x| + C$；

(4) $\int \mathrm{e}^x\mathrm{d}x = \mathrm{e}^x + C$；

(5) $\int a^x\mathrm{d}x = \dfrac{a^x}{\ln a} + C\,(a > 0,\ 且\,a \neq 1)$；

(6) $\int \cos x\mathrm{d}x = \sin x + C$；

(7) $\int \sin x\mathrm{d}x = -\cos x + C$；

(8) $\int \dfrac{1}{\cos^2 x}\mathrm{d}x = \int \sec^2 x\mathrm{d}x = \tan x + C$；

(9) $\int \dfrac{1}{\sin^2 x}\mathrm{d}x = \int \csc^2 x\mathrm{d}x = -\cot x + C$；

(10) $\int \dfrac{1}{1 + x^2}\mathrm{d}x = \arctan x + C$；

(11) $\int \dfrac{1}{\sqrt{1 - x^2}}\mathrm{d}x = \arcsin x + C$；

(12) $\int \sec x\tan x\mathrm{d}x = \sec x + C$；

(13) $\int \csc x\cot x\mathrm{d}x = -\csc x + C$；

(14) $\int \mathrm{sh}x\mathrm{d}x = \mathrm{ch}x + C$；

(15) $\int \mathrm{ch}x\mathrm{d}x = \mathrm{sh}x + C.$

例 5.1.6 求不定积分 $\displaystyle\int \frac{1}{x^3}\mathrm{d}x$.

解 $\displaystyle\int \frac{1}{x^3}\mathrm{d}x = \int x^{-3}\mathrm{d}x = \frac{1}{-3+1}x^{-3+1} + C = -\frac{1}{2x^2} + C.$

例 5.1.7 求不定积分 $\displaystyle\int x^2\sqrt{x}\,\mathrm{d}x$.

解 $\displaystyle\int x^2\sqrt{x}\,\mathrm{d}x = \int x^{\frac{5}{2}}\mathrm{d}x = \frac{1}{\frac{5}{2}+1}x^{\frac{5}{2}+1} + C = \frac{2}{7}x^{\frac{7}{2}} + C = \frac{2}{7}x^3\sqrt{x} + C.$

例 5.1.8 求不定积分 $\displaystyle\int \frac{\mathrm{d}x}{x\sqrt[3]{x}}$.

解 $\displaystyle\int \frac{\mathrm{d}x}{x\sqrt[3]{x}} = \int x^{-\frac{4}{3}}\mathrm{d}x = \frac{x^{-\frac{4}{3}+1}}{-\frac{4}{3}+1} + C = -3x^{-\frac{1}{3}} + C = -\frac{3}{\sqrt[3]{x}} + C.$

5.1.6 原函数的存在条件

在研究求原函数的技巧之前，我们先要回答一个问题，即满足什么条件才能保证一个已知函数有原函数呢？我们先给出下面的定理，而后将在下一章证明它.

定理 5.1.2（原函数存在定理） 如果函数 $f(x)$ 在区间 I 上连续，那么在区间 I 上存在可导函数 $F(x)$，使对任意 $x \in I$ 都有
$$F'(x) = f(x).$$

简单地说就是：**连续函数一定有原函数**.

必须指出，函数的连续性是原函数存在的充分条件，但不是必要条件.

例如，考察下面两个函数：

$$F(x) = \begin{cases} x^2\sin\dfrac{1}{x}, & x \neq 0, \\ 0, & x = 0, \end{cases} \qquad f(x) = \begin{cases} 2x\sin\dfrac{1}{x} - \cos\dfrac{1}{x}, & x \neq 0, \\ 0, & x = 0, \end{cases}$$

其中 $f(x)$ 在 $x = 0$ 处有第二类间断点，但在区间 $(-\infty, +\infty)$ 上，$F(x)$ 是 $f(x)$ 的一个**原函数**.

对于不连续的函数，原函数是否存在是一个复杂的问题，微积分课程一般不去研究与此相关的问题.

例 5.1.9 求不定积分 $\displaystyle\int \sqrt{x}(x^2 - 5)\,\mathrm{d}x$.

解 $\displaystyle\int \sqrt{x}(x^2 - 5)\,\mathrm{d}x = \int \left(x^{\frac{5}{2}} - 5x^{\frac{1}{2}}\right)\mathrm{d}x$

$$= \int x^{\frac{5}{2}}\mathrm{d}x - \int 5x^{\frac{1}{2}}\mathrm{d}x = \int x^{\frac{5}{2}}\mathrm{d}x - 5\int x^{\frac{1}{2}}\mathrm{d}x$$

$$= \frac{2}{7}x^{\frac{7}{2}} - \frac{10}{3}x^{\frac{3}{2}} + C.$$

例 5.1.10   求不定积分 $\int \dfrac{(x-1)^3}{x^2}\mathrm{d}x$.

解 $\displaystyle\int \frac{(x-1)^3}{x^2}\mathrm{d}x = \int \frac{x^3 - 3x^2 + 3x - 1}{x^2}\mathrm{d}x$

$$= \int \left(x - 3 + \frac{3}{x} - \frac{1}{x^2}\right)\mathrm{d}x$$

$$= \int x\mathrm{d}x - 3\int \mathrm{d}x + 3\int \frac{1}{x}\mathrm{d}x - \int \frac{1}{x^2}\mathrm{d}x$$

$$= \frac{1}{2}x^2 - 3x + 3\ln|x| + \frac{1}{x} + C.$$

例 5.1.11   求不定积分 $\int 2^x \mathrm{e}^x \mathrm{d}x$.

解 $\displaystyle\int 2^x \mathrm{e}^x \mathrm{d}x = \int (2\mathrm{e})^x \mathrm{d}x = \frac{(2\mathrm{e})^x}{\ln(2\mathrm{e})} + C = \frac{2^x \mathrm{e}^x}{1 + \ln 2} + C.$

例 5.1.12   求不定积分 $\int \dfrac{1 + 2x^2}{x^2(1 + x^2)}\mathrm{d}x$.

解 $\displaystyle\int \frac{1 + 2x^2}{x^2(1 + x^2)}\mathrm{d}x = \int \left(\frac{1}{1 + x^2} + \frac{1}{x^2}\right)\mathrm{d}x$

$$= \int \frac{1}{1 + x^2}\mathrm{d}x + \int \frac{1}{x^2}\mathrm{d}x = \arctan x - \frac{1}{x} + C.$$

例 5.1.13   求不定积分 $\dfrac{x^4}{1+x^2}\mathrm{d}x$.

解 $\displaystyle\int \frac{x^4}{1 + x^2}\mathrm{d}x = \int \frac{x^4 - 1 + 1}{1 + x^2}\mathrm{d}x$

$$= \int \left(x^2 - 1 + \frac{1}{1 + x^2}\right)\mathrm{d}x$$

$$= \int x^2 \mathrm{d}x - \int \mathrm{d}x + \int \frac{\mathrm{d}x}{1 + x^2}$$

$$= \frac{x^3}{3} - x + \arctan x + C.$$

例 5.1.14   求不定积分 $\int \tan^2 x\mathrm{d}x$.

解 $\displaystyle\int \tan^2 x\mathrm{d}x = \int (\sec^2 x - 1)\mathrm{d}x$

$$= \int \sec^2 x \mathrm{d}x - \int \mathrm{d}x = \tan x - x + C.$$

例 5.1.15　求不定积分 $\int \sin^2 \dfrac{x}{2} \mathrm{d}x$.

解　$\displaystyle\int \sin^2 \dfrac{x}{2} \mathrm{d}x = \int \dfrac{1 - \cos x}{2} \mathrm{d}x = \dfrac{1}{2} \int (1 - \cos x) \mathrm{d}x$

$$= \dfrac{1}{2}(x - \sin x) + C.$$

例 5.1.16　设 $f(x) = \begin{cases} 2x, & x \leqslant 1, \\ 2x^2, & x > 1. \end{cases}$ 求 $\int f(x) \mathrm{d}x$.

解　由于

$$f(1) = 2, \lim_{x \to 1^-} f(x) = 2, \lim_{x \to 1^+} f(x) = 2,$$

所以 $f(x)$ 在 $x = 1$ 处连续，根据原函数存在定理，$f(x)$ 存在原函数.
于是有

$$\int f(x) \mathrm{d}x = \begin{cases} \int 2x \mathrm{d}x = x^2 + C_1, & x \leqslant 1, \\ \int 2x^2 \mathrm{d}x = \dfrac{2}{3}x^3 + C_2, & x > 1. \end{cases}$$

由于原函数可导，所以原函数必定连续，因此在 $x = 1$ 处必连续.
于是有

$$1 + C_1 = \dfrac{2}{3} + C_2,$$

即

$$C_2 = \dfrac{1}{3} + C_1,$$

因此

$$\int f(x) \mathrm{d}x = \begin{cases} \int 2x \mathrm{d}x = x^2 + C_1, & x \leqslant 1, \\ \int 2x^2 \mathrm{d}x = \dfrac{2}{3}x^3 + \dfrac{1}{3} + C_1, & x > 1. \end{cases}$$

例 5.1.17　某化工厂生产某种产品，每日生产的产品的总成本 y 的变化率（即边际成本）是日产量 x 的函数，$y' = 7 + \dfrac{25}{\sqrt{x}}$，已知固定成本为 1000 元，求总成本与日产量的函数关系.

解　因为总成本是总成本变化率 y' 的原函数，所以有

$$y = \int \left(7 + \dfrac{25}{\sqrt{x}}\right) \mathrm{d}x = 7x + 50\sqrt{x} + C,$$

已知固定成本为 1000 元，即当 $x = 0$ 时，有

$$C = 1000,$$

于是可得

$$y = 1000 + 7x + 50\sqrt{x}.$$

所以，总成本 y 与日产量 x 的函数关系为

$$y = 1000 + 7x + 50\sqrt{x}.$$

习题 5.1

1. 选择题：

（1）若 $\int f(x)\,\mathrm{d}x = x^2\mathrm{e}^{2x} + C$，则 $f(x) = [\quad\quad]$.

（A）$2x\mathrm{e}^{2x}$　　　　（B）$4x\mathrm{e}^{2x}$

（C）$2x^2\mathrm{e}^{2x}$　　　　（D）$2x\mathrm{e}^{2x}(1+x)$

（2）已知 $y' = 2x$，且 $x = 1$ 时 $y = 2$，则 $y = [\quad]$.

（A）x^2　　　　（B）x^2+C

（C）x^2+1　　　　（D）x^2+2

（3）$\int \mathrm{d}(\arcsin\sqrt{x}) = [\quad\quad]$.

（A）$\arcsin\sqrt{x}$　　（B）$\arcsin\sqrt{x}+C$

（C）$\arccos\sqrt{x}$　　（D）$\arccos\sqrt{x}+C$

（4）若 $\dfrac{2}{3}\ln\cos 2x$ 是 $f(x) = k\tan 2x$ 的一个原函数，则 $k = [\quad\quad]$.

（A）$\dfrac{2}{3}$　　　　（B）$-\dfrac{2}{3}$

（C）$\dfrac{4}{3}$　　　　（D）$-\dfrac{4}{3}$

（5）设 $f(x)$ 的导数为 $\sin x$，则下列选项中是 $f(x)$ 的原函数的是 $[\quad]$.

（A）$1+\sin x$　　　　（B）$1-\sin x$

（C）$1+\cos x$　　　　（D）$1-\cos x$

（6）下列函数中有一个不是 $f(x) = \dfrac{1}{x}$ 的原函数，它是 $[\quad]$.

（A）$F(x) = \ln|x|$

（B）$F(x) = \ln|Cx|$（C 是不为 0 且不为 1 的常数）

（C）$F(x) = C\ln|x|$（C 是不为 0 且不为 1 的常数）

（D）$F(x) = \ln|x|+C$（C 是不为 0 的常数）

（7）设 $f'(x)$ 存在，则 $\left[\int \mathrm{d}f(x)\right]' = [\quad\quad]$.

（A）$f(x)$　　　　（B）$f'(x)$

（C）$f(x)+C$　　　　（D）$f'(x)+C$

2. 已知函数 $y = f(x)$ 的导数等于 $x+1$，且 $x = 2$ 时 $y = 5$，求这个函数.

3. 已知曲线上任一点切线的斜率为 $4x$，并且曲线经过点 $(1,-2)$，求此曲线的方程.

4. 求下列不定积分：

（1）$\int (1 + 3x^2)\,\mathrm{d}x$;

（2）$\int (3^x + x^3)\,\mathrm{d}x$;

（3）$\int \left(\sqrt[3]{x} + \dfrac{2}{\sqrt{x}}\right)\mathrm{d}x$;

（4）$\int \left(\dfrac{x}{2} + \dfrac{1}{x} - \dfrac{3}{x^3} + \dfrac{4}{x^4}\right)\mathrm{d}x$;

（5）$\int \sqrt{x}(x-3)\,\mathrm{d}x$;　　（6）$\int \dfrac{(t+1)^3}{t^2}\,\mathrm{d}t$;

（7）$\int \dfrac{x^2 + \sqrt{x^3} + 3}{\sqrt{x}}\,\mathrm{d}x$;　　（8）$\int \dfrac{x^2}{x^2 + 1}\,\mathrm{d}x$;

（9）$\int \sin^2 \dfrac{u}{2}\,\mathrm{d}u$;　　（10）$\int \cot^2 x\,\mathrm{d}x$;

（11）$\int \dfrac{\cos 2x}{\cos x + \sin x}\,\mathrm{d}x$;

（12）$\int \sqrt{x\sqrt{x\sqrt{x}}}\,\mathrm{d}x$;

（13）$\int \dfrac{\mathrm{e}^{2t} - 1}{\mathrm{e}^t - 1}\,\mathrm{d}t$;

（14）$\int \dfrac{\mathrm{d}x}{x^2(1 + x^2)}$.

5. 求 $\int \mathrm{e}^{|x|}\,\mathrm{d}x$.

6. 设函数 $f(x) = \begin{cases} x+1, & x \leqslant 1, \\ 2x, & x > 1, \end{cases}$ 求 $\int f(x)\,\mathrm{d}x$.

5.2 换元积分法

在上一节中，利用基本积分公式和不定积分的性质可以求出一些函数的不定积分. 但是这种方法具有局限性. 因此有必要进一步研究计算不定积分的一般方法.

由于微分和积分是互逆的运算，因此，对应于求微分的各种方法有相应的积分方法. 对应于复合函数微分法则的是换元积分法.

5.2.1 第一类换元法

首先研究以下两个例子.

例 5.2.1 求不定积分 $\int x\sin x^2 \mathrm{d}x$.

解 这个积分不包含在基本求积公式中，但是如果令 $u = x^2$，则

$$\mathrm{d}u = 2x\mathrm{d}x,$$

原积分变成

$$\int x\sin x^2 \mathrm{d}x = \frac{1}{2}\int \sin u \mathrm{d}u,$$

由基本求积公式，$\int \sin u \mathrm{d}u = -\cos u + C$，再将 $u = x^2$ 回代，得到

$$\int x\sin x^2 \mathrm{d}x = \frac{1}{2}\int \sin u \mathrm{d}u = -\frac{1}{2}\cos x^2 + C.$$

例 5.2.2 求不定积分 $\int \frac{\cos(\ln x)}{x}\mathrm{d}x$.

解 这个积分不包含在基本求积公式中，但是如果令 $u = \ln x$，则

$$\mathrm{d}u = \frac{1}{x}\mathrm{d}x,$$

原积分变成

$$\int \frac{\cos(\ln x)}{x}\mathrm{d}x = \int \cos u \mathrm{d}u,$$

由基本求积公式，$\int \cos u \mathrm{d}u = \sin u + C$，再将 $u = \ln x$ 回代，得到

$$\int \frac{\cos(\ln x)}{x}\mathrm{d}x = \int \cos u \mathrm{d}u = \sin u + C = \sin(\ln x) + C.$$

现对以上两个例题进行总结.

对于积分 $\int f(x)\mathrm{d}x$，如果能找到中间变量 $u = \varphi(x)$，将

$\int f(x)\,\mathrm{d}x$ 变成 $\int g(u)\,\mathrm{d}u$, 使得 $\int g(u)\,\mathrm{d}u$ 是容易求出的积分. 在求出 $\int g(u)\,\mathrm{d}u$ 后将 $u=\varphi(x)$ 回代, 即

$$\int f(x)\,\mathrm{d}x \xrightarrow{u=\varphi(x)} \int g(u)\,\mathrm{d}u = G(u) + C = G(\varphi(x)) + C.$$

这就是第一类换元法.

> **定理 5.2.1** 设 $g(u)$ 具有原函数 $G(u)$, 即 $\int g(u)\,\mathrm{d}u = G(u) + C$, $u=\varphi(x)$ 可导, 于是
> $$f(x) = g(\varphi(x))\varphi'(x),$$
> 则有换元公式
> $$\int g(u)\,\mathrm{d}u = \int g(\varphi(x))\,\mathrm{d}\varphi(x) = \int g(\varphi(x))\varphi'(x)\,\mathrm{d}x$$
> $$= G(u) + C = G(\varphi(x)) + C.$$

第一类换元法的要点是引入中间变量 $u=\varphi(x)$, 将积分号下的 $f(x)\,\mathrm{d}x$ 变成 $g(u)\,\mathrm{d}u$ 后, 使 $g(u)\,\mathrm{d}u$ 成为某个容易计算出来的函数 $G(u)$ 的微分, 从而得出计算结果. 因此第一类换元法又称"凑微分法".

例 5.2.3 求不定积分 $\int \cos 2x\,\mathrm{d}x$.

解 被积函数 $\cos 2x$ 是复合函数:
$$\cos 2x = \cos u, u = 2x,$$

由于 $\dfrac{\mathrm{d}u}{\mathrm{d}x} = 2$, 因此被积函数缺少因子 2, 可以改变系数凑出这个因子:

$$\cos 2x = \frac{1}{2}\cos 2x \cdot 2 = \frac{1}{2}\cos 2x \cdot (2x)',$$

从而, 令 $u=2x$, 则

$$\int \cos 2x\,\mathrm{d}x = \frac{1}{2}\int \cos 2x \cdot (2x)'\,\mathrm{d}x \xrightarrow{u=2x} \frac{1}{2}\int \cos u\,\mathrm{d}u$$
$$= \frac{1}{2}\sin u + C = \frac{1}{2}\sin 2x + C.$$

例 5.2.4 求不定积分 $\int \dfrac{1}{2+3x}\,\mathrm{d}x$.

解 被积函数 $\dfrac{1}{2+3x}$ 是复合函数:

$$\frac{1}{2+3x} = \frac{1}{u}, u = 2+3x,$$

由于 $\dfrac{\mathrm{d}u}{\mathrm{d}x}=3$，因此被积函数缺少因子 3，可以改变系数凑出这个因子：

$$\frac{1}{2+3x}=\frac{1}{3}\cdot\frac{1}{2+3x}\cdot 3=\frac{1}{3}\frac{1}{2+3x}(2+3x)',$$

从而，令 $u=2+3x$，则

$$\int\frac{1}{2+3x}\mathrm{d}x=\frac{1}{3}\int\frac{1}{2+3x}(2+3x)'\mathrm{d}x\xlongequal{u=2+3x}\frac{1}{3}\int\frac{1}{u}\mathrm{d}u$$

$$=\frac{1}{3}\ln|u|+C=\frac{1}{3}\ln|2+3x|+C.$$

一般地，对于积分函数 $\int f(ax+b)\mathrm{d}x$，可做变换 $u=ax+b$，则

$$\int f(ax+b)\mathrm{d}x=\frac{1}{a}\int f(ax+b)\mathrm{d}(ax+b)=\left[\frac{1}{a}\int f(u)\mathrm{d}u\right]\Bigg|_{u=ax+b}.$$

例 5.2.5 求不定积分 $\int 2x\sqrt{x^2-3}\,\mathrm{d}x$.

解 被积函数的一个因子为 $\sqrt{x^2-3}=\sqrt{u}$，$u=x^2-3$；另一个因子 $2x$ 恰好是中间变量 $u=x^2-3$ 的导数，于是有

$$\int 2x\sqrt{x^2-3}\,\mathrm{d}x=\int\sqrt{x^2-3}\,\mathrm{d}(x^2-3)=\int\sqrt{u}\,\mathrm{d}u=\int u^{\frac{1}{2}}\mathrm{d}u$$

$$=\frac{u^{\frac{1}{2}+1}}{\frac{1}{2}+1}+C=\frac{2}{3}u^{\frac{3}{2}}+C=\frac{2}{3}(x^2-3)^{\frac{3}{2}}+C.$$

例 5.2.6 求不定积分 $\int\tan x\mathrm{d}x$.

解
$$\int\tan x\mathrm{d}x=\int\frac{\sin x}{\cos x}\mathrm{d}x,$$

因为 $-\sin x\mathrm{d}x=\mathrm{d}\cos x$，所以设 $u=\cos x$，则 $\mathrm{d}u=-\sin x\mathrm{d}x$，即 $-\mathrm{d}u=\sin x\mathrm{d}x$，

因此
$$\int\tan x\mathrm{d}x=\int\frac{\sin x}{\cos x}\mathrm{d}x=-\int\frac{1}{u}\mathrm{d}u$$

$$=-\ln|u|+C=-\ln|\cos x|+C.$$

类似地可得
$$\int\cot x\mathrm{d}x=\ln|\sin x|+C.$$

当运算熟练后，可以不必把 u 写出来直接计算下去.

例 5.2.7 求不定积分 $\int\dfrac{1}{a^2+x^2}\mathrm{d}x$.

解 $\displaystyle\int \frac{1}{a^2 + x^2}\mathrm{d}x = \frac{1}{a^2}\int \frac{1}{1 + \left(\dfrac{x}{a}\right)^2}\mathrm{d}x$

$\displaystyle = \frac{1}{a}\int \frac{1}{1 + \left(\dfrac{x}{a}\right)^2}\mathrm{d}\frac{x}{a} = \frac{1}{a}\arctan \frac{x}{a} + C.$

即 $\displaystyle\int \frac{1}{a^2 + x^2}\mathrm{d}x = \frac{1}{a}\arctan \frac{x}{a} + C.$

例 5.2.8   求不定积分 $\displaystyle\int \frac{1}{\sqrt{a^2 - x^2}}\mathrm{d}x\ (a>0).$

解 $\displaystyle\int \frac{1}{\sqrt{a^2 - x^2}}\mathrm{d}x = \frac{1}{a}\int \frac{1}{\sqrt{1 - \left(\dfrac{x}{a}\right)^2}}\mathrm{d}x$

$\displaystyle = \int \frac{1}{\sqrt{1 - \left(\dfrac{x}{a}\right)^2}}\mathrm{d}\frac{x}{a} = \arcsin \frac{x}{a} + C.$

即 $\displaystyle\int \frac{1}{\sqrt{a^2 - x^2}}\mathrm{d}x = \arcsin \frac{x}{a} + C.$

例 5.2.9   求不定积分 $\displaystyle\int \frac{1}{x^2 - a^2}\mathrm{d}x.$

解 $\displaystyle\int \frac{1}{x^2 - a^2}\mathrm{d}x = \frac{1}{2a}\int \left(\frac{1}{x - a} - \frac{1}{x + a}\right)\mathrm{d}x$

$\displaystyle = \frac{1}{2a}\left(\int \frac{1}{x - a}\mathrm{d}x - \int \frac{1}{x + a}\mathrm{d}x\right)$

$\displaystyle = \frac{1}{2a}\left[\int \frac{1}{x - a}\mathrm{d}(x - a) - \int \frac{1}{x + a}\mathrm{d}(x + a)\right]$

$\displaystyle = \frac{1}{2a}\left[\ln|x - a| - \ln|x + a|\right] + C$

$\displaystyle = \frac{1}{2a}\ln\left|\frac{x - a}{x + a}\right| + C.$

即 $\displaystyle\int \frac{1}{x^2 - a^2}\mathrm{d}x = \frac{1}{2a}\ln\left|\frac{x - a}{x + a}\right| + C.$

一般地，第一类换元法适合于被积函数为两个函数乘积的形式. 通常需要熟悉一些基本的凑微分公式，例如，由 $(x^{\alpha})' = \alpha x^{\alpha - 1}(\alpha \neq 0)$，可得

$$\int f(x^{\alpha})x^{\alpha - 1}\mathrm{d}x = \frac{1}{\alpha}\int f(x^{\alpha})\mathrm{d}x^{\alpha}(\alpha \neq 0).$$

这样的公式有很多，我们简单罗列如下：

$$\int \frac{f(\ln x)}{x} dx = \int f(\ln x) d\ln x,$$

$$\int f(a^x) a^x dx = \frac{1}{\ln a} \int f(a^x) da^x,$$

$$\int f(e^x) e^x dx = \int f(e^x) de^x,$$

$$\int f(\sin x) \cos x dx = \int f(\sin x) d\sin x,$$

$$\int f(\cos x) \sin x dx = -\int f(\cos x) d\cos x,$$

$$\int f(\arctan x) \frac{1}{1 + x^2} dx = \int f(\arctan x) d\arctan x,$$

$$\int f(\arcsin x) \frac{1}{\sqrt{1 - x^2}} dx = \int f(\arcsin x) d\arcsin x.$$

例 5. 2. 10　求不定积分 $\displaystyle\int \frac{dx}{x(1 + 2\ln x)}$.

解　$\displaystyle\int \frac{dx}{x(1 + 2\ln x)} = \int \frac{1}{1 + 2\ln x} \frac{1}{x} dx = \int \frac{d\ln x}{1 + 2\ln x}$

$$= \frac{1}{2} \int \frac{d(1 + 2\ln x)}{1 + 2\ln x} = \frac{1}{2} \ln|1 + 2\ln x| + C.$$

例 5. 2. 11　设 $f'(\sin^2 x) = \cos^2 x$，求 $f(x)$.

解　令 $u = \sin^2 x$，则 $\cos^2 x = 1 - u$，$f'(u) = 1 - u$ 则有

$$f(u) = \int (1 - u) du = u - \frac{1}{2} u^2 + C,$$

即
$$f(x) = x - \frac{1}{2} x^2 + C.$$

下面再举几个含三角函数的不定积分的例子，在积分的过程中往往要用到三角恒等式等.

例 5. 2. 12　求不定积分 $\displaystyle\int \sin^2 x \cos^5 x dx$.

解　$\displaystyle\int \sin^2 x \cos^5 x dx = \int \sin^2 x \cos^4 x d\sin x$

$$= \int \sin^2 x (1 - \sin^2 x)^2 d\sin x$$

$$= \int (\sin^2 x - 2\sin^4 x + \sin^6 x) d\sin x$$

$$= \frac{1}{3} \sin^3 x - \frac{2}{5} \sin^5 x + \frac{1}{7} \sin^7 x + C.$$

注：当被积函数是三角函数的乘积时，可拆开奇次项去凑微分.

例 5.2.13　求不定积分 $\int \cos^2 x \mathrm{d}x$.

解　$\displaystyle\int \cos^2 x \mathrm{d}x = \int \frac{1 + \cos 2x}{2} \mathrm{d}x = \frac{1}{2}\left(\int \mathrm{d}x + \int \cos 2x \mathrm{d}x\right)$

$\displaystyle\qquad\qquad = \frac{1}{2}\int \mathrm{d}x + \frac{1}{4}\int \cos 2x \mathrm{d}2x = \frac{1}{2}x + \frac{1}{4}\sin 2x + C.$

例 5.2.14　求不定积分 $\int \cos^4 x \mathrm{d}x$.

解　$\displaystyle\int \cos^4 x \mathrm{d}x = \int (\cos^2 x)^2 \mathrm{d}x = \int \left[\frac{1}{2}(1 + \cos 2x)\right]^2 \mathrm{d}x$

$\displaystyle\qquad\qquad = \frac{1}{4}\int (1 + 2\cos 2x + \cos^2 2x)\, \mathrm{d}x$

$\displaystyle\qquad\qquad = \frac{1}{4}\int \left(\frac{3}{2} + 2\cos 2x + \frac{1}{2}\cos 4x\right) \mathrm{d}x$

$\displaystyle\qquad\qquad = \frac{1}{4}\left(\frac{3}{2}x + \sin 2x + \frac{1}{8}\sin 4x\right) + C$

$\displaystyle\qquad\qquad = \frac{3}{8}x + \frac{1}{4}\sin 2x + \frac{1}{32}\sin 4x + C.$

例 5.2.15　求不定积分 $\int \cos 3x \cos 2x \mathrm{d}x$.

解　$\displaystyle\int \cos 3x \cos 2x \mathrm{d}x = \frac{1}{2}\int (\cos x + \cos 5x)\, \mathrm{d}x$

$\displaystyle\qquad\qquad\qquad\quad = \frac{1}{2}\sin x + \frac{1}{10}\sin 5x + C.$

例 5.2.16　求不定积分 $\int \csc x \mathrm{d}x$.

解法 1　$\displaystyle\int \csc x \mathrm{d}x = \int \frac{1}{\sin x}\mathrm{d}x = \int \frac{1}{2\sin \dfrac{x}{2}\cos \dfrac{x}{2}}\mathrm{d}x$

$\displaystyle\qquad\qquad = \int \frac{\mathrm{d}\dfrac{x}{2}}{\tan \dfrac{x}{2}\cos^2 \dfrac{x}{2}} = \int \frac{\mathrm{d}\tan \dfrac{x}{2}}{\tan \dfrac{x}{2}}$

$\displaystyle\qquad\qquad = \ln\left|\tan \frac{x}{2}\right| + C = \ln|\csc x - \cot x| + C.$

解法 2　$\displaystyle\int \csc x \mathrm{d}x = \int \frac{1}{\sin x}\mathrm{d}x = \int \frac{\sin x}{\sin^2 x}\mathrm{d}x = -\int \frac{1}{1 - \cos^2 x}\mathrm{d}(\cos x)$

$\displaystyle\qquad\qquad = -\frac{1}{2}\int \left(\frac{1}{1 - \cos x} + \frac{1}{1 + \cos x}\right) \mathrm{d}\cos x$

$$= \frac{1}{2}\ln\frac{1 - \cos x}{1 + \cos x} + C.$$

类似地可以得出

$$\int \sec x\,dx = \int \csc\left(x + \frac{\pi}{2}\right)dx = \ln\left|\csc\left(x + \frac{\pi}{2}\right) - \cot\left(x + \frac{\pi}{2}\right)\right| + C$$

$$= \ln|\sec x + \tan x| + C.$$

例 5.2.17　求不定积分 $\displaystyle\int \sec^6 x\,dx$.

解　$\displaystyle\int \sec^6 x\,dx = \int (\tan^2 x + 1)^2 \cdot \sec^2 x\,dx$

$$= \int (\tan^4 x + 2\tan^2 x + 1)\,d\tan x$$

$$= \frac{1}{5}\tan^5 x + \frac{2}{3}\tan^3 x + \tan x + C.$$

5.2.2　第二类换元法

第二类换元法又称换元法. 为解释这个方法, 先分析一个例题.

例 5.2.18　求不定积分 $\displaystyle\int \frac{1}{1 + \sqrt{x}}dx$.

解　令 $t = \sqrt{x}$, 则 $x = t^2$, $dx = 2t\,dt$, 于是

$$\int \frac{1}{1 + \sqrt{x}}dx = \int \frac{2t}{1 + t}dt = 2\int\left(1 - \frac{1}{1 + t}\right)dt$$

$$= 2t - 2\int \frac{1}{1 + t}dt = 2t - 2\ln(1 + t) + C,$$

将 $t = \sqrt{x}$ 代入上式, 就得到

$$\int \frac{1}{1 + \sqrt{x}}dx = 2\sqrt{x} - 2\ln(1 + \sqrt{x}) + C.$$

这个例题的解法是这样的, 在不定积分 $\displaystyle\int f(x)\,dx$ 中, 取一个新的自变量 t, 令 $x = \varphi(t)$, 则原积分变成 $\displaystyle\int f(\varphi(t))\varphi'(t)\,dt$, 求出这个不定积分 $F(t) + C$ 后, 再解出 $x = \varphi(t)$ 的反函数 $t = \varphi^{-1}(x)$, 代入 $F(t) + C$, 于是得到最后结果. 上述方法表述为下面定理.

定理 5.2.2　设 $f(x)$ 连续, $x = \varphi(t)$ 有连续的导数, 并且存在反函数 $t = \varphi^{-1}(x)$, 如果

$$\int f(x)\,dx = \int f(\varphi(t))\varphi'(t)\,dt = F(t) + C,$$

则有换元公式

$$\int f(x)\,dx = F(\varphi^{-1}(x)) + C.$$

例 5.2.19 求 $\int \sqrt{a^2 - x^2}\,dx$ $(a>0)$.

解 我们可以利用三角函数 $\sin^2 t + \cos^2 t = 1$ 化去被积函数中的根式.

设 $x = a\sin t$, $-\dfrac{\pi}{2} < t < \dfrac{\pi}{2}$, 那么

$$\sqrt{a^2 - x^2} = \sqrt{a^2 - a^2\sin^2 t} = a\cos t,\ dx = a\cos t\,dt,$$

于是

$$\int \sqrt{a^2 - x^2}\,dx = \int a\cos t \cdot a\cos t\,dt = a^2 \int \cos^2 t\,dt$$
$$= a^2 \int \frac{1 + \cos 2t}{2}\,dt = a^2\left(\frac{1}{2}t + \frac{1}{4}\sin 2t\right) + C.$$

因为 $t = \arcsin\dfrac{x}{a}$, $\sin 2t = 2\sin t\cos t = 2\,\dfrac{x}{a}\cdot\dfrac{\sqrt{a^2 - x^2}}{a}$, 所以

$$\int \sqrt{a^2 - x^2}\,dx = a^2\left(\frac{1}{2}t + \frac{1}{4}\sin 2t\right) + C$$
$$= \frac{a^2}{2}\arcsin\frac{x}{a} + \frac{1}{2}x\sqrt{a^2 - x^2} + C.$$

例 5.2.20 求 $\int \dfrac{dx}{\sqrt{x^2 + a^2}}$ $(a>0)$.

解 设 $x = a\tan t$, $-\dfrac{\pi}{2} < t < \dfrac{\pi}{2}$, 那么

$$\sqrt{x^2 + a^2} = \sqrt{a^2 + a^2\tan^2 t} = a\sqrt{1 + \tan^2 t} = a\sec t,\ dx = a\sec^2 t\,dt,$$

于是

$$\int \frac{dx}{\sqrt{x^2 + a^2}} = \int \frac{a\sec^2 t}{a\sec t}\,dt = \int \sec t\,dt = \ln|\sec t + \tan t| + C.$$

因为 $\sec t = \dfrac{\sqrt{x^2 + a^2}}{a}$, $\tan t = \dfrac{x}{a}$, 所以

$$\int \frac{dx}{\sqrt{x^2 + a^2}} = \ln|\sec t + \tan t| + C = \ln\left(\frac{x}{a} + \frac{\sqrt{x^2 + a^2}}{a}\right) + C$$
$$= \ln(x + \sqrt{x^2 + a^2}) + C_1,$$

其中, $C_1 = C - \ln a$.

例 5.2.21 求 $\int \dfrac{\mathrm{d}x}{\sqrt{x^2-a^2}}$ $(a>0)$.

解 当 $x>a$ 时，设 $x=a\sec t\left(0<t<\dfrac{\pi}{2}\right)$，那么

$$\sqrt{x^2-a^2}=\sqrt{a^2\sec^2 t-a^2}=a\sqrt{\sec^2 t-1}=a\tan t,$$

于是

$$\int \frac{\mathrm{d}x}{\sqrt{x^2-a^2}}=\int \frac{a\sec t\tan t}{a\tan t}\mathrm{d}t=\int \sec t\mathrm{d}t=\ln|\sec t+\tan t|+C.$$

因为 $\tan t=\dfrac{\sqrt{x^2-a^2}}{a}$，$\sec t=\dfrac{x}{a}$，所以

$$\int \frac{\mathrm{d}x}{\sqrt{x^2-a^2}}=\ln|\sec t+\tan t|+C=\ln\left|\frac{x}{a}+\frac{\sqrt{x^2-a^2}}{a}\right|+C$$

$$=\ln(x+\sqrt{x^2-a^2})+C_1,$$

其中，$C_1=C-\ln a$.

当 $x<-a$ 时，令 $x=-u$，则 $u>a$，于是

$$\int \frac{\mathrm{d}x}{\sqrt{x^2-a^2}}=-\int \frac{\mathrm{d}u}{\sqrt{u^2-a^2}}=-\ln(u+\sqrt{u^2-a^2})+C$$

$$=-\ln(-x+\sqrt{x^2-a^2})+C$$

$$=\ln\frac{-x-\sqrt{x^2-a^2}}{a^2}+C=\ln(-x-\sqrt{x^2-a^2})+C_1,$$

其中，$C_1=C-2\ln a$.

综合起来有

$$\int \frac{\mathrm{d}x}{\sqrt{x^2-a^2}}=\ln\left|x+\sqrt{x^2-a^2}\right|+C.$$

注：当被积函数含有根式 $\sqrt{ax^2+bx+c}$ 时，可利用配方法并通过换元，化成以上 $\sqrt{x^2+a^2}$，$\sqrt{x^2-a^2}$，$\sqrt{a^2-x^2}$ 三种情形的积分.

以上例题中的几个积分通常也被当作公式使用，因此，除了基本积分公式外，再补充以下几个常用公式：

(16) $\int \tan x\mathrm{d}x=-\ln|\cos x|+C$；

(17) $\int \cot x\mathrm{d}x=\ln|\sin x|+C$；

(18) $\int \sec x\mathrm{d}x=\ln|\sec x+\tan x|+C$；

(19) $\int \csc x\mathrm{d}x=\ln|\csc x-\cot x|+C$；

（20）$\int \dfrac{1}{a^2 + x^2}\mathrm{d}x = \dfrac{1}{a}\arctan \dfrac{x}{a} + C$；

（21）$\int \dfrac{1}{x^2 - a^2}\mathrm{d}x = \dfrac{1}{2a}\ln \left|\dfrac{x - a}{x + a}\right| + C$；

（22）$\int \dfrac{1}{\sqrt{a^2 - x^2}}\mathrm{d}x = \arcsin \dfrac{x}{a} + C$；

（23）$\int \dfrac{\mathrm{d}x}{\sqrt{x^2 + a^2}} = \ln(x + \sqrt{x^2 + a^2}) + C$；

（24）$\int \dfrac{\mathrm{d}x}{\sqrt{x^2 - a^2}} = \ln\left|x + \sqrt{x^2 - a^2}\right| + C$.

例 5.2.22 求不定积分 $\int \dfrac{\sqrt{a^2 - x^2}}{x^4}\mathrm{d}x$.

解 令 $x = \dfrac{1}{t}$，则 $\mathrm{d}x = -\dfrac{1}{t^2}\mathrm{d}t$，于是

$$\int \frac{\sqrt{a^2 - x^2}}{x^4}\mathrm{d}x = \int \frac{\sqrt{a^2 - \dfrac{1}{t^2}}}{\dfrac{1}{t^4}} \cdot \frac{-1}{t^2}\mathrm{d}t = -\int (a^2 t^2 - 1)^{\frac{1}{2}}|t|\,\mathrm{d}t.$$

当 $x>0$ 时，

$$\int \frac{\sqrt{a^2 - x^2}}{x^4}\mathrm{d}x = -\frac{1}{2a^2}\int (a^2 t^2 - 1)^{\frac{1}{2}}\mathrm{d}(a^2 t^2 - 1)$$

$$= -\frac{(a^2 t^2 - 1)^{\frac{3}{2}}}{3a^2} + C = -\frac{(a^2 - x^2)^{\frac{3}{2}}}{3a^2 x^3} + C,$$

当 $x<0$ 时，类似可得同样结果.

例 5.2.23 求不定积分 $\int \dfrac{\mathrm{d}x}{\sqrt{1 + \mathrm{e}^x}}$.

解 为了消去根号，设 $\sqrt{1+\mathrm{e}^x} = t$，则 $x = \ln(t^2 - 1)$，$\mathrm{d}x = \dfrac{2t}{t^2 - 1}\mathrm{d}t$. 所以

$$\int \frac{\mathrm{d}x}{\sqrt{1 + \mathrm{e}^x}} = \int \frac{2t}{t(t^2 - 1)}\mathrm{d}t = 2\int \frac{1}{t^2 - 1}\mathrm{d}t = \int \left(\frac{1}{t - 1} - \frac{1}{t + 1}\right)\mathrm{d}t$$

$$= \ln \left|\frac{t - 1}{t + 1}\right| + C = \ln \left|\frac{\sqrt{1 + \mathrm{e}^x} - 1}{\sqrt{1 + \mathrm{e}^x} + 1}\right| + C.$$

结论：直观地讲，第一类换元法实际上是通过引进中间变量的方式将被积函数进行变形，第二类换元法是通过引进新的自变量的方式将被积函数进行变形.

习题 5. 2

1. 选择题：

(1) 若 $f(x)$ 为连续函数，且 $\int f(x)\mathrm{d}x = F(x) + C$，$C$ 为任意常数，则下列各式中正确的是[　　].

(A) $\int f(ax + b)\mathrm{d}x = F(ax + b) + C$

(B) $\int f(x^n)x^{n-1}\mathrm{d}x = F(x^n) + C$

(C) $\int f(\ln ax)\dfrac{1}{x}\mathrm{d}x = F(\ln ax) + C$

(D) $\int f(\mathrm{e}^{-x})\mathrm{e}^{-x}\mathrm{d}x = F(\mathrm{e}^{-x}) + C$

(2) 设 $f'(\ln x) = 1+x$，则 $f(x) = [\quad]$.

(A) $x+\mathrm{e}^x+C$ (B) $\mathrm{e}^x+\dfrac{1}{2}x^2+C$

(C) $\ln x+\dfrac{1}{2}(\ln x)^2+C$ (D) $\mathrm{e}^x+\dfrac{1}{2}\mathrm{e}^{2x}+C$

(3) 若 $\int f(x)\mathrm{d}x = x^2 + C$，则 $\int xf(x^2 - 1)\mathrm{d}x = [\quad]$.

(A) $2(x^2-1)^2+C$ (B) $2(x^2-1)^2+C$

(C) $\dfrac{1}{2}(x^2-1)^2+C$ (D) $\dfrac{1}{2}(x^2-1)^2+C$

(4) 设 $f(x)= \mathrm{e}^{-x}$，则 $\int \dfrac{f'(\ln x)}{x}\mathrm{d}x = [\quad]$.

(A) $-\dfrac{1}{x}+C$ (B) $\dfrac{1}{x}+C$

(C) $-\ln x+C$ (D) $\ln x+C$

(5) 设 $\int f(x)\mathrm{d}x = \sin x + C$，则 $\int \dfrac{f(\arcsin x)}{\sqrt{1 - x^2}}\mathrm{d}x = [\quad]$.

(A) $\arcsin x+C$ (B) $\sin\sqrt{1-x^2}+C$

(C) $\dfrac{1}{2}(\arcsin x)^2+C$ (D) $x+C$

(6) $\int x(x + 1)^{10}\mathrm{d}x = [\quad]$.

(A) $\dfrac{1}{11}(x+1)^{11}+C$

(B) $\dfrac{1}{2}x^2+\dfrac{1}{11}(x+1)^{11}+C$

(C) $\dfrac{1}{12}(x+1)^{12}-\dfrac{1}{11}(x+1)^{11}+C$

(D) $\dfrac{1}{12}(x+1)^{12}+\dfrac{1}{11}(x+1)^{11}+C$

(7) 已知 $f'(\cos x)= \sin x$，则 $f(\cos x)= [\quad]$.

(A) $-\cos x+C$

(B) $\cos x+C$

(C) $\dfrac{1}{2}(x-\sin x\cos x)+C$

(D) $\dfrac{1}{2}(\sin x\cos x-x)+C$

2. 求下列不定积分：

(1) $\displaystyle\int \dfrac{(\ln x)^2}{x}\mathrm{d}x$;   (2) $\displaystyle\int \mathrm{e}^{-x}\mathrm{d}x$;

(3) $\displaystyle\int \dfrac{\mathrm{e}^{\frac{1}{x}}}{x^2}\mathrm{d}x$;   (4) $\displaystyle\int \dfrac{1}{x(1 + x^6)}\mathrm{d}x$;

(5) $\displaystyle\int \dfrac{\mathrm{d}v}{\sqrt{1 - 2v}}$;   (6) $\displaystyle\int \dfrac{x^2}{\sqrt[3]{(x^3 - 5)^2}}\mathrm{d}x$;

(7) $\displaystyle\int \dfrac{2x - 1}{x^2 - x + 3}\mathrm{d}x$;   (8) $\displaystyle\int \dfrac{\mathrm{d}t}{t\ln t}$;

(9) $\displaystyle\int \dfrac{\mathrm{e}^x}{\mathrm{e}^x + 1}\mathrm{d}x$;   (10) $\displaystyle\int \dfrac{x - 1}{x^2 + 1}\mathrm{d}x$;

(11) $\displaystyle\int \dfrac{\mathrm{d}x}{4 + 9x^2}$;   (12) $\displaystyle\int \dfrac{\mathrm{d}x}{4x^2 + 4x + 5}$;

(13) $\displaystyle\int \dfrac{\mathrm{d}x}{\sqrt{4 - 9x^2}}$;   (14) $\displaystyle\int \dfrac{\mathrm{d}x}{\sqrt{5 - 2x - x^2}}$;

(15) $\displaystyle\int \dfrac{\mathrm{d}x}{4 - x^2}$;   (16) $\displaystyle\int \dfrac{\mathrm{d}x}{4 - 9x^2}$;

(17) $\displaystyle\int \dfrac{\mathrm{d}x}{x^2 + x - 6}$;   (18) $\displaystyle\int \sin 3x\mathrm{d}x$;

(19) $\displaystyle\int \cos\dfrac{2}{3}x\mathrm{d}x$;   (20) $\displaystyle\int \sin^2 3x\mathrm{d}x$;

(21) $\displaystyle\int \mathrm{e}^{\sin x}\cos x\mathrm{d}x$;   (22) $\displaystyle\int \mathrm{e}^x\cos\mathrm{e}^x\mathrm{d}x$;

(23) $\displaystyle\int \sin^3 x\mathrm{d}x$;   (24) $\displaystyle\int \cos^5 x\mathrm{d}x$;

(25) $\displaystyle\int \tan^4 x\mathrm{d}x$;   (26) $\displaystyle\int \dfrac{\mathrm{d}x}{\sin^4 x}$;

(27) $\displaystyle\int \tan^3 x\mathrm{d}x$;   (28) $\displaystyle\int \dfrac{\mathrm{d}t}{\mathrm{e}^t + \mathrm{e}^{-t}}$;

(29) $\displaystyle\int \dfrac{\mathrm{d}x}{\mathrm{e}^x - 1}$;   (30) $\displaystyle\int \dfrac{\mathrm{d}x}{\sqrt{\mathrm{e}^{2x} - 1}}$;

$(31)\displaystyle\int\frac{\ln x}{x\sqrt{1+\ln x}}\mathrm{d}x;$ $(32)\displaystyle\int\frac{x+\ln x^2}{x}\mathrm{d}x;$

$(33)\displaystyle\int\frac{\mathrm{e}^x\mathrm{d}x}{\arcsin\mathrm{e}^x\cdot\sqrt{1-\mathrm{e}^{2x}}}.$

3. 求下列不定积分:

$(1)\displaystyle\int x\sqrt{x+1}\,\mathrm{d}x;$ $(2)\displaystyle\int\frac{\mathrm{d}x}{\sqrt{2x-3}+1};$

$(3)\displaystyle\int\frac{x}{\sqrt[4]{3x+1}}\mathrm{d}x;$ $(4)\displaystyle\int\frac{1}{\sqrt{x}+\sqrt[3]{x}}\mathrm{d}x;$

$(5)\displaystyle\int\frac{\mathrm{e}^{2x}}{\sqrt[4]{1+\mathrm{e}^x}}\mathrm{d}x;$ $(6)\displaystyle\int x\sqrt[4]{2x+3}\,\mathrm{d}x;$

$(7)\displaystyle\int\frac{1}{\sqrt[3]{x+1}+1}\mathrm{d}x;$ $(8)\displaystyle\int(1-x^2)^{-\frac{3}{2}}\mathrm{d}x;$

$(9)\displaystyle\int\frac{1}{(1+x^2)^2}\mathrm{d}x;$

$(10)\displaystyle\int\frac{1}{(a^2+x^2)^{\frac{3}{2}}}\mathrm{d}x;$ $(11)\displaystyle\int\frac{1}{x\sqrt{x^2-1}}\mathrm{d}x;$

$(12)\displaystyle\int\frac{x^2}{\sqrt{1-x^2}}\mathrm{d}x;$ $(13)\displaystyle\int\frac{1}{\sqrt{9x^2-4}}\mathrm{d}x;$

$(14)\displaystyle\int\frac{1-\ln x}{(x-\ln x)^2}\mathrm{d}x.$

4. 若 $f'(\mathrm{e}^x)=1+\mathrm{e}^{2x}$，且 $f(0)=1$，求 $f(x)$.

5.3 分部积分法

设函数 $u=u(x)$ 及 $v=v(x)$ 具有连续导数. 那么，两个函数乘积的导数公式为

$$(uv)'=u'v+uv',$$

移项得

$$uv'=(uv)'-u'v.$$

对这个等式两边求不定积分，得

$$\int uv'\mathrm{d}x=uv-\int u'v\mathrm{d}x,$$

上式也可以写为

$$\int u\mathrm{d}v=uv-\int v\mathrm{d}u,$$

这个公式称为**分部积分公式**.

如果 $\int uv'\mathrm{d}x$（或 $\int u\mathrm{d}v$）不易求出，而 $\int u'v\mathrm{d}x$（或 $\int v\mathrm{d}u$）可以求出，可以利用上式求不定积分，这种方法称为**分部积分法**.

分部积分法将求 $\int u\mathrm{d}v$ 的问题转化为求 $\int v\mathrm{d}u$（或者将 $\int v\mathrm{d}u$ 的问题转化为求 $\int u\mathrm{d}v$），这样如果 $\int u\mathrm{d}v$ 和 $\int v\mathrm{d}u$ 这两个不定积分有一个能够求出，则另一个将随之求得. 因此，在许多求不定积分的情形中，分部积分法可使问题简化，直至求出不定积分.

分部积分过程：

$$\int uv'\mathrm{d}x=\int u\mathrm{d}v=uv-\int v\mathrm{d}u=uv-\int u'v\mathrm{d}x=\cdots.$$

例 5.3.1　求 $\int x\cos x\mathrm{d}x$.

解　在分部积分公式 $\int u\mathrm{d}v = uv - \int v\mathrm{d}u$ 中，设

$$u = \cos x, \mathrm{d}v = x\mathrm{d}x = \mathrm{d}\frac{x^2}{2}, v = \frac{x^2}{2},$$

则

$$\int x\cos x\mathrm{d}x = \frac{x^2}{2}\cos x + \int \frac{x^2}{2}\sin x\mathrm{d}x,$$

显然 $\int \frac{x^2}{2}\sin x\mathrm{d}x$ 比 $\int x\cos x\mathrm{d}x$ 更复杂且不易求出，由此可以看出，u, v' 选择不当，积分更难进行.

设 $u = x$，$\mathrm{d}v = \cos x\mathrm{d}x = \mathrm{d}\sin x$，$v = \sin x$，于是应用分部积分公式，得

$$\int x\cos x\mathrm{d}x = x\sin x - \int \sin x\mathrm{d}x = x\sin x + \cos x + C.$$

例 5.3.2　求 $\int x\mathrm{e}^x\mathrm{d}x$.

解　在分部积分公式 $\int u\mathrm{d}v = uv - \int v\mathrm{d}u$ 中，设 $u = x$，$\mathrm{d}v = \mathrm{e}^x\mathrm{d}x = \mathrm{d}\mathrm{e}^x$，$v = \mathrm{e}^x$，于是应用分部积分公式，得

$$\int x\mathrm{e}^x\mathrm{d}x = x\mathrm{e}^x - \int \mathrm{e}^x\mathrm{d}x = x\mathrm{e}^x - \mathrm{e}^x + C.$$

例 5.3.3　求 $\int x^2\mathrm{e}^x\mathrm{d}x$.

解　设 $u = x^2$，$\mathrm{d}v = \mathrm{e}^x\mathrm{d}x = \mathrm{d}\mathrm{e}^x$，$v = \mathrm{e}^x$，于是应用分部积分公式，得

$$\int x^2\mathrm{e}^x\mathrm{d}x = \int x^2\mathrm{d}(\mathrm{e}^x) = x^2\mathrm{e}^x - \int \mathrm{e}^x\mathrm{d}x^2 = x^2\mathrm{e}^x - 2\int x\mathrm{e}^x\mathrm{d}x,$$

对 $\int x\mathrm{e}^x\mathrm{d}x$ 再次使用分部积分法，得

$$\begin{aligned}
\int x^2\mathrm{e}^x\mathrm{d}x &= x^2\mathrm{e}^x - 2\int x\mathrm{e}^x\mathrm{d}x \\
&= x^2\mathrm{e}^x - 2x\mathrm{e}^x + 2\int \mathrm{e}^x\mathrm{d}x = x^2\mathrm{e}^x - 2x\mathrm{e}^x + 2\mathrm{e}^x + C \\
&= (x^2 - 2x + 2)\mathrm{e}^x + C.
\end{aligned}$$

小结：若被积函数是幂函数和正（余）弦函数或幂函数和指数函数的乘积，可以考虑使用分部积分法，设幂函数为 u，每经过一次分部积分，幂函数将会降幂一次. 假定幂指数是正整数.

例 5.3.4 求 $\int \arccos x \, dx$.

解 设 $u = \arccos x$, $dv = dx$, 则 $v = x$, 于是应用分部积分公式, 得

$$\int \arccos x \, dx = x\arccos x - \int x \, d\arccos x = x\arccos x + \int x \, \frac{1}{\sqrt{1-x^2}} dx$$

$$= x\arccos x - \frac{1}{2}\int (1-x^2)^{\frac{1}{2}} d(1-x^2)$$

$$= x\arccos x - \sqrt{1-x^2} + C.$$

例 5.3.5 求 $\int x\ln x \, dx$.

解 设 $u = \ln x$, $dv = x \, dx = \frac{1}{2} dx^2$, $v = \frac{1}{2}x^2$, 于是应用分部积分公式, 得

$$\int x\ln x \, dx = \frac{1}{2}\int \ln x \, dx^2 = \frac{1}{2}x^2\ln x - \frac{1}{2}\int x^2 \, d\ln x$$

$$= \frac{1}{2}x^2\ln x - \frac{1}{2}\int x^2 \cdot \frac{1}{x} dx$$

$$= \frac{1}{2}x^2\ln x - \frac{1}{2}\int x \, dx = \frac{1}{2}x^2\ln x - \frac{1}{4}x^2 + C.$$

例 5.3.6 求 $\int x\arctan x \, dx$.

解 $u = \arctan x$, $x \, dx = d\frac{x^2}{2} = dv$, 根据分部积分公式可得

$$\int x\arctan x \, dx = \frac{1}{2}\int \arctan x \, dx^2 = \frac{1}{2}x^2\arctan x - \frac{1}{2}\int x^2 \, d\arctan x$$

$$= \frac{1}{2}x^2\arctan x - \frac{1}{2}\int x^2 \cdot \frac{1}{1+x^2} dx$$

$$= \frac{1}{2}x^2\arctan x - \frac{1}{2}\int \left(1 - \frac{1}{1+x^2}\right) dx$$

$$= \frac{1}{2}x^2\arctan x - \frac{1}{2}x + \frac{1}{2}\arctan x + C.$$

小结: 总结以上例子, 如果被积函数是幂函数和对数函数或幂函数和反三角函数的乘积, 可以利用分部积分法, 并设对数函数或反三角函数为 u.

在应用计算方法熟练后, 分部积分法的替换过程可以省略.

例 5.3.7 求 $\int e^x \sin x \, dx$.

解法 1 $\displaystyle\int e^x \sin x \, dx = \int e^x d(-\cos x) = -e^x \cos x + \int \cos x \, de^x$

$$= -e^x \cos x + \int e^x \cos x \, dx$$

$$= -e^x \cos x + \int e^x d(\sin x) \text{（再一次进行分部积分）}$$

$$= -e^x \cos x + e^x \sin x - \int \sin x \, de^x$$

$$= -e^x \cos x + e^x \sin x - \int e^x \sin x \, dx,$$

即　　　　$\displaystyle\int e^x \sin x \, dx = -e^x \cos x + e^x \sin x - \int e^x \sin x \, dx,$

将上式移项整理再添上任意常数，得

$$2\int e^x \sin x \, dx = (\sin x - \cos x) e^x + C_1,$$

于是得

$$\int e^x \sin x \, dx = \frac{1}{2}(\sin x - \cos x) e^x + C \left(\text{其中 } C = \frac{C_1}{2}\right).$$

解法 2 $\displaystyle\int e^x \sin x \, dx = \int \sin x \, de^x = e^x \sin x - \int e^x d\sin x$

$$= e^x \sin x - \int e^x \cos x \, dx \text{（再一次进行分部积分）}$$

$$= e^x \sin x - \int \cos x \, de^x$$

$$= e^x \sin x - \cos x e^x - \int e^x \sin x \, dx,$$

于是得　　　　$\displaystyle\int e^x \sin x \, dx = \frac{1}{2} e^x (\sin x - \cos x) + C.$

一般情况下，在接连几次应用分部积分公式时，所选的 u 应为同类型函数.

例 5. 3. 8　求 $\displaystyle\int \sec^3 x \, dx.$

解　因为

$$\int \sec^3 x \, dx = \int \sec x \cdot \sec^2 x \, dx = \int \sec x \, d\tan x$$

$$= \sec x \tan x - \int \sec x \tan^2 x \, dx$$

$$= \sec x \tan x - \int \sec x (\sec^2 x - 1) \, dx$$

$$= \sec x \tan x - \int \sec^3 x \, dx + \int \sec x \, dx$$

$$= \sec x \tan x + \ln|\sec x + \tan x| - \int \sec^3 x \, dx,$$

所以 $\int \sec^3 x \, dx = \dfrac{1}{2}(\sec x \tan x + \ln|\sec x + \tan x|) + C.$

例 5.3.9 求 $\int e^{\sqrt{x}} \, dx.$

解 令 $x = t^2$，则 $dx = 2t \, dt.$ 于是有

$$\int e^{\sqrt{x}} \, dx = 2\int t e^t \, dt = 2\int t \, de^t$$

$$= 2\left(e^t t - \int e^t \, dt\right)$$

$$= 2(e^t t - e^t) + C = 2e^{\sqrt{x}}(\sqrt{x} - 1) + C.$$

例 5.3.10 求 $I_n = \int \dfrac{dx}{(x^2 + a^2)^n}$，其中，$n$ 为正整数.

解 $I_1 = \int \dfrac{dx}{x^2 + a^2} = \dfrac{1}{a}\arctan\dfrac{x}{a} + C;$

当 $n > 1$ 时，用分部积分法，有

$$\int \frac{dx}{(x^2 + a^2)^{n-1}} = \frac{x}{(x^2 + a^2)^{n-1}} + 2(n-1)\int \frac{x^2}{(x^2 + a^2)^n} \, dx$$

$$= \frac{x}{(x^2 + a^2)^{n-1}} + 2(n-1)\int \left[\frac{1}{(x^2 + a^2)^{n-1}} - \frac{a^2}{(x^2 + a^2)^n}\right] dx,$$

即 $I_{n-1} = \dfrac{x}{(x^2 + a^2)^{n-1}} + 2(n-1)(I_{n-1} - a^2 I_n),$

于是得到递推公式

$$I_n = \frac{1}{2a^2(n-1)}\left[\frac{x}{(x^2 + a^2)^{n-1}} + (2n-3)I_{n-1}\right].$$

我们很容易求得任意的 I_n，例如：

$$I_2 = \frac{1}{2a^2}I_1 + \frac{x}{2a^2(x^2 + a^2)} = \frac{1}{2a^3}\arctan\frac{x}{a} + \frac{x}{2a^2(x^2 + a^2)} + C.$$

例 5.3.11 求 $I_n = \int x^n e^x \, dx$ 的递推公式，其中 n 为非负整数，并求出 I_1，I_2，I_3.

解 $I_n = \int x^n e^x \, dx = \int x^n \, de^x = x^n e^x - \int e^x \, dx^n$

$$= x^n e^x - n\int x^{n-1} e^x \, dx = x^n e^x - n I_{n-1}.$$

因此可得 $I_n = \int x^n e^x \, dx$ 的递推公式为

$$I_n = x^n e^x - n I_{n-1},$$

其中, $I_0 = \int e^x dx = e^x + C.$

那么有　　$I_1 = xe^x - I_0 = xe^x - e^x + C_1,$

$I_2 = x^2 e^x - 2I_1 = x^2 e^x - 2xe^x + 2e^x + C_2,$

$I_3 = x^3 e^x - 3I_2 = x^3 e^x - 3(x^2 e^x - 2xe^x + 2e^x) + C_3$

$= x^3 e^x - 3x^2 e^x + 6xe^x - 6e^x + C_3.$

例 5.3.12　求 $\displaystyle\int \frac{xe^x}{\sqrt{e^x - 3}} dx.$

解　令 $\sqrt{e^x - 3} = t$, 则

$$x = \ln(t^2 + 3), dx = \frac{2t}{t^2 + 3} dt,$$

于是

$$\int \frac{xe^x}{\sqrt{e^x - 3}} dx = 2\int \ln(t^2 + 3) dt$$

$$= 2t\ln(t^2 + 3) - \int \frac{4t^2}{t^2 + 3} dt$$

$$= 2t\ln(t^2 + 3) - 4t + 4\sqrt{3}\arctan\frac{t}{\sqrt{3}} + C$$

$$= 2(x - 2)\sqrt{e^x - 3} + 4\sqrt{3}\arctan\sqrt{\frac{e^x}{3} - 1} + C.$$

例 5.3.13　已知 $f(x)$ 的一个原函数是 e^{-x^2}, 求 $\int xf'(x) dx.$

解　根据已知, 得

$$\int f(x) dx = e^{-x^2} + C,$$

$$\int xf'(x) dx = \int x df(x) = xf(x) - \int f(x) dx = x \cdot e^{-x^2} \cdot (-2x) - e^{-x^2} + C$$

$$= -2(x^2 + 1)e^{-x^2} + C.$$

第一类换元法与分部积分法的比较:

共同点是第一步都是凑微分

$$\int f(\varphi(x))\varphi'(x) dx = \int f(\varphi(x)) d\varphi(x) \xrightarrow{\text{令 } \varphi(x) = u} \int f(u) du,$$

$$\int u(x)v'(x) dx = \int u(x) dv(x) = u(x)v(x) - \int v(x) du(x).$$

习题 5.3

1. 求下列不定积分：

（1）$\int x e^x \mathrm{d}x$；　　　　（2）$\int x \sin x \mathrm{d}x$；

（3）$\int \arctan x \mathrm{d}x$；　　（4）$\int \ln(x^2+1)\mathrm{d}x$；

（5）$\int \dfrac{\ln x}{x^2}\mathrm{d}x$；　　　（6）$\int x^n \ln x \mathrm{d}x\,(n \neq -1)$；

（7）$\int x^2 e^{-x}\mathrm{d}x$；　　（8）$\int x^3(\ln x)^2\mathrm{d}x$；

（9）$\int \sec^3 x \mathrm{d}x$；　　（10）$\int e^{\sqrt{x}}\mathrm{d}x$；

（11）$\int \dfrac{\ln\ln x}{x}\mathrm{d}x$.

2. 若 $\sin x$ 是 $f(x)$ 的一个原函数，求 $\int x f'(x)\mathrm{d}x$.

3. 设 $I_n = \int \sin^n x \mathrm{d}x$，证明：$I_n = -\dfrac{1}{n}\sin^{n-1}x\cos x + \dfrac{n-1}{n}I_{n-2}$.

5.4　有理函数的积分

5.4.1　分数函数的积分

有理函数的形式：有理函数是指由两个多项式的商所表示的函数，即具有如下形式的函数：

$$\frac{P_n(x)}{Q_m(x)} = \frac{a_0 x^n + a_1 x^{n-1} + \cdots + a_{n-1}x + a_n}{b_0 x^m + b_1 x^{m-1} + \cdots + b_{m-1}x + b_m},$$

其中，m 和 n 都是非负整数；$a_0, a_1, a_2, \cdots, a_n$ 及 $b_0, b_1, b_2, \cdots, b_m$ 都是实数，并且 $a_0 \neq 0$，$b_0 \neq 0$.

当 $n < m$ 时，称有理函数 $\dfrac{P_n(x)}{Q_m(x)}$ 是真分式；而当 $n \geq m$ 时，称有理函数 $\dfrac{P_n(x)}{Q_m(x)}$ 是假分式.

对于假分式 $\dfrac{P_n(x)}{Q_m(x)}$，根据代数的有关知识，我们可以通过多项式的除法，将其化成一个多项式与一个真分式之和的形式. 例如，

$$\frac{x^3+x+1}{x^2+1} = \frac{x(x^2+1)+1}{x^2+1} = x + \frac{1}{x^2+1}.$$

因此，对于有理函数的积分，我们只需关注真分式的不定积分.

以下四种真分式称为**最简分式**：

（1）$\dfrac{A}{x-a}\,(x \neq a)$；

（2）$\dfrac{A}{(x-a)^k}\,(x \neq a, k > 1)$；

（3）$\dfrac{Bx+D}{x^2+px+q}(p^2-4q<0)$；

（4）$\dfrac{Bx+D}{(x^2+px+q)^k}(k>2,p^2-4q<0)$.

我们可以直接写出前两个最简分式的不定积分

$$\int \frac{A}{(x-a)^k}\mathrm{d}x = \begin{cases} A\ln|x-a|+C, & k=1, \\[2mm] \dfrac{A}{(1-k)(x-a)^{k-1}}, & k>1. \end{cases}$$

对于后两个最简分式的不定积分，有

$$\int \frac{Bx+D}{(x^2+px+q)^k}\mathrm{d}x = \frac{B}{2}\int \frac{\mathrm{d}(x^2+px+q)}{(x^2+px+q)^k} + \left(D-\frac{Bp}{2}\right)\int \frac{\mathrm{d}x}{(x^2+px+q)^k}$$

$$= \frac{B}{2}\int \frac{\mathrm{d}(x^2+px+q)}{(x^2+px+q)^k} + \left(D-\frac{Bp}{2}\right)\int \frac{\mathrm{d}\left(x+\dfrac{p}{2}\right)}{\left[\left(x+\dfrac{p}{2}\right)^2+q-\dfrac{p^2}{4}\right]^k}.$$

由于 $p^2-4q<0$ 可知 $q-\dfrac{p^2}{4}>0$，上式的第二个积分可以利用简单的换元变成如下形式的不定积分：

$$\int \frac{\mathrm{d}x}{(x^2+a^2)^n}.$$

这个不定积分可以通过积分换元法求得，因此，以上四种最简分式的不定积分都可以求出.

定理 5.4.1　设 $\dfrac{P_n(x)}{Q_m(x)}$ 是有理真分式，则它可以唯一地分解为最简分式之和，分解规则如下：

（1）$Q_m(x)$ 的一次单因式 $x-a$ 对应一项 $\dfrac{A}{x-a}$；

（2）$Q_m(x)$ 的一次 k 重因式 $(x-a)^k$ 对应 k 项 $\dfrac{A_1}{x-a}$，$\dfrac{A_2}{(x-a)^2},\cdots,\dfrac{A_k}{(x-a)^k}$；

（3）$Q_m(x)$ 的二次单因式 x^2+px+q 对应一项 $\dfrac{Bx+D}{x^2+px+q}$；

（4）$Q_m(x)$ 的二次 k 重因式 $(x^2+px+q)^k$ 对应 k 项

$$\frac{B_1x+D_1}{x^2+px+q},\frac{B_2x+D_2}{(x^2+px+q)^2},\cdots,\frac{B_kx+D_k}{(x^2+px+q)^k}.$$

求真分式的不定积分时，如果分母可以因式分解，那么先将其因式分解，然后化成部分分式再积分.

任一有理真分式都可以分解为以下四种最简分式之和的形式：

$$\frac{A}{x-a}, \frac{A}{(x-a)^n},$$

$$\frac{Ax+B}{x^2+px+q}, \frac{Ax+B}{(x^2+px+q)^n} (n \geq 2, p^2-4q<0).$$

若有理真分式分母中含有因式 $(x-a)^n (n \geq 2)$，那么分式中含有

$$\frac{A_1}{x-a}+\frac{A_2}{(x-a)^2}+\cdots+\frac{A_n}{(x-a)^n}.$$

若有理真分式分母中含有因式 $(x^2+px+q)^n (n \geq 2, p^2-4q<0)$，那么分式中含有

$$\frac{A_1x+B_1}{x^2+px+q}+\frac{A_2x+B_2}{(x^2+px+q)^2}+\cdots+\frac{A_nx+B_n}{(x^2+px+q)^n}.$$

例如，真分式 $\dfrac{x+3}{x^2-5x+6}=\dfrac{x+3}{(x-2)(x-3)}$ 可分解为

$$\frac{x+3}{(x-2)(x-3)}=\frac{A}{x-3}+\frac{B}{x-2},$$

其中，A，B 为待定系数，可以通过下面两种方法求出待定系数.

方法一 去分母，两端同时乘以 $(x-2)(x-3)$，得

$$x+3=A(x-2)+B(x-3)=(A+B)x+(-2A-3B).$$

等式两端的多项式相等，那么它们对应的系数相等，于是有

$$\begin{cases} A+ B= 1, \\ 2A+3B=-3, \end{cases}$$

从而解得

$$\begin{cases} A=6, \\ B=-5. \end{cases}$$

方法二 在恒等式 $x+3=A(x-2)+B(x-3)=(A+B)x+(-2A-3B)$ 中代入特殊的值，从而求得待定系数：

令 $x=2$ 得 $A=6$；

令 $x=3$ 得 $B=-5$.

同样可得

$$\frac{x+3}{(x-2)(x-3)}=\frac{6}{x-3}+\frac{-5}{x-2}.$$

例 5.4.1 求不定积分 $\displaystyle\int \frac{2x-1}{x^2-5x-6}\mathrm{d}x.$

解　将该有理分式的分母可以因式分解：$x^2 - 5x - 6 = (x-3)(x-2)$，

所以，根据定理，可以设 $\dfrac{2x-1}{(x-3)(x-2)} = \dfrac{A}{x-3} + \dfrac{B}{x-2}$，其中，$A$，$B$ 为

待定系数. 用 $(x-3)(x-2)$ 同乘以等式两端，得

$$2x-1 = A(x-2) + B(x-3) = (A+B)x - (2A+3B),$$

等式两端的多项式相等，那么它们对应的系数相等，即

$$\begin{cases} A + B = 2, \\ 2A + 3B = 1. \end{cases}$$

解之得

$$A = 5, B = -3.$$

因此有

$$\frac{2x-1}{x^2 - 5x - 6} = \frac{5}{x-3} - \frac{3}{x-2},$$

于是

$$\int \frac{2x-1}{x^2 - 5x - 6} dx = \int \left(\frac{5}{x-3} - \frac{3}{x-2} \right) dx$$

$$= 5\ln|x-3| - 3\ln|x-2| + C$$

$$= \ln \left| \frac{(x-3)^5}{(x-2)^3} \right| + C.$$

例 5.4.2　求不定积分 $\displaystyle\int \frac{x^2 + 2x - 1}{(x-1)(x^2 - x + 1)} dx$.

解　将被积函数 $\dfrac{x^2 + 2x - 1}{(x-1)(x^2 - x + 1)}$ 分解为部分分式.

设 $\dfrac{x^2 + 2x - 1}{(x-1)(x^2 - x + 1)} = \dfrac{A}{x-1} + \dfrac{Bx + C}{x^2 - x + 1}$，$A$，$B$，$C$ 为待定系数，去分母，

两边同乘以 $(x-1)(x^2 - x + 1)$，得

$$x^2 + 2x - 1 = A(x^2 - x + 1) + (Bx + C)(x-1)$$

$$= (A+B)x^2 - (A + B - C)x + A - C.$$

比较两端同次幂项的系数，有

$$\begin{cases} A + B = 1, \\ A + B - C = -2, \\ A - C = -1. \end{cases}$$

解之得

$$A = 2, B = -1, C = 3.$$

因此有　$\dfrac{x^2 + 2x - 1}{(x-1)(x^2 - x + 1)} = \dfrac{2}{x-1} - \dfrac{x-3}{x^2 - x + 1}$，于是

$$\int \frac{x^2 + 2x - 1}{(x-1)(x^2 - x + 1)} dx = \int \frac{2}{x-1} dx - \int \frac{x-3}{x^2 - x + 1} dx$$

$$= 2\int \frac{dx}{x-1} - \frac{1}{2}\int \frac{2x-1}{x^2 - x + 1} dx +$$

$$\frac{5}{2}\int \frac{dx}{x^2 - x + 1}$$

$$= 2\ln|x-1| - \frac{1}{2}\ln|x^2 - x + 1| +$$

$$\frac{5}{2}\int \frac{dx}{\left(x^2 - x + \frac{1}{4}\right) + \frac{3}{4}}$$

$$= 2\ln|x-1| - \frac{1}{2}\ln|x^2 - x + 1| +$$

$$\frac{5}{2}\int \frac{d\left(x - \frac{1}{2}\right)}{\left(x - \frac{1}{2}\right)^2 + \left(\frac{\sqrt{3}}{2}\right)^2}$$

$$= 2\ln|x-1| - \frac{1}{2}\ln|x^2 - x + 1| +$$

$$\frac{5}{\sqrt{3}}\arctan \frac{x - \frac{1}{2}}{\frac{\sqrt{3}}{2}} + C$$

$$= \ln \frac{(x-1)^2}{\sqrt{x^2 - x + 1}} + \frac{5}{\sqrt{3}}\arctan \frac{2x-1}{\sqrt{3}} + C.$$

例 5.4.3 求 $\int \frac{1}{x(x-1)^2} dx$.

解 将被积函数分解为

$$\frac{1}{x(x-1)^2} = \frac{A}{x} + \frac{B}{x-1} + \frac{C}{(x-1)^2},$$

等式两边同时乘以 $x(x-1)^2$ 得

$$1 = A(x-1)^2 + Bx(x-1) + Cx = (A+B)x^2 + (C-2A-B)x + A,$$

比较两端同次幂项的系数,有 $\begin{cases} A+B=0, \\ -2A-B+C=0, \\ A=1, \end{cases}$ 解之得

$$A=1, B=-1, C=1.$$

于是

$$\int \frac{1}{x(x-1)^2} dx = \int \left[\frac{1}{x} - \frac{1}{x-1} + \frac{1}{(x-1)^2}\right] dx$$

$$= \int \frac{1}{x}\mathrm{d}x - \int \frac{1}{x-1}\mathrm{d}x + \int \frac{1}{(x-1)^2}\mathrm{d}x$$

$$= \ln|x| - \ln|x-1| - \frac{1}{x-1} + C.$$

此题还可以按如下方法拆分：

$$\frac{1}{x(x-1)^2} = \frac{1-x+x}{x(x-1)^2} = -\frac{1}{x(x-1)} + \frac{1}{(x-1)^2}$$

$$= -\frac{1-x+x}{x(x-1)} + \frac{1}{(x-1)^2} = \frac{1}{x} - \frac{1}{x-1} + \frac{1}{(x-1)^2}.$$

分母是二次三项式的真分式，一般可以用凑微分的方法求解不定积分.

例 5.4.4 求 $\int \frac{x-2}{x^2+2x+3}\mathrm{d}x.$

解 该有理分式的分母是二次质因式，不可以分解因式，需用其他方法.

分子 $x-2$ 是一次式，而且 $(x^2+2x+3)' = 2x+2$，可将分子拆成两部分之和，一部分恰是分母导数乘以常数因子，另一部分是常数，即

$$\int \frac{x-2}{x^2+2x+3}\mathrm{d}x = \int \left(\frac{1}{2}\frac{2x+2}{x^2+2x+3} - 3\frac{1}{x^2+2x+3} \right)\mathrm{d}x$$

$$= \frac{1}{2}\int \frac{2x+2}{x^2+2x+3}\mathrm{d}x - 3\int \frac{1}{x^2+2x+3}\mathrm{d}x$$

$$= \frac{1}{2}\int \frac{\mathrm{d}(x^2+2x+3)}{x^2+2x+3} - 3\int \frac{\mathrm{d}(x+1)}{(x+1)^2+(\sqrt{2})^2}$$

$$= \frac{1}{2}\ln(x^2+2x+3) - \frac{3}{\sqrt{2}}\arctan \frac{x+1}{\sqrt{2}} + C.$$

例 5.4.5 求 $\int \frac{2x+5}{x^2+2x-3}\mathrm{d}x.$

解 1 $\int \frac{2x+5}{x^2+2x-3}\mathrm{d}x$

$$= \frac{1}{4}\int \left(\frac{7}{x-1} + \frac{1}{x+3} \right)\mathrm{d}x$$

$$= \frac{1}{4}(7\ln|x-1| + \ln|x+3|) + C.$$

解 2 $\int \frac{2x+5}{x^2+2x-3}\mathrm{d}x = \int \frac{2x+2+3}{x^2+2x-3}\mathrm{d}x$

$$= \int \frac{\mathrm{d}(x^2+2x-3)}{x^2+2x-3} + \int \frac{3}{x^2+2x-3}\mathrm{d}x$$

$$= \ln|x^2+2x-3| + 3\int \frac{1}{(x-1)(x+3)}\mathrm{d}x$$

$$= \ln|x^2 + 2x - 3| + \frac{3}{4}\int\left(\frac{1}{x-1} - \frac{1}{x+3}\right)\mathrm{d}x$$

$$= \ln|x^2 + 2x - 3| + \frac{3}{4}\ln\left|\frac{x-1}{x+3}\right| + C.$$

例 5.4.6   求 $\displaystyle\int\frac{1}{1 + \mathrm{e}^{\frac{x}{2}} + \mathrm{e}^{\frac{x}{3}} + \mathrm{e}^{\frac{x}{6}}}\mathrm{d}x.$

解   令 $t = \mathrm{e}^{\frac{x}{6}}$，则 $x = 6\ln t$，$\mathrm{d}x = \dfrac{6}{t}\mathrm{d}t$，

于是有

$$\int\frac{1}{1 + \mathrm{e}^{\frac{x}{2}} + \mathrm{e}^{\frac{x}{3}} + \mathrm{e}^{\frac{x}{6}}}\mathrm{d}x = \int\frac{1}{1 + t^3 + t^2 + t}\cdot\frac{6}{t}\mathrm{d}t$$

$$= 6\int\frac{1}{t(1+t)(1+t^2)}\mathrm{d}t$$

$$= \int\left(\frac{6}{t} - \frac{3}{1+t} - \frac{3t+3}{1+t^2}\right)\mathrm{d}t$$

$$= 6\ln t - 3\ln(1+t) - \frac{3}{2}\int\frac{\mathrm{d}(1+t^2)}{1+t^2} - 3\int\frac{1}{1+t^2}\mathrm{d}t$$

$$= 6\ln t - 3\ln(1+t) - \frac{3}{2}\ln(1+t^2) - 3\arctan t + C$$

$$= x - 3\ln(1 + \mathrm{e}^{\frac{x}{6}}) - \frac{3}{2}\ln(1 + \mathrm{e}^{\frac{x}{3}}) -$$

$$3\arctan(\mathrm{e}^{\frac{x}{6}}) + C.$$

5.4.2 可化为有理函数的积分

1. 三角有理式

对 $\sin x$ 和 $\cos x$ 及常数进行有限次四则运算后所得的函数表达式称为三角有理式，记作 $R(\sin x, \cos x)$.

首先介绍万能代换公式

$$\sin x = 2\sin\frac{x}{2}\cos\frac{x}{2} = \frac{2\tan\dfrac{x}{2}}{\sec^2\dfrac{x}{2}} = \frac{2\tan\dfrac{x}{2}}{1+\tan^2\dfrac{x}{2}},$$

$$\cos x = \cos^2\frac{x}{2} - \sin^2\frac{x}{2} = \frac{1-\tan^2\dfrac{x}{2}}{\sec^2\dfrac{x}{2}} = \frac{1-\tan^2\dfrac{x}{2}}{1+\tan^2\dfrac{x}{2}},$$

令 $u = \tan\dfrac{x}{2}$，$x = 2\arctan u$，$x \in (-\pi, \pi)$，则

$$\sin x = \frac{2u}{1+u^2}, \cos x = \frac{1-u^2}{1+u^2}, \mathrm{d}x = \frac{2}{1+u^2}\mathrm{d}u,$$

因此，$\int R(\sin x, \cos x) \mathrm{d}x = \int R\left(\dfrac{2u}{1+u^2}, \dfrac{1-u^2}{1+u^2}\right) \dfrac{2}{1+u^2} \mathrm{d}u.$

例 5.4.7　　求 $\displaystyle\int \dfrac{\sin x}{1+\sin x+\cos x} \mathrm{d}x.$

解　由万能代换公式

$$u=\tan\frac{x}{2}, \sin x=\frac{2u}{1+u^2}, \cos x=\frac{1-u^2}{1+u^2}, \mathrm{d}x=\frac{2}{1+u^2}\mathrm{d}u,$$

所以有

$$
\begin{aligned}
\int \frac{\sin x}{1+\sin x+\cos x} \mathrm{d}x &= \int \frac{2u}{(1+u)(1+u^2)} \mathrm{d}u \\
&= \int \frac{2u+1+u^2-1-u^2}{(1+u)(1+u^2)} \mathrm{d}u \\
&= \int \frac{(1+u)^2-(1+u^2)}{(1+u)(1+u^2)} \mathrm{d}u \\
&= \int \frac{1+u}{1+u^2} \mathrm{d}u - \int \frac{1}{1+u} \mathrm{d}u \\
&= \arctan u + \frac{1}{2}\ln(1+u^2) - \ln|1+u| + C.
\end{aligned}
$$

将 $u=\tan\dfrac{x}{2}$ 代入上式，得

$$\int \frac{\sin x}{1+\sin x+\cos x} \mathrm{d}x = \frac{x}{2} + \ln\left|\sec\frac{x}{2}\right| - \ln\left|1+\tan\frac{x}{2}\right| + C.$$

例 5.4.8　　求 $\displaystyle\int \dfrac{1}{3+5\cos x} \mathrm{d}x.$

解　由万能代换公式

$$u=\tan\frac{x}{2}, \cos x=\frac{1-u^2}{1+u^2}, \mathrm{d}x=\frac{2}{1+u^2}\mathrm{d}u,$$

所以有

$$
\begin{aligned}
\int \frac{1}{3+5\cos x} \mathrm{d}x &= \int \frac{1}{3+5\dfrac{1-u^2}{1+u^2}} \frac{2}{1+u^2} \mathrm{d}u \\
&= \int \frac{1}{4-u^2} \mathrm{d}u = \frac{1}{4}\int \left(\frac{1}{2-u}+\frac{1}{2+u}\right)\mathrm{d}u \\
&= \frac{1}{4}\ln\left|\frac{2+u}{2-u}\right| + C = \frac{1}{4}\ln\left|\frac{2+\tan\dfrac{x}{2}}{2-\tan\dfrac{x}{2}}\right| + C.
\end{aligned}
$$

例 5.4.9　　求 $\displaystyle\int \dfrac{1}{\sin^4 x} \mathrm{d}x.$

解　**方法一**　由万能代换公式

$$u = \tan \frac{x}{2}, \sin x = \frac{2u}{1+u^2}, \cos x = \frac{1-u^2}{1+u^2}, \mathrm{d}x = \frac{2}{1+u^2}\mathrm{d}u,$$

所以有

$$\int \frac{1}{\sin^4 x}\mathrm{d}x = \int \frac{1 + 3u^2 + 3u^4 + u^6}{8u^4}\mathrm{d}u$$

$$= \frac{1}{8}\left[-\frac{1}{3u^3} - \frac{3}{u} + 3u + \frac{u^3}{3}\right] + C$$

$$= -\frac{1}{24\left(\tan\dfrac{x}{2}\right)^3} - \frac{3}{8\tan\dfrac{x}{2}} + \frac{3}{8}\tan\frac{x}{2} + \frac{1}{24}\left(\tan\frac{x}{2}\right)^3 + C.$$

方法二　修改万能代换公式，令 $u = \tan x$，则

$$\sin x = \frac{u}{\sqrt{1+u^2}}, \mathrm{d}x = \frac{1}{1+u^2}\mathrm{d}u,$$

$$\int \frac{1}{\sin^4 x}\mathrm{d}x = \int \frac{1}{\left(\dfrac{u}{\sqrt{1+u^2}}\right)^4} \cdot \frac{1}{1+u^2}\mathrm{d}u = \int \frac{1+u^2}{u^4}\mathrm{d}u$$

$$= -\frac{1}{3u^3} - \frac{1}{u} + C = -\frac{1}{3}\cot^3 x - \cot x + C.$$

方法三　不使用万能代换公式.

$$\int \frac{1}{\sin^4 x}\mathrm{d}x = \int \csc^2 x(1 + \cot^2 x)\mathrm{d}x$$

$$= \int \csc^2 x\mathrm{d}x + \int \cot^2 x \csc^2 x\mathrm{d}x$$

$$= \int \csc^2 x\mathrm{d}x + \int \cot^2 x\mathrm{d}(\cot x)$$

$$= -\cot x - \frac{1}{3}\cot^3 x + C.$$

　　小结：比较以上三种解法，便知万能代换不一定是最佳方法，故三角有理式的计算中先考虑其他手段，不得已才用万能代换.

2. 简单无理函数的积分 $R\left(x, \sqrt[n]{ax+b}\right), R\left(x, \sqrt[n]{\dfrac{ax+b}{cx+d}}\right)$

　　无理函数的积分困难在于被积函数含有根式，因此，求这类积分的思路是通过适当的变量替换，去根号，化无理函数的积分

为有理函数的积分.

（1）形如 $\int R(x, \sqrt[n]{ax+b})\mathrm{d}x\,(a\neq 0)$ 的积分，可以做变换

$$ax+b=t^n, \mathrm{d}x=\frac{nt^{n-1}}{a}\mathrm{d}t,$$

于是 $\int R(x, \sqrt[n]{ax+b})\mathrm{d}x=\int R\Big(\frac{t^n-b}{a},t\Big)\frac{nt^{n-1}}{a}\mathrm{d}t$，从而将原积分化成了有理式的积分.

（2）形如 $R\Big(x, \sqrt[n]{\frac{ax+b}{cx+d}}\Big)$ 的积分，可以做变换

$$\frac{ax+b}{cx+d}=t^n, x=\frac{t^n d-b}{a-t^n c}, \mathrm{d}x=\frac{n(ad-cb)t^{n-1}}{(a-t^n c)^2}\mathrm{d}t,$$

于是 $R\Big(x, \sqrt[n]{\frac{ax+b}{cx+d}}\Big)=\int R\Big(\frac{t^n d-b}{a-t^n c},t\Big)\frac{n(ad-cb)t^{n-1}}{(a-t^n c)^2}\mathrm{d}t$，从而将原积分化成了有理函数的积分.

例 5.4.10 求 $\int \frac{1}{x}\sqrt{\frac{1+x}{x}}\mathrm{d}x$.

解 令 $\sqrt{\frac{1+x}{x}}=t$，则 $\frac{1+x}{x}=t^2$，$x=\frac{1}{t^2-1}$，$\mathrm{d}x=-\frac{2t\mathrm{d}t}{(t^2-1)^2}$，因此

$$\int \frac{1}{x}\sqrt{\frac{1+x}{x}}\mathrm{d}x = -\int (t^2-1)t\frac{2t}{(t^2-1)^2}\mathrm{d}t = -2\int \frac{t^2\mathrm{d}t}{t^2-1}$$

$$= -2\int\Big(1+\frac{1}{t^2-1}\Big)\mathrm{d}t = -2t-\ln\Big|\frac{t-1}{t+1}\Big|+C$$

$$= -2\sqrt{\frac{1+x}{x}}-\ln\Big|x\Big(\sqrt{\frac{1+x}{x}}-1\Big)^2\Big|+C.$$

例 5.4.11 求 $\int \frac{1}{\sqrt[3]{(x-1)(x+1)^2}}\mathrm{d}x$.

解 因为 $\frac{1}{\sqrt[3]{(x-1)(x+1)^2}}=\sqrt[3]{\frac{x+1}{x-1}}\cdot\frac{1}{x+1}$，做变换 $t^3=\frac{x+1}{x-1}$，则

$$x=\frac{t^3+1}{t^3-1}, \mathrm{d}x=-\frac{6t^2}{(t^3-1)^2}\mathrm{d}t,$$

所以

$$\int \frac{1}{\sqrt[3]{(x-1)(x+1)^2}}\mathrm{d}x = -\int t\frac{t^3-1}{2t^3}\frac{6t^2}{(t^3-1)^2}\mathrm{d}t = -\int \frac{3}{t^3-1}\mathrm{d}t$$

$$= \int \frac{3}{1-t^3}\mathrm{d}t = \int\Big(\frac{t+2}{1+t+t^2}+\frac{1}{1-t}\Big)\mathrm{d}t$$

$$= \int \frac{1}{1 - t}\mathrm{d}t + \frac{1}{2}\int \frac{\mathrm{d}(1 + t + t^2)}{1 + t + t^2} + \frac{3}{2}\int \frac{1}{1 + t + t^2}\mathrm{d}t$$

$$= \frac{1}{2}\ln \frac{1 + t + t^2}{(1 - t)^2} + \sqrt{3}\arctan\left(\frac{2t + 1}{\sqrt{3}}\right) + C.$$

（3）形如 $R(x, \sqrt[n]{ax^2+bx+c})$ 的积分，一定可以化成以下三种积分之一：

$$R(x, \sqrt[n]{(x+p)^2-q^2}), R(x, \sqrt[n]{(x+p)^2+q^2}), R(x, \sqrt[n]{q^2-(x+p)^2}),$$

分别做变换 $x+p = q\sec t$，$x+p = q\tan t$，$x+p = q\sin t$，可以将其化为三角有理函数的积分后进行求解，也可以直接用基本积分表中的公式或其他方法求解.

例 5.4.12　求 $\displaystyle\int \frac{\mathrm{d}x}{x^2\sqrt{x^2 + 1}}$.

解　令 $t = \sqrt{x^2+1}$，则 $t^2 = x^2+1$，$t\mathrm{d}t = x\mathrm{d}x$，$x^2 = t^2-1$，于是

$$\int \frac{\mathrm{d}x}{x^2\sqrt{x^2 + 1}} = \int \frac{t\mathrm{d}t}{(t^2 - 1)^{\frac{3}{2}}t} = \int \frac{\mathrm{d}t}{(t^2 - 1)^{\frac{3}{2}}}.$$

再令 $t = \sec u$，则 $\mathrm{d}t = \dfrac{\sin u}{\cos^2 u}\mathrm{d}u$，$t^2-1 = \tan^2 u$，于是

$$\int \frac{\mathrm{d}t}{(t^2 - 1)^{\frac{3}{2}}} = \int \frac{\cos u}{\sin^2 u}\mathrm{d}u = -\frac{1}{\sin u} + C = -\frac{t}{\sqrt{t^2 - 1}} + C.$$

所以

$$\int \frac{\mathrm{d}x}{x^2\sqrt{x^2 + 1}} = -\frac{\sqrt{x^2 + 1}}{x} + C.$$

例 5.4.13　求 $\displaystyle\int \frac{x}{\sqrt{3x + 1} + \sqrt{2x + 1}}\mathrm{d}x$.

解　先对分母进行有理化，得

$$\int \frac{x}{\sqrt{3x + 1} + \sqrt{2x + 1}}\mathrm{d}x = \int \frac{x(\sqrt{3x + 1} - \sqrt{2x + 1})}{(\sqrt{3x + 1} + \sqrt{2x + 1})(\sqrt{3x + 1} - \sqrt{2x + 1})}\mathrm{d}x$$

$$= \int (\sqrt{3x + 1} - \sqrt{2x + 1})\mathrm{d}x$$

$$= \frac{1}{3}\int \sqrt{3x + 1}\,\mathrm{d}(3x + 1) -$$

$$\frac{1}{2}\int \sqrt{2x + 1}\,\mathrm{d}(2x + 1)$$

$$= \frac{2}{9}(3x + 1)^{\frac{3}{2}} - \frac{1}{3}(2x + 1)^{\frac{3}{2}} + C.$$

习题 5.4

1. 求下列不定积分：

$(1) \int \dfrac{dx}{x^3 + 1}$; $(2) \int \dfrac{dx}{x^4 + 1}$;

$(3) \int \dfrac{x}{(x-1)(x^2+1)^2}dx$;

$(4) \int \dfrac{x}{(x^2+1)(x^2+4)}dx$;

$(5) \int \dfrac{x-2}{x^2-7x+12}dx$;

$(6) \int \dfrac{x}{(x-1)(x^2+1)^2}dx$;

$(7) \int \dfrac{x-2}{(2x^2+2x+1)^2}dx$.

2. 求下列不定积分：

$(1) \int \dfrac{dx}{1+\sin x}$; $(2) \int \dfrac{dx}{5-4\cos x}$;

$(3) \int \dfrac{dx}{1+\tan x}$; $(4) \int \dfrac{dx}{\sqrt{x-x^2}}$;

$(5) \int \sqrt{\dfrac{a+x}{a-x}}dx$($a$ 为常数);

$(6) \int \dfrac{dx}{x^4-1}$; $(7) \int \dfrac{x^2 e^x}{(2+x)^2}dx$;

$(8) \int \dfrac{\sqrt{x(x+1)}}{\sqrt{x}+\sqrt{x+1}}dx$.

总习题 5

1. 求下列不定积分：

$(1) \int \dfrac{x}{x^2+2x+2}dx$; $(2) \int x\sqrt{x^2+2x+2}\,dx$;

$(3) \int \dfrac{1}{\sqrt{x}+\sqrt[4]{x}}dx$; $(4) \int \dfrac{x+1}{x^2\sqrt{x^2-1}}dx$;

$(5) \int \dfrac{1}{\sqrt{9x^2-6x+7}}dx$;

$(6) \int e^{\sin x}\sin 2x\,dx$; $(7) \int \arctan\sqrt{x}\,dx$;

$(8) \int \dfrac{\ln\ln x}{x}dx$; $(9) \int x^3(\ln x)^2 dx$;

$(10) \int \dfrac{x+\sin x}{1+\cos x}dx$; $(11) \int \sin\ln x\,dx$;

$(12) \int \ln(x+\sqrt{1+x^2})\,dx$;

$(13) \int \dfrac{1}{\sqrt{e^x+1}}dx$;

$(14) \int \dfrac{\sin^5 x}{\cos^4 x}dx$; $(15) \int \dfrac{1}{3+\sin^2 x}dx$;

$(16) \int \dfrac{x^2 e^x}{(2+x)^2}dx$; $(17) \int \dfrac{x^2}{(1+x)^5}dx$;

$(18) \int \dfrac{1}{x^2(1+x^2)^2}dx$;

$(19) \int \dfrac{\arcsin\sqrt{x}+\ln x}{\sqrt{x}}dx$;

$(20) \int e^{2x}\arctan\sqrt{e^x-1}\,dx$.

2. 已知 $f(x)$ 的原函数是 $\dfrac{\sin x}{x}$，求 $\int xf'(x)dx$

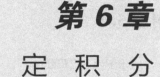

第 6 章

定 积 分

6.1 定积分的概念

6.1.1 定积分的引入

1. 曲边梯形的面积

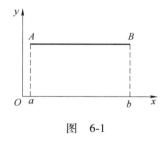

图 6-1

设函数 $y=f(x)$ 在区间 $[a,b]$ 上连续，且 $f(x)\geq 0$. 由直线 $x=a$、$x=b$、x 轴及曲线 $y=f(x)$ 所围成的平面图形，称为曲边梯形.

在初等数学里，我们知道，图 6-1 所示是矩形，它的高是不变的，它的面积=底×高；图 6-2 所示是梯形，它的面积=底×（左边长+右边长）/2，这里（左边长+右边长）/2 可以看成中位线的长度，即底边所有点的高的"平均值". 如果图 6-2 所示梯形的腰不是直线段，而是一条曲线段，即图 6-3 所示的曲边梯形，那它的面积如何求？

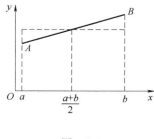

图 6-2

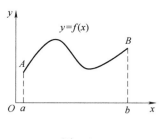

图 6-3

曲边梯形底边各点的高不一样，不像梯形那样容易求出"平均"的高. 注意到曲边 $y=f(x)$ 是连续函数，下面我们采取"化整为零""以直代曲"的思想，求出曲边梯形的面积. 具体步骤如下：

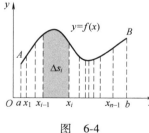

图 6-4

（1）分割：用任意一组分点 $a=x_0<x_1<x_2<\cdots<x_{n-1}<x_n=b$，将区间 $[a,b]$ 分成 n 个小区间 $[x_{i-1},x_i]$，小区间长度 $\Delta x_i=x_i-x_{i-1}$，$i=1$，$2,\cdots,n.$ 这样就将原来的曲边梯形 $AabB$ 分成了 n 个小曲边梯形，如图 6-4 所示. 用 Δs_i 表示第 i 个小曲边梯形的面积，s 表示曲边梯

形 $AabB$ 的面积，则 $s = \Delta s_1 + \Delta s_2 + \cdots + \Delta s_n = \sum_{i=1}^{n} \Delta s_i$.

（2）近似求和：如图 6-5 所示，在每个小区间 $[x_{i-1}, x_i]$ 上任取一点 $\xi_i (x_{i-1} \leqslant \xi_i \leqslant x_i)$，以 $[x_{i-1}, x_i]$ 为底，以点 ξ_i 的函数值 $f(\xi_i)$ 为高的小矩形的面积，近似代替第 i 个小曲边梯形的面积，即

$\Delta s_i \approx f(\xi_i) \Delta x_i$，$i = 1, 2, \cdots, n$. 因此，$s = \sum_{i=1}^{n} \Delta s_i \approx \sum_{i=1}^{n} f(\xi_i) \Delta x_i$.

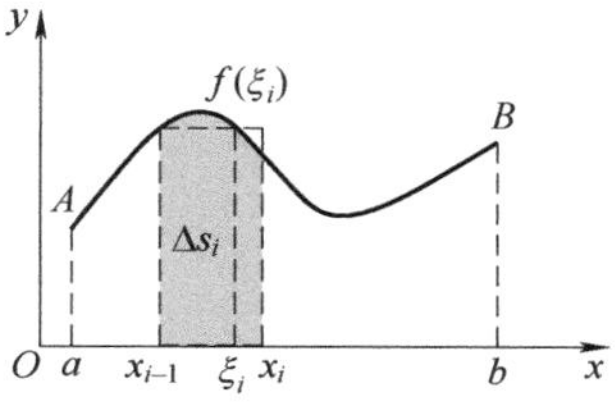

图 6-5

（3）求极限：通过观察发现，当分割越精细，误差就越小，精度就越高. 记 $\lambda = \max\limits_{1 \leqslant i \leqslant n} \{\Delta x_i\}$，则当 $\lambda \to 0$ 时，$s = \lim\limits_{\lambda \to 0} \sum_{i=1}^{n} f(\xi_i) \Delta x_i$，即曲边梯形 $AabB$ 的面积

$$s = \lim_{\lambda \to 0} \sum_{i=1}^{n} f(\xi_i) \Delta x_i.$$

虽然上式极限不容易计算，但我们观察到，曲边梯形的面积可以表示为特定乘积和式的极限.

2. 变速直线运动的路程

我们都知道，当物体做匀速直线运动时，它的速度 v 是不变的，路程 $s = $ 速度 $v \times$ 时间间隔 T. 但是对于变速直线运动来说，速度 $v = v(t)$ 随着时间 t 的变化而变化. 注意到速度 $v(t)$ 是关于 t 的连续函数，即当 $\Delta t \to 0$ 时，$\Delta v \to 0$. 这也意味着在非常短的时间间隔 Δt_i 内，速度变化量 Δv_i 变化不大，速度可以近似为常量，即在非常短的时间间隔内可以近似为匀速运动. 类似于求曲边梯形面积的具体步骤，采用"分割、近似求和、求极限"的思想，可得路程

$$s = \lim_{\lambda \to 0} \sum_{i=1}^{n} v(\xi_i) \Delta t_i，\text{其中，} \lambda = \max_{1 \leqslant i \leqslant n} \{\Delta t_i\}.$$

上式的极限也不容易计算，但对比这两个例子可以发现，结果都可以表示为特定乘积和式的极限. 现实生活中，很多问题都可以归结为这种特定和式的极限. 为了更方便地书写，抛开问题的具体背景，抓住它们共同的本质特性，就抽象得出下述定积分的定义.

6.1.2 定积分的定义

定义 6.1.1 设函数 $y = f(x)$ 在区间 $[a, b]$ 上有界，在 $[a, b]$ 中任意插入若干个分点 $a = x_0 < x_1 < x_2 < \cdots < x_{n-1} < x_n = b$，把区间 $[a, b]$ 分成 n 个小区间 $[x_{i-1}, x_i]$，小区间长度 $\Delta x_i = x_i - x_{i-1}$，$i = 1, 2, \cdots, n$. 在每个小区间 $[x_{i-1}, x_i]$ 上任意取一点 $\xi_i (x_{i-1} \leqslant \xi_i \leqslant x_i)$，作函数值 $f(\xi_i)$ 与小区间长度 Δx_i 的乘积 $(i = 1, 2, \cdots, n)$，并求和

$$\sum_{i=1}^{n} f(\xi_i) \Delta x_i.$$

记 $\lambda = \max\limits_{1 \leqslant i \leqslant n} \{\Delta x_i\}$，如果当 $\lambda \to 0$ 时，和式的极限总存在，且此极限与区间 $[a,b]$ 的分法及 ξ_i 的取法无关，则称这个极限为函数 $y = f(x)$ 在区间 $[a,b]$ 上的定积分，记为 $\int_a^b f(x) \mathrm{d}x$，即

$$\int_a^b f(x) \mathrm{d}x = \lim_{\lambda \to 0} \sum_{i=1}^{n} f(\xi_i) \Delta x_i,$$

其中，$f(x)$ 称为被积函数，$f(x)\mathrm{d}x$ 称为被积表达式，x 称为积分变量，a 称为积分下限，b 称为积分上限，$[a,b]$ 称为积分区间.

如果函数 $f(x)$ 在区间 $[a,b]$ 上的定积分存在，则称 $f(x)$ 在区间 $[a,b]$ 上可积.

注意定积分的记号 $\int_a^b f(x)\mathrm{d}x$ 与不定积分的记号 $\int f(x)\mathrm{d}x$ 比较像（它们的联系我们在 6.3 节研究），但是它们有着本质的区别. 不定积分 $\int f(x)\mathrm{d}x$ 表示一组函数，而定积分 $\int_a^b f(x)\mathrm{d}x$ 表示一个数，这个数值与积分变量 x 无关（x 有时也称虚拟变量）. 如果 $f(x)$ 在 $[a,b]$ 上可积，则定积分的值 $\int_a^b f(x)\mathrm{d}x$ 仅与被积函数 $f(x)$ 和积分区间 $[a,b]$ 有关，与积分变量的字母表示无关，即 $\int_a^b f(x)\mathrm{d}x = \int_a^b f(t)\mathrm{d}t$.

根据定积分的定义，图 6-3 所示的曲边梯形的面积可以用 $\int_a^b f(x)\mathrm{d}x$ 表示，$[T_1, T_2]$ 时间段内的变速直线运动的路程可以用 $\int_{T_1}^{T_2} v(t)\mathrm{d}t$ 表示.

6.1.3 定积分的存在定理

有界函数 $f(x)$ 在区间 $[a,b]$ 上是否可积，虽然可以根据定积分的定义，从特定和式的极限入手，但是由于区间分割及中值点取值的任意性，使得极限的计算非常困难. 下面直接给出定积分的存在定理（证明略）.

定理 6.1.1（可积的必要条件） 若函数 $f(x)$ 在 $[a,b]$ 上可积，则 $f(x)$ 在 $[a,b]$ 上有界.

定理 6.1.2（可积的充分条件） 若函数 $f(x)$ 在 $[a,b]$ 上连续，则 $f(x)$ 在 $[a,b]$ 上可积.

定理 6.1.3(可积的充分条件)　　若函数 $f(x)$ 在 $[a,b]$ 上有界, 且只有有限个间断点, 则 $f(x)$ 在 $[a,b]$ 上可积.

例 6.1.1　利用定积分的定义计算 $\int_0^1 x^2 \mathrm{d}x$.

解　被积函数 $y=x^2$ 在区间 $[0,1]$ 上连续, 因此函数 $y=x^2$ 在区间 $[0,1]$ 上可积, 且积分值与区间 $[a,b]$ 的分法及中值点 ξ_i 的取法无关. 为便于计算, 把区间 $[0,1]$ 平均分成 n 等份, 分点及每个小区间长度分别为 $x_i=\dfrac{i}{n}$, $\Delta x_i=\dfrac{1}{n}(i=1,2,\cdots,n)$.

在每个小区间 $[x_{i-1},x_i]$ 上, 取中值点 $\xi_i=x_i=\dfrac{i}{n}(i=1,2,\cdots,n)$, 则和式 $\displaystyle\sum_{i=1}^n f(\xi_i)\Delta x_i = \sum_{i=1}^n \xi_i^2 \Delta x_i = \sum_{i=1}^n \left(\dfrac{i}{n}\right)^2 \cdot \dfrac{1}{n}$. 因为 $\lambda=\dfrac{1}{n}$, 当 $\lambda\to 0$ 时, $n\to\infty$, 所以

$$
\begin{aligned}
\int_0^1 x^2 \mathrm{d}x &= \lim_{n\to\infty}\sum_{i=1}^n \left(\frac{i}{n}\right)^2 \cdot \frac{1}{n} \\
&= \lim_{n\to\infty}\frac{1}{n^3}\sum_{i=1}^n i^2 \\
&= \lim_{n\to\infty}\frac{1}{n^3}\cdot\frac{1}{6}n(n+1)(2n+1) \\
&= \lim_{n\to\infty}\frac{1}{6}\left(1+\frac{1}{n}\right)\left(2+\frac{1}{n}\right) \\
&= \frac{1}{3}.
\end{aligned}
$$

由例 6.1.1 可看出, 利用定积分的定义来求定积分的值非常麻烦, 后续章节我们将介绍计算定积分的简便方法. 值得一提的是, 我们经常反过来利用定积分的定义, 将一些特定和式的极限问题转换为其对应的定积分的问题.

6.1.4　定积分的几何意义

由定积分的引入可知, 在区间 $[a,b]$ 上, 当 $f(x)\geqslant 0$ 时, 定积分 $\int_a^b f(x)\mathrm{d}x$ 在几何上表示由直线 $x=a,x=b,x$ 轴及曲线 $y=f(x)$ 所围成的曲边梯形的面积; 当 $f(x)<0$ 时, 曲边梯形位于 x 轴的下方, 函数值为负, 定积分 $\int_a^b f(x)\mathrm{d}x$ 表示曲边梯形的面积的负值:

$$
\int_a^b f(x)\mathrm{d}x = \lim_{\lambda\to 0}\sum_{i=1}^n f(\xi_i)\Delta x_i
$$

$$= -\lim_{\lambda \to 0} \sum_{i=1}^{n} \left[-f(\xi_i) \right] \Delta x_i$$

$$= -\int_a^b \left[-f(x) \right] \mathrm{d}x.$$

对于一般函数来说，定积分 $\int_a^b f(x)\mathrm{d}x$ 的几何意义为：曲线在 x 轴上方的面积和减去曲线在 x 轴下方的面积和，即面积的代数和.

下面举两个用定积分的几何意义求积分值的例子.

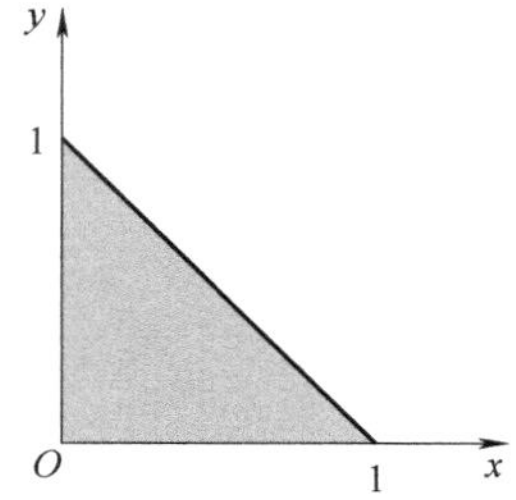

例 6.1.2　　利用定积分的几何意义求 $\int_0^1 (1-x)\mathrm{d}x$.

解　　函数 $y = 1-x$ 在区间 $[0,1]$ 上连续，因此可积. 在区间 $[0,1]$ 上 $f(x) \geq 0$，根据定积分的几何意义，积分值是以直线 $x=0$、$x=1$、x 轴及直线 $y=1-x$ 围成的图形的面积. 在直角坐标系中画出图形，如图 6-6 所示的三角形，所以

$$\int_0^1 (1-x)\mathrm{d}x = \frac{1}{2} \times 1 \times 1 = \frac{1}{2}.$$

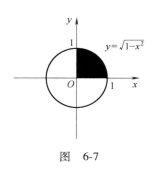

图　6-6

例 6.1.3　　利用定积分的几何意义求 $\int_0^1 \sqrt{1-x^2}\,\mathrm{d}x$.

解　　在区间 $[0,1]$ 上，函数 $y = \sqrt{1-x^2} \geq 0$ 且连续，根据定积分的几何意义，积分值是以直线 $x=0$、$x=1$、x 轴及曲线 $y = \sqrt{1-x^2}$ 所围成的图形的面积. $y = \sqrt{1-x^2}$ 可化简为 $x^2 + y^2 = 1$，$y \geq 0$. 在直角坐标系中画出图形，如图 6-7 所示，所以

$$\int_0^1 \sqrt{1-x^2}\,\mathrm{d}x = \frac{\pi}{4}.$$

图　6-7

习题 6.1

1. 利用定积分的几何意义求下列积分的值：

(1) $\int_0^1 k\mathrm{d}x$（k 为常数）；　　(2) $\int_0^1 2x\mathrm{d}x$；

(3) $\int_1^2 (x+1)\mathrm{d}x$；　　(4) $\int_{-\pi}^{\pi} \sin x\mathrm{d}x$；

(5) $\int_{-2}^2 |x|\,\mathrm{d}x$；　　(6) $\int_{-2}^2 \sqrt{4-x^2}\,\mathrm{d}x$.

2. 设在闭区间 $[a,b]$ 上，$f(x) > 0$，$f'(x) > 0$，$f''(x) < 0$. 记 $S_1 = \int_a^b f(x)\mathrm{d}x$，$S_2 = f(a)(b-a)$，$S_3 = \frac{1}{2}[f(a)+f(b)](b-a)$，则有 [　　].

(A) $S_1 < S_2 < S_3$　　　　(B) $S_2 < S_1 < S_3$

(C) $S_3 < S_1 < S_2$　　　　(D) $S_2 < S_3 < S_1$

3. 设函数 $f(x)$ 在 $[0,1]$ 上连续，且满足方程 $f(x) = 2 - \int_0^1 f(x)\mathrm{d}x$，求 $\int_0^1 f(x)\mathrm{d}x$.

4. 设 $a < b$，问当常数 a，b 分别取何值时，定积分 $\int_a^b (1-x^2)\mathrm{d}x$ 取得最大值？

5. 利用定积分的定义，写出下列极限对应的定积分的表达式：

(1) $\lim_{n \to \infty} \sum_{k=1}^{n} \dfrac{\mathrm{e}^{\frac{k}{n}}}{n}$；

(2) $\lim\limits_{n\to\infty}\sum\limits_{k=1}^{n}\dfrac{1}{n}\left(1+\dfrac{k}{n}\right)$;

(3) $\lim\limits_{n\to\infty}\dfrac{1}{n}\left(\sqrt[3]{\dfrac{1}{n}}+\sqrt[3]{\dfrac{2}{n}}+\cdots+\sqrt[3]{\dfrac{n}{n}}\right)$;

(4) $\lim\limits_{n\to\infty}\left[\left(1+\dfrac{1}{n}\right)\left(1+\dfrac{2}{n}\right)\cdots\left(1+\dfrac{n}{n}\right)\right]^{\frac{1}{n}}$.

6.2 定积分的性质

上一节对于特定和式的极限, 为了便于书写, 我们给出了一个简便的记号——定积分. 这个记号有什么样的运算性质?

根据定积分的定义, 定积分 $\displaystyle\int_{a}^{b}f(x)\mathrm{d}x$ 是在区间 $[a,b]$ 上定义的, 积分上下限只有当 $a<b$ 时才有意义, 当 $a=b$ 或 $a>b$ 时无意义. 为了以后应用方便, 对定积分做如下补充规定:

(1) 当 $a=b$ 时, $\displaystyle\int_{a}^{b}f(x)\mathrm{d}x=0$;

(2) 当 $a>b$ 时, $\displaystyle\int_{a}^{b}f(x)\mathrm{d}x=-\int_{b}^{a}f(x)\mathrm{d}x$.

这两个补充规定也是合理的, 规定 (1) 表明曲边梯形退化为一条线时, 面积为 0; 规定 (2) 表明定积分交换积分上下限时, 值的符号需变号. 以后讨论的定积分, 除特别指出外, 对积分上下限的大小不做要求. 在下面的讨论中, 假定定积分均存在.

性质 1 定积分保持线性运算, 即
$$\int_{a}^{b}\left[k_{1}f(x)\pm k_{2}g(x)\right]\mathrm{d}x=k_{1}\int_{a}^{b}f(x)\mathrm{d}x\pm k_{2}\int_{a}^{b}g(x)\mathrm{d}x,$$
其中, k_{1} , k_{2} 为常数.

证
$$\int_{a}^{b}\left[k_{1}f(x)\pm k_{2}g(x)\right]\mathrm{d}x=\lim_{\lambda\to0}\sum_{i=1}^{n}\left[k_{1}f(\xi_{i})\pm k_{2}g(\xi_{i})\right]\Delta x_{i}$$
$$=k_{1}\lim_{\lambda\to0}\sum_{i=1}^{n}f(\xi_{i})\Delta x_{i}\pm k_{2}\lim_{\lambda\to0}\sum_{i=1}^{n}g(\xi_{i})\Delta x_{i}$$
$$=k_{1}\int_{a}^{b}f(x)\mathrm{d}x\pm k_{2}\int_{a}^{b}g(x)\mathrm{d}x.$$

由性质 1 可以推出以下两个常用的推论:

推论 1 被积函数的常数因子可以提到积分号外面, 即
$$\int_{a}^{b}kf(x)\mathrm{d}x=k\int_{a}^{b}f(x)\mathrm{d}x,$$
其中, k 为常数.

推论 2 函数的和（差）的定积分等于它们的定积分的和（差），即

$$\int_a^b [f(x) \pm g(x)]\,dx = \int_a^b f(x)\,dx \pm \int_a^b g(x)\,dx.$$

性质 2 定积分保持区间的可加性，即

$$\int_a^b f(x)\,dx = \int_a^c f(x)\,dx + \int_c^b f(x)\,dx.$$

证 （1）当 $a=b$ 或 $a=c$ 或 $b=c$ 时，等式显然成立；

（2）当 c 介于 a，b 之间时，不妨设 $a<c<b$，因为 $f(x)$ 在 $[a,b]$ 上可积，根据定积分的定义，在分割区间时，可以始终取 c 为区间的一个分点，所以

$$\sum_{[a,b]} f(\xi_i)\Delta x_i = \sum_{[a,c]} f(\xi_i)\Delta x_i + \sum_{[c,b]} f(\xi_i)\Delta x_i.$$

当 $\lambda \to 0$ 时，上式左右取极限，可得

$$\int_a^b f(x)\,dx = \int_a^c f(x)\,dx + \int_c^b f(x)\,dx.$$

（3）当 c 位于 a，b 之外时，不妨设 $a<b<c$，由（2）证明可知，

$$\int_a^c f(x)\,dx = \int_a^b f(x)\,dx + \int_b^c f(x)\,dx.$$

移项，可得

$$\int_a^b f(x)\,dx = \int_a^c f(x)\,dx - \int_b^c f(x)\,dx = \int_a^c f(x)\,dx + \int_c^b f(x)\,dx.$$

这个性质表明，不论 a，b，c 的大小顺序，定积分关于区间都具有可加性.

性质 3 如果在区间 $[a,b]$ 上 $f(x)=1$，则

$$\int_a^b 1\,dx = \int_a^b dx = b - a.$$

这个性质可由定积分的定义或者几何意义直接得到，当 $a \geqslant b$ 时结论也成立. 结合性质 1 的推论 1，可得

$$\int_a^b k\,dx = k(b - a).$$

性质 4 如果在区间 $[a,b]$ 上 $f(x) \geqslant g(x)$，则

$$\int_a^b f(x)\,dx \geqslant \int_a^b g(x)\,dx\,(a < b).$$

证 只需证明 $\int_a^b [f(x) - g(x)]\,dx \geqslant 0$ 即可. 注意到 $a<b$，则

$$\int_a^b [f(x) - g(x)] \mathrm{d}x = \lim_{\lambda \to 0} \sum_{i=1}^n [f(\xi_i) - g(\xi_i)] \Delta x_i.$$

又因为 $f(\xi_i) - g(\xi_i) \geqslant 0$, $\Delta x_i \geqslant 0$, 由极限的保号性可知 $\int_a^b [f(x) - g(x)] \mathrm{d}x \geqslant 0$, 即 $\int_a^b f(x) \mathrm{d}x \geqslant \int_a^b g(x) \mathrm{d}x$.

推论 1   设 M 及 m 分别是函数 $f(x)$ 在区间 $[a,b]$ 上的最大值和最小值, 则

$$m(b - a) \leqslant \int_a^b f(x) \mathrm{d}x \leqslant M(b - a) (a < b).$$

推论 2 $\left| \int_a^b f(x) \mathrm{d}x \right| \leqslant \int_a^b |f(x)| \mathrm{d}x (a < b).$

注: 性质 4 及其推论的前提条件, $[a,b]$ 为区间, 即 $a < b$. 性质 4 表明, 不同被积函数在相同的区间上比较定积分的大小时, 可以通过比较被积函数在区间上的大小来判断. 读者可在课后习题中进一步证明: 如果在区间 $[a,b]$ 上连续函数 $f(x)$ 和 $g(x)$ 满足 $f(x) \geqslant g(x)$, 且 $\int_a^b f(x) \mathrm{d}x = \int_a^b g(x) \mathrm{d}x$, 则在 $[a,b]$ 上 $f(x) \equiv g(x)$.

性质 5(积分中值定理)   如果函数 $f(x)$ 在闭区间 $[a,b]$ 上连续, 则在区间 $[a,b]$ 上至少存在一点 ξ 使得

$$\int_a^b f(x) \mathrm{d}x = f(\xi)(b - a), \xi \in [a,b].$$

证   因为 $f(x)$ 在闭区间 $[a,b]$ 上连续, 设 M 及 m 分别是函数 $f(x)$ 在闭区间 $[a,b]$ 上的最大值和最小值, 则

$$m(b - a) \leqslant \int_a^b f(x) \mathrm{d}x \leqslant M(b - a).$$

同除以正数 $b-a$, 得

$$m \leqslant \frac{1}{b - a} \int_a^b f(x) \mathrm{d}x \leqslant M.$$

由连续函数的介值定理, 在 $[a,b]$ 上至少存在一点 ξ, 使

$$f(\xi) = \frac{1}{b - a} \int_a^b f(x) \mathrm{d}x,$$

即

$$\int_a^b f(x) \mathrm{d}x = f(\xi)(b - a), \xi \in [a,b].$$

注:

(1) 当 $a > b$ 时, 积分中值定理仍然成立. 类似拉格朗日中值

定理的结论，可以进一步证明积分中值定理的中值 $\xi \in (a,b)$，即

$$\int_a^b f(x)\,\mathrm{d}x = f(\xi)(b-a), \quad \xi \in (a,b).$$

（2）几何解释：如图 6-8 所示，曲边梯形的面积等于同底而高为 $f(\xi)$ 的矩形的面积.

（3）$\dfrac{1}{b-a}\displaystyle\int_a^b f(x)\,\mathrm{d}x$ 可以理解为连续函数 $f(x)$ 在区间 $[a,b]$ 上的平均值.

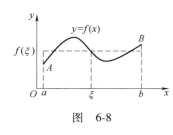

图 6-8

例 6.2.1 已知 $\displaystyle\int_0^1 2f(x)\,\mathrm{d}x = 10$，$\displaystyle\int_0^4 f(x)\,\mathrm{d}x = 8$，$\displaystyle\int_1^4 g(x)\,\mathrm{d}x = 1$，求 $\displaystyle\int_1^4 [f(x)+g(x)]\,\mathrm{d}x$.

解 因 $\displaystyle\int_0^1 2f(x)\,\mathrm{d}x = 10$，故 $\displaystyle\int_0^1 f(x)\,\mathrm{d}x = 5$.

$$\int_1^4 f(x)\,\mathrm{d}x = \int_0^4 f(x)\,\mathrm{d}x - \int_0^1 f(x)\,\mathrm{d}x = 8 - 5 = 3.$$

$$\int_1^4 [f(x)+g(x)]\,\mathrm{d}x = \int_1^4 f(x)\,\mathrm{d}x + \int_1^4 g(x)\,\mathrm{d}x = 3 + 1 = 4.$$

例 6.2.2 不计算定积分的值，比较定积分的大小：$\displaystyle\int_0^1 x\,\mathrm{d}x$ 与 $\displaystyle\int_0^1 \ln(1+x)\,\mathrm{d}x$.

解 积分区间都是区间 $[0,1]$，考虑比较被积函数在 $[0,1]$ 上的大小. 令 $f(x)=x-\ln(1+x)$，则在 $[0,1]$ 上 $f'(x)=1-\dfrac{1}{1+x} \geqslant 0$，故函数 $f(x)$ 在 $[0,1]$ 上单调递增，因此 $f(x) \geqslant f(0)=0$，即在 $[0,1]$ 上 $x \geqslant \ln(1+x)$，且等号不恒成立，故 $\displaystyle\int_0^1 x\,\mathrm{d}x > \int_0^1 \ln(1+x)\,\mathrm{d}x$.

习题 6.2

1. 不计算定积分的值，比较下列各组定积分的大小：

（1）$\displaystyle\int_0^1 x\,\mathrm{d}x$ 与 $\displaystyle\int_0^1 x^2\,\mathrm{d}x$；

（2）$\displaystyle\int_0^{\frac{\pi}{2}} x\,\mathrm{d}x$ 与 $\displaystyle\int_0^{\frac{\pi}{2}} \sin x\,\mathrm{d}x$；

（3）$\displaystyle\int_0^1 x\,\mathrm{d}x$ 与 $\displaystyle\int_0^1 (\mathrm{e}^x - 1)\,\mathrm{d}x$；

（4）$\displaystyle\int_{\frac{\pi}{6}}^{\frac{\pi}{4}} \ln\sin x\,\mathrm{d}x$ 与 $\displaystyle\int_{\frac{\pi}{6}}^{\frac{\pi}{4}} \ln\cos x\,\mathrm{d}x$.

2. 已知 $\displaystyle\int_3^1 2f(x)\,\mathrm{d}x = 6$，$\displaystyle\int_1^3 g(t)\,\mathrm{d}t = 2$，求 $\displaystyle\int_1^3 [4f(x) + 3g(x)]\,\mathrm{d}x$.

3. 已知函数 $f(x)$ 在闭区间 $[-3,3]$ 上连续，且平均值为 1，求 $\displaystyle\int_{-3}^3 f(x)\,\mathrm{d}x$.

4. 如果函数 $f(x)$ 和 $g(x)$ 在区间 $[a,b]$ 上连续，证明：

（1）若 $f(x) \geqslant 0$，且 $\displaystyle\int_a^b f(x)\,\mathrm{d}x = 0$，则 $f(x) \equiv 0$；

（2）若在区间 $[a,b]$ 上 $f(x) \geqslant g(x)$，且 $\displaystyle\int_a^b f(x)\,\mathrm{d}x = \int_a^b g(x)\,\mathrm{d}x$，则 $f(x) \equiv g(x)$.

6.3　微积分基本定理

　　上一节我们讨论了定积分的性质，定积分表示一个数，它和不定积分有着本质的区别，那么为什么它们的记号如此相像？它们之间有什么联系？连续函数一定存在原函数吗？如果存在，原函数是什么样的？对于不同的被积函数，利用定积分的定义计算这个值非常困难. 而利用定积分的几何意义来计算定积分，只限于被积函数图形的面积是我们在初等数学里会求的. 对于一般的函数，如何找到一种计算定积分的有效方法？这些是本节要解决的问题.

　　我们知道，定积分 $\int_a^b f(x)\,\mathrm{d}x$ 的积分上下限都是常数，如果积分限是变数，会出现什么情况？下面我们首先考虑一类新的函数——积分变限函数.

6.3.1　积分变限函数

　　设函数 $f(x)$ 在闭区间 $[a,b]$ 上连续，x 为 $[a,b]$ 上的一点，考察记号 $\int_a^x f(x)\,\mathrm{d}x$. 因为 $f(x)$ 在闭区间 $[a,b]$ 上连续，所以 $f(x)$ 在部分区间 $[a,x]$ 上连续，由定积分存在的充分条件知，$\int_a^x f(x)\,\mathrm{d}x$ 存在，且当 x 在 $[a,b]$ 上变动时，$\int_a^x f(x)\,\mathrm{d}x$ 的值都与之对应变化. 因此，$\int_a^x f(x)\,\mathrm{d}x$ 是关于积分上限位置的变量 x 的函数. 注意到定积分与积分变量的字母表示无关，为了不引起误解，我们经常将被积表达式 $f(x)\,\mathrm{d}x$ 换成 $f(t)\,\mathrm{d}t$. 故 $\int_a^x f(t)\,\mathrm{d}t$ 是定义在 $[a,b]$ 上的函数，这个函数的变量 x 出现在积分上限的位置，因此称为变上限的定积分函数，简称积分上限函数，记作 $\Phi(x)$，即 $\Phi(x) = \int_a^x f(t)\,\mathrm{d}t$.

　　关于积分上限函数，我们有下面的定理.

定理 6.3.1　如果函数 $f(x)$ 在闭区间 $[a,b]$ 上连续，则积分上限函数

$$\Phi(x) = \int_a^x f(t)\,\mathrm{d}t,\ x \in [a,b]$$

在 $[a,b]$ 上可导，且

$$\Phi'(x) = f(x),$$

即 $\Phi(x) = \int_a^x f(t)\,\mathrm{d}t$ 是被积函数 $f(x)$ 在 $[a,b]$ 上的一个原函数.

证　利用导数的定义，由定积分关于区间的可加性，可得

$$\Phi'(x) = \lim_{\Delta x \to 0} \frac{\Phi(x + \Delta x) - \Phi(x)}{\Delta x}$$

$$= \lim_{\Delta x \to 0} \frac{\int_a^{x+\Delta x} f(t)\,dt - \int_a^x f(t)\,dt}{\Delta x}$$

$$= \lim_{\Delta x \to 0} \frac{\int_x^{x+\Delta x} f(t)\,dt}{\Delta x}.$$

对于极限的分子，由积分中值定理可知 $\int_x^{x+\Delta x} f(t)\,dt = f(\xi)\Delta x$，$x < \xi < x + \Delta x$. 故

$$\lim_{\Delta x \to 0} \frac{\int_x^{x+\Delta x} f(t)\,dt}{\Delta x} = \lim_{\Delta x \to 0} \frac{f(\xi)\Delta x}{\Delta x} = \lim_{\Delta x \to 0} f(\xi), \quad x < \xi < x + \Delta x.$$

又因为当 $\Delta x \to 0$ 时，$\xi \to x$，且函数 $f(x)$ 在闭区间 $[a, b]$ 上连续，所以

$$\lim_{\Delta x \to 0} f(\xi) = f(x).$$

故

$$\Phi'(x) = f(x),$$

即 $\Phi(x) = \int_a^x f(t)\,dt$ 是被积函数 $f(x)$ 在 $[a, b]$ 上的一个原函数.

注：

（1）本定理沟通了原函数和定积分这两个看起来完全不同的概念，证明了连续函数一定存在原函数，并且以积分形式给出了 $f(x)$ 的一个原函数.

（2）同理，积分下限函数也可导，且

$$\frac{d}{dx} \int_x^b f(t)\,dt = -\frac{d}{dx} \int_b^x f(t)\,dt = -f(x).$$

（3）由复合函数求导的链式法则，可得

$$\frac{d}{dx} \int_a^{\varphi(x)} f(t)\,dt = f(\varphi(x))\varphi'(x).$$

（4）一般来说，当被积函数除了积分变量外不包含求导变量时，这种类型的积分变限函数的导数为

$$\frac{d}{dx} \int_{\psi(x)}^{\varphi(x)} f(t)\,dt = \frac{d}{dx} \left[\int_{\psi(x)}^c f(t)\,dt + \int_c^{\varphi(x)} f(t)\,dt \right]$$

$$= f(\varphi(x))\varphi'(x) - f(\psi(x))\psi'(x).$$

（5）积分变限函数求导时，当被积函数除了积分变量外还包含求导变量时，需将求导变量通过"乘积时看作常数提积分外"或

"变量替换"等方法，将求导变量"转移"到积分外面或上下限的位置，然后再求导.

例 6.3.1　已知 $f(x) = \int_{x^2}^{x^3} \cos t \, dt$，求 $f'(x)$.

解　求导变量为 x，被积函数除积分变量 t 外不含求导变量 x，可直接使用公式，故

$$f'(x) = (\cos x^3) \cdot 3x^2 - (\cos x^2) \cdot 2x$$
$$= x(3x \cos x^3 - 2\cos x^2).$$

例 6.3.2　已知 $F(x) = \int_0^{x^2} x \sin t^2 \, dt$，求 $F'(x)$.

解　被积函数除了积分变量 t 外，还包含求导变量 x，积分变限函数求导时不能直接使用公式，需先化简. 注意到被积函数对 t 积分时，x 可以看作常数，所以能提到积分号外面，而在求导时，x 是变量. 因此

$$F'(x) = \left(\int_0^{x^2} x \sin t^2 \, dt \right)' = \left(x \int_0^{x^2} \sin t^2 \, dt \right)'$$
$$= \int_0^{x^2} \sin t^2 \, dt + x \sin (x^2)^2 \cdot 2x$$
$$= \int_0^{x^2} \sin t^2 \, dt + 2x^2 \sin x^4.$$

例 6.3.3　已知 $f(x) = \int_1^{x^2} e^{t+1} dt + \int_0^1 x \, dt + \int_0^1 t \, dt$，求 $f'(x)$.

解　注意到 $f(x)$ 的第一项 $\int_1^{x^2} e^{t+1} dt$ 是积分上限函数；第二项 $\int_0^1 x \, dt$ 中的被积函数 x 不含 t，对 t 积分时 x 可看作常数提到积分号外面；第三项定积分 $\int_0^1 t \, dt$ 是一个常数，其导数为 0，故

$$f'(x) = \left(\int_1^{x^2} e^{t+1} dt + x \int_0^1 dt + \int_0^1 t \, dt \right)'$$
$$= 2x e^{x^2+1} + \int_0^1 dt + 0 = 2x e^{x^2+1} + 1.$$

例 6.3.4　求极限 $\lim\limits_{x \to 0} \dfrac{\int_0^x \sqrt{t^2 + 1} \, dt}{x}$.

解　极限为"$\dfrac{0}{0}$"型不定式，由洛必达法则得

$$\lim_{x \to 0} \frac{\int_0^x \sqrt{t^2 + 1} \, dt}{x} = \lim_{x \to 0} \frac{\sqrt{x^2 + 1}}{1} = 1.$$

6.3.2 牛顿-莱布尼茨公式

对于不同的被积函数,利用定积分的定义计算这个值非常困难.对于一般的函数,如何找到一种计算定积分的有效方法呢?

我们知道,如果已知变速直线运动的路程函数 $s(t)$,则 $[T_1, T_2]$ 时间段内的路程可以用 $s(T_2)-s(T_1)$ 表示.由定积分的引入,我们知道这段路程还可以表示为 $\int_{T_1}^{T_2} v(t)\mathrm{d}t$.因此,

$$\int_{T_1}^{T_2} v(t)\mathrm{d}t = s(T_2) - s(T_1).$$

这表明函数 $v(t)$ 在 $[T_1, T_2]$ 上的积分,可以用 $v(t)$ 的一个原函数 $s(t)$ 在区间端点的增量表示出来.这种结论具有普遍性吗?

定理 6.3.2(微积分基本定理)   如果函数 $f(x)$ 在区间 $[a,b]$ 上连续,且函数 $F(x)$ 是 $f(x)$ 的一个原函数,则

$$\int_a^b f(x)\mathrm{d}x = F(b) - F(a).$$

证   因为函数 $F(x)$ 是 $f(x)$ 的一个原函数,且 $\int_a^x f(t)\mathrm{d}t$ 也是 $f(x)$ 的一个原函数,所以对于 $\forall x \in [a,b]$,都有

$$F(x) - \int_a^x f(t)\mathrm{d}t = C_0, C_0 \text{ 为某个确定的常数.}$$

令 $x=a$,得 $C_0 = F(a) - \int_a^a f(t)\mathrm{d}t = F(a)$.故

$$\int_a^x f(t)\mathrm{d}t = F(x) - C_0 = F(x) - F(a), \forall x \in [a,b].$$

再令 $x=b$,得 $\int_a^b f(t)\mathrm{d}t = F(b) - F(a)$,即 $\int_a^b f(x)\mathrm{d}x = F(b) - F(a)$.

这个公式叫作牛顿-莱布尼茨公式.它告诉我们计算定积分时的步骤:

第一步:找到被积函数 $f(x)$ 的任意一个原函数 $F(x)$;

第二步:计算 $F(x)$ 在积分区间 $[a,b]$ 端点处的增量 $F(b) - F(a)$.

这个定理由于在微积分学中起着非常重要的作用,也被称为微积分基本定理.为书写方便,通常把 $F(b) - F(a)$ 记为 $F(x)\Big|_a^b$,即

$$\int_a^b f(x)\mathrm{d}x = F(x)\Big|_a^b = F(b) - F(a).$$

例 6.3.5　计算定积分 $\int_0^1 x^2 \mathrm{d}x$.

解　$\int_0^1 x^2 \mathrm{d}x = \dfrac{x^3}{3}\Big|_0^1 = \dfrac{1^3}{3} - \dfrac{0^3}{3} = \dfrac{1}{3}$.

例 6.3.6　计算定积分 $\int_0^\pi \sin x \mathrm{d}x$.

解　$\int_0^\pi \sin x \mathrm{d}x = -\cos x \Big|_0^\pi = -(\cos\pi - \cos 0) = -(-1-1) = 2$.

例 6.3.7　计算定积分 $\int_0^{\frac{\pi}{4}} \tan^2 x \mathrm{d}x$.

解

$$\int_0^{\frac{\pi}{4}} \tan^2 x \mathrm{d}x = \int_0^{\frac{\pi}{4}} (\sec^2 x - 1)\mathrm{d}x$$

$$= \int_0^{\frac{\pi}{4}} \sec^2 x \mathrm{d}x - \int_0^{\frac{\pi}{4}} 1 \mathrm{d}x$$

$$= \tan x \Big|_0^{\frac{\pi}{4}} - \frac{\pi}{4} = 1 - \frac{\pi}{4}.$$

对于分段函数的积分, 需注意函数在积分区间内是否发生变化, 即分界点是否在积分区间内部, 如是, 则应该利用定积分关于区间的可加性, 拆分区间.

例 6.3.8　计算定积分 $\int_{-1}^1 |x| \mathrm{d}x$.

解

$$\int_{-1}^1 |x| \mathrm{d}x = \int_{-1}^0 (-x)\mathrm{d}x + \int_0^1 x \mathrm{d}x$$

$$= -\frac{1}{2}x^2 \Big|_{-1}^0 + \frac{1}{2}x^2 \Big|_0^1$$

$$= -\frac{1}{2}(0-1) + \frac{1}{2}(1-0) = 1.$$

例 6.3.9　计算定积分 $\int_0^4 f(x)\mathrm{d}x$, 其中

$$f(x) = \begin{cases} x+1, & -4 \leqslant x \leqslant 1, \\ 3\sqrt{x} - \dfrac{1}{x^2}, & 1 < x \leqslant 4. \end{cases}$$

解　$\int_0^4 f(x)\mathrm{d}x = \int_0^1 f(x)\mathrm{d}x + \int_1^4 f(x)\mathrm{d}x$

$$= \int_0^1 (x+1)\mathrm{d}x + \int_1^4 \left(3\sqrt{x} - \frac{1}{x^2}\right)\mathrm{d}x$$

$$= \left(\frac{x^2}{2} + x\right)\Big|_0^1 + \left(2x^{\frac{3}{2}} + \frac{1}{x}\right)\Big|_1^4 = \frac{59}{4}.$$

例 6.3.10 设 $F(x) = \int_0^x f(t)\mathrm{d}t$ $(0 \le x \le 2)$，其中

$$f(x) = \begin{cases} x^2, & 0 \le x < 1, \\ 1, & 1 \le x \le 2, \end{cases} \quad \text{求 } F(x).$$

解 被积函数 $f(x)$ 的分界点为 $x = 1$，在区间 $[0,2]$ 上函数 $f(x)$ 的表达式发生变化. 分情况讨论 $F(x)$ 的积分上限.

当 $0 \le x < 1$ 时，$F(x) = \int_0^x f(t)\mathrm{d}t = \int_0^x t^2 \mathrm{d}t = \dfrac{t^3}{3}\Big|_0^x = \dfrac{x^3}{3}$；

当 $1 \le x \le 2$ 时，$F(x) = \int_0^x f(t)\mathrm{d}t = \int_0^1 f(t)\mathrm{d}t + \int_1^x f(t)\mathrm{d}t$

$$= \int_0^1 t^2 \mathrm{d}t + \int_1^x 1\mathrm{d}t = \dfrac{t^3}{3}\Big|_0^1 + (x - 1)$$

$$= x - \dfrac{2}{3}.$$

故

$$F(x) = \begin{cases} \dfrac{1}{3}x^3, & 0 \le x < 1, \\ \\ x - \dfrac{2}{3}, & 1 \le x \le 2. \end{cases}$$

在使用牛顿-莱布尼茨公式时，一般需要先判断可积性，否则容易出错，例如：$\int_{-1}^1 \dfrac{1}{x}\mathrm{d}x = \ln|x|\ \Big|_{-1}^1 = 0$ 错误原因是 $x = 0$ 为被积函数的无穷间断点，被积函数在区间 $[-1,1]$ 上不可积.

习题 6.3

1. 计算下列函数：

(1) $\dfrac{\mathrm{d}}{\mathrm{d}x}\int_1^2 \cos x\mathrm{d}x$；　　(2) $\dfrac{\mathrm{d}}{\mathrm{d}x}\int_1^x \cos t\mathrm{d}t$；

(3) $\dfrac{\mathrm{d}}{\mathrm{d}x}\int_1^x x\cos t\mathrm{d}t$；　　(4) $\dfrac{\mathrm{d}}{\mathrm{d}x}\int_1^x (x-1)\cos t\mathrm{d}t$；

(5) $\dfrac{\mathrm{d}}{\mathrm{d}x}\int_1^3 \cos t^2 \mathrm{d}t$；　　(6) $\dfrac{\mathrm{d}}{\mathrm{d}x}\int_{\cos x}^{\sin x} \sqrt{1+t^4}\,\mathrm{d}t$.

2. 计算下列极限：

(1) $\lim\limits_{x \to 0} \dfrac{\int_x^0 \arcsin t\mathrm{d}t}{x^2}$；　(2) $\lim\limits_{x \to 0} \dfrac{\int_x^{2x} \mathrm{e}^{t^2}\mathrm{d}t}{x}$；

(3) $\lim\limits_{x \to 0} \dfrac{\int_0^x \arcsin t\mathrm{d}t}{\int_0^x \tan t\mathrm{d}t}$；　(4) $\lim\limits_{x \to 0} \dfrac{\int_0^x t\ln(1+t\sin t)\mathrm{d}t}{1 - \cos(x^2)}$.

3. 选择题：

(1) 设函数 $f(x) = \int_0^x t\mathrm{e}^{-t^2}\mathrm{d}t$，则 $f(x)$ [　　].

(A) 有极小值 0　　(B) 有极大值 0

(C) 有最大值 0　　(D) 无极值

(2) 设函数 $f(x)$，$g(x)$ 在点 $x = 0$ 的某邻域内连续，且当 $x \to 0$ 时，$f(x)$ 是 $g(x)$ 的高阶无穷小，则当 $x \to 0$ 时，$F(x) = \int_0^x f(t)\sin t\mathrm{d}t$ 是 $G(x) = \int_0^x tg(t)\mathrm{d}t$ 的 [　　].

(A) 等价无穷小

(B) 同阶但非等价无穷小

(C) 高阶无穷小

(D) 低阶无穷小

（3）设函数 $f(x) = \begin{cases} \dfrac{1}{x}\displaystyle\int_0^x \cos t^2 \mathrm{d}t, & x \neq 0, \\ a, & x = 0 \end{cases}$ 在

$x = 0$ 处连续，则常数 $a = [\quad]$.

（A）-1 （B）0 （C）1 （D）2

（4）当 $x > 0$ 时，$F(x) = \displaystyle\int_0^x \frac{\mathrm{d}t}{1+t^2} + \int_0^{\frac{1}{x}} \frac{\mathrm{d}t}{1+t^2} =$

$[\quad]$.

（A）$\arctan x$ （B）$2\arctan x$

（C）$\dfrac{\pi}{2}$ （D）0

4. 计算下列定积分：

（1）$\displaystyle\int_0^1 (x^2 + x + 1)\mathrm{d}x$；

（2）$\displaystyle\int_0^1 \sqrt{x}(1 + \sqrt{x})\mathrm{d}x$；

（3）$\displaystyle\int_0^{\frac{1}{2}} \frac{\mathrm{d}x}{\sqrt{1-x^2}}$；

（4）$\displaystyle\int_0^{\frac{\pi}{4}} \sec x \tan x \mathrm{d}x$；

（5）$\displaystyle\int_{-2}^2 |x+1| \mathrm{d}x$；

（6）$\displaystyle\int_0^{2\pi} |\sin x| \mathrm{d}x$；

（7）$\displaystyle\int_0^2 \max\{\mathrm{e}, \mathrm{e}^x\} \mathrm{d}x$；

（8）$\displaystyle\int_{-\frac{\pi}{2}}^{\frac{\pi}{2}} f(x)\mathrm{d}x$，其中

$$f(x) = \begin{cases} 1 - \cos x, & -\dfrac{\pi}{2} \leq x \leq 0, \\ \sin x, & 0 < x \leq \dfrac{\pi}{2}. \end{cases}$$

5. 设 $f(x)$ 是连续函数，且 $f(x) = \dfrac{1}{1+x^2} + x^3 \displaystyle\int_0^1 f(t)\mathrm{d}t$，求 $\displaystyle\int_0^1 f(x)\mathrm{d}x$.

6. 设 $F(x) = \displaystyle\int_1^x f(t)\mathrm{d}t \ (0 \leq x \leq 2)$，其中

$f(x) = \begin{cases} x^2, & 0 \leq x \leq 1, \\ 2-x, & 1 < x \leq 2, \end{cases}$ 求 $F(x)$.

7. 设 $f(x)$ 在 $[0, +\infty)$ 上连续，且 $f(x) > 0$. 证明：函数

$$F(x) = \frac{\displaystyle\int_0^x t f(t)\mathrm{d}t}{\displaystyle\int_0^x f(t)\mathrm{d}t}$$

在 $(0, +\infty)$ 上单调递增.

6.4 定积分的换元积分法和分部积分法

上一节中的牛顿-莱布尼茨公式告诉我们，求定积分的问题可以转换为求原函数或不定积分的问题. 而对于不定积分的计算，常用的是换元积分法和分部积分法. 本节进一步讨论如何将这两种方法移植到定积分的计算中来.

6.4.1 定积分的换元积分法

定理6.4.1 如果函数 $f(x)$ 在闭区间 $[a, b]$ 上连续，作变量替换 $x = \varphi(t)$，其中函数 $\varphi(t)$ 满足以下两个条件：

（1）$\varphi(\alpha) = a$，$\varphi(\beta) = b$，且 $a \leq \varphi(t) \leq b$；

（2）$\varphi(t)$ 在 $[\alpha, \beta]$（或 $[\beta, \alpha]$）上具有连续导数，

则有

$$\int_a^b f(x)\mathrm{d}x = \int_\alpha^\beta f(\varphi(t))\varphi'(t)\mathrm{d}t.$$

证　由假设条件知两个定积分都存在，不妨设 $f(x)$ 的一个原函数为 $F(x)$，使用牛顿-莱布尼茨公式，可得

$$
\begin{aligned}
\int_{\alpha}^{\beta} f(\varphi(t)) \varphi'(t) \mathrm{d}t &= \int_{\alpha}^{\beta} f(\varphi(t)) \mathrm{d}(\varphi(t)) \\
&= F(\varphi(t)) \Big|_{\alpha}^{\beta} \\
&= F(\varphi(\beta)) - F(\varphi(\alpha)) \\
&= F(b) - F(a) \\
&= \int_{a}^{b} f(x) \mathrm{d}x.
\end{aligned}
$$

注：

（1）若 $f(x)$ 在 $[a,b]$ 上不连续但可积，只要增加条件 $\varphi(t)$ 严格单调，那么公式仍然成立；

（2）因定积分是一个数，定积分使用变量替换求出原函数后，直接在端点作差即可，不需要作变量还原. 这是定积分换元法与不定积分换元法的区别所在. 故定积分的第一换元法，凑微分配元时不必换限，即"配元不换限"：

$$
\int_{\alpha}^{\beta} f(\varphi(t)) \varphi'(t) \mathrm{d}t = F(\varphi(t)) \Big|_{\alpha}^{\beta}.
$$

（3）定积分的第二换元法，作变量替换引入新的变量 t 之后，必须求出 t 对应的新的上下限，即"换元必换限"：$\int_{a}^{b} f(x) \mathrm{d}x = \int_{\alpha}^{\beta} f(\varphi(t)) \varphi'(t) \mathrm{d}t.$

例 6.4.1　计算定积分 $\displaystyle\int_{0}^{\frac{\pi}{2}} \frac{\cos x}{1 + \sin^2 x} \mathrm{d}x.$

解
$$
\begin{aligned}
\int_{0}^{\frac{\pi}{2}} \frac{\cos x}{1 + \sin^2 x} \mathrm{d}x &= \int_{0}^{\frac{\pi}{2}} \frac{\mathrm{d}\sin x}{1 + \sin^2 x} \\
&= \arctan(\sin x) \Big|_{0}^{\frac{\pi}{2}} \\
&= \frac{\pi}{4}.
\end{aligned}
$$

例 6.4.2　计算定积分 $\displaystyle\int_{1}^{2} \frac{\sqrt{x-1}}{x} \mathrm{d}x.$

解　令 $\sqrt{x-1} = t$，则 $x = t^2 + 1$，$\mathrm{d}x = 2t\mathrm{d}t$. 当 $x = 1$ 时，$t = 0$；当 $x = 2$ 时，$t = 1$. 于是有

$$
\begin{aligned}
\int_{1}^{2} \frac{\sqrt{x-1}}{x} \mathrm{d}x &= \int_{0}^{1} \frac{t}{t^2 + 1} 2t \mathrm{d}t \\
&= 2 \int_{0}^{1} \left(1 - \frac{1}{1 + t^2}\right) \mathrm{d}t
\end{aligned}
$$

$$= 2(t - \arctan t)\ \Big|_0^1$$

$$= 2 - \frac{\pi}{2}.$$

例 6.4.3　计算定积分 $\displaystyle\int_0^3 \frac{x}{\sqrt{x+1}}\mathrm{d}x$.

解　令 $\sqrt{x+1}=t$，则 $x=t^2-1$，$\mathrm{d}x=2t\mathrm{d}t$. 当 $x=0$ 时，$t=1$；当 $x=3$ 时，$t=2$. 于是有

$$\int_0^3 \frac{x}{\sqrt{x+1}}\mathrm{d}x = \int_1^2 \frac{t^2-1}{t} \cdot 2t\mathrm{d}t = 2\int_1^2 (t^2-1)\,\mathrm{d}t$$

$$= \frac{2}{3}t^3\ \Big|_1^2 - 2 = \frac{8}{3}.$$

例 6.4.4　设 $f(x)=\begin{cases} 1+x^2, & x<0, \\ x\mathrm{e}^{-x^2}, & x\geqslant 0, \end{cases}$ 求 $\displaystyle\int_0^2 f(x-1)\,\mathrm{d}x$.

解　令 $x-1=t$，则 $x=t+1$，$\mathrm{d}x=\mathrm{d}t$. 当 $x=0$ 时，$t=-1$；当 $x=2$ 时，$t=1$. 于是有

$$\int_0^2 f(x-1)\,\mathrm{d}x = \int_{-1}^1 f(t)\,\mathrm{d}t$$

$$= \int_{-1}^0 (1+t^2)\,\mathrm{d}t + \int_0^1 t\mathrm{e}^{-t^2}\mathrm{d}t$$

$$= \left(t + \frac{t^3}{3}\right)\ \Big|_{-1}^0 + \left(-\frac{1}{2}\mathrm{e}^{-t^2}\right)\ \Big|_0^1$$

$$= \frac{11}{6} - \frac{1}{2\mathrm{e}}.$$

定理 6.4.2(定积分的对称性)　函数 $f(x)$ 在对称区间 $[-a,a]$ 上连续，$\displaystyle\int_{-a}^a f(x)\mathrm{d}x$ 有下列结论：

(1) 如果 $f(x)$ 是偶函数，即 $f(-x)=f(x)$，则

$$\int_{-a}^a f(x)\,\mathrm{d}x = 2\int_0^a f(x)\,\mathrm{d}x;$$

(2) 如果 $f(x)$ 是奇函数，即 $f(-x)=-f(x)$，则

$$\int_{-a}^a f(x)\,\mathrm{d}x = 0.$$

证　$\displaystyle\int_{-a}^a f(x)\,\mathrm{d}x = \int_{-a}^0 f(x)\,\mathrm{d}x + \int_0^a f(x)\,\mathrm{d}x.$

对于等式右端第一项 $\displaystyle\int_{-a}^0 f(x)\,\mathrm{d}x$，作变量替换 $x=-t$，则 $\mathrm{d}x=-\mathrm{d}t$. 当 $x=-a$ 时，$t=a$；当 $x=0$ 时，$t=0$. 故

$$\int_{-a}^0 f(x)\,\mathrm{d}x = -\int_a^0 f(-t)\,\mathrm{d}t = \int_0^a f(-t)\,\mathrm{d}t.$$

（1）如果 $f(x)$ 是偶函数，则 $\int_0^a f(-t)\,\mathrm{d}t = \int_0^a f(t)\,\mathrm{d}t$，故

$$\int_{-a}^a f(x)\,\mathrm{d}x = \int_0^a f(t)\,\mathrm{d}t + \int_0^a f(x)\,\mathrm{d}x = 2\int_0^a f(x)\,\mathrm{d}x.$$

（2）如果 $f(x)$ 是奇函数，则 $\int_0^a f(-t)\,\mathrm{d}t = -\int_0^a f(t)\,\mathrm{d}t$，故

$$\int_{-a}^a f(x)\,\mathrm{d}x = -\int_0^a f(t)\,\mathrm{d}t + \int_0^a f(x)\,\mathrm{d}x = 0.$$

定积分在对称区间上的这个性质，简称"偶倍奇零"，可以简化计算.

例 6.4.5 计算定积分 $\int_{-\frac{\pi}{2}}^{\frac{\pi}{2}} (x^3 + \sin^2 x)\cos x\,\mathrm{d}x$.

解
$$\int_{-\frac{\pi}{2}}^{\frac{\pi}{2}} (x^3 + \sin^2 x)\cos x\,\mathrm{d}x = \int_{-\frac{\pi}{2}}^{\frac{\pi}{2}} x^3\cos x\,\mathrm{d}x + \int_{-\frac{\pi}{2}}^{\frac{\pi}{2}} \sin^2 x\cos x\,\mathrm{d}x$$

$$= 0 + 2\int_0^{\frac{\pi}{2}} \sin^2 x\cos x\,\mathrm{d}x$$

$$= 2\int_0^{\frac{\pi}{2}} \sin^2 x\,\mathrm{d}\sin x$$

$$= 2 \cdot \frac{\sin^3 x}{3}\Big|_0^{\frac{\pi}{2}} = \frac{2}{3}.$$

6.4.2 定积分的分部积分法

定理 6.4.3 如果函数 $u = u(x)$，$v = v(x)$ 在闭区间 $[a,b]$ 上具有连续导数，则

$$\int_a^b u\,\mathrm{d}v = uv\Big|_a^b - \int_a^b v\,\mathrm{d}u.$$

证 因 $(uv)' = u'v + uv'$，即 uv 是 $u'v + uv'$ 在闭区间 $[a,b]$ 上的一个原函数，由牛顿-莱布尼茨公式可知 $\int_a^b u'v\,\mathrm{d}x + \int_a^b uv'\,\mathrm{d}x = uv\Big|_a^b$，即 $\int_a^b u\,\mathrm{d}v = uv\Big|_a^b - \int_a^b v\,\mathrm{d}u$.

注：与不定积分的分部积分法相比，定积分的分部积分法右边第一项不要忘记代入端点作差，即"边积边代限".

例 6.4.6 计算定积分 $\int_0^{\frac{\pi}{2}} x\cos x\,\mathrm{d}x$.

解 $\int_0^{\frac{\pi}{2}} x\cos x\,\mathrm{d}x = \int_0^{\frac{\pi}{2}} x\,\mathrm{d}\sin x$

$$= x\sin x \Big|_0^{\frac{\pi}{2}} - \int_0^{\frac{\pi}{2}} \sin x \, dx$$

$$= \frac{\pi}{2} + \cos x \Big|_0^{\frac{\pi}{2}} = \frac{\pi}{2} - 1.$$

例 6.4.7 计算定积分 $\int_1^2 x\ln x \, dx$.

解 $\int_1^2 x\ln x \, dx = \frac{1}{2}\int_1^2 \ln x \, d(x^2)$

$$= \frac{1}{2}\left(x^2\ln x \Big|_1^2 - \int_1^2 x^2 \cdot \frac{1}{x} \, dx \right)$$

$$= 2\ln 2 - \frac{x^2}{4} \Big|_1^2 = 2\ln 2 - \frac{3}{4}.$$

例 6.4.8 已知函数 $f(x)$ 的一个原函数为 $\ln(1+x^2)$，求 $\int_0^1 xf'(x)\,dx$.

解 $f(x) = \left[\ln(1+x^2)\right]' = \dfrac{2x}{1+x^2}$, $f(1) = 1$.

$$\int_0^1 xf'(x)\,dx = \int_0^1 x\,df(x) = xf(x)\Big|_0^1 - \int_0^1 f(x)\,dx$$

$$= 1 - \ln(1+x^2)\Big|_0^1 = 1 - \ln 2.$$

习题 6.4

1. 计算下列定积分：

(1) $\int_{-1}^0 (1+x)^{99}\,dx$; (2) $\int_0^{\frac{\pi}{4}} \cos 2x \, dx$;

(3) $\int_0^1 xe^{x^2}\,dx$; (4) $\int_0^1 \dfrac{2x+1}{x^2+x+1}\,dx$;

(5) $\int_0^{\frac{\pi}{2}} \sin^3 x \, dx$; (6) $\int_4^9 \dfrac{\sqrt{x}}{\sqrt{x}-1}\,dx$;

(7) $\int_0^1 \sqrt{1-x^2}\,dx$; (8) $\int_0^4 \dfrac{x+1}{\sqrt{1+2x}}\,dx$.

2. 选择题：

(1) $\int_a^b f'(2x)\,dx = $ [   ].

(A) $f(b) - f(a)$

(B) $f(2b) - f(2a)$

(C) $\dfrac{1}{2}[f(2b) - f(2a)]$

(D) $2[f(2b) - f(2a)]$

(2) 设函数 $f(x)$ 连续，且 $I = t\int_0^{\frac{s}{t}} f(tx)\,dx$，则下列结论中成立的是 [   ].

(A) I 是 s 的函数

(B) I 是 t 的函数

(C) I 是 s 和 t 的函数

(D) I 是 s、t 和 x 的函数

3. 设函数 $f(x) = \begin{cases} \dfrac{1}{1+x}, & x \geq 0, \\ 1+e^x, & x < 0, \end{cases}$ 求 $\int_0^2 f(x-1)\,dx$.

4. 计算下列定积分：

(1) $\int_{-1}^1 \dfrac{x^5\sin^4 x}{x^4+2x^2+1}\,dx$;

(2) $\int_{-1}^1 \dfrac{1+\sin x^3}{1+x^2}\,dx$;

(3) $\int_{-\frac{\pi}{2}}^{\frac{\pi}{2}} (x+1)\cos x \, dx$;

（4）$\int_{-1}^{1} (1-x) \sqrt{1-x^2}\,\mathrm{d}x$；

（5）$\int_{-\frac{\pi}{2}}^{\frac{\pi}{2}} \dfrac{|\sin x|}{1+\cos^2 x}\,\mathrm{d}x$；

（6）$\int_{-\pi}^{\pi} (x+1)|\sin x|\,\mathrm{d}x$；

（7）$\int_{-\frac{\pi}{2}}^{\frac{\pi}{2}} \sqrt{\cos x - \cos^3 x}\,\mathrm{d}x$；

（8）$\int_{-\pi}^{\pi} \dfrac{\sqrt{1+\cos 2x}}{1+\sin^2 x}\,\mathrm{d}x$.

5. 计算下列定积分：

（1）$\int_{0}^{1} x\mathrm{e}^x\,\mathrm{d}x$；   （2）$\int_{0}^{\frac{1}{2}} \arcsin x\,\mathrm{d}x$；

（3）$\int_{0}^{1} \arctan x\,\mathrm{d}x$；   （4）$\int_{0}^{1} x\arctan x\,\mathrm{d}x$；

（5）$\int_{0}^{1} \arctan\sqrt{x}\,\mathrm{d}x$；   （6）$\int_{1}^{9} \dfrac{\ln x}{\sqrt{x}}\,\mathrm{d}x$；

（7）$\int_{0}^{e} \mathrm{e}^{\sqrt{x}}\,\mathrm{d}x$；   （8）$\int_{\frac{1}{e}}^{e} |\ln x|\,\mathrm{d}x$.

6. 已知函数 $f(x)$ 的一个原函数为 $\mathrm{e}^x(\sin x - \cos x)$，求 $\int_{0}^{\pi} xf'(x)\,\mathrm{d}x$.

7. 证明：$\int_{0}^{\frac{\pi}{2}} \sin^m x\,\mathrm{d}x = \int_{0}^{\frac{\pi}{2}} \cos^m x\,\mathrm{d}x$，其中 m 为正整数.

6.5　定积分的应用

6.5.1　平面图形的面积

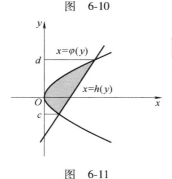

由定积分的引入可知，如图 6-9 所示，在区间 $[a,b]$ 上，当 $f(x) \geqslant 0$ 时，由直线 $x=a$、$x=b$、x 轴及曲线 $y=f(x)$ 所围成的曲边梯形的面积可以表示为

$$S = \int_{a}^{b} f(x)\,\mathrm{d}x.$$

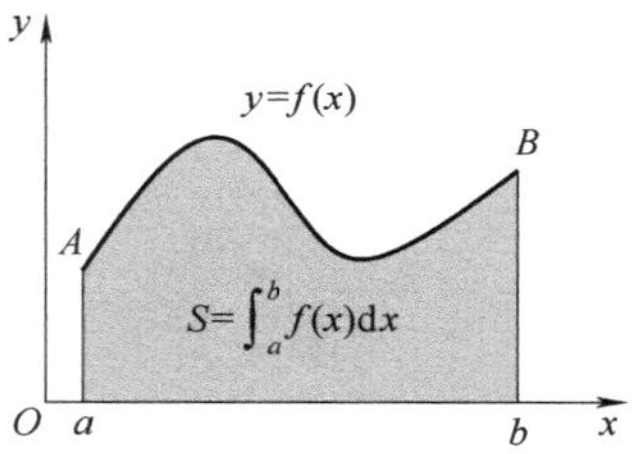

一般情况，由定积分的几何意义可知：如图 6-10 所示，选择 x 作为积分变量，由直线 $x=a$、$x=b$、曲线 $y=f(x)$ 及曲线 $y=g(x)$ 所围成的图形的面积为

$$S = \int_{a}^{b} |f(x) - g(x)|\,\mathrm{d}x.$$

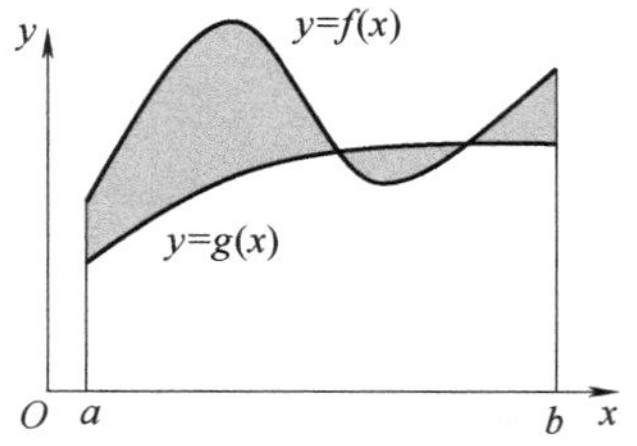

同理，如图 6-11 所示，选择 y 作为积分变量，由变量的对称性知，直线 $y=c$、$y=d$、$x=h(y)$ 及曲线 $x=\varphi(y)$ 所围成的图形的面积为

$$S = \int_{c}^{d} |h(y) - \varphi(y)|\,\mathrm{d}y.$$

图 6-9

图 6-10

图 6-11

例 6.5.1　求由曲线 $y=3-x^2$ 与直线 $y=2x$ 所围成的平面图形的面积.

解　由 $\begin{cases} y=3-x^2 \\ y=2x \end{cases}$，得交点坐标 $(-3,-6)$，$(1,2)$.

$$S = \int_{-3}^{1} [(3-x^2)-2x]\,\mathrm{d}x = \left(3x - \frac{1}{3}x^3 - x^2\right)\Big|_{-3}^{1} = \frac{32}{3}.$$

例 6.5.2　求由曲线 $y=\sqrt{x+2}$ 与直线 $3y-x-4=0$ 所围成的平面图形的面积.

解　由 $\begin{cases} y=\sqrt{x+2}, \\ 3y-x-4=0 \end{cases}$ 得交点坐标 $(-1,1)$，$(2,2)$. 选择 y 作为积分变量，得

$$S = \int_1^2 \left[3y - 4 - (y^2 - 2) \right] dy = \left(-\frac{1}{3}y^3 + \frac{3}{2}y^2 - 2y \right) \Big|_1^2 = \frac{1}{6}.$$

例 6.5.3　如图 6-12 所示，求由曲线 $y=x^2-2x$ 与直线 $y=0$，$x=1$，$x=3$ 所围成的平面图形的面积.

解　$S = \int_1^2 (2x - x^2)\,dx + \int_2^3 (x^2 - 2x)\,dx$

$= \left(x^2 - \frac{1}{3}x^3 \right) \Big|_1^2 + \left(\frac{1}{3}x^3 - x^2 \right) \Big|_2^3 = \frac{2}{3} + \frac{4}{3} = 2.$

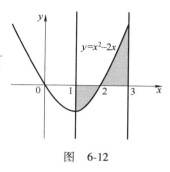

图　6-12

6.5.2　绕轴旋转的旋转体的体积

由平面上的曲边梯形绕 x 轴旋转一周而成的立体，称为绕 x 轴旋转的旋转体. 同理，曲边梯形绕 y 轴旋转一周而成的立体，称为绕 y 轴旋转的旋转体.

常见的旋转体，如圆柱、圆锥、圆台、球体等，都可以看作是由绕轴旋转的旋转体得到的.

下面讨论由连续曲线 $y=f(x)$、直线 $x=a$、$x=b$ 及 x 轴所围成的曲边梯形绕 x 轴旋转一周而成的旋转体的体积 V. 设过区间 $[a,b]$ 内的任意一点 x 作垂直于 x 轴的垂截面，与旋转体相交的截面是圆，可知截面圆的面积为 $\pi [f(x)]^2$. 由 $y=f(x)$ 的连续性可知，当平面左右平移 dx 后，体积的增量 ΔV 近似为 $\pi [f(x)]^2 \cdot dx$，于是体积元素为 $dV=\pi [f(x)]^2 \cdot dx$. 如图 6-13 所示，选择 x 作为积分变量，由"分割、求和、求极限"的定积分思想知，旋转体的体积为

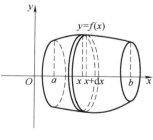

图　6-13

$$V = \pi \int_a^b [f(x)]^2 dx.$$

同理，如图 6-14 所示，选择 y 作为积分变量，由连续曲线 $x=\varphi(y)$、直线 $y=c$、$y=d$ 及 y 轴所围成的曲边梯形绕 y 轴旋转一周而成的旋转体的体积为

$$V = \pi \int_c^d [\varphi(y)]^2 dy.$$

一般情况，立体在任意一点 $x(a \leqslant x \leqslant b)$ 作垂直于 x 轴的垂截面，若已知平行截面的面积表达式为 $A(x)$，则立体的体积为

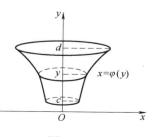

图　6-14

$$V = \int_a^b A(x) \, \mathrm{d}x.$$

例 6.5.4　求在区间 $[0,\pi]$ 上，曲线 $y = \sin x$ 与 x 轴所围成的平面图形绕 x 轴旋转一周而成的旋转体的体积.

解　$V = \pi \int_0^\pi \sin^2 x \, \mathrm{d}x$

$$= \pi \int_0^\pi \frac{1 - \cos(2x)}{2} \, \mathrm{d}x = \frac{\pi^2}{2} - \frac{\pi}{4} \sin(2x) \Big|_0^\pi = \frac{\pi^2}{2}.$$

例 6.5.5　求由曲线 $x = y^2$ 与 $y = x^2$ 所围成的图形绕 x 轴旋转一周而成的旋转体的体积.

解　由 $\begin{cases} x = y^2, \\ y = x^2 \end{cases}$ 得交点坐标 $(0,0)$，$(1,1)$. 于是有

$$V = V_1 - V_2 = \pi \int_0^1 (\sqrt{x})^2 \, \mathrm{d}x - \pi \int_0^1 (x^2)^2 \, \mathrm{d}x$$

$$= \pi \int_0^1 \left[(\sqrt{x})^2 - (x^2)^2 \right] \mathrm{d}x$$

$$= \pi \int_0^1 (x - x^4) \, \mathrm{d}x = \pi \left(\frac{x^2}{2} - \frac{x^5}{5} \right) \Big|_0^1 = \frac{3\pi}{10}.$$

6.5.3　在经济学中的应用

例 6.5.6　已知某产品生产 x 单位时，边际收益为 $R'(x) = 20 - \dfrac{x}{10}$，求总收益 $R(x)$.

解　总收益为边际收益的原函数，且当 $x = 0$ 时，$R(0) = 0$，故

$$R(x) = R(x) - R(0) = \int_0^x R'(t) \, \mathrm{d}t = \int_0^x \left(20 - \frac{t}{10} \right) \mathrm{d}t = 20x - \frac{x^2}{20}.$$

例 6.5.7　已知某产品生产 x 单位时，边际成本为 $C'(x) = 1 + x$（万元/单位），固定成本为 10（万元），边际收益为 $R'(x) = 21 - x$（万元/单位），求总利润 $L(x)$，并问生产多少单位产品时总利润最大？

解　总成本为边际成本的原函数，且当 $x = 0$ 时，$C(0) = 10$，故

$$C(x) = C(x) - C(0) + 10$$

$$= \int_0^x C'(t) \, \mathrm{d}t + 10$$

$$= \int_0^x (1 + t) \, \mathrm{d}t + 10$$

$$= x + \frac{x^2}{2} + 10.$$

总收益为边际收益的原函数，且当 $x=0$ 时，$R(0)=0$，故

$$R(x) = R(x) - R(0) = \int_0^x R'(t)\,dt = \int_0^x (21-t)\,dt = 21x - \frac{x^2}{2}.$$

总利润函数为

$$L(x) = R(x) - C(x) = 21x - \frac{x^2}{2} - \left(x + \frac{x^2}{2} + 10\right) = 20x - x^2 - 10.$$

令 $L'(x) = 20 - 2x = 0$，得 $x=10$，且 $L''(10) = -2 < 0$，因此生产 10 单位产品时，总利润最大，且最大利润为 $L(10) = 90$ 万元.

习题 6.5

1. 计算下列各组曲线所围成的图形的面积：

(1) $y=x^2$ 与 $y^2=x$；

(2) $y=x^2$ 与 $y=2x+3$；

(3) $y=x^3$ 与 $y=2x-x^2 (x \geqslant 0)$；

(4) $y^2=2x$ 与 $y=x-4$.

2. 求由 $y=x^2$、$y=4x-4$ 及 x 轴所围成的平面图形的面积.

3. 求由曲线 $y=x(x-1)(2-x)$ 与 x 轴围成的平面图形的面积.

4. 求由曲线 $y=e^x$ 与其过原点的切线及 y 轴所围成的平面图形的面积.

5. 设 D 为由 $y=\sqrt{x}$，$y=x-2$ 及 x 轴所围的有界平面区域，求 D 绕 x 轴旋转一周所得的旋转体的体积.

6. 求曲线 $y=\sqrt{x}$ 与直线 $x=1$，$x=4$，$y=0$ 所围成的平面图形绕 y 轴旋转一周产生的旋转体的体积.

7. 已知某产品生产 x 单位时，边际收益为 $R'(x) = 10 - 0.1x$，求总收益 $R(x)$ 及平均收益 $\bar{R}(x)$.

6.6 反常积分

在定积分的定义里，有两个基本条件：积分限有限和被积函数有界. 但在实际生活中，有些问题突破了这两个限制条件，这就需要我们研究无穷区间或无界函数的积分，这些积分称为反常积分或广义积分，它们已经不属于定积分.

6.6.1 无穷限的反常积分

定义 6.6.1 设函数 $f(x)$ 在区间 $[a, +\infty)$ 上连续，取 $b>a$. 如果极限

$$\lim_{b \to +\infty} \int_a^b f(x)\,dx$$

存在，则称此极限为函数 $f(x)$ 在 $[a, +\infty)$ 上的无穷限的反常积分，记作 $\int_a^{+\infty} f(x)\,dx$，即

$$\int_a^{+\infty} f(x)\,\mathrm{d}x = \lim_{b\to+\infty}\int_a^b f(x)\,\mathrm{d}x.$$

这时也称反常积分 $\displaystyle\int_a^{+\infty} f(x)\,\mathrm{d}x$ 收敛，否则称反常积分 $\displaystyle\int_a^{+\infty} f(x)\,\mathrm{d}x$ 发散.

同理，可定义函数 $f(x)$ 在 $(-\infty,b]$ 上的无穷限的反常积分

$$\int_{-\infty}^b f(x)\,\mathrm{d}x = \lim_{a\to-\infty}\int_a^b f(x)\,\mathrm{d}x.$$

因 $\displaystyle\int_{-\infty}^{+\infty} f(x)\,\mathrm{d}x = \int_{-\infty}^c f(x)\,\mathrm{d}x + \int_c^{+\infty} f(x)\,\mathrm{d}x$（$c$ 为任一常数），故反常积分 $\displaystyle\int_{-\infty}^{+\infty} f(x)\,\mathrm{d}x$ 收敛的充要条件是 $\displaystyle\int_{-\infty}^c f(x)\,\mathrm{d}x$ 和 $\displaystyle\int_c^{+\infty} f(x)\,\mathrm{d}x$ 均收敛，即这两个反常积分只要有一个不存在，则称 $\displaystyle\int_{-\infty}^{+\infty} f(x)\,\mathrm{d}x$ 发散.

为了书写方便，计算反常积分时，有类似于定积分的牛顿-莱布尼茨公式：设 $F(x)$ 是连续函数 $f(x)$ 的一个原函数，则

$$\int_a^{+\infty} f(x)\,\mathrm{d}x = F(x)\Big|_a^{+\infty} = \lim_{x\to+\infty}F(x) - F(a),$$

$$\int_{-\infty}^b f(x)\,\mathrm{d}x = F(x)\Big|_{-\infty}^b = F(b) - \lim_{x\to-\infty}F(x),$$

$$\int_{-\infty}^{+\infty} f(x)\,\mathrm{d}x = F(x)\Big|_{-\infty}^{+\infty} = \lim_{x\to+\infty}F(x) - \lim_{x\to-\infty}F(x).$$

例 6.6.1　求曲线 $y=\dfrac{1}{x^2}$、x 轴以及直线 $x=1$ 所围成的右半开口平面图形的面积.

解　由定积分的几何意义知

$$S = \int_1^{+\infty}\frac{\mathrm{d}x}{x^2} = -\frac{1}{x}\Big|_1^{+\infty} = -\left(\lim_{x\to+\infty}\frac{1}{x} - \frac{1}{1}\right) = 1.$$

例 6.6.2　计算反常积分 $\displaystyle\int_0^{+\infty} x\mathrm{e}^{-x}\,\mathrm{d}x$.

解　$\displaystyle\int_0^{+\infty} x\mathrm{e}^{-x}\,\mathrm{d}x = -\int_0^{+\infty} x\mathrm{d}\mathrm{e}^{-x} = -\left(x\mathrm{e}^{-x}\Big|_0^{+\infty} - \int_0^{+\infty}\mathrm{e}^{-x}\,\mathrm{d}x\right)$

$$= -\left(\lim_{x\to+\infty} x\mathrm{e}^{-x} - 0 + (\mathrm{e}^{-x})\Big|_0^{+\infty}\right)$$

$$= -\lim_{x\to+\infty}\frac{x}{\mathrm{e}^x} - (\mathrm{e}^{-x})\Big|_0^{+\infty}$$

$$= -\lim_{x\to+\infty}\frac{x}{\mathrm{e}^x} - \lim_{x\to+\infty}\frac{1}{\mathrm{e}^x} + 1.$$

由洛必达法则知 $\lim\limits_{x\to+\infty}\dfrac{x}{e^x}=\lim\limits_{x\to+\infty}\dfrac{1}{e^x}=0$，故

$$\int_0^{+\infty}xe^{-x}dx=1.$$

例 6.6.3   证明：反常积分 $\int_1^{+\infty}\dfrac{dx}{x^p}$，当 $p>1$ 时收敛，当 $p\le1$ 时发散.

证   当 $p=1$ 时，$\int_1^{+\infty}\dfrac{dx}{x}=\ln x\Big|_1^{+\infty}=\lim\limits_{x\to+\infty}\ln x-\ln1=+\infty$.

当 $p<1$ 时，$\int_1^{+\infty}\dfrac{dx}{x^p}=\int_1^{+\infty}x^{-p}dx=\dfrac{x^{-p+1}}{-p+1}\Big|_1^{+\infty}=\lim\limits_{x\to+\infty}\dfrac{x^{1-p}}{1-p}+\dfrac{1}{p-1}=+\infty$.

当 $p>1$ 时，$\int_1^{+\infty}\dfrac{dx}{x^p}=\int_1^{+\infty}x^{-p}dx=\dfrac{x^{-p+1}}{-p+1}\Big|_1^{+\infty}=\lim\limits_{x\to+\infty}\dfrac{x^{1-p}}{1-p}+\dfrac{1}{p-1}=\dfrac{1}{p-1}$.

故反常积分 $\int_1^{+\infty}\dfrac{dx}{x^p}$，当 $p>1$ 时收敛，当 $p\le1$ 时发散.

6.6.2 无界函数的反常积分

定义 6.6.2   函数 $f(x)$ 在区间 $(a,b]$ 上连续，在 $x=a$ 点的右邻域内无界. 任取 $\varepsilon>0$，若极限

$$\lim_{\varepsilon\to0^+}\int_{a+\varepsilon}^b f(x)dx$$

存在，则称此极限为无界函数 $f(x)$ 在 $(a,b]$ 上的反常积分，仍然记作 $\int_a^b f(x)dx$，即

$$\int_a^b f(x)dx=\lim_{\varepsilon\to0^+}\int_{a+\varepsilon}^b f(x)dx.$$

这时也称反常积分 $\int_a^b f(x)dx$ 收敛，否则称反常积分 $\int_a^b f(x)dx$ 发散.

这里 $x=a$ 点称为函数 $f(x)$ 的瑕点，无界函数的反常积分 $\int_a^b f(x)dx$ 也称为瑕积分.

为了书写方便，此类反常积分计算时，也有类似于定积分的牛顿-莱布尼茨公式：设 $F(x)$ 是 $f(x)$ 的一个原函数，若左端点

$x=a$ 为函数 $f(x)$ 的瑕点，无界函数 $f(x)$ 在 $(a,b]$ 上的反常积分

$$\int_a^b f(x)\,\mathrm{d}x = F(x)\Big|_a^b = F(b) - \lim_{x\to a^+} F(x).$$

类似地，若右端点 $x=b$ 为函数 $f(x)$ 的瑕点，无界函数 $f(x)$ 在 $[a,b)$ 上的反常积分

$$\int_a^b f(x)\,\mathrm{d}x = F(x)\Big|_a^b = \lim_{x\to b^-} F(x) - F(a).$$

若瑕点 $x=c$ 在区间 $[a,b]$ 的内部出现，即 $a<c<b$，反常积分

$$\int_a^b f(x)\,\mathrm{d}x = \int_a^c f(x)\,\mathrm{d}x + \int_c^b f(x)\,\mathrm{d}x = \lim_{x\to c^-} F(x) - F(a) + F(b) - \lim_{x\to c^+} F(x).$$

它当且仅当右端的两个极限均存在时才收敛，即右端两个极限只要有一个不存在，则称反常积分 $\int_a^b f(x)\,\mathrm{d}x$ 发散.

例 6.6.4　计算反常积分 $\displaystyle\int_0^1 \frac{1}{\sqrt{1-x^2}}\,\mathrm{d}x$.

解　显然积分上限 $x=1$ 是被积函数 $\dfrac{1}{\sqrt{1-x^2}}$ 的瑕点，于是有

$$\int_0^1 \frac{1}{\sqrt{1-x^2}}\,\mathrm{d}x = \arcsin x\Big|_0^1 = \lim_{x\to 1^-}\arcsin x - \arcsin 0 = \frac{\pi}{2}.$$

例 6.6.5　计算反常积分 $\displaystyle\int_{-1}^1 \frac{1}{x}\,\mathrm{d}x$.

解　$x=0$ 是被积函数 $\dfrac{1}{x}$ 的瑕点，瑕点 $x=0$ 在区间 $[-1,1]$ 的内部，故

$$\int_{-1}^1 \frac{1}{x}\,\mathrm{d}x = \int_{-1}^0 \frac{1}{x}\,\mathrm{d}x + \int_0^1 \frac{1}{x}\,\mathrm{d}x$$

$$= \lim_{x\to 0^-}\ln|x| - \ln|-1| + \ln|1| - \lim_{x\to 0^+}\ln|x|.$$

因为 $\lim\limits_{x\to 0^-}\ln|x|$ 不存在，故反常积分 $\displaystyle\int_{-1}^1 \frac{1}{x}\,\mathrm{d}x$ 发散.

注： 有关此题的做法 $\displaystyle\int_{-1}^1 \frac{1}{x}\,\mathrm{d}x = \ln|x|\ \Big|_{-1}^1 = 0$ 是错误的.

例 6.6.6　证明：反常积分 $\displaystyle\int_0^1 \frac{\mathrm{d}x}{x^p}$，当 $0<p<1$ 时收敛，当 $p\geqslant 1$ 时发散.

证　当 $p=1$ 时，$\displaystyle\int_0^1 \frac{\mathrm{d}x}{x} = \ln x\Big|_0^1 = \ln 1 - \lim_{x\to 0^+}\ln x = +\infty$.

当 $0<p<1$ 时，$\displaystyle\int_0^1 \frac{\mathrm{d}x}{x^p} = \int_0^1 x^{-p}\,\mathrm{d}x = \frac{x^{-p+1}}{-p+1}\Big|_0^1 = \frac{1}{1-p} - $

$$\lim_{x \to 0^+} \frac{x^{1-p}}{1-p} = \frac{1}{1-p}.$$

当 $p > 1$ 时，$\int_0^1 \frac{dx}{x^p} = \int_0^1 x^{-p} dx = \left. \frac{x^{-p+1}}{-p+1} \right|_0^1 = \frac{1}{1-p} - \lim_{x \to 0^+} \frac{x^{1-p}}{1-p} = +\infty.$

故反常积分 $\int_0^1 \frac{dx}{x^p}$，当 $0 < p < 1$ 时收敛，当 $p \geq 1$ 时发散.

注：

（1）有时通过换元，反常积分和定积分可以互相转化. 如例

6. 6. 4 中令 $x = \sin t$，$0 \leq t \leq \frac{\pi}{2}$，则 $\int_0^1 \frac{1}{\sqrt{1-x^2}} dx = \int_0^{\frac{\pi}{2}} dt.$

（2）当题目中同时含有两类反常积分时，通常应根据积分区间的可加性，在瑕点处划分区间，并分别计算两类反常积分.

习题 6. 6

1. 判断下列反常积分的敛散性：

（1）$\int_0^1 \frac{dx}{x^2}$；

（2）$\int_1^{+\infty} \frac{dx}{x\sqrt{x}}$；

（3）$\int_0^{+\infty} e^{-2x} dx$；

（4）$\int_0^1 \frac{x dx}{\sqrt{1-x^2}}$；

（5）$\int_0^{+\infty} \frac{\arctan x}{1+x^2} dx$；

（6）$\int_0^2 \frac{dx}{\sqrt{4-x^2}}$；

（7）$\int_{-\infty}^{+\infty} \frac{1}{x^2+2x+2} dx$；　（8）$\int_{-\infty}^{+\infty} \frac{x}{1+x^2} dx.$

2. 计算下列反常积分：

（1）$\int_1^{+\infty} \frac{\ln x}{x^2} dx$；　　　（2）$\int_0^{+\infty} x^2 e^{-x} dx.$

3. 当常数 k 为何值时，反常积分 $\int_2^{+\infty} \frac{1}{x(\ln x)^k} dx$ 收敛？当 k 为何值时其发散？

总习题 6

1. 选择题：

（1）设 $M = \int_{-\frac{\pi}{2}}^{\frac{\pi}{2}} \frac{\sin x}{1+x^2} dx$，$N = \int_{-\frac{\pi}{2}}^{\frac{\pi}{2}} (\sin^3 x + \cos^4 x) dx$，$P = \int_{-\frac{\pi}{2}}^{\frac{\pi}{2}} (x^2 \sin^3 x - \cos^4 x) dx$，则有 [　　].

（A）$M < P < N$　　　（B）$N < P < M$

（C）$N < M < P$　　　（D）$P < M < N$

（2）设 $f(x) = \int_0^{x^2} \sqrt{t}(t-1) dt$，则下列结论中正确的是 [　　].

（A）$f(-1)$ 是极大值，$f(1)$ 是极小值

（B）$f(-1)$ 是极小值，$f(1)$ 是极大值

（C）$f(-1)$ 和 $f(1)$ 是极小值，$f(0)$ 是极大值

（D）$f(-1)$ 和 $f(1)$ 是极大值，$f(0)$ 是极小值

（3）设函数 $I_k = \int_0^{k\pi} e^{x^2} \sin x dx (k = 1,2,3)$，则有 [　　].

（A）$I_1 < I_2 < I_3$　　　（B）$I_3 < I_2 < I_1$

（C）$I_2 < I_3 < I_1$　　　（D）$I_2 < I_1 < I_3$

（4）设函数 $F(x) = \int_x^{x+2\pi} e^{\cos t} \cos t dt$，则下列结论正确的是 [　　].

（A）$F(x)$ 为正的常数

（B）$F(x)$ 为负的常数

（C）$F(x)$ 恒等于零

（D）$F(x)$ 不是常数

（5）设函数 $f(x)$ 连续，则下列函数中，必为偶函数的是[　　].

(A) $\int_0^x f(t)\,\mathrm{d}t$

(B) $\int_0^x f(t^2)\,\mathrm{d}t$

(C) $\int_0^x t[f(t)+f(-t)]\,\mathrm{d}t$

(D) $\int_0^x t[f(t)-f(-t)]\,\mathrm{d}t$

（6）设函数 $f(x)$ 连续，则 $\dfrac{\mathrm{d}}{\mathrm{d}x}\displaystyle\int_0^x tf(x^2-t^2)\,\mathrm{d}t =$ [　　].

(A) $xf(x^2)$ 　　　　(B) $-xf(x^2)$

(C) $2xf(x^2)$ 　　　　(D) $-2xf(x^2)$

（7）已知 $\displaystyle\int_{-\infty}^{+\infty} e^{-x^2}\,\mathrm{d}x = \sqrt{\pi}$，$a\in\mathbf{R}$，$b>0$，则 $\displaystyle\int_{-\infty}^{+\infty} e^{-\frac{(x-a)^2}{b}}\,\mathrm{d}x =$ [　　].

(A) $\sqrt{b\pi}$ 　　　　(B) $\sqrt{\dfrac{\pi}{b}}$

(C) $\sqrt{\pi}$ 　　　　(D) $\sqrt{\dfrac{|a|\pi}{b}}$

2. 求下列极限：

（1）$\displaystyle\lim_{n\to\infty}\sum_{k=1}^{n}\frac{k}{n^2}\ln\left(1+\frac{k}{n}\right)$；

（2）$\displaystyle\lim_{n\to\infty}n\left(\frac{1}{1+n^2}+\frac{1}{2^2+n^2}+\cdots+\frac{1}{n^2+n^2}\right)$；

（3）$\displaystyle\lim_{n\to\infty}\frac{1}{n}\left(\sqrt{1+\cos\frac{\pi}{n}}+\sqrt{1+\cos\frac{2\pi}{n}}+\cdots+\sqrt{1+\cos\frac{n\pi}{n}}\right)$.

3. 计算下列定积分：

（1）$\displaystyle\int_1^2 \frac{1}{x^3}e^{\frac{1}{x}}\,\mathrm{d}x$；

（2）$\displaystyle\int_0^{\pi^2}\sqrt{x}\cos\sqrt{x}\,\mathrm{d}x$；

（3）$\displaystyle\int_0^2 x\sqrt{2x-x^2}\,\mathrm{d}x$.

4. 过点 $(0,1)$ 作曲线 $L:y=\ln x$ 的切线，切点为 A，又 L 与 x 轴交于点 B，区域 D 由 L 与直线 AB 围成，求区域 D 的面积及 D 绕 x 轴旋转一周所得旋转体的体积.

5. 已知某产品生产 x 单位时，边际成本为 $C'(x)=2$（万元/单位），固定成本为 1（万元），边际收益为 $R'(x)=10-2x$（万元/单位）.

（1）问生产多少单位产品时总利润 $L(x)$ 最大？

（2）达到最大利润的产量时，又多生产了 2 单位，利润减少了多少万元？

6. 证明：若 $f(x)$ 在 $[a,b]$ 上连续，$g(x)$ 在 $[a,b]$ 上连续且不变号，则存在 $\xi\in[a,b]$，使得
$$\int_a^b f(x)g(x)\,\mathrm{d}x = f(\xi)\int_a^b g(x)\,\mathrm{d}x.$$

7. 证明：若 $f(x)$ 为连续函数，则
$$\int_0^x\left[\int_0^u f(x)\,\mathrm{d}x\right]\mathrm{d}u = \int_0^x (x-u)f(u)\,\mathrm{d}u.$$

8. 证明：若 $f(0)=0$，$f'(x)$ 在 $[0,a]$ 上连续，且 $M=\max|f'(x)|$，则
$$\left|\int_0^a f(x)\,\mathrm{d}x\right| \leqslant \frac{1}{2}a^2 M.$$

第7章

无穷级数

无穷级数是高等数学的一个重要组成部分，在现代数学方法中占有重要的地位. 在历史上，人们需要借助它用有理数近似地表示某些无理数；在现代数学中，它常被用于利用简单的初等函数表示非初等函数，进而进行求导、求微分和求积分等运算. 无穷级数已经成为表示函数、研究函数的性质以及进行数值计算的一种重要工具. 本章讨论数项级数和函数项级数两个部分. 其中，数项级数部分的内容主要包含数项级数的概念、性质和收敛判别法；函数项级数部分的内容主要包含函数项级数的敛散性，幂级数的概念、性质和简单应用等.

7.1 无穷级数的概念

7.1.1 常数项级数的概念

在《庄子·天下篇》中有"一尺之棰，日取其半，万世不竭"的描述. 如果我们把每天取下来的长度加起来，得到一个无穷多项数的和

$$\frac{1}{2}+\frac{1}{4}+\frac{1}{8}+\frac{1}{16}+\cdots+\frac{1}{2^n}+\cdots,$$

在这个式子中有无穷多项相加，它们的总长度应该等于 1. 再看一个无穷多项相加的例子

$$1-1+1-\cdots+(-1)^{n-1}+\cdots,$$

如果直接将这个式子改写为

$$(1-1)+(1-1)+\cdots+(1-1)+\cdots=0+0+\cdots+0+\cdots,$$

那么其结果为 0. 如果把这个式子改写为

$$1+[(-1)+1]+[(-1)+1]+\cdots+[(-1)+1]+\cdots=1+0+\cdots+0+\cdots.$$

那么其结果"等于"1. 可以看到，同样的式子在不同角度下得到的结果完全不同. 在第一个例子中，"无限个数相加"的结果是一个确定的数，它的"和"为 1；而第二个式子中"无限个数相加"则得到

了不同的"和". 由此, 我们会产生这样的疑问: "无限个数相加"是否存在"和"? 或者什么情况下存在"和", 什么情况下不存在? 如果存在, 那么"和"又是什么? 这两个例子告诉我们, "无限个数相加"不能简单地引用有限个数相加的概念, 而是需要建立相应的理论来专门的研究. 由此引入级数的概念.

> **定义 7.1.1** 给定一个数列 $\{u_n\}$, 将其各项依次相加, 得到的表达式
>
> $$\sum_{n=1}^{\infty} u_n = u_1 + u_2 + \cdots + u_n + \cdots \qquad (7\text{-}1\text{-}1)$$
>
> 称为**数项级数**或者**无穷级数**(也常简称为**级数**), 其中 u_n 称为数项级数(7-1-1)的通项(也称一般项). 级数(7-1-1)的前 n 项之和, 记为
>
> $$s_n = \sum_{i=1}^{n} u_i = u_1 + u_2 + \cdots + u_n. \qquad (7\text{-}1\text{-}2)$$
>
> 称它为数项级数(7-1-1)的**第 n 次部分和**, 或者**前 n 项部分和**. 由部分和构成的数列 $\{s_n\}$ 称为该级数的**部分和数列**.

如果级数(7-1-1)的部分和数列 $\{s_n\}$ 存在极限, 即 $\lim\limits_{n\to\infty} s_n = s$, 则称级数 $\sum\limits_{n=1}^{\infty} u_n$ **收敛**, 并称 s 为该级数的和, 记作 $s = \sum\limits_{n=1}^{\infty} u_n$. 如果部分和数列 $\{s_n\}$ 不存在极限, 就称级数 $\sum\limits_{n=1}^{\infty} u_n$ **发散**. 发散的级数没有和数.

当级数收敛时, 其和与部分和的差

$$R_n = s - \sum_{i=1}^{n} u_i = u_{n+1} + u_{n+2} + \cdots \qquad (7\text{-}1\text{-}3)$$

称为级数的余项. 它的绝对值 $|R_n|$ 就是用部分和 s_n 代替级数和 s 的误差.

从定义 7.1.1 可以知道, 级数是无穷多个数求和的问题, 其和与数列极限有着紧密的联系. 极限的和是由数列中前有限个数的求和取极限确定的.

例 7.1.1 研究级数 $\sum\limits_{n=1}^{\infty} \dfrac{1}{n(n+1)}$ 的收敛性.

解 由 $\dfrac{1}{n(n+1)} = \dfrac{1}{n} - \dfrac{1}{n+1}$ 得到级数的前 n 项和为

$$s_n = \frac{1}{1} - \frac{1}{2} + \frac{1}{2} - \frac{1}{3} + \cdots + \frac{1}{n-1} - \frac{1}{n} + \frac{1}{n} - \frac{1}{n+1}$$

$$= 1 - \frac{1}{n+1}.$$

于是得到 $\lim\limits_{n \to \infty} s_n = \lim\limits_{n \to \infty} \left(1 - \frac{1}{n+1} \right) = 1.$ 因此该级数收敛，并且

$$\sum_{n=1}^{\infty} \frac{1}{n(n+1)} = 1.$$

例 7.1.2　证明级数

$$1 + 2 + 3 + \cdots + n + \cdots$$

是发散的.

证　该级数的前 n 项和为

$$s_n = 1 + 2 + 3 + \cdots + n = \frac{n(n+1)}{2},$$

由于 $\lim\limits_{n \to \infty} s_n = \infty$，因此所给级数是发散的.

7.1.2　级数的性质

下面介绍级数的一些基本性质. 这些性质本质上是根据极限的基本性质得到的.

性质 1（级数收敛的必要条件）　若级数 $\sum\limits_{n=1}^{\infty} u_n$ 收敛，则 $\lim\limits_{n \to \infty} u_n = 0.$

证　设级数的部分和为 s_n，且 $s_n \to s(n \to \infty)$，则

$$\lim_{n \to \infty} u_n = \lim_{n \to \infty} (s_n - s_{n-1}) = \lim_{n \to \infty} s_n - \lim_{n \to \infty} s_{n-1} = s - s = 0.$$

注：级数的通项趋向于 0 只是级数收敛的必要条件，而不是充分条件. 有些级数的通项虽然趋向于 0，但仍然是发散的. 例如，调和级数

$$1 + \frac{1}{2} + \frac{1}{3} + \cdots + \frac{1}{n} + \cdots, \tag{7-1-4}$$

虽然它的通项 $u_n = \frac{1}{n} \to 0 (n \to \infty)$，但它是发散的. 利用反证法证明如下：

假设调和级数（7-1-4）收敛，那么它的部分和 $s_n \to s(n \to \infty)$. 此时，对于它的部分和 s_{2n}，也有 $s_{2n} \to s(n \to \infty)$. 于是

$$s_{2n} - s_n \to s - s = 0 \quad (n \to \infty),$$

但是，

$$s_{2n} - s_n = \frac{1}{n+1} + \frac{1}{n+2} + \cdots + \frac{1}{2n} > \underbrace{\frac{1}{2n} + \frac{1}{2n} + \cdots + \frac{1}{2n}}_{n\text{项}} = \frac{1}{2},$$

显然

$$\lim_{n \to \infty} (s_{2n} - s_n) > \frac{1}{2} \neq 0,$$

这与级数(7-1-4)收敛矛盾，从而调和级数必定发散.

> **性质 2**(数乘运算：乘法与加法的分配律)　若级数 $\sum\limits_{n=1}^{\infty} u_n$ 收敛，c 是一常数，则级数 $\sum\limits_{n=1}^{\infty} cu_n$ 收敛，且 $\sum\limits_{n=1}^{\infty} cu_n = c\sum\limits_{n=1}^{\infty} u_n$.

证　设级数 $\sum\limits_{n=1}^{\infty} u_n$ 收敛于 s，$\sum\limits_{n=1}^{\infty} u_n$ 和 $\sum\limits_{n=1}^{\infty} cu_n$ 的部分和分别为 s_n 和 σ_n，则有

$$\sigma_n = cu_1 + cu_2 + \cdots + cu_n = cs_n,$$

于是

$$\lim_{n \to \infty} \sigma_n = \lim_{n \to \infty} cs_n = c \lim_{n \to \infty} s_n = cs,$$

这说明级数 $\sum\limits_{n=1}^{\infty} cu_n$ 收敛，且收敛于 cs，即

$$\sum_{n=1}^{\infty} cu_n = c \sum_{n=1}^{\infty} u_n.$$

由证明过程可知，如果 c 不为 0 且 $\{s_n\}$ 不收敛时，$\{\sigma_n\}$ 也不可能有极限. 因此我们可以得到：**级数的每一项同乘以一个不为零的常数，它的收敛性质不会发生改变.**

> **性质 3**(加法运算)　若级数 $\sum\limits_{n=1}^{\infty} u_n$ 与 $\sum\limits_{n=1}^{\infty} v_n$ 均收敛，则级数 $\sum\limits_{n=1}^{\infty} (u_n \pm v_n)$ 收敛，且 $\sum\limits_{n=1}^{\infty} (u_n \pm v_n) = \sum\limits_{n=1}^{\infty} u_n \pm \sum\limits_{n=1}^{\infty} v_n$.

证　设级数 $\sum\limits_{n=1}^{\infty} u_n$ 与 $\sum\limits_{n=1}^{\infty} v_n$ 分别收敛到 s 和 σ，其部分和分别为 s_n 和 σ_n，则级数 $\sum\limits_{n=1}^{\infty} (u_n \pm v_n)$ 的部分和

$$
\begin{aligned}
\tau_n &= (u_1 \pm v_1) + (u_2 \pm v_2) + \cdots + (u_n \pm v_n) \\
&= (u_1 + u_2 + \cdots + u_n) \pm (v_1 + v_2 + \cdots + v_n) = s_n \pm \sigma_n,
\end{aligned}
$$

从而

$$\lim_{n \to \infty} \tau_n = \lim_{n \to \infty} s_n \pm \lim_{n \to \infty} \sigma_n = s \pm \sigma,$$

这表明 $\sum\limits_{n=1}^{\infty} (u_n \pm v_n)$ 收敛，且有 $\sum\limits_{n=1}^{\infty} (u_n \pm v_n) = \sum\limits_{n=1}^{\infty} u_n \pm \sum\limits_{n=1}^{\infty} v_n$.

性质 3 也可以表述为：**两个收敛级数可以逐项相加或者逐项相减.** 需要注意的是，该性质的反面是不成立的，例如

$$\sum_{n=1}^{\infty}\left[\,(-1)^{n}+(-1)^{n+1}\,\right]\neq\sum_{n=1}^{\infty}(-1)^{n}+\sum_{n=1}^{\infty}(-1)^{n+1}.$$

> **性质 4**（级数的收敛性与其任意有限项的值无关）　改变级数任意有限项的值，不改变级数的收敛性.

证　设级数 $\sum\limits_{n=1}^{\infty}a_{n}$ 与 $\sum\limits_{n=1}^{\infty}b_{n}$ 只有有限项的值不同，则可以找到某一个数 $N>0$，使得当 $n>N$ 时，两级数的通项是一样的，即 $a_{n}=b_{n}$.

记 $s_{n}=\sum\limits_{k=1}^{n}a_{k}$，$\bar{s}_{n}=\sum\limits_{k=1}^{n}b_{k}$，则当 $n>N$ 时，

$$s_{n}-\bar{s}_{n}=\sum_{k=1}^{N}(a_{k}-b_{k}).$$

这是有限项的和，因此是一个常数. 所以，$\lim\limits_{n\to\infty}s_{n}$ 与 $\lim\limits_{n\to\infty}\bar{s}_{n}$ 同时存在，或同时不存在.

性质 4 也可以表述为：**在级数中去掉、加上或者改变有限项，不会改变级数的收敛性.**

> **性质 5**（收敛级数的重组：加法运算的结合律）　若级数 $\sum\limits_{n=1}^{\infty}u_{n}$ 收敛，则在级数中任意添加括号后，得到的新级数
> $$(u_{1}+u_{2}+\cdots+u_{n_{1}})+(u_{n_{1}+1}+\cdots+u_{n_{2}})+\cdots+(u_{n_{k-1}+1}+\cdots+u_{n_{k}})+\cdots$$
> $$\tag{7-1-5}$$
> 仍收敛，且其和不变.

证　设级数 $\sum\limits_{n=1}^{\infty}u_{n}$ 的和为 s. 用 w_{m} 表示新级数（7-1-5）的前 m 项部分和，s_{n} 表示级数 $\sum\limits_{n=1}^{\infty}u_{n}$ 与 w_{m} 对应的前 n 项部分和，即 $w_{m}=s_{n}$. 显然，$m\leqslant n$，当 $m\to\infty$，$n\to\infty$. 于是

$$\lim_{m\to\infty}w_{m}=\lim_{n\to\infty}s_{n}=s,$$

得证.

反之，如果加括号之后得到的新级数发散，则原级数也必然发散. 这可以利用反证法证明：如果原级数收敛，则根据性质 5，加括号之后的新级数也是收敛的，与前提条件矛盾.

值得注意的是，发散级数加括号后有可能收敛. 例如，发散级数 $\sum\limits_{n=1}^{\infty}(-1)^{n+1}$. 如果将其相邻两项加上括号，则可以得到

$$(1-1)+(1-1)+\cdots+(1-1)+\cdots=0+0+\cdots+0+\cdots=0$$

收敛.

反过来说，一个收敛级数去掉括号后不一定是收敛的. 特别地，如果一个级数的各项都是非负的，即 $u_n \geq 0$，无论加括号或者去括号，都不会影响它的收敛性.

例 7.1.3　讨论几何级数（也称等比级数）

$$\sum_{i=0}^{\infty} aq^i = a + aq + aq^2 + \cdots + aq^i + \cdots (a \neq 0)$$

的收敛性.

解　如果 $q=1$，则级数的部分和 $s_n = na \to \infty$（$n \to \infty$），因此级数发散；

如果 $q=-1$，则原级数可写成为

$$a - a + a - a + \cdots.$$

其部分和 s_n 随着 n 取奇数或者偶数等于 a 或者 0，此时 s_n 的极限不存在，级数发散；

如果 $|q| \neq 1$，则级数的部分和为

$$s_n = a + aq + \cdots + aq^{n-1} = \frac{a - aq^n}{1-q}.$$

当 $|q| < 1$ 时，$\lim_{n \to \infty} q^n = 0$，从而 $\lim_{n \to \infty} s_n = \frac{a}{1-q}$，此时级数收敛；

当 $|q| > 1$ 时，$\lim_{n \to \infty} q^n = \infty$，从而 $\lim_{n \to \infty} s_n = \infty$，此时级数发散.

综上可知，几何级数在 $|q| < 1$ 时是收敛的，在 $|q| \geq 1$ 时是发散的.

*7.1.3　级数收敛的柯西准则

对于如何判定一个级数是收敛还是发散，可以利用级数收敛的柯西准则来判定.

定理　级数 $\sum_{n=1}^{\infty} u_n$ 收敛的充分必要条件为：对于任意给定的正数 ε，总存在正整数 N，使得当 $n > N$ 时，对于任意的正整数 p，都有

$$|u_{n+1} + u_{n+2} + \cdots + u_{n+p}| < \varepsilon$$

成立.

证　设级数 $\sum_{n=1}^{\infty} u_n$ 的部分和为 s_n，由于

$$|u_{n+1} + u_{n+2} + \cdots + u_{n+p}| = |s_{n+p} - s_n|,$$

考察由部分和数列所对应的数列，根据数列的柯西极限存在准则，

即可得到定理结论.

例 7.1.4　利用级数收敛的柯西准则判定级数 $\sum\limits_{n=1}^{\infty} \dfrac{1}{n^2}$ 的收敛性.

解　对于任意正整数 p,

$$\left| u_{n+1} + u_{n+2} + \cdots + u_{n+p} \right|$$

$$= \frac{1}{(n+1)^2} + \frac{1}{(n+2)^2} + \cdots + \frac{1}{(n+p)^2}$$

$$< \frac{1}{n(n+1)} + \frac{1}{(n+1)(n+2)} + \cdots + \frac{1}{(n+p-1)(n+p)}$$

$$= \left(\frac{1}{n} - \frac{1}{n+1} \right) + \left(\frac{1}{n+1} - \frac{1}{n+2} \right) + \cdots + \left(\frac{1}{n+p-1} - \frac{1}{n+p} \right)$$

$$= \frac{1}{n} - \frac{1}{n+p} < \frac{1}{n},$$

于是对于任意给定 $\varepsilon > 0$, 取正整数 $N \geqslant \dfrac{1}{\varepsilon}$, 当 $n > N$ 时, 对于任意

的正整数 p, 都有

$$\left| u_{n+1} + u_{n+2} + \cdots + u_{n+p} \right| < \varepsilon$$

成立. 根据级数收敛的柯西准则, 级数 $\sum\limits_{n=1}^{\infty} \dfrac{1}{n^2}$ 收敛.

习题 7.1

1. 写出下列级数的前五项:

(1) $\sum\limits_{n=1}^{\infty} \dfrac{1+n}{1+n^3}$;

(2) $\sum\limits_{n=1}^{\infty} \dfrac{1 \cdot 3 \cdot \cdots \cdot (2n-1)}{2 \cdot 4 \cdot \cdots \cdot 2n}$;

(3) $\sum\limits_{n=1}^{\infty} \dfrac{(-1)^{n-1}}{5^{2n+3}}$;

(4) $\sum\limits_{n=1}^{\infty} \dfrac{n!}{n^n}$.

2. 利用级数收敛与发散的定义判定下列级数的收敛性:

(1) $\sum\limits_{n=1}^{\infty} \left(\sqrt{n+1} - \sqrt{n} \right)$;

(2) $\dfrac{1}{1 \cdot 3} + \dfrac{1}{3 \cdot 5} + \dfrac{1}{5 \cdot 7} + \cdots + \dfrac{1}{(2n-1) \cdot (2n+1)} + \cdots$;

(3) $\sin \dfrac{\pi}{6} + \sin \dfrac{2\pi}{6} + \cdots + \sin \dfrac{n\pi}{6} + \cdots$;

(4) $\sum\limits_{n=1}^{\infty} \ln \left(1 + \dfrac{1}{n} \right)$.

3. 判定下列级数的收敛性:

(1) $-\dfrac{8}{9} + \dfrac{8^2}{9^2} - \dfrac{8^3}{9^3} + \cdots + (-1)^n \dfrac{8^n}{9^n} + \cdots$;

(2) $\dfrac{1}{3} + \dfrac{1}{6} + \dfrac{1}{9} + \cdots + \dfrac{1}{3n} + \cdots$;

(3) $\dfrac{1}{3} + \dfrac{1}{\sqrt{3}} + \dfrac{1}{\sqrt[3]{3}} + \cdots + \dfrac{1}{\sqrt[n]{3}} + \cdots$;

(4) $\dfrac{3}{2} + \dfrac{3^2}{2^2} + \dfrac{3^3}{2^3} + \cdots + \dfrac{3^n}{2^n} + \cdots$;

(5) $\left(\dfrac{1}{2} + \dfrac{1}{3} \right) + \left(\dfrac{1}{2^2} + \dfrac{1}{3^2} \right) + \left(\dfrac{1}{2^3} + \dfrac{1}{3^3} \right) + \cdots + \left(\dfrac{1}{2^n} + \dfrac{1}{3^n} \right) + \cdots$.

4. 求下列级数的和:

(1) $\sum\limits_{n=1}^{\infty} \dfrac{1}{n(n+1)(n+2)}$;

(2) $\displaystyle\sum_{n=1}^{\infty} \frac{1}{(3n-2)(3n+1)}$.

*5. 利用柯西判别法判定下列级数的收敛性:

(1) $\displaystyle\sum_{n=1}^{\infty} \frac{(-1)^n}{n}$;

(2) $1+\dfrac{1}{2}-\dfrac{1}{3}+\dfrac{1}{4}+\dfrac{1}{5}-\dfrac{1}{6}+\cdots+\dfrac{1}{3n-2}+$

$\dfrac{1}{3n-1}-\dfrac{1}{3n}+\cdots$;

(3) $\displaystyle\sum_{n=1}^{\infty} \frac{\sin nx}{2^n}$;

(4) $\displaystyle\sum_{n=1}^{\infty} \left(\frac{1}{3n+1}+\frac{1}{3n+2}-\frac{1}{3n+3} \right)$.

7.2　正项级数

对于常数项级数,如果它的每一项都是正数或者零,则称为**正项级数**. 通过级数的定义可以知道,级数的收敛性与其部分和数列的收敛性直接相关. 对于正项级数来说,由于每一项都是正数或零,它的部分和数列是一个单调递增的数列. 根据单调有界数列必有极限的准则,以及有极限的数列必是有界数列的性质,可以推出如下结论.

> **定理 7.2.1**　正项级数 $\displaystyle\sum_{n=1}^{\infty} u_n$ 收敛的充分必要条件是它的部分和数列 $\{s_n\}$ 有界.

证　必要性:如果正项级数 $\displaystyle\sum_{n=1}^{\infty} u_n$ 收敛,则其部分和

$$\lim_{n\to\infty} s_n = s,$$

即其部分和数列 $\{s_n\}$ 有极限,根据收敛数列必有界直接可知结论成立.

充分性:如果正项级数 $\displaystyle\sum_{n=1}^{\infty} u_n$ 的部分和数列 $\{s_n\}$ 有界,即存在 $M>0$,对于任意的 n,都有 $s_n < M$. 而 $\{s_n\}$ 是一个单调递增数列,根据有界数列必有极限可知 $\displaystyle\lim_{n\to\infty} s_n$ 存在,即级数 $\displaystyle\sum_{n=1}^{\infty} u_n$ 收敛. 证明完毕.

由定理 7.2.1 可知,对于正项级数来说,它的部分和数列 $\{s_n\}$ 是单调递增的,只要判定部分和是否有上界,就可以判定级数是否收敛. 但是在一般情况下,级数的部分和 s_n 的通项公式并不总可以求得,此时通过判定部分和数列是否有上界来判定级数的收敛性比较困难. 但是,我们可以通过考察级数的通项趋向于零的速度来判定级数是否收敛. 根据定理 7.2.1,可以推导出判定正项级数收敛的一个基本方法.

定理 7.2.2（比较判别法）　设 $\sum\limits_{n=1}^{\infty} u_n$ 和 $\sum\limits_{n=1}^{\infty} v_n$ 都是正项级数，且有 $u_n \leqslant v_n (n=1,2,3,\cdots)$，如果级数 $\sum\limits_{n=1}^{\infty} v_n$ 是收敛的，则级数 $\sum\limits_{n=1}^{\infty} u_n$ 也是收敛的；如果级数 $\sum\limits_{n=1}^{\infty} u_n$ 是发散的，则级数 $\sum\limits_{n=1}^{\infty} v_n$ 也是发散的.

证　设级数 $\sum\limits_{n=1}^{\infty} v_n$ 收敛于 σ，则级数 $\sum\limits_{n=1}^{\infty} u_n$ 的部分和

$$s_n = u_1 + u_2 + \cdots + u_n \leqslant v_1 + v_2 + \cdots + v_n \leqslant \sigma \ (n=1,2,3,\cdots),$$

即部分和数列 $\{s_n\}$ 有上界，由定理 7.2.1 可知，级数 $\sum\limits_{n=1}^{\infty} u_n$ 收敛.

反之，如果级数 $\sum\limits_{n=1}^{\infty} u_n$ 发散，则级数 $\sum\limits_{n=1}^{\infty} v_n$ 必发散. 否则 $\sum\limits_{n=1}^{\infty} v_n$ 收敛，根据上面的证明，$\sum\limits_{n=1}^{\infty} u_n$ 也是收敛的，矛盾. 证明完毕.

根据级数的性质，我们很容易得到如下推论：

推论　设级数 $\sum\limits_{n=1}^{\infty} u_n$ 和 $\sum\limits_{n=1}^{\infty} v_n$ 都是正项级数，如果级数 $\sum\limits_{n=1}^{\infty} v_n$ 收敛，且存在正整数 N，使得当 $n>N$ 时，有 $u_n \leqslant kv_n (k>0)$ 成立，那么级数 $\sum\limits_{n=1}^{\infty} u_n$ 收敛；如果级数 $\sum\limits_{n=1}^{\infty} v_n$ 发散，且存在正整数 N，使得当 $n>N$ 时，有 $u_n \geqslant kv_n (k>0)$ 成立，那么级数 $\sum\limits_{n=1}^{\infty} u_n$ 发散.

例 7.2.1　研究 p-级数 $\sum\limits_{n=1}^{\infty} \dfrac{1}{n^p}$ 的收敛性，其中 p 为任意常数.

解　当 $p \leqslant 0$ 时，级数的通项 $\dfrac{1}{n^p}$ 不趋向于 0，由级数收敛的必要条件可知，级数发散；

当 $0 < p \leqslant 1$ 时，$\dfrac{1}{n^p} \geqslant \dfrac{1}{n}$，而 $\sum\limits_{n=1}^{\infty} \dfrac{1}{n}$ 是调和级数，是发散的，由比较判别法可知，级数发散；

当 $p > 1$ 时，若 $k-1 \leqslant x \leqslant k$，有 $\dfrac{1}{k^p} \leqslant \dfrac{1}{x^p}$，于是

$$\frac{1}{k^p} = \int_{k-1}^{k} \frac{1}{k^p} \mathrm{d}x \leqslant \int_{k-1}^{k} \frac{1}{x^p} \mathrm{d}x \ (k=2,3,4,\cdots).$$

从而级数的部分和

$$s_n = 1 + \sum_{k=2}^{n} \frac{1}{k^p} = 1 + \sum_{k=2}^{n} \int_{k-1}^{k} \frac{1}{k^p} dx \leqslant 1 + \sum_{k=2}^{n} \int_{k-1}^{k} \frac{1}{x^p} dx = 1 + \int_{1}^{n} \frac{1}{x^p} dx$$

$$= 1 + \frac{1}{p-1} \left(1 - \frac{1}{n^{p-1}} \right) < 1 + \frac{1}{p-1} \quad (n = 2, 3, 4, \cdots).$$

即部分和数列 $\{s_n\}$ 是有界的，从而级数收敛.

综上所述，我们可以得到，p-级数在 $p > 1$ 时收敛，$p \leqslant 1$ 时发散.

例 7.2.2 判定级数 $\displaystyle\sum_{n=1}^{\infty} \frac{3}{n^2 - 5n + 5}$ 的收敛性.

解 当 $n > 8$ 时，$n^2 - 5n + 5 > \dfrac{1}{2} n^2$，即 $\dfrac{3}{n^2 - 5n + 5} < \dfrac{6}{n^2}$. 通过例 7.2.1 可知，级数 $\displaystyle\sum_{n=1}^{\infty} \frac{1}{n^2}$ 收敛. 于是，根据比较判别法的推论可知，级数 $\displaystyle\sum_{n=1}^{\infty} \frac{3}{n^2 - 5n + 5}$ 收敛.

下面定理给出了比较判别法的极限形式，虽然应用范围受到一定限制，但是使用起来更为方便.

定理 7.2.3（比较判别法的极限形式） 设 $\displaystyle\sum_{n=1}^{\infty} u_n$ 和 $\displaystyle\sum_{n=1}^{\infty} v_n$ 都是正项级数，且

$$\lim_{n \to \infty} \frac{u_n}{v_n} = l.$$

（1）如果 $0 < l < +\infty$，则级数 $\displaystyle\sum_{n=1}^{\infty} u_n$ 与级数 $\displaystyle\sum_{n=1}^{\infty} v_n$ 具有相同的敛散性；

（2）如果 $l = 0$，且级数 $\displaystyle\sum_{n=1}^{\infty} v_n$ 收敛，则级数 $\displaystyle\sum_{n=1}^{\infty} u_n$ 也收敛；

（3）如果 $l = +\infty$，且级数 $\displaystyle\sum_{n=1}^{\infty} v_n$ 发散，则级数 $\displaystyle\sum_{n=1}^{\infty} u_n$ 也发散.

证 （1）由极限的定义可知，对于 $\varepsilon = \dfrac{l}{2}$，存在正整数 N，当 $n > N$ 时，有

$$l - \frac{l}{2} < \frac{u_n}{v_n} < l + \frac{l}{2},$$

即 $u_n < \dfrac{3l}{2} v_n$，以及 $u_n > \dfrac{l}{2} v_n$. 由比较判别法知级数 $\displaystyle\sum_{n=1}^{\infty} u_n$ 与级数

$\sum\limits_{n=1}^{\infty} v_n$ 具有相同的敛散性.

（2）反证法. 如果 $\lim\limits_{n\to\infty}\dfrac{u_n}{v_n}=l=0$，设级数 $\sum\limits_{n=1}^{\infty} u_n$ 发散，对于 $\varepsilon=1$，存在正整数 N，当 $n>N$ 时，有

$$\frac{u_n}{v_n}<1,$$

即 $u_n<v_n$，根据比较判别法可知 $\sum\limits_{n=1}^{\infty} v_n$ 发散，矛盾；因此级数 $\sum\limits_{n=1}^{\infty} u_n$ 收敛.

（3）如果 $\lim\limits_{n\to\infty}\dfrac{u_n}{v_n}=+\infty$，对于 $k>0$，存在正整数 N，当 $n>N$ 时，有

$$\frac{u_n}{v_n}>k,$$

即 $u_n>kv_n$. 由比较判别法知级数 $\sum\limits_{n=1}^{\infty} v_n$ 发散时，级数 $\sum\limits_{n=1}^{\infty} u_n$ 也发散.

例 7.2.3　判定下列级数的收敛性：

（1）$\sum\limits_{n=1}^{\infty} \sin\dfrac{1}{n}$；　　　　（2）$\sum\limits_{n=1}^{\infty} \ln\left(1+\dfrac{1}{n}\right)$.

解　由于

（1）$\lim\limits_{n\to\infty}\dfrac{\sin\dfrac{1}{n}}{\dfrac{1}{n}}=1>0$，以及（2）$\lim\limits_{n\to\infty}\dfrac{\ln\left(1+\dfrac{1}{n}\right)}{\dfrac{1}{n}}=1>0$，

而级数 $\sum\limits_{n=1}^{\infty} \dfrac{1}{n}$ 发散，根据比较判别法的极限形式，级数 $\sum\limits_{n=1}^{\infty} \sin\dfrac{1}{n}$ 和 $\sum\limits_{n=1}^{\infty} \ln\left(1+\dfrac{1}{n}\right)$ 都发散.

如果将给定的正项级数与 p-级数做比较，根据比较判别法可以推导得到比较实用的极限判别法.

定理 7.2.4（极限判别法）　设 $\sum\limits_{n=1}^{\infty} u_n$ 为正项级数，

（1）如果能够找到 $p>1$，使得 $\lim\limits_{n\to\infty} n^p u_n=l\,(0\leqslant l<\infty)$，那么级数 $\sum\limits_{n=1}^{\infty} u_n$ 收敛；

（2）如果能够找到 $p\leqslant 1$，使得 $\lim\limits_{n\to\infty} n^p u_n=l>0$ 或者 $\lim\limits_{n\to\infty} n^p u_n=\infty$，

那么级数 $\sum_{n=1}^{\infty} u_n$ 发散.

证 只需要在比较判别法的极限形式中，取 $v_n = \dfrac{1}{n^p}$，当 $p>1$ 时，级数 $\sum_{n=1}^{\infty} \dfrac{1}{n^p}$ 收敛，当 $p \leqslant 1$ 时，级数 $\sum_{n=1}^{\infty} \dfrac{1}{n^p}$ 发散，即可证明.

在利用极限判别法时，由于调和级数 $\sum_{n=1}^{\infty} \dfrac{1}{n}$ 是发散的这一结论，因此利用 $\lim\limits_{n \to \infty} n u_n = l > 0$ 或者 $\lim\limits_{n \to \infty} n u_n = \infty$ 来证明级数发散是常用的方法.

例 7.2.4 判定下列级数的收敛性：

（1） $\sum_{n=1}^{\infty} \ln\left(1 + \dfrac{1}{n^2}\right)$；　　　（2） $\sum_{n=1}^{\infty} \dfrac{1}{\sqrt[3]{n^2 + n + 3}}$；

（3） $\sum_{n=1}^{\infty} \dfrac{\ln n}{n^p}$，$p>1$.

解 （1）因为 $\ln\left(1 + \dfrac{1}{n^2}\right) \sim \dfrac{1}{n^2}$ $(n \to \infty)$，因此

$$\lim_{n \to \infty} n^2 u_n = \lim_{n \to \infty} n^2 \ln\left(1 + \dfrac{1}{n^2}\right) = \lim_{n \to \infty} n^2 \cdot \dfrac{1}{n^2} = 1,$$

根据极限判别法知级数收敛；

（2） $\lim\limits_{n \to \infty} n^{\frac{2}{3}} u_n = \lim\limits_{n \to \infty} n^{\frac{2}{3}} \dfrac{1}{\sqrt[3]{n^2+n+3}} = \lim\limits_{n \to \infty} \sqrt[3]{\dfrac{n^2}{n^2+n+3}} = 1,$

根据极限判别法知级数发散；

（3）由于 $p>1$，取 q 满足 $1<q<p$，则

$$\lim_{n \to \infty} n^q u_n = \lim_{n \to \infty} n^q \dfrac{\ln n}{n^p} = \lim_{n \to \infty} \dfrac{\ln n}{n^{p-q}} = 0,$$

根据极限判别法知级数收敛.

定理 7.2.5（比值判别法，达朗贝尔（d'Alembert）判别法）　设 $\sum_{n=1}^{\infty} u_n$ 为正项级数，且

$$\lim_{n \to \infty} \dfrac{u_{n+1}}{u_n} = \rho，则$$

（1）如果 $\rho<1$，则级数 $\sum_{n=1}^{\infty} u_n$ 收敛；

（2）如果 $\rho>1$（包括 $\lim\limits_{n\to\infty}\dfrac{u_{n+1}}{u_n}=\infty$），则级数 $\sum\limits_{n=1}^{\infty}u_n$ 发散；

（3）如果 $\rho=1$，则级数 $\sum\limits_{n=1}^{\infty}u_n$ 可能收敛也可能发散.

证　（1）当 $\rho<1$ 时，取正数 $\rho<r<1$，则根据极限的保号性，存在正整数 N，使得当 $n>N$ 时，都有 $\dfrac{u_{n+1}}{u_n}<r$，即

$$u_{N+1}<ru_N,\ u_{N+2}<ru_{N+1}<r^2u_N,\cdots,u_{N+k}<r^ku_N,\cdots,$$

由 $r<1$ 知级数 $\sum\limits_{n=1}^{\infty}r^nu_N$ 是收敛的，根据比较判别法的推论知级数 $\sum\limits_{n=1}^{\infty}u_n$ 收敛.

（2）如果 $\rho>1$ 或者 $\lim\limits_{n\to\infty}\dfrac{u_{n+1}}{u_n}=\infty$，显然级数 $\sum\limits_{n=1}^{\infty}u_n$ 的通项不趋向于零，由级数收敛的必要条件知级数 $\sum\limits_{n=1}^{\infty}u_n$ 发散.

（3）如果 $\rho=1$，则不能判定级数是否收敛. 例如 p-级数 $\sum\limits_{n=1}^{\infty}\dfrac{1}{n^p}$，无论 p 取何值都有 $\lim\limits_{n\to\infty}\dfrac{u_{n+1}}{u_n}=1$ 成立，但是 p-级数 $\sum\limits_{n=1}^{\infty}\dfrac{1}{n^p}$ 在 $p>1$ 时收敛，$p\leqslant1$ 时发散.

例 7.2.5　判定下列级数的收敛性：

（1）$\sum\limits_{n=1}^{\infty}\dfrac{n^2}{3^n}$；　　（2）$\sum\limits_{n=1}^{\infty}\dfrac{1}{3^n-n^3}$；　　（3）$\sum\limits_{n=1}^{\infty}\dfrac{n!}{3^n}$.

解　（1）$\lim\limits_{n\to\infty}\dfrac{u_{n+1}}{u_n}=\lim\limits_{n\to\infty}\dfrac{(n+1)^2}{3^{n+1}}\cdot\dfrac{3^n}{n^2}=\lim\limits_{n\to\infty}\dfrac{1}{3}\left(1+\dfrac{1}{n}\right)^2=\dfrac{1}{3}<1$，

级数收敛；

（2）$\lim\limits_{n\to\infty}\dfrac{u_{n+1}}{u_n}=\lim\limits_{n\to\infty}\dfrac{3^n-n^3}{3^{n+1}-(n+1)^3}=\dfrac{1}{3}<1$，级数收敛；

（3）$\lim\limits_{n\to\infty}\dfrac{u_{n+1}}{u_n}=\lim\limits_{n\to\infty}\dfrac{(n+1)!}{3^{n+1}}\cdot\dfrac{3^n}{n!}=\dfrac{n+1}{3}\to\infty$，级数发散.

*定理 7.2.6（柯西根值判别法）　设 $\sum\limits_{n=1}^{\infty}u_n$ 为正项级数，且 $\lim\limits_{n\to\infty}\sqrt[n]{u_n}=\rho$，则

（1）如果 $\rho<1$，则级数 $\sum\limits_{n=1}^{\infty}u_n$ 收敛；

（2）如果 $\rho>1$（包括 $\lim\limits_{n\to\infty}\sqrt[n]{u_n}=\infty$），则级数 $\sum\limits_{n=1}^{\infty}u_n$ 发散；

（3）如果 $\rho=1$，则级数 $\sum\limits_{n=1}^{\infty}u_n$ 可能收敛也可能发散.

定理 7.2.6 的证明与定理 7.2.5 类似，请同学们自行证明.

例 7.2.6   判定下列级数的收敛性：

（1） $\sum\limits_{n=1}^{\infty}\dfrac{2+(-1)^n}{2^n}$；   （2） $\sum\limits_{n=1}^{\infty}\left(\dfrac{n+1}{n}\right)^{n^2}\cdot\dfrac{1}{3^n}$.

解   （1） $\lim\limits_{n\to\infty}\sqrt[n]{u_n}=\lim\limits_{n\to\infty}\sqrt[n]{\dfrac{2+(-1)^n}{2^n}}$

$$=\lim\limits_{n\to\infty}\dfrac{1}{2}\sqrt[n]{2+(-1)^n}$$

$$=\lim\limits_{n\to\infty}\dfrac{1}{2}\mathrm{e}^{\frac{1}{n}\ln[2+(-1)^n]},$$

由于 $0\leqslant\ln[2+(-1)^n]\leqslant\ln3$ 有界，故

$$\lim\limits_{n\to\infty}\dfrac{1}{n}\ln[2+(-1)^n]=0,$$

从而 $\lim\limits_{n\to\infty}\sqrt[n]{u_n}=\dfrac{1}{2}<1$，根据柯西根值判别法知级数收敛；

（2） $\lim\limits_{n\to\infty}\sqrt[n]{u_n}=\lim\limits_{n\to\infty}\sqrt[n]{\left(\dfrac{n+1}{n}\right)^{n^2}\cdot\dfrac{1}{3^n}}=\lim\limits_{n\to\infty}\dfrac{1}{3}\left(1+\dfrac{1}{n}\right)^n=\dfrac{\mathrm{e}}{3}<1,$

根据柯西根值判别法知级数收敛.

习题 7.2

1. 利用比较判别法或者比较判别法的极限形式判断下列级数的收敛性：

（1） $\sum\limits_{n=1}^{\infty}\dfrac{1}{2n-1}$；

（2） $\sum\limits_{n=1}^{\infty}\dfrac{1+n}{1+n^2}$；

（3） $\sum\limits_{n=1}^{\infty}\dfrac{1}{a^2+n^2}$；

（4） $\sum\limits_{n=1}^{\infty}2^n\sin\dfrac{\pi}{3^n}$；

（5） $\sum\limits_{n=1}^{\infty}\dfrac{1}{\sqrt{1+n^2}}$；

（6） $\sum\limits_{n=1}^{\infty}\dfrac{1}{(\ln n)^n}$；

（7） $\sum\limits_{n=1}^{\infty}\dfrac{1}{(n+1)(n+4)}$；

（8） $\sum\limits_{n=1}^{\infty}\dfrac{1}{a^n+1}(a>0)$.

2. 利用比值判别法判断下列级数的收敛性：

（1） $\sum\limits_{n=1}^{\infty}\dfrac{n^2}{2^n}$；

（2） $\sum\limits_{n=1}^{\infty}\dfrac{1}{(2n-1)^p}$；

（3） $\sum\limits_{n=1}^{\infty}\dfrac{1\cdot3\cdot\cdots\cdot(2n-1)}{n!}$；

(4) $\sum_{n=1}^{\infty} \frac{(n+1)!}{5^n}$;

(5) $\sum_{n=1}^{\infty} \frac{n!}{n^n}$;

(6) $\sum_{n=1}^{\infty} \frac{3^n \cdot n!}{n^n}$.

*3. 利用根值判别法判定下列级数的收敛性:

(1) $\sum_{n=1}^{\infty} \left(\frac{n}{2n+1} \right)^n$;

(2) $\sum_{n=1}^{\infty} \frac{a^n}{a^{2n}+1}(a>0)$;

(3) $\sum_{n=2}^{\infty} \left(\frac{1+\ln n}{1+\sqrt{n}} \right)^n$;

(4) $\sum_{n=1}^{\infty} \frac{1}{3^n} \left(\frac{n+1}{n} \right)^{n^2}$;

(5) $\sum_{n=1}^{\infty} \frac{1}{[\ln(n+1)]^n}$;

(6) $\sum_{n=1}^{\infty} \left(\frac{n}{2n-1} \right)^{2n-1}$.

4. 判定下列级数是否收敛:

(1) $\sum_{n=1}^{\infty} \frac{n! \ a^n}{n^n}(a>0)$;

(2) $\sum_{n=1}^{\infty} \frac{n^{\ln n}}{(\ln n)^n}$;

(3) $\frac{3}{4}+2\left(\frac{3}{4} \right)^2+3\left(\frac{3}{4} \right)^3+\cdots+n\left(\frac{3}{4} \right)^n+\cdots$;

(4) $\frac{1^4}{1!}+\frac{2^4}{2!}+\frac{3^4}{3!}+\cdots+\frac{n^4}{n!}+\cdots$;

(5) $\sum_{n=1}^{\infty} \frac{n+1}{n(n+2)}$;

(6) $\sum_{n=1}^{\infty} \frac{1}{na+b}(a>0, \ b>0)$.

7.3 任意项级数

级数中既有正数,又有负数的级数叫作**任意项级数**. 由于负数的存在,级数收敛性的判定变得比较复杂. 本节先讨论任意项级数中的一种特殊级数——交错级数,然后再讨论任意项级数的收敛性.

7.3.1 交错级数及其判别法

假设 $\{u_n\}$ 为一个正数列,那么称级数 $\sum_{n=1}^{\infty}(-1)^{n-1}u_n$ 或者 $\sum_{n=1}^{\infty}(-1)^n u_n$ 为**交错级数**. 在交错级数中,正负数交替出现. 这类级数可以通过如下判别法来判定级数的收敛性.

> **定理 7.3.1**(莱布尼茨判别法) 如果交错级数 $\sum_{n=1}^{\infty}(-1)^{n-1}u_n$ 满足:
> (1) $u_n \geqslant u_{n+1}(n=1,2,3,\cdots)$;
> (2) $\lim_{n\to\infty} u_n = 0$,
> 则级数收敛,且其和 $s \leqslant u_1$,余项 R_n 的绝对值 $|R_n| \leqslant u_{n+1}$.

证 先考察交错级数的偶数项部分和

$$s_{2n} = \sum_{k=1}^{2n} (-1)^{k-1} u_k,$$

由于 $u_n \geqslant u_{n+1} (n = 1, 2, 3, \cdots)$，所以

$$s_{2n} = (u_1 - u_2) + (u_3 - u_4) + \cdots + (u_{2n-1} - u_{2n})$$

单调增加，另一方面，

$$s_{2n} = u_1 - (u_2 - u_3) - \cdots - (u_{2n-2} - u_{2n-1}) - u_{2n} \leqslant u_1,$$

因此，交错级数的偶数项部分和数列 $\{s_{2n}\}$ 单调增加有上界，极限存在，即 $\lim\limits_{n\to\infty} s_{2n} = s$. 又 $\lim\limits_{n\to\infty} u_n = 0$，有级数的奇数项部分和

$$\lim\limits_{n\to\infty} s_{2n+1} = \lim\limits_{n\to\infty} (s_{2n} + u_{2n+1}) = \lim\limits_{n\to\infty} s_{2n} + \lim\limits_{n\to\infty} u_{2n+1} = s + 0 = s,$$

即级数偶数项部分和数列和奇数项部分和数列具有相同的极限，于是 $\lim\limits_{n\to\infty} s_n = s$，从而交错级数是收敛的，且 $s \leqslant u_1$.

再考察余项 $R_n = \sum\limits_{k=n+1}^{\infty} (-1)^{k-1} u_k$，则余项的绝对值

$$|R_n| = \left| \sum_{k=n+1}^{\infty} (-1)^{k-1} u_k \right| = \left| \sum_{k=1}^{\infty} (-1)^{k-1} u_{n+k} \right|,$$

而 $\sum\limits_{k=1}^{\infty} (-1)^{k-1} u_{n+k}$ 也是一个交错级数. 由前边的结论可知，该级数收敛且有 $|R_n| \leqslant u_{n+1}$. 证明完毕.

例 7.3.1 判断下列级数的收敛性：

$$(1)\ \sum_{n=1}^{\infty} (-1)^n \frac{1}{n}; \qquad (2)\ \sum_{n=1}^{\infty} (-1)^n \frac{1}{n\ln n}.$$

解 （1）由于 $u_n = \dfrac{1}{n} > \dfrac{1}{n+1} = u_{n+1} (n = 1, 2, 3, \cdots)$，且 $\lim\limits_{n\to\infty} \dfrac{1}{n} = 0$，根据莱布尼茨判别法知级数收敛；

（2）由于 $(n+1)\ln(n+1) > n\ln n (n = 1, 2, 3, \cdots)$，则

$$u_n = \frac{1}{n\ln n} > \frac{1}{(n+1)\ln(n+1)} = u_{n+1} (n = 1, 2, 3, \cdots),$$

且 $\lim\limits_{n\to\infty} \dfrac{1}{n\ln n} = 0$，根据莱布尼茨判别法知级数收敛.

7.3.2 绝对收敛与条件收敛

对于任意项级数 $\sum\limits_{n=1}^{\infty} u_n$，它的各项为任意实数. 我们首先给出绝对收敛和条件收敛的定义.

定义 7.3.1　如果对任意项级数 $\sum\limits_{n=1}^{\infty} u_n$ 的各项取绝对值后得到的新级数 $\sum\limits_{n=1}^{\infty} |u_n|$ 收敛，则称级数 $\sum\limits_{n=1}^{\infty} u_n$ **绝对收敛**；如果 $\sum\limits_{n=1}^{\infty} u_n$ 收敛，而级数 $\sum\limits_{n=1}^{\infty} |u_n|$ 发散，则称级数 $\sum\limits_{n=1}^{\infty} u_n$ **条件收敛**.

　　容 易 知 道，级 数 $\sum\limits_{n=1}^{\infty} (-1)^{n-1} \dfrac{1}{n^2}$ 是 绝 对 收 敛 级 数，$\sum\limits_{n=1}^{\infty} (-1)^{n-1} \dfrac{1}{n}$ 是条件收敛级数.

定理 7.3.2　如果级数 $\sum\limits_{n=1}^{\infty} u_n$ 绝对收敛，那么级数 $\sum\limits_{n=1}^{\infty} u_n$ 一定收敛.

　　证　令

$$v_n = \frac{1}{2}(u_n + |u_n|)\,(n=1,2,3,\cdots),$$

可得 $v_n \geqslant 0$ 且 $v_n \leqslant |u_n|\,(n=1,2,3,\cdots)$. 级数 $\sum\limits_{n=1}^{\infty} u_n$ 绝对收敛，则 $\sum\limits_{n=1}^{\infty} |u_n|$ 收敛，由比较判别法知级数 $\sum\limits_{n=1}^{\infty} v_n$ 收敛，从而 $\sum\limits_{n=1}^{\infty} 2v_n$ 收敛. 又 $u_n = 2v_n - |u_n|$，根据收敛级数的性质可以得到

$$\sum_{n=1}^{\infty} u_n = \sum_{n=1}^{\infty} 2v_n - \sum_{n=1}^{\infty} |u_n|.$$

所以级数 $\sum\limits_{n=1}^{\infty} u_n$ 收敛，定理得证.

　　由于任意项级数 $\sum\limits_{n=1}^{\infty} u_n$ 的通项 u_n 的绝对值是非负的，所以可通过正项级数的收敛性判别法判定级数 $\sum\limits_{n=1}^{\infty} |u_n|$ 收敛来说明级数 $\sum\limits_{n=1}^{\infty} u_n$ 收敛. 于是通过定理 7.3.2，一部分任意项级数的收敛性判定问题就转化为正项级数的收敛性判定问题. 需要注意的是，如果级数 $\sum\limits_{n=1}^{\infty} |u_n|$ 发散，一般不能判定级数 $\sum\limits_{n=1}^{\infty} u_n$ 也发散，但是通过正项级数的比值判别法和柯西根值判别法，可以得到下面定理.

定理 7.3.3　对于任意项级数 $\sum\limits_{n=1}^{\infty} u_n$，

（1）如果 $\lim\limits_{n\to\infty}\left|\dfrac{u_{n+1}}{u_n}\right|=\rho$，则 $\rho<1$ 时，级数 $\sum\limits_{n=1}^{\infty}u_n$ 绝对收敛，$\rho>1$ 时级数发散；

（2）如果 $\lim\limits_{n\to\infty}\sqrt[n]{|u_n|}=\rho$，则 $\rho>1$ 时，级数 $\sum\limits_{n=1}^{\infty}u_n$ 绝对收敛，$\rho>1$ 时级数发散.

证 考察级数 $\sum\limits_{n=1}^{\infty}|u_n|$，根据正项级数的比值判别法和柯西根值判别法容易得到，当 $\rho<1$ 时级数 $\sum\limits_{n=1}^{\infty}|u_n|$ 收敛，即级数 $\sum\limits_{n=1}^{\infty}u_n$ 绝对收敛. 如果 $\rho>1$ 时，则 $|u_n|\nrightarrow 0(n\to\infty)$，从而根据级数收敛的必要条件知级数发散.

例 7.3.2 判定级数 $\sum\limits_{n=1}^{\infty}\dfrac{\sin n\alpha}{n^2}$ 的收敛性.

解 因为 $\left|\dfrac{\sin n\alpha}{n^2}\right|\leqslant\dfrac{1}{n^2}$，而级数 $\sum\limits_{n=1}^{\infty}\dfrac{1}{n^2}$ 收敛，由比较判别法知 $\sum\limits_{n=1}^{\infty}\left|\dfrac{\sin n\alpha}{n^2}\right|$ 收敛，从而根据定理 7.3.2 知级数 $\sum\limits_{n=1}^{\infty}\dfrac{\sin n\alpha}{n^2}$ 收敛.

例 7.3.3 判定级数 $\sum\limits_{n=1}^{\infty}\dfrac{x^n}{n}$ 的收敛性.

解 $\lim\limits_{n\to\infty}\left|\dfrac{u_{n+1}}{u_n}\right|=\lim\limits_{n\to\infty}\left|\dfrac{\frac{x^{n+1}}{n+1}}{\frac{x^n}{n}}\right|=\lim\limits_{n\to\infty}\dfrac{n}{n+1}\cdot|x|=|x|,$

根据定理 7.3.2 知，当 $|x|>1$ 时，级数发散；当 $|x|<1$ 时，级数收敛；当 $x=1$ 时，级数变为调和级数，发散；当 $x=-1$ 时，级数变为 $\sum\limits_{n=1}^{\infty}\dfrac{(-1)^n}{n}$，这是一个交错级数，它是条件收敛的.

7.3.3 绝对收敛级数的性质

绝对收敛级数有以下基本性质：

性质 1 如果级数 $\sum\limits_{n=1}^{\infty}u_n$ 与 $\sum\limits_{n=1}^{\infty}v_n$ 都是绝对收敛的级数，则对于任意常数 α，β，级数 $\sum\limits_{n=1}^{\infty}(\alpha u_n+\beta v_n)$ 也是绝对收敛的级数.

证　由于

$$|\alpha u_n + \beta v_n| \leqslant |\alpha| |u_n| + |\beta| |v_n|,$$

级数 $\sum\limits_{n=1}^{\infty} u_n$ 与 $\sum\limits_{n=1}^{\infty} v_n$ 绝对收敛，即 $\sum\limits_{n=1}^{\infty} |u_n|$ 与 $\sum\limits_{n=1}^{\infty} |v_n|$ 都是绝对收敛

的，由级数的性质可知级数 $\sum\limits_{n=1}^{\infty} (|\alpha \| u_n| + |\beta \| v_n|)$ 收敛. 再根

据级数收敛的比较判别法知级数 $\sum\limits_{n=1}^{\infty} (|\alpha u_n + \beta v_n|)$ 收敛. 即

$\sum\limits_{n=1}^{\infty} (\alpha u_n + \beta v_n)$ 绝对收敛.

> **性质 2**　如果级数 $\sum\limits_{n=1}^{\infty} u_n$ 绝对收敛，则该级数的求和满足交换
> 律. 即绝对收敛级数改变项的位置后构成的级数也收敛，且与
> 原级数具有相同的和.

证　（1）首先证明，对于正项级数，上述性质是成立的.

设级数 $\sum\limits_{n=1}^{\infty} u_n = u_1 + u_2 + \cdots + u_n + \cdots$ 是收敛的正项级数，其部
分和为 s_n，级数和为 s，改变级数的项的位置后构成的新级数记为

$\sum\limits_{n=1}^{\infty} u_n^* = u_1^* + u_2^* + \cdots + u_n^* + \cdots$，　其部分和记为 s_n^*，级数和为 s^*.

对于任意确定的 n，取 m 足够大，使得 $u_1^*, u_2^*, u_3^*, \cdots, u_n^*$ 都
出现在 $s_m = u_1 + u_2 + \cdots + u_m$ 中，于是可以得到

$$s_n^* \leqslant s_m \leqslant s,$$

由 $\sum\limits_{n=1}^{\infty} u_n$ 为正项级数可知，改变项的位置后构成的新级数部分和

数列 $\{s_n^*\}$ 单调增加，且有上界 s. 根据单调增加有上界的数列必有
极限可知 $\{s_n^*\}$ 有极限，且

$$\lim_{n \to \infty} s_n^* = s^* \leqslant s.$$

反过来，如果我们把级数 $\sum\limits_{n=1}^{\infty} u_n = u_1 + u_2 + \cdots + u_n + \cdots$ 看成收

敛的正项级数 $\sum\limits_{n=1}^{\infty} u_n^* = u_1^* + u_2^* + \cdots + u_n^* + \cdots$ 改变项的位置后得到

的新级数，那么根据以上证明可以得到

$$\lim_{n \to \infty} s_n = s \leqslant s^*.$$

从而可以得到 $s = s^*$. 即对于收敛的正项级数来说，改变级数项的
位置后不改变级数的收敛性以及它的和.

（2）再来证明对于一般的绝对收敛级数，上述性质成立.

设级数 $\sum\limits_{n=1}^{\infty} |u_n|$ 收敛. 在定理 7.3.2 的证明中, 有

$$v_n = \frac{1}{2}(u_n + |u_n|)\ (n = 1, 2, 3, \cdots),$$

$$u_n = 2v_n - |u_n|,$$

且级数 $\sum\limits_{n=1}^{\infty} v_n$ 是收敛的正项级数. 故

$$\sum_{n=1}^{\infty} u_n = \sum_{n=1}^{\infty} 2v_n - \sum_{n=1}^{\infty} |u_n|.$$

如果级数 $\sum\limits_{n=1}^{\infty} u_n$ 改变项的位置后得到的新级数为 $\sum\limits_{n=1}^{\infty} u_n^*$, 则相应地, 级数 $\sum\limits_{n=1}^{\infty} v_n$ 改变为 $\sum\limits_{n=1}^{\infty} v_n^*$, 级数 $\sum\limits_{n=1}^{\infty} |u_n|$ 改变为 $\sum\limits_{n=1}^{\infty} |u_n^*|$. 于是, 由(1)的证明可知

$$\sum_{n=1}^{\infty} v_n = \sum_{n=1}^{\infty} v_n^*, \sum_{n=1}^{\infty} |u_n| = \sum_{n=1}^{\infty} |u_n^*|,$$

所以 $\sum\limits_{n=1}^{\infty} u_n = \sum\limits_{n=1}^{\infty} 2v_n - \sum\limits_{n=1}^{\infty} |u_n| = \sum\limits_{n=1}^{\infty} 2v_n^* - \sum\limits_{n=1}^{\infty} |u_n^*| = \sum\limits_{n=1}^{\infty} u_n^*$ 证明完毕.

需要注意的是, 条件收敛的级数在改变项的位置后得到的新级数不满足上述结论, 此时得到的级数即使收敛, 也不一定收敛到原来的级数和.

习题 7.3

1. 判定下列级数是否收敛? 如果收敛, 是绝对收敛还是条件收敛?

(1) $\sum\limits_{n=1}^{\infty} \dfrac{(-1)^{n-1}}{\ln(n+1)}$;

(2) $\sum\limits_{n=1}^{\infty} \dfrac{\sin n\omega}{2^n}$ (ω 为常数);

(3) $\sum\limits_{n=1}^{\infty} \dfrac{(-1)^n \ln(n+1)}{n}$;

(4) $\sum\limits_{n=1}^{\infty} \dfrac{(-1)^{n-1}}{n - \ln n}$;

(5) $\sum\limits_{n=1}^{\infty} \dfrac{(-1)^n}{\sqrt{n} + (-1)^{n-1}}$;

(6) $\sum\limits_{n=2}^{\infty} \dfrac{(-1)^n}{\sqrt{n} + (-1)^{n-1}}$;

(7) $1 - \ln 2 + \dfrac{1}{2} - \ln \dfrac{3}{2} + \cdots + \dfrac{1}{n} - \ln \dfrac{n+1}{n} + \cdots$;

(8) $1 - \dfrac{1}{\sqrt{2}} + \dfrac{1}{\sqrt{3}} - \dfrac{1}{\sqrt{4}} + \cdots + (-1)^{n-1} \dfrac{1}{\sqrt{n}} + \cdots$;

(9) $\dfrac{1}{3} \cdot \dfrac{1}{2} - \dfrac{1}{3} \cdot \dfrac{1}{2^2} + \dfrac{1}{3} \cdot \dfrac{1}{2^3} - \dfrac{1}{3} \cdot \dfrac{1}{2^4} + \cdots + \dfrac{1}{3} \cdot \dfrac{(-1)^{n-1}}{2^n} + \cdots$;

(10) $\sum\limits_{n=1}^{\infty} (-1)^{n+1} \dfrac{2^{n^2}}{n!}$.

2. (1) 已知级数 $\sum\limits_{n=1}^{\infty} u_n$ 收敛, 能否判定 $\sum\limits_{n=1}^{\infty} u_n^2$ 收敛?

(2) 已知级数 $\sum\limits_{n=1}^{\infty} u_n$ 收敛, $\lim\limits_{n\to\infty} \dfrac{v_n}{u_n} = 1$, 能否判定 $\sum\limits_{n=1}^{\infty} v_n$ 收敛?

(3) 已知级数 $\sum\limits_{n=1}^{\infty} u_n$ 收敛, $\lim\limits_{n\to\infty} \dfrac{v_n}{u_n} = 0$, 能否判定 $\sum\limits_{n=1}^{\infty} v_n$ 收敛?

7.4　幂级数

7.4.1　函数项级数

设 $u_n(x)(n=1,2,3,\cdots)$ 是定义在区间 I 上的一系列函数，那么由这些函数构成的表达式

$$\sum_{n=1}^{\infty} u_n(x) = u_1(x) + u_2(x) + \cdots + u_n(x) + \cdots \quad (7\text{-}4\text{-}1)$$

称为定义在区间 I 上的**函数项无穷级数**，简称**函数项级数**.

对于每一个确定的数 $x=x_0 \in I$，函数项级数 (7-4-1) 变为常数项级数

$$\sum_{n=1}^{\infty} u_n(x_0) = u_1(x_0) + u_2(x_0) + \cdots + u_n(x_0) + \cdots. \quad (7\text{-}4\text{-}2)$$

如果级数 (7-4-2) 收敛，就称点 x_0 是函数项级数 (7-4-1) 的**收敛点**；如果级数 (7-4-2) 发散，就称点 x_0 是函数项级数 (7-4-1) 的**发散点**. 函数项级数 (7-4-1) 的全体收敛点的集合称为它的**收敛域**，发散点的全体的集合称为**发散域**.

对于收敛域内的任意一点 x，函数项级数变为一个收敛的常数项级数，它有确定的和 s. 这个和 s 与 x 相关. 在收敛域上，可以把和 s 看成一个关于 x 的函数 $s(x)$，即

$$s(x) = u_1(x) + u_2(x) + \cdots + u_n(x) + \cdots,$$

我们称之为函数项级数的**和函数**，它的定义域就是级数的收敛域.

如果把函数项级数 (7-4-1) 的前 n 项和记为 $s_n(x)$，则在其收敛域上有

$$\lim_{n \to \infty} s_n(x) = s(x),$$

记 $R_n(x) = s(x) - s_n(x)$ 为函数项级数的**余项**，它在函数项级数的收敛域上有意义，且有

$$\lim_{n \to \infty} R_n(x) = 0.$$

7.4.2　幂级数及其收敛性

一般项为 $u_n(x) = a_n(x-x_0)^n (n=1,2,3,\cdots)$ 的函数项级数

$$\sum_{n=0}^{\infty} a_n(x-x_0)^n = a_0 + a_1(x-x_0) + \cdots + a_n(x-x_0)^n + \cdots \quad (7\text{-}4\text{-}3)$$

称为**幂级数**，其中常数 $a_0, a_1, a_2, \cdots, a_n, \cdots$ 叫作**幂级数的系数**. 当 $x_0 = 0$ 时，幂级数具有更简单的形式

$$\sum_{n=0}^{\infty} a_n x^n = a_0 + a_1 x + \cdots + a_n x^n + \cdots. \quad (7\text{-}4\text{-}4)$$

一般情况下，幂级数(7-4-3)可以通过变量替换的方法转化为式(7-4-4)的形式，因此不失一般性，下面主要讨论形如式(7-4-4)的幂级数.

首先考察一个简单的幂级数

$$\sum_{n=1}^{\infty} x^{n-1} = 1 + x + x^2 + \cdots + x^n + \cdots$$

的收敛性. 这个级数可以看作公比为 x 的等比级数. 容易得到，当 $|x| < 1$ 时，级数收敛于和 $\dfrac{1}{1-x}$；当 $|x| \geqslant 1$ 时，级数发散. 因此，这个幂级数的收敛域为 $(-1, 1)$，发散域为 $(-\infty, -1] \cup [1, +\infty)$，且

$$\frac{1}{1-x} = 1 + x + x^2 + \cdots + x^n + \cdots, \quad x \in (-1, 1).$$

可以看到，该幂级数的收敛域是一个以原点为中心的区间. 事实上这是幂级数收敛域的一个共性. 我们有如下定理：

> **定理 7.4.1**(阿贝尔定理)　如果幂级数 $\displaystyle\sum_{n=0}^{\infty} a_n x^n$ 在 $x = x_0(x_0 \neq 0)$ 处收敛，那么幂级数在区间 $(-|x_0|, |x_0|)$ 内处处绝对收敛；反之，如果幂级数 $\displaystyle\sum_{n=0}^{\infty} a_n x^n$ 在 $x = x_0(x_0 \neq 0)$ 处发散，那么幂级数在区间 $(-|x_0|, |x_0|)$ 外处处发散.

证　(1) 设幂级数 $\displaystyle\sum_{n=0}^{\infty} a_n x^n$ 在 $x = x_0(x_0 \neq 0)$ 处收敛，则级数 $\displaystyle\sum_{n=0}^{\infty} a_n x_0^n$ 收敛. 根据级数收敛的必要条件，有

$$\lim_{n \to \infty} a_n x_0^n = 0,$$

于是存在正常数 M，使得

$$|a_n x_0^n| \leqslant M \quad (n = 0, 1, 2, \cdots),$$

对于 $\forall x \in (-|x_0|, |x_0|)$，令 $r = \left| \dfrac{x}{x_0} \right|$，则 $r < 1$，这时有

$$|a_n x^n| = \left| a_n x_0^n \cdot \frac{x^n}{x_0^n} \right| = |a_n x_0^n| \cdot \left| \frac{x^n}{x_0^n} \right| \leqslant M r^n,$$

由于 $r < 1$，级数 $\displaystyle\sum_{n=0}^{\infty} M r^n$ 收敛，所以级数 $\displaystyle\sum_{n=0}^{\infty} |a_n x^n|$ 也收敛，即级数 $\displaystyle\sum_{n=0}^{\infty} a_n x^n$ 绝对收敛.

（2）反证法　如果幂级数 $\displaystyle\sum_{n=0}^{\infty} a_n x^n$ 在 $x = x_0(x_0 \neq 0)$ 处发散，

假设存在 $|x_1|>|x_0|$ 使级数收敛，则根据定理第一部分结论可知在 $x=x_0$ 处级数应该收敛，矛盾. 定理得证.

从定理 7.4.1 可以看出，幂级数至少有一个收敛点 $x=0$. 如果在数轴上既存在幂级数的收敛点，也存在幂级数的发散点，那么它们存在这样的规律：如图 7-1 所示，从原点出发沿数轴向右，开始的一部分的点都是幂级数的收敛点，但是到达某一个点之后的所有点将变成幂级数的发散点；从原点出发沿数轴向左亦然，因此我们可以得到如下重要推论：

> **推论**　如果幂级数 $\displaystyle\sum_{n=0}^{\infty} a_n x^n$ 不是仅在 $x=0$ 一点收敛，也不是在整个数轴上都收敛，那么必然存在一个正数 R，使得当 $|x|<R$ 时，幂级数绝对收敛；当 $|x|>R$ 时，幂级数发散；当 $|x|=R$ 时，幂级数可能收敛也可能发散.

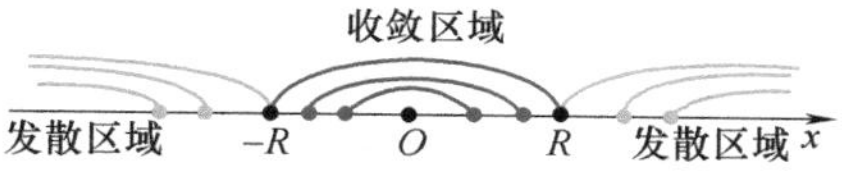

图　7-1

通常称正数 R 为幂级数的**收敛半径**，开区间 $(-R,R)$ 为幂级数的**收敛区间**. 如果考虑 $|x|=R$ 时幂级数的收敛性，幂级数的**收敛域**可能有下面四种情形：
$$(-R,R),(-R,R],[-R,R),[-R,R].$$

特殊地，如果幂级数只在 $x=0$ 一点收敛，规定幂级数的收敛半径为 $R=0$；如果幂级数对于所有实数都收敛，则规定收敛半径为 $R=+\infty$，此时收敛域是 $(-\infty,+\infty)$.

幂级数的收敛半径可以通过下面的定理给出.

> **定理 7.4.2**　如果幂级数 $\displaystyle\sum_{n=0}^{\infty} a_n x^n$ 的系数满足
> $$\lim_{n\to\infty}\left|\frac{a_{n+1}}{a_n}\right|=\rho,$$
>
> 那么（1）如果 $0<\rho<+\infty$，则幂级数的收敛半径为 $R=\dfrac{1}{\rho}$；
>
> （2）如果 $\rho=0$，则幂级数的收敛半径为 $R=+\infty$；
>
> （3）如果 $\rho=+\infty$，则幂级数的收敛半径为 $R=0$.

证　对级数 $\displaystyle\sum_{n=0}^{\infty} a_n x^n$ 取绝对值得新级数 $\displaystyle\sum_{n=0}^{\infty}|a_n x^n|$，则

$$\lim_{n \to \infty} \left| \frac{a_{n+1}x^{n+1}}{a_n x^n} \right| = \lim_{n \to \infty} \left| \frac{a_{n+1}}{a_n} \right| |x|.$$

（1）如果 $\lim\limits_{n \to \infty} \left| \dfrac{a_{n+1}}{a_n} \right| = \rho \, (\rho \neq 0)$ 存在，根据正项级数的比值判别法，

当 $\rho |x| < 1$，即 $|x| < \dfrac{1}{\rho}$ 时，级数 $\sum\limits_{n=0}^{\infty} |a_n x^n|$ 收敛，即级数 $\sum\limits_{n=0}^{\infty} a_n x^n$ 绝对收敛；当 $\rho |x| > 1$，即 $|x| > \dfrac{1}{\rho}$ 时，

$$\lim_{n \to \infty} \left| \frac{a_{n+1}x^{n+1}}{a_n x^n} \right| = \lim_{n \to \infty} \left| \frac{a_{n+1}}{a_n} \right| |x| = \rho |x| > \rho \cdot \frac{1}{\rho} = 1,$$

即级数 $\sum\limits_{n=0}^{\infty} |a_n x^n|$ 的通项 $|a_n x^n|$ 不趋向于零，从而 $\sum\limits_{n=0}^{\infty} a_n x^n$ 的通项 $a_n x^n$ 也不趋向于零，所以级数 $\sum\limits_{n=0}^{\infty} a_n x^n$ 发散.

于是，级数的收敛半径为 $R = \dfrac{1}{\rho}$.

（2）如果 $\rho = 0$，则对于任意 $x \neq 0$，有

$$\lim_{n \to \infty} \left| \frac{a_{n+1}x^{n+1}}{a_n x^n} \right| = \lim_{n \to \infty} \left| \frac{a_{n+1}}{a_n} \right| |x| = \rho |x| = 0.$$

由级数收敛的比值判别法知级数 $\sum\limits_{n=0}^{\infty} |a_n x^n|$ 收敛，所以级数 $\sum\limits_{n=0}^{\infty} a_n x^n$ 绝对收敛. 于是幂级数的收敛半径为 $R = +\infty$.

（3）如果 $\rho = +\infty$，则对于任意 $x \neq 0$，有级数 $\sum\limits_{n=0}^{\infty} a_n x^n$ 发散，否则由定理 7.4.1 知存在 $x \neq 0$ 使得级数 $\sum\limits_{n=0}^{\infty} |a_n x^n|$ 收敛，而此时有

$$\lim_{n \to \infty} \left| \frac{a_{n+1}x^{n+1}}{a_n x^n} \right| = \lim_{n \to \infty} \left| \frac{a_{n+1}}{a_n} \right| |x| = \rho |x| = +\infty,$$

根据级数收敛的比值判别法知级数 $\sum\limits_{n=0}^{\infty} |a_n x^n|$ 发散，矛盾. 因此幂级数的收敛半径为 $R = 0$.

例 7.4.1 求幂级数

$$\sum_{n=1}^{\infty} \frac{(-1)^{n-1}x^n}{n} = x - \frac{x^2}{2} + \frac{x^3}{3} - \cdots + (-1)^{n-1} \frac{x^n}{n} + \cdots$$

的收敛半径与收敛域.

解 由于

$$\lim_{n \to \infty} \left| \frac{a_{n+1}}{a_n} \right| = \lim_{n \to \infty} \frac{\dfrac{1}{n+1}}{\dfrac{1}{n}} = \lim_{n \to \infty} \frac{n}{n+1} = 1,$$

于是幂级数的收敛半径为 $R = 1$.

当 $x = 1$ 时，幂级数变为 $\displaystyle\sum_{n=1}^{\infty} \frac{(-1)^{n-1}}{n}$，这是一个交错级数，收敛；当 $x = -1$ 时，幂级数变为 $\displaystyle\sum_{n=1}^{\infty} \frac{(-1)^{2n-1}}{n} = -\sum_{n=1}^{\infty} \frac{1}{n}$，这是一个调和级数，发散. 所以幂级数的收敛域为 $(-1, 1]$.

例 7.4.2　求幂级数 $\displaystyle\sum_{n=1}^{\infty} \frac{x^n}{n^n}$ 的收敛半径和收敛域.

解　由于

$$\lim_{n \to \infty} \left| \frac{a_{n+1}}{a_n} \right| = \lim_{n \to \infty} \frac{\dfrac{1}{(n+1)^{n+1}}}{\dfrac{1}{n^n}} = \lim_{n \to \infty} \frac{1}{n+1} \cdot \frac{1}{\left(1 + \dfrac{1}{n}\right)^n} = 0 \cdot \frac{1}{\mathrm{e}} = 0,$$

所以级数的收敛半径为 $R = +\infty$，收敛域为 $(-\infty, +\infty)$.

例 7.4.3　求幂级数 $\displaystyle\sum_{n=0}^{\infty} n!\, x^n$ 的收敛半径（规定 $0! = 1$）.

解　由于

$$\lim_{n \to \infty} \left| \frac{a_{n+1}}{a_n} \right| = \lim_{n \to \infty} \frac{(n+1)!}{n!} = \lim_{n \to \infty} (n+1) = +\infty,$$

所以级数的收敛半径为 $R = 0$，即级数仅在 $x = 0$ 处收敛.

例 7.4.4　求幂级数 $\displaystyle\sum_{n=1}^{\infty} \frac{(x-3)^n}{2^n \cdot n^2}$ 的收敛域.

解　令 $t = x - 3$，则上述级数可以写为

$$\sum_{n=1}^{\infty} \frac{t^n}{2^n \cdot n^2},$$

因为

$$\lim_{n \to \infty} \left| \frac{a_{n+1}}{a_n} \right| = \lim_{n \to \infty} \frac{\dfrac{1}{2^{(n+1)} \cdot (n+1)^2}}{\dfrac{1}{2^n \cdot n^2}} = \lim_{n \to \infty} \frac{1}{2} \cdot \left(\frac{n}{n+1} \right)^2 = \frac{1}{2},$$

所以级数的收敛半径为 $R = 2$，收敛区间为 $t \in (-2, 2)$，即 $x \in (1, 5)$.

当 $x = 1$ 时，级数为 $\displaystyle\sum_{n=1}^{\infty} \frac{(-2)^n}{2^n \cdot n^2} = \sum_{n=1}^{\infty} \frac{(-1)^n}{n^2}$，这是一个交错级数，利用莱布尼茨判别法容易得到该级数收敛；当 $x = 5$ 时，级数为 $\displaystyle\sum_{n=1}^{\infty} \frac{2^n}{2^n \cdot n^2} = \sum_{n=1}^{\infty} \frac{1}{n^2}$，该级数收敛. 因此原级数的收敛域为

$[1,5]$.

例 7.4.5 求幂级数 $\displaystyle\sum_{n=1}^{\infty}(-1)^{n-1}\dfrac{2^n x^{2n}}{n}$ 的收敛半径和收敛域.

解 注意到幂级数中只含有偶数次幂项，不能直接利用定理 7.4.2. 可以根据比值判别法求级数的收敛半径

$$\lim_{n\to\infty}\left|\frac{u_{n+1}}{u_n}\right|=\lim_{n\to\infty}\left|\frac{(-1)^n 2^{n+1}x^{2(n+1)}}{n+1}\cdot\frac{n}{(-1)^{n-1}2^n x^{2n}}\right|$$

$$=\lim_{n\to\infty}\left|2\cdot\frac{n}{n+1}\cdot x^2\right|=2x^2,$$

当 $2x^2<1$ 时，即 $|x|<\dfrac{\sqrt{2}}{2}$ 时，原级数绝对收敛；当 $2x^2>1$ 时，即 $|x|>\dfrac{\sqrt{2}}{2}$ 时，原级数发散. 因此级数的收敛半径为 $R=\dfrac{\sqrt{2}}{2}$，收敛区间为 $\left(-\dfrac{\sqrt{2}}{2},\dfrac{\sqrt{2}}{2}\right)$.

当 $|x|=\dfrac{\sqrt{2}}{2}$ 时，原级数为 $\displaystyle\sum_{n=1}^{\infty}(-1)^{n-1}\dfrac{1}{n}$，这是收敛的交错级数，所以原级数的收敛域为 $\left[-\dfrac{\sqrt{2}}{2},\dfrac{\sqrt{2}}{2}\right]$.

7.4.3 幂级数的运算和性质

下面给出幂级数的运算和一些相关性质，相关证明不做要求，有兴趣的同学可以参考数学分析教材中的相关证明.

性质 1 设幂级数 $\displaystyle\sum_{n=0}^{\infty}a_n x^n$ 和 $\displaystyle\sum_{n=0}^{\infty}b_n x^n$ 的收敛半径分别为 R_1 和 R_2，令 $R=\min\{R_1,R_2\}$，则

(1) 对于任意 $\lambda\neq0$，幂级数 $\displaystyle\sum_{n=0}^{\infty}\lambda a_n x^n$ 的收敛半径为 R_1；即数乘运算不改变幂级数的收敛半径；

(2) 幂级数的和 $\displaystyle\sum_{n=0}^{\infty}a_n x^n\pm\sum_{n=0}^{\infty}b_n x^n=\sum_{n=0}^{\infty}(a_n\pm b_n)x^n$，其收敛半径为 R；即幂级数进行加减法运算后在两者收敛半径的较小区间内收敛；

（3）幂级数的积

$$\sum_{n=0}^{\infty} a_n x^n \cdot \sum_{n=0}^{\infty} b_n x^n = a_0 b_0 + (a_1 b_0 + a_0 b_1) x + \cdots +$$
$$(a_n b_0 + a_{n-1} b_1 + \cdots + a_0 b_n) x^n + \cdots,$$

其收敛半径为 R，即幂级数进行乘法运算后在两者收敛半径的较小区间内收敛.

需要注意的是，两个级数相除得到的新级数可能比原来两级数的收敛区间小很多. 例如，设

$$\sum_{n=0}^{\infty} a_n x^n = 0 \quad (a_0 = 1, a_n = 0, n = 1,2,3,\cdots),$$

$$\sum_{n=0}^{\infty} b_n x^n = 1 - x \quad (b_0 = 1, b_1 = -1, b_n = 0, n = 2,3,4,\cdots),$$

显然，它们在实数域 $(-\infty, +\infty)$ 上都收敛. 但是

$$\frac{\sum_{n=0}^{\infty} a_n x^n}{\sum_{n=0}^{\infty} b_n x^n} = \frac{1}{1-x} = 1 + x + x^2 + \cdots + x^n + \cdots.$$

的收敛半径为 1.

性质 2　如果幂级数 $\sum_{n=0}^{\infty} a_n x^n$ 的收敛半径 $R>0$，则其和函数 $s(x)$ 在其收敛域 I 上连续.

性质 3　幂级数 $\sum_{n=0}^{\infty} a_n x^n$ 的和函数 $s(x)$ 在其收敛域 I 上可积，且有逐项积分公式

$$\int_0^x s(t) \, dt = \int_0^x \left(\sum_{n=0}^{\infty} a_n t^n \right) dt = \sum_{n=0}^{\infty} \int_0^x a_n t^n dt = \sum_{n=0}^{\infty} \frac{a_n}{n+1} x^{n+1}, \ x \in I,$$

逐项积分后所得幂级数与原幂级数具有相同的收敛半径.

性质 4　幂级数 $\sum_{n=0}^{\infty} a_n x^n$ 的和函数 $s(x)$ 在其收敛区间 $(-R, R)$ 内可导，且有逐项求导公式

$$s'(x) = \left(\sum_{n=0}^{\infty} a_n x^n \right)' = \sum_{n=0}^{\infty} (a_n x^n)' = \sum_{n=0}^{\infty} n a_n x^{n-1}, x \in (-R, R),$$

逐项求导后所得幂级数与原幂级数具有相同的收敛半径.

根据以上性质可知，幂级数 $\sum\limits_{n=0}^{\infty} a_n x^n$ 的和函数 $s(x)$ 在其收敛区间 $(-R,R)$ 内具有任意阶的导数.

例 7.4.6　求幂级数 $\sum\limits_{n=1}^{\infty} n x^{n-1}$ 的收敛域及和函数 $s(x)$.

解　由于

$$\lim_{n\to\infty}\left|\frac{a_{n+1}}{a_n}\right|=\lim_{n\to\infty}\left|\frac{n+1}{n}\right|=1,$$

所以幂级数的收敛半径为 $R=1$.

当 $x=\pm 1$ 时，幂级数的通项为 $n\,(\pm 1)^{n-1}\not\to 0\,(n\to\infty)$，由级数收敛的必要条件知级数发散. 所以幂级数的收敛域为 $(-1,1)$.

对幂级数的和函数 $s(x)$ 在 0 到 x 上积分，其中 $x\in(-1,1)$，有

$$\int_0^x s(t)\,\mathrm{d}t=\int_0^x\Big(\sum_{n=1}^{\infty} n t^{n-1}\Big)\,\mathrm{d}t=\sum_{n=1}^{\infty}\int_0^x n t^{n-1}\,\mathrm{d}t$$

$$=\sum_{n=1}^{\infty} x^n=x+x^2+x^3+\cdots+x^n+\cdots$$

$$=x(1+x+x^2+\cdots+x^n+\cdots)$$

$$=\frac{x}{1-x}.$$

两边对 x 求导，得到

$$s(x)=\frac{1}{(1-x)^2},\ x\in(-1,1).$$

习题 7.4

1. 求下列幂级数的收敛区间：

(1) $x+2x^2+3x^3+\cdots+nx^n+\cdots$；

(2) $-x+\dfrac{x^2}{2^2}+\cdots+(-1)^n\dfrac{x^n}{n^2}+\cdots$；

(3) $\dfrac{x}{2}+\dfrac{x^2}{2\cdot4}+\dfrac{x^3}{2\cdot4\cdot6}+\cdots+\dfrac{x^n}{2\cdot4\cdot6\cdot\cdots\cdot(2n)}+\cdots$；

(4) $\dfrac{x}{1\cdot3}+\dfrac{x^2}{2\cdot3^2}+\dfrac{x^3}{3\cdot3^3}+\cdots+\dfrac{x^n}{n\cdot3^n}+\cdots$；

(5) $x+\dfrac{2^2}{5}x^2+\dfrac{2^3}{10}x^3+\cdots+\dfrac{2^n}{n^2+1}x^n+\cdots$；

(6) $\sum\limits_{n=1}^{\infty}(-1)^{n+1}\dfrac{x^{2n+1}}{2n+1}$；

(7) $\sum\limits_{n=1}^{\infty}\dfrac{2n-1}{2^n}x^{2n-2}$；

(8) $\sum\limits_{n=1}^{\infty}\dfrac{(x-5)^n}{\sqrt{n}}$.

2. 利用逐项求导或者逐项积分，求下列级数的和函数：

(1) $\sum\limits_{n=1}^{\infty} n x^{n-1}$；　　(2) $\sum\limits_{n=1}^{\infty}\dfrac{x^{4n+1}}{4n+1}$；

(3) $\sum\limits_{n=1}^{\infty}\dfrac{x^{2n-1}}{2n-1}$；　　(4) $\sum\limits_{n=1}^{\infty}(n+2)x^{n+3}$.

7.5 函数展开成幂级数

幂级数在其收敛区间内绝对收敛，其和函数定义了一个收敛区间内的连续函数，且具有任意阶导数，那么一个函数能否利用幂级数的这种性质，在某一点展开成幂级数的形式来进行运算呢？给定函数 $f(x)$，如果能够找到一个幂级数，它在某区间内收敛，且其和等于给定的函数 $f(x)$，则称该**函数在该区间内能够展开成幂级数**. 本节介绍将函数展开成幂级数的一般方法.

如果函数 $f(x)$ 在点 x_0 的某邻域 $U(x_0)$ 内能够展开成幂级数的形式，即

$$f(x) = a_0 + a_1(x-x_0) + a_2(x-x_0)^2 + \cdots + a_n(x-x_0)^n + \cdots, \quad x \in U(x_0).$$

$$(7\text{-}5\text{-}1)$$

根据幂级数和函数的性质，函数 $f(x)$ 在邻域 $U(x_0)$ 内具有任意阶的导数，且

$$f^{(n)}(x) = n!\, a_n + (n+1)!\, a_{n+1}(x-x_0) + \frac{(n+2)!}{2!} a_{n+2}(x-x_0)^2 + \cdots,$$

将 $x = x_0$ 代入，则有

$$f^{(n)}(x_0) = n!\, a_n.$$

从而
$$a_n = \frac{f^{(n)}(x)}{n!} \quad (n = 0, 1, 2, 3, \cdots). \qquad (7\text{-}5\text{-}2)$$

因此，如果函数 $f(x)$ 能够在点 x_0 的某邻域 $U(x_0)$ 内展开成幂级数的形式，它的系数 a_n 就可以通过式(7-5-2)所确定，该幂级数可以表达为

$$f(x_0) + f'(x_0)(x-x_0) + \frac{f''(x_0)}{2!}(x-x_0)^2 + \cdots + \frac{f^{(n)}(x_0)}{n!}(x-x_0)^n + \cdots.$$

$$(7\text{-}5\text{-}3)$$

从而有
$$f(x) = \sum_{n=0}^{\infty} \frac{f^{(n)}(x_0)}{n!}(x - x_0)^n, \quad x \in U(x_0). \qquad (7\text{-}5\text{-}4)$$

我们称幂级数(7-5-3)为函数 $f(x)$ 在点 x_0 处的**泰勒级数**，展开式(7-5-4)为函数 $f(x)$ 在点 x_0 处的**泰勒展开式**.

根据泰勒公式，如果函数 $f(x)$ 在点 x_0 的某邻域 $U(x_0)$ 内存在直到 $n+1$ 阶导数，则有

$$f(x) = f(x_0) + f'(x_0)(x-x_0) + \frac{f''(x_0)}{2!}(x-x_0)^2 + \cdots +$$

$$\frac{f^{(n)}(x_0)}{n!}(x-x_0)^n + R_n(x). \qquad (7\text{-}5\text{-}5)$$

其中，$R_n(x)$ 为余项，它的拉格朗日型余项为

$$R_n(x) = \frac{f^{(n+1)}(\xi)}{(n+1)!}(x-x_0)^{n+1}, \quad \xi \text{ 在 } x \text{ 与 } x_0 \text{ 之间.}$$

由泰勒公式，可以推导出如下定理.

定理 7.5.1 设 $f(x)$ 在区间 (x_0-R, x_0+R) 上具有任意阶导数，则 $f(x)$ 在区间 (x_0-R, x_0+R) 内可以展开为泰勒级数的充分必要条件是

$$\lim_{n\to\infty} R_n(x) = 0, \quad x \in (x_0-R, x_0+R).$$

证 记 n 次多项式

$$p_n(x) = f(x_0) + f'(x_0)(x-x_0) + \frac{f''(x_0)}{2!}(x-x_0)^2 + \cdots + \frac{f^{(n)}(x_0)}{n!}(x-x_0)^n,$$

则 $R_n(x) = f(x) - p_n(x)$. $p_n(x)$ 为级数（7-5-3）的前 $n+1$ 项部分和. 根据级数收敛的定义，有

$$f(x) = \sum_{n=0}^{\infty} \frac{f^{(n)}(x_0)}{n!}(x-x_0)^n, \quad x \in U(x_0).$$

$$\Leftrightarrow \quad \lim_{n\to\infty} p_n(x) = f(x), \qquad x \in U(x_0)$$

$$\Leftrightarrow \quad \lim_{n\to\infty}[f(x) - p_n(x)] = 0, \qquad x \in U(x_0)$$

$$\Leftrightarrow \quad \lim_{n\to\infty} R_n(x) = 0, \qquad x \in U(x_0).$$

定理得证.

如果函数 $f(x)$ 在 $x=0$ 处可以展开为泰勒级数的形式，即

$$\sum_{n=0}^{\infty} \frac{f^{(n)}(0)}{n!}x^n = f(0) + f'(0)x + \frac{f''(0)}{2!}x^2 + \cdots + \frac{f^{(n)}(0)}{n!}x^n + \cdots,$$

$$(7\text{-}5\text{-}6)$$

则称级数（7-5-6）为 $f(x)$ 的**麦克劳林级数**. 如果 $f(x)$ 能在 $(-R, R)$ 内展开成 x 的幂级数，则

$$f(x) = \sum_{n=0}^{\infty} \frac{f^{(n)}(0)}{n!}x^n, x \in (-R, R), \qquad (7\text{-}5\text{-}7)$$

称为函数 $f(x)$ 的**麦克劳林展开式**.

一般地，我们不知道函数 $f(x)$ 是否可以写成中心在 x_0 的幂级数. 但是如果可以，那么得到的级数一定是泰勒级数或麦克劳林级数. 得到函数 $f(x)$ 的泰勒级数或麦克劳林级数后，需要研究它的收敛半径、收敛区间和收敛域，还需要研究泰勒级数或麦克劳林级数在收敛域内是否收敛到 $f(x)$ 的问题.

例 7.5.1　将函数 $f(x) = e^x$ 展开成 x 的幂级数.

解　容易得到函数 $f(x) = e^x$ 的各阶导数为 $f^{(n)}(x) = e^x (n = 1, 2, 3, \cdots)$，且有 $f^{(n)}(0) = e^0 = 1 (n = 1, 2, 3, \cdots)$，于是得到级数

$$1 + x + \frac{x^2}{2!} + \cdots + \frac{x^n}{n!} + \cdots,$$

进而可以得到，该级数的收敛半径为 $R = +\infty$.

对于任意的 x，考察余项

$$|R_n(x)| = \left| \frac{e^{\xi}}{(n+1)!} x^{n+1} \right|, \quad \xi \text{ 在 } x \text{ 与 } 0 \text{ 之间},$$

于是

$$|R_n(x)| = \left| \frac{e^{\xi}}{(n+1)!} x^{n+1} \right| < e^{|x|} \cdot \frac{|x|^{n+1}}{(n+1)!},$$

由于 $e^{|x|}$ 有限，而 $\frac{|x|^{n+1}}{(n+1)!}$ 为收敛级数 $\sum_{n=1}^{\infty} \frac{|x|^{n+1}}{(n+1)!}$ 的通项，由级数收敛的必要条件知，$\frac{|x|^{n+1}}{(n+1)!} \to 0 (n \to \infty)$，从而 $e^{|x|} \cdot \frac{|x|^{n+1}}{(n+1)!} \to 0 (n \to \infty)$，即 $|R_n(x)| \to 0 (n \to \infty)$. 因此得到函数 $f(x) = e^x$ 的展开式

$$e^x = 1 + x + \frac{x^2}{2!} + \cdots + \frac{x^n}{n!} + \cdots, \quad x \in (-\infty, +\infty).$$

例 7.5.2　将函数 $f(x) = \sin x$ 展开成 x 的幂级数.

解　函数 $f(x) = \sin x$ 的各阶导数为

$$f^{(n)}(x) = \sin\left(x + \frac{n\pi}{2}\right) (n = 1, 2, 3, \cdots),$$

因此

$$f^{(n)}(0) = \sin\frac{n\pi}{2} = \begin{cases} 0, & n = 2k, \\ (-1)^k, & n = 2k+1, \end{cases} k = 0, 1, 2, \cdots,$$

于是得级数

$$x - \frac{x^3}{3!} + \frac{x^5}{5!} - \cdots + (-1)^n \frac{x^{2n+1}}{(2n+1)!} + \cdots,$$

它的收敛半径为 $R = +\infty$.

对于任意 x 以及 $\xi(\xi$ 在 0 和 x 之间)，余项

$$|R_n(x)| = \left| \frac{\sin\left[\xi + \frac{(n+1)\pi}{2}\right]}{(n+1)!} x^{n+1} \right| \leqslant \frac{|x|^{n+1}}{(n+1)!} \to 0 (n \to \infty),$$

因此得到函数 $f(x) = \sin x$ 的展开式

$$\sin x = x - \frac{x^3}{3!} + \frac{x^5}{5!} - \cdots + (-1)^n \frac{x^{2n+1}}{(2n+1)!} + \cdots, \quad x \in (-\infty, +\infty).$$

在上边的两个例子中，我们通过求函数的各阶导数来确定幂级数的系数，最后考察余项 $|R_n(x)|$ 是否趋向于零. 一般来说，只有少数比较简单的函数，其幂级数的展开式能够通过上述方法获得. 大多数情况下，上述方法的计算量相对较大，一些函数的高阶导数求导并不容易，研究余项的极限也经常会遇到困难. 如果利用已知函数的展开式，通过幂级数的运算，例如四则运算、逐项求导、逐项求积、变量替换等方式，以间接的方式将函数展开成幂级数，计算量会大幅减少，也避免了对余项极限的研究.

到目前为止，我们已知函数的幂级数展开式包括

$$\frac{1}{1-x} = \sum_{n=0}^{\infty} x^n, \quad x \in (-1, 1), \tag{7-5-8}$$

$$e^x = 1 + x + \frac{x^2}{2!} + \cdots + \frac{x^n}{n!} + \cdots, \quad x \in (-\infty, +\infty), \tag{7-5-9}$$

$$\sin x = x - \frac{x^3}{3!} + \frac{x^5}{5!} - \cdots + (-1)^n \frac{x^{2n+1}}{(2n+1)!} + \cdots, \quad x \in (-\infty, +\infty), \tag{7-5-10}$$

利用这三个展开式，可以推导出一系列函数的展开式，例如：

（1）将式(7-5-7)中的 x 换成 $-x$，得

$$\frac{1}{1+x} = \sum_{n=0}^{\infty} (-1)^n x^n, \quad x \in (-1, 1). \tag{7-5-11}$$

（2）将式(7-5-7)中的 x 换成 $-x^2$，得

$$\frac{1}{1+x^2} = \sum_{n=0}^{\infty} (-1)^n x^{2n}, \quad x \in (-1, 1). \tag{7-5-12}$$

（3）对式(7-5-11)两端在 0 到 x 上积分，得

$$\ln(1+x) = \sum_{n=0}^{\infty} \frac{(-1)^n}{n+1} x^{n+1} = \sum_{n=1}^{\infty} \frac{(-1)^{n-1}}{n} x^n, \quad x \in (-1, 1]. \tag{7-5-13}$$

（4）对式(7-5-12)两端在 0 到 x 上积分，得

$$\arctan x = \sum_{n=0}^{\infty} \frac{(-1)^n}{2n+1} x^{2n+1}, \quad x \in [-1, 1]. \tag{7-5-14}$$

（5）对式(7-5-10)两边求导，得

$$\cos x = \sum_{n=0}^{\infty} (-1)^n \frac{x^{2n}}{(2n)!}, \quad x \in (-\infty, +\infty). \tag{7-5-15}$$

（6）将式(7-5-9)中的 x 换成 $x \ln a$，得

$$a^x = e^{x \ln a} = \sum_{n=0}^{\infty} \frac{(\ln a)^n}{n!} x^n, \quad x \in (-\infty, +\infty). \tag{7-5-16}$$

这些幂级数展开式是最常用的，掌握了这些幂级数的展开式，可以大幅简化一些题目的计算.

例 7.5.3　将函数 $f(x) = \dfrac{x}{x^2-x-2}$ 展开成 x 的幂级数.

解　由于

$$f(x) = \frac{x}{x^2-x-2} = \frac{x}{(x-2)(x+1)} = \frac{1}{3}\left(\frac{1}{1+x} + \frac{2}{x-2}\right) = \frac{1}{3}\left(\frac{1}{1+x} - \frac{1}{1-\dfrac{x}{2}}\right),$$

且

$$\frac{1}{1+x} = \sum_{n=0}^{\infty}(-1)^n x^n, \quad x \in (-1,1),$$

$$\frac{1}{1-\dfrac{x}{2}} = \sum_{n=0}^{\infty}\left(\frac{x}{2}\right)^n, \qquad x \in (-2,2),$$

根据幂级数的性质，可以得到

$$f(x) = \frac{1}{3}\left[\sum_{n=0}^{\infty}(-1)^n x^n - \sum_{n=0}^{\infty}\frac{1}{2^n}x^n\right] = \frac{1}{3}\sum_{n=0}^{\infty}\left[(-1)^n - \frac{1}{2^n}\right]x^n,$$

其收敛域为两者的交集，即 $(-1,1)$.

例 7.5.4　将 $\ln x$ 展开成为 $x-1$ 的幂级数.

解　由于

$$\ln x = \ln[1+(x-1)],$$

且

$$\ln(1+x) = \sum_{n=0}^{\infty}\frac{(-1)^n}{n+1}x^{n+1} = \sum_{n=1}^{\infty}\frac{(-1)^{n-1}}{n}x^n, \quad x \in (-1,1],$$

将 x 换为 $x-1$，得到

$$\ln x = \sum_{n=1}^{\infty}\frac{(-1)^{n-1}}{n}(x-1)^n, \quad x \in (0,2].$$

例 7.5.5　将 $\dfrac{d}{dx}\left(\dfrac{e^x-1}{x}\right)$ 展开成 x 的幂级数.

解　由于

$$e^x = 1 + x + \frac{x^2}{2!} + \cdots + \frac{x^n}{n!} + \cdots, \quad x \in (-\infty, +\infty),$$

因此，

$$\frac{e^x-1}{x} = 1 + \frac{x}{2!} + \frac{x^2}{3!} + \cdots + \frac{x^{n-1}}{n!} + \cdots, \quad x \neq 0,$$

两边求导，得

$$\frac{d}{dx}\left(\frac{e^x-1}{x}\right) = \frac{1}{2!} + \frac{2x}{3!} + \cdots + \frac{(n-1)x^{n-2}}{n!} + \cdots, \quad x \neq 0.$$

例 7.5.6 将函数 $f(x)=(1+x)^\alpha$ 展开成 x 的幂级数, 其中 α 为任意实数.

解 容易得到, $f(x)$ 的各阶导数为

$$f^{(n)}(x)=\alpha(\alpha-1)(\alpha-2)\cdots(\alpha-n+1)(1+x)^{\alpha-n}, \quad n=1,2,3,\cdots,$$

此时

$$f(0)=1, f^{(n)}(0)=\alpha(\alpha-1)\cdots(\alpha-n+1), \quad n=1,2,3,\cdots,$$

于是得到级数

$$1+\alpha x+\frac{\alpha(\alpha-1)}{2!}x^2+\cdots+\frac{\alpha(\alpha-1)\cdots(\alpha-n+1)}{n!}x^n+\cdots,$$

对该级数相邻两项的系数之比的绝对值取极限得

$$\lim_{n\to\infty}\left|\frac{a_{n+1}}{a_n}\right|=\lim_{n\to\infty}\left|\frac{\alpha-n}{n+1}\right|=1,$$

因此, 对于任意实数 α, 级数在区间 $(-1,1)$ 内收敛.

下面证明该级数在 $(-1,1)$ 内收敛到 $f(x)$. 为了避免直接研究余项, 设该级数的和函数为 $s(x)$. 对级数逐项求导, 得

$$s'(x)=\alpha+\alpha(\alpha-1)x+\frac{\alpha(\alpha-1)(\alpha-2)}{2!}x^2+\cdots+\frac{\alpha(\alpha-1)\cdots(\alpha-n+1)}{(n-1)!}x^{n-1}+\cdots$$

$$=\alpha\left[1+(\alpha-1)x+\frac{(\alpha-1)(\alpha-2)}{2!}x^2+\cdots+\right.$$

$$\left.\frac{(\alpha-1)\cdots(\alpha-n+1)}{(n-1)!}x^{n-1}+\cdots\right],$$

两边同时乘以 $1+x$, 合并同类项可以得到 x^n 的系数为

$$\frac{(\alpha-1)\cdots(\alpha-n+1)}{(n-1)!}+\frac{(\alpha-1)(\alpha-2)\cdots(\alpha-n)}{n!}$$

$$=\frac{(\alpha-1)\cdots(\alpha-n+1)}{n!}(n+\alpha-n)=\frac{\alpha(\alpha-1)\cdots(\alpha-n+1)}{n!}$$

$$(n=1,2,3,\cdots),$$

于是有

$$(1+x)s'(x)=\alpha\left[1+\alpha x+\frac{\alpha(\alpha-1)}{2!}x^2+\cdots+\frac{\alpha(\alpha-1)\cdots(\alpha-n+1)}{n!}x^n+\cdots\right]$$

$$=\alpha s(x),$$

其中 $x\in(-1,1)$.

设 $F(x)=\dfrac{s(x)}{(1+x)^\alpha}$, $x\in(-1,1)$, 对 x 求导得到

$$F'(x)=\frac{s'(x)(1+x)^\alpha-\alpha(1+x)^{\alpha-1}s(x)}{(1+x)^{2\alpha}}$$

$$=\frac{(1+x)^{\alpha-1}[(1+x)s'(x)-\alpha s(x)]}{(1+x)^{2\alpha}},$$

通过前面讨论知 $(1+x)s'(x)=\alpha s(x)$，从而 $F'(x)=0$，即 $F(x)=c$（常数）.

又 $F(0)=s(0)=1$，所以 $F(x)=1$ 恒成立. 这就证明了

$$s(x)=(1+x)^{\alpha},\ x\in(-1,1).$$

于是，在区间 $(-1,1)$ 内，函数 $f(x)=(1+x)^{\alpha}$ 有展开式

$$(1+x)^{\alpha}=1+\alpha x+\frac{\alpha(\alpha-1)}{2!}x^2+\cdots+\frac{\alpha(\alpha-1)\cdots(\alpha-n+1)}{n!}x^n+\cdots,$$

$x\in(-1,1)$.

需要注意的是，端点处展开式成立与否需要根据 α 的取值来确定.

特别地，当 $\alpha=\dfrac{1}{2}$ 和 $\alpha=-\dfrac{1}{2}$ 时，函数 $f(x)=(1+x)^{\alpha}$ 的幂级数展开式分别为

$$\sqrt{1+x}=1+\frac{1}{2}x-\frac{1}{2\cdot4}x^2+\frac{1\cdot3}{2\cdot4\cdot6}x^3-\cdots+$$

$$(-1)^{n+1}\frac{1\cdot3\cdot\cdots\cdot(2n-3)}{2\cdot4\cdot6\cdot\cdots\cdot(2n)}x^n+\cdots,\ x\in[-1,1],$$

$$\frac{1}{\sqrt{1+x}}=1-\frac{1}{2}x+\frac{1\cdot3}{2\cdot4}x^2-\frac{1\cdot3\cdot5}{2\cdot4\cdot6}x^3+\cdots+$$

$$(-1)^{n}\frac{1\cdot3\cdot\cdots\cdot(2n-1)}{2\cdot4\cdot6\cdot\cdots\cdot(2n)}x^n+\cdots,\ x\in(-1,1].$$

习题 7.5

1. 将下列函数展开成 x 的幂级数，并求展开式成立的区间：

（1）$\mathrm{sh}x=\dfrac{\mathrm{e}^x-\mathrm{e}^{-x}}{2}$；　　　　（2）$\ln(2+x)$；

（3）a^x；　　　　　　　　　（4）$\sin^2x$；

（5）$(1+x)\ln(1+x)$；　　（6）$\dfrac{x}{\sqrt{1+x^2}}$.

2. 利用间接展开法求下列函数在指定点处的泰勒级数，并指出展开式成立的区间：

（1）$f(x)=\dfrac{1}{1-x^2}$，$x_0=0$；

（2）$f(x)=\ln x$，$x_0=1$；

（3）$f(x)=\dfrac{1}{2x^2+x-3}$，$x_0=3$；

（4）$f(x)=\dfrac{\mathrm{e}^x+\mathrm{e}^{-x}}{2}$，$x_0=0$；

（5）$f(x)=(x-2)\mathrm{e}^{-x}$，$x_0=1$；

（6）$f(x)=\dfrac{1}{(1+x)^2}$，$x_0=0$；

（7）$f(x)=\dfrac{x}{\sqrt{1-x^2}}$，$x_0=0$；

（8）$f(x)=\ln(x+\sqrt{1+x^2})$，$x_0=0$；

（9）$f(x)=\cos x$，$x_0=\dfrac{\pi}{2}$；

（10）$f(x)=\dfrac{1}{x}$，$x_0=3$.

3. 将函数 $f(x)=\arctan\dfrac{2x}{1-x^2}$ 在 $x=0$ 处展开为幂级数.

*7.6　幂级数的应用举例

幂级数是一类简单且具有很好性质的级数,它在数学、物理等学科的很多问题求解中是一种重要的工具,具有广泛的应用.本节介绍几种常见的应用.

例 7.6.1　计算 e 的近似值,要求误差小于 0.000001.

解　已知 e^x 在 $x=0$ 处的展开式为

$$e^x = 1 + x + \frac{x^2}{2!} + \cdots + \frac{x^n}{n!} + \cdots, \quad x \in (-\infty, +\infty),$$

取 $x=1$,则有

$$e = 1 + 1 + \frac{1}{2!} + \cdots + \frac{1}{n!} + \cdots,$$

如果取前 n 项和为 e 的近似值,且 e<3,则根据例 7.5.1 知余项满足

$$|R_n(x)| = \left| \frac{e^{\xi}}{(n+1)!} x^{n+1} \right| < e^{|x|} \cdot \frac{|x|^{n+1}}{(n+1)!} < \frac{3}{(n+1)!},$$

要想使得误差小于 0.000001,只需

$$\frac{3}{(n+1)!} \le 0.000001,$$

此时 $n \ge 9$,于是取前十项计算近似值

$$e \approx 1 + 1 + \frac{1}{2!} + \cdots + \frac{1}{8!} + \frac{1}{9!} = 2.718282.$$

例 7.6.2　计算 $\sqrt[5]{242}$ 的近似值,要求误差小于 0.000001.

解　已知 $3^5 = 243$,所以

$$\sqrt[5]{242} = \sqrt[5]{243\left(1 - \frac{1}{243}\right)} = 3\left(1 - \frac{1}{3^5}\right)^{\frac{1}{5}},$$

根据例 7.5.6 结论知

$$(1+x)^{\alpha} = 1 + \alpha x + \frac{\alpha(\alpha-1)}{2!} x^2 + \cdots + \frac{\alpha(\alpha-1)\cdots(\alpha-n+1)}{n!} x^n + \cdots,$$

$x \in (-1, 1)$,

取 $\alpha = \frac{1}{5}$,$x = -\frac{1}{3^5}$,得到

$$3\left(1 - \frac{1}{3^5}\right)^{\frac{1}{5}} = 3 - 3 \cdot \frac{1}{5} \cdot \frac{1}{3^5} - 3 \cdot \frac{1 \cdot 4}{5^2 \cdot 2!} \cdot \frac{1}{3^{10}} - \cdots -$$

$$3 \cdot \frac{1 \cdot 4 \cdot 9 \cdot \cdots \cdot (5n-6)}{5^n \cdot n!} \frac{1}{3^{5n}} - \cdots.$$

如果取前 n 项和为 $\sqrt[5]{242}$ 的近似值,且

$$|R_n| = \left| 3 \cdot \frac{1 \cdot 4 \cdot 9 \cdot \cdots \cdot (5n-1)}{5^{n+1} \cdot (n+1)!} \frac{1}{3^{5(n+1)}} + \right.$$

$$\left. 3 \cdot \frac{1 \cdot 4 \cdot 9 \cdot \cdots \cdot (5n+4)}{5^{n+2} \cdot (n+2)!} \frac{1}{3^{5(n+2)}} + \cdots \right|$$

$$= \left(3 \cdot \frac{1 \cdot 4 \cdot 9 \cdot \cdots \cdot (5n-1)}{5^{n+1} \cdot (n+1)!} \frac{1}{3^{5n}} \right) \cdot$$

$$\left(1 + \frac{5n+4}{5(n+2)} \frac{1}{3^5} + \frac{(5n+4)(5n+9)}{5^2(n+2)(n+3)} \frac{1}{3^{10}} + \cdots \right)$$

$$< \left(3 \cdot \frac{1 \cdot 4 \cdot 9 \cdot \cdots \cdot (5n-1)}{5^{n+1} \cdot (n+1)!} \frac{1}{3^{5n}} \right) \cdot \left(1 + \frac{1}{3^5} + \frac{1}{3^{10}} + \cdots \right)$$

$$= 3 \cdot \frac{1 \cdot 4 \cdot 9 \cdot \cdots \cdot (5n-1)}{5^{n+1} \cdot (n+1)!} \frac{1}{3^{5n}} \cdot \frac{1}{1 - \frac{1}{3^5}},$$

要使误差小于 0.000001，只需

$$3 \cdot \frac{1 \cdot 4 \cdot 9 \cdot \cdots \cdot (5n-1)}{5^{n+1} \cdot (n+1)!} \frac{1}{3^{5n}} \cdot \frac{1}{1 - \frac{1}{3^5}} < 0.000001,$$

此时取 $n \geqslant 2$ 即可满足. 于是取前三项计算 $\sqrt[5]{242}$ 的近似值，得

$$\sqrt[5]{242} \approx 3 - 3 \cdot \frac{1}{5} \cdot \frac{1}{3^5} - 3 \cdot \frac{1 \cdot 4}{5^2 \cdot 2!} \cdot \frac{1}{3^{10}} = 2.997527.$$

上述两个例子展示了利用幂级数展开式近似计算函数在某一点的函数值. 需要注意的是，函数近似值的计算必须在展开式的有效区间中进行，超出这个区间，余项往往不趋向于零. 因此，在利用幂级数展开式进行函数值的近似计算时，考察余项既能衡量近似计算的精确性，也能检查近似计算是否在有效区间中进行.

例 7.6.3 求极限 $\lim\limits_{x \to 0} \dfrac{\sin x - x}{x(1 - \cos x)}$.

解 将 $\sin x$ 和 $\cos x$ 写成麦克劳林级数的形式，得

$$\frac{\sin x - x}{x(1 - \cos x)} = \frac{\left(x - \dfrac{x^3}{3!} + \dfrac{x^5}{5!} - \cdots \right) - x}{x \left(1 - 1 + \dfrac{x^2}{2!} - \dfrac{x^4}{4!} + \cdots \right)} = \frac{-\dfrac{x^3}{3!} + \dfrac{x^5}{5!} - \cdots}{\dfrac{x^3}{2!} - \dfrac{x^5}{4!} + \cdots},$$

分子分母同时除以 x^3，并取极限得

$$\lim_{x \to 0} \frac{\sin x - x}{x(1 - \cos x)} = \lim_{x \to 0} \frac{-\dfrac{1}{3!} + \dfrac{x^2}{5!} - \cdots}{\dfrac{1}{2!} - \dfrac{x^2}{4!} + \cdots} = -\frac{1}{3}.$$

利用幂级数求极限，主要是利用了幂级数的通项是幂函数这一特点，它能够清晰地看出各项是无穷小量或者无穷大量的阶，变化趋势更明确. 一般而言，在处理不定式的极限问题中，使用幂级数展开要比洛必达法则更有效.

例 7.6.4 设函数 $f(x) = x\arctan x$，求 $f^{(2020)}(0)$.

解 由于

$$f(x) = x\arctan x = x\int_0^x \frac{1}{1+t^2}dt = x\int_0^x \sum_{n=0}^{\infty} (-1)^n t^{2n}dt$$

$$= x\sum_{n=0}^{\infty} (-1)^n \int_0^x t^{2n}dt = x\sum_{n=0}^{\infty} (-1)^n \frac{x^{2n+1}}{2n+1}$$

$$= \sum_{n=0}^{\infty} (-1)^n \frac{x^{2n+2}}{2n+1},$$

当 $2n+2 = 2020$，即 $n = 1009$ 时，上述级数 x^{2020} 的系数为

$$\frac{(-1)^{1009}}{2019} = -\frac{1}{2019}.$$

如果直接将 $f(x)$ 写为幂级数的形式，则 x^{2020} 的系数为

$$\frac{f^{(2020)}(0)}{2020!}.$$

于是 $\dfrac{f^{(2020)}(0)}{2020!} = -\dfrac{1}{2019}$，即

$$f^{(2020)}(0) = -\frac{2020!}{2019}.$$

利用幂级数求函数的高阶导数，主要是利用了函数的幂级数展开一定是泰勒级数这一性质. 如果能够得到函数在某一点处的幂级数展开，根据泰勒级数的定义，令对应相同次幂的系数相等，就可以得到函数在展开点处的各阶导数值. 同样的，该点必须位于级数展开式的收敛区间内.

例 7.6.5 计算积分 $\int_0^1 e^{-x^2}dx$，要求误差不大于 0.000001.

解 已知

$$e^x = 1 + x + \frac{x^2}{2!} + \cdots + \frac{x^n}{n!} + \cdots, \quad x \in (-\infty, +\infty),$$

将 x 换成 $-x^2$，有

$$e^{-x^2} = 1 + (-x^2) + \frac{(-1)^2 x^4}{2!} + \cdots + \frac{(-1)^n x^{2n}}{n!} + \cdots$$

$$= \sum_{n=0}^{\infty} \frac{(-1)^n x^{2n}}{n!}, \quad x \in (-\infty, +\infty),$$

根据幂级数在收敛区间逐项可积，得

$$\int_0^1 e^{-x^2} dx = \int_0^1 \sum_{n=0}^{\infty} \frac{(-1)^n x^{2n}}{n!} dx$$

$$= \sum_{n=0}^{\infty} \frac{(-1)^n}{n!} \int_0^1 x^{2n} dx$$

$$= \sum_{n=0}^{\infty} \left[\frac{(-1)^n}{n!} \cdot \frac{1}{2n+1} \right].$$

容易证明 $\sum_{n=0}^{\infty} \left[\frac{(-1)^n}{n!} \cdot \frac{1}{2n+1} \right]$ 是一个收敛的交错级数，其

余项

$$|R_n(x)| \leqslant \left| \frac{(-1)^{n+1}}{(n+1)!} \cdot \frac{1}{2n+3} \right| = \frac{1}{(2n+3)(n+1)!},$$

要使误差不大于 0.000001，只需

$$\frac{1}{(2n+3)(n+1)!} < 0.000001,$$

此时 $n \geqslant 8$. 于是取前 9 项计算积分的近似值

$$\int_0^1 e^{-x^2} dx \approx \sum_{n=0}^{8} \left[\frac{(-1)^n}{n!} \cdot \frac{1}{2n+1} \right] = 0.746824.$$

　　函数 e^{-x^2} 的原函数不是一个初等函数，所以利用微积分的基本公式是无法计算上述积分的. 在实际应用中，当原函数不能表示成初等函数或者原函数的计算非常复杂冗长时，利用级数来计算积分是一种有效的方法.

习题 7.6

　　1. 利用幂级数计算下列表达式的近似值，要求误差不大于 0.0001：

(1) $\arcsin 0.2$；　　　　(2) $\int_0^1 e^{-x^2} dx$；

(3) $\sin 18°$；　　　　　(4) $\cos 1°$；

(5) $\ln 1.2$.

　　2. 利用幂级数计算下列极限：

(1) $\lim\limits_{x \to 0} \dfrac{x e^x - \ln(1+x)}{x^2}$；

(2) $\lim\limits_{x \to \infty} \left[x - x^2 \ln\left(1 + \dfrac{1}{x} \right) \right]$；

(3) $\lim\limits_{x \to 0} \dfrac{x - \arcsin x}{\sin^3 x}$；

(4) $\lim\limits_{x \to 0} \dfrac{e^{-\frac{x^2}{2}} - \cos x}{x^2 [3x + \ln(1-3x)]}$.

　　3. 利用幂级数计算下列高阶导数值：

(1) $f(x) = \ln(2x - x^2)$，求 $f^{(100)}(1)$，$f^{(101)}(1)$.

(2) $f(x) = e^{-\frac{x^2}{2}}$，求 $f^{(98)}(0)$，$f^{(99)}(0)$.

　　4. 利用幂级数计算下列数项级数的和：

(1) $\sum\limits_{n=1}^{\infty} \dfrac{n}{9^n}$；　　　　(2) $\sum\limits_{n=1}^{\infty} \dfrac{2n-1}{2^n}$；

(3) $\sum\limits_{n=1}^{\infty} \dfrac{1}{2^n} \cdot \dfrac{n}{n+1}$；　　(4) $\sum\limits_{n=0}^{\infty} \dfrac{(-1)^n}{(2n)!}$；

(5) $\sum\limits_{n=1}^{\infty} \dfrac{n^2}{n!}$.

　　5. 设有两条抛物线 $y = nx^2 + \dfrac{1}{n}$ 和 $y = (n+1)x^2 + \dfrac{1}{n+1}$，记它们交点横坐标的绝对值为 a_n，求：

(1) a_n 的表达式；

(2) 这两条抛物线所围成图形的面积 s_n；

(3) 级数 $\sum\limits_{n=1}^{\infty} \dfrac{s_n}{a_n}$ 的和.

总习题 7

1. 填空题:

（1）极限 $\lim\limits_{n\to\infty} u_n = 0$ 是级数 $\sum\limits_{n=1}^{\infty} u_n$ 收敛的_____条件, 不是_____条件;

（2）部分和数列 $\{s_n\}$ 有界是正项级数 $\sum\limits_{n=1}^{\infty} u_n$ 收敛的_____条件;

（3）若级数 $\sum\limits_{n=1}^{\infty} u_n$ 绝对收敛, 则级数 $\sum\limits_{n=1}^{\infty} u_n$ 必定_____; 若级数 $\sum\limits_{n=1}^{\infty} u_n$ 条件收敛, 则级数 $\sum\limits_{n=1}^{\infty} |u_n|$ 必定_____.

2. 选择题:

（1）设有两个级数 $\sum\limits_{n=1}^{\infty} u_n$ 和 $\sum\limits_{n=1}^{\infty} v_n$, 则下列结论中正确的是[　　].

（A）若 $u_n \leqslant v_n$, 且 $\sum\limits_{n=1}^{\infty} v_n$ 收敛, 则 $\sum\limits_{n=1}^{\infty} u_n$ 一定收敛

（B）若 $u_n \leqslant v_n$, 且 $\sum\limits_{n=1}^{\infty} v_n$ 发散, 则 $\sum\limits_{n=1}^{\infty} u_n$ 一定发散

（C）若 $0 \leqslant u_n \leqslant v_n$, 且 $\sum\limits_{n=1}^{\infty} v_n$ 收敛, 则 $\sum\limits_{n=1}^{\infty} u_n$ 一定收敛

（D）若 $0 \leqslant u_n \leqslant v_n$, 且 $\sum\limits_{n=1}^{\infty} v_n$ 发散, 则 $\sum\limits_{n=1}^{\infty} u_n$ 一定发散

（2）无穷级数 $\sum\limits_{n=1}^{\infty} (-1)^n u_n$ $(u_n > 0)$ 收敛的充分条件是[　　].

（A）$u_{n+1} \leqslant u_n$ $(n=1,2,\cdots)$

（B）$\lim\limits_{n\to\infty} u_n = 0$

（C）$u_{n+1} \leqslant u_n$ $(n=1,2,\cdots)$, 且 $\lim\limits_{n\to\infty} u_n = 0$

（D）$\sum\limits_{n=1}^{\infty} (-1)^n (u_n - u_{n+1})$ 收敛

3. 判定下列级数的收敛性:

（1）$\sum\limits_{n=1}^{\infty} \dfrac{\ln n}{n^{1+a}} (a > 0)$;

（2）$\sum\limits_{n=1}^{\infty} \dfrac{1}{n\sqrt[n]{n}}$;

（3）$\sum\limits_{n=1}^{\infty} \dfrac{n\cos^2 \dfrac{n\pi}{3}}{2^n}$;

（4）$\sum\limits_{n=2}^{\infty} \dfrac{1}{\ln^a n} (a > 1)$;

（5）$\sum\limits_{n=1}^{\infty} \dfrac{\sin^2 (\pi \sqrt{n^2 + n})}{n}$;

（6）$\sum\limits_{n=1}^{\infty} \dfrac{a^n}{n^s} (a > 0, s > 0)$;

（7）$\sum\limits_{n=1}^{\infty} \dfrac{n\cos^2 \dfrac{\pi}{3n}}{2^n}$;

（8）$\sum\limits_{n=1}^{\infty} \dfrac{1}{2^{2n-1}(2n-1)}$;

（9）$\sum\limits_{n=1}^{\infty} \left(\dfrac{n}{2n+1} \right)^n$;

（10）$\sum\limits_{n=1}^{\infty} \dfrac{1}{2^{\ln n}}$.

4. 讨论下列级数是否收敛, 若收敛, 是绝对收敛还是条件收敛:

（1）$\sum\limits_{n=1}^{\infty} (-1)^n \dfrac{1}{n^p}$;

（2）$\sum\limits_{n=1}^{\infty} (-1)^{n+1} \dfrac{2^{n^2}}{n!}$;

（3）$\sum\limits_{n=1}^{\infty} (-1)^{n+1} \dfrac{\sin \dfrac{\pi}{n+1}}{\pi^{n+1}}$;

（4）$\sum\limits_{n=1}^{\infty} (-1)^n \ln \dfrac{n+1}{n}$;

（5）$\sum\limits_{n=1}^{\infty} (-1)^n \dfrac{(n+1)!}{n^{n+1}}$;

（6）$\sum\limits_{n=1}^{\infty} (-1)^{n+1} \dfrac{n!}{2^{n^2}}$;

（7）$\sum\limits_{n=1}^{\infty} \dfrac{\sin na}{(n+1)^2}$;

（8）$\sum\limits_{n=1}^{\infty} (-1)^{n+1} \sin \dfrac{x}{n} (x \neq 0)$.

5. 设正项级数 $\sum\limits_{n=1}^{\infty} u_n$ 和 $\sum\limits_{n=1}^{\infty} v_n$ 都收敛，证明：级数 $\sum\limits_{n=1}^{\infty} (u_n+v_n)^2$ 也收敛.

6. 求下列幂级数的收敛区间：

(1) $\sum\limits_{n=1}^{\infty} \dfrac{3^n + 5^n}{n} x^n$；　　(2) $\sum\limits_{n=1}^{\infty} \left(1 + \dfrac{1}{n}\right)^{n^2} x^n$；

(3) $\sum\limits_{n=1}^{\infty} n (x + 1)^n$；　　(4) $\sum\limits_{n=1}^{\infty} \dfrac{n}{2^n} x^{2n}$；

(5) $\sum\limits_{n=1}^{\infty} \dfrac{1}{n3^n} x^n$；　　(6) $\sum\limits_{n=1}^{\infty} \dfrac{\ln(n + 1)}{n + 1} x^n$；

(7) $\sum\limits_{n=1}^{\infty} \left[\dfrac{(-1)^n}{2^n} + 3^n\right] x^n$；

(8) $\sum\limits_{n=1}^{\infty} \dfrac{1}{n^2} (x - 2)^n$；

(9) $\sum\limits_{n=1}^{\infty} (\sqrt{n + 1} - \sqrt{n}) 2^n x^{2n}$；

(10) $\sum\limits_{n=1}^{\infty} (-1)^{n-1} \dfrac{(2n - 3)^n}{2n - 1}$.

7. 求下列幂级数的和函数：

(1) $\sum\limits_{n=1}^{\infty} \dfrac{2n - 1}{2^n} x^{2(n-1)}$；　(2) $\sum\limits_{n=1}^{\infty} n (x - 1)^{n-1}$；

(3) $\sum\limits_{n=1}^{\infty} \dfrac{x^n}{n(n + 1)}$；　　(4) $\sum\limits_{n=1}^{\infty} n(n + 1) x^n$；

(5) $\sum\limits_{n=1}^{\infty} \dfrac{(2n + 1)}{n!} x^{2n}$.

8. 利用幂级数的性质求下列级数的和：

(1) $\sum\limits_{n=1}^{\infty} \dfrac{n}{(n + 1)!}$；

(2) $\sum\limits_{n=1}^{\infty} \dfrac{(-1)^n}{3n + 1}$；

(3) $\sum\limits_{n=1}^{\infty} \dfrac{n^2}{n!}$；

(4) $\sum\limits_{n=0}^{\infty} (-1)^n \dfrac{n + 1}{(2n + 1)!}$.

9. 将下列级数展开成 x 的幂级数，并确定其收敛域：

(1) $f(x) = \ln(1 + x - 2x^2)$；

(2) $f(x) = \dfrac{1}{(2 - x)^2}$.

10. 将下列级数展开成 $x - 2$ 的幂级数，并确定其收敛域：

(1) $f(x) = \dfrac{1}{4 - x}$；　　(2) $f(x) = \ln x$；

(3) $f(x) = e^x$；　　(4) $f(x) = \ln \dfrac{1}{5 - 4x + x^2}$.

11. 利用函数的幂级数展开式求下列极限：

(1) $\lim\limits_{n \to \infty} \left[x - x^2 \ln\left(1 + \dfrac{1}{x}\right)\right]$；

(2) $\lim\limits_{n \to 0} \dfrac{x - \arcsin x}{\sin^3 x}$.

第8章
多元函数的微分和积分

之前我们讨论的函数都是只有一个自变量的函数,即一元函数. 在现实生活中,我们遇到的问题所含变量的个数往往有很多个,即多元函数. 多元函数是一元函数的推广,虽然它具有一元函数的很多性质,但它也具有一些不同的性质. 在多元函数里最简单的是二元函数,本章以二元函数为例,类似之前章节对一元函数讨论的思路,主要研究二元函数的微分和积分,进一步可以把这些性质推广到一般的多元函数中.

8.1 二元函数的相关概念

一元函数只含有一个自变量,它的定义域是数轴上的一个区间. 二元函数,顾名思义,含有两个自变量,它的定义域是二维平面 $\mathbf{R}^2$ 上的一个区域,其中 $\mathbf{R}^2$ 是由全平面所有的点构成的集合 $\mathbf{R}^2 = \{(x,y) \mid -\infty < x < +\infty, -\infty < y < +\infty\}$.

8.1.1 二元函数的定义

定义 8.1.1 设平面点集 D 是 $\mathbf{R}^2$ 的一个非空子集,若按照某一对应法则 f,对 D 中的每一个点 (x,y) 都有唯一确定的实数 z 与之对应,则称 f 为定义在 D 上的二元函数,记为

$$z = f(x,y), \quad (x,y) \in D,$$

其中点集 D 称为该函数的定义域,x,y 称为函数的自变量,z 称为因变量.

注意定义域里的每个点都是二维有序数组的形式,如 $(x_0, y_0) \in D$,按照对应法则 f,对应的值为 z_0,可以记作 $z_0 = f(x_0, y_0)$ 或 $z_0 = f(x,y) \Big|_{\substack{x=x_0 \\ y=y_0}}$,即当 $(x,y) = (x_0, y_0)$ 时,函数 $z = f(x,y)$ 的值为 z_0. 全体函数值的集合称为函数的值.

类似可以定义 n 元函数 $u = f(x_1, x_2, \cdots, x_n)$. 当 $n=1$ 时称为一

元函数；当 $n \geqslant 2$ 时称为多元函数.

例 8.1.1 已知函数 $f(x+y, x-y) = 4xy$，求 $f(x,y)$ 的表达式.

解 令 $\begin{cases} x+y = u, \\ x-y = v, \end{cases}$ 解得 $\begin{cases} x = \dfrac{u+v}{2}, \\ y = \dfrac{u-v}{2}, \end{cases}$ 代入 $f(x+y, x-y) = 4xy$ 可得

$$f(u,v) = 4 \cdot \frac{u+v}{2} \frac{u-v}{2} = u^2 - v^2,$$

因为函数与用哪种字母表达无关，故

$$f(x,y) = x^2 - y^2.$$

8.1.2 二元函数的几何意义

数形结合的思想是数学里一种重要的方法. 为了研究一元函数 $y = f(x)$，我们在二维平面坐标系里以 x 为横坐标、以 y 为纵坐标，通过描点等方法画出了函数 $y = f(x)$ 的图形. 同理，为了进一步研究二元函数 $z = f(x,y)$，$(x,y) \in D$，我们对定义域里所有的点 $(x,y) \in D$，以 x 为横坐标、以 y 为纵坐标、以函数值 z 为竖坐标 (高度)，在三维右手空间坐标系里描出对应点 (x,y,z)，构成了二元函数 $z = f(x,y)$ 的图像. 例如函数 $z = 1$，定义域是整个 xOy 平面 $\mathbf{R}^2$，图像表示空间中所有竖坐标为 1 的点构成的平面，即垂直于 z 轴在 $z = 1$ 处的垂截面. 如图 8-1 所示，通常 $z = f(x,y)$ 的图像是空间中的一个曲面，定义域 D 便是该曲面在 xOy 平面上的投影.

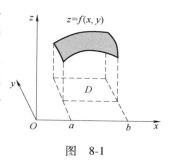

图 8-1

例 8.1.2 已知函数 $z = \sqrt{1 - x^2 - y^2}$，求函数 z 的定义域.

解 要使函数有意义，$1 - x^2 - y^2 \geqslant 0$，解得 $x^2 + y^2 \leqslant 1$，故定义域为 xOy 平面上的单位圆域

$$D = \{(x,y) \mid x^2 + y^2 \leqslant 1\}.$$

事实上，$z = \sqrt{1 - x^2 - y^2}$ 可化简为 $x^2 + y^2 + z^2 = 1$，$z \geqslant 0$. 如图 8-2 所示，在空间中，它表示球心在 $(0,0,0)$ 点，半径为 1 的上半球面.

例 8.1.3 已知函数 $z = \arcsin(1 - x^2 - y^2)$，求函数 z 的定义域.

解 要使函数有意义，$-1 \leqslant 1 - x^2 - y^2 \leqslant 1$，解得 $0 \leqslant x^2 + y^2 \leqslant 2$，故定义域为 xOy 平面上的圆域 $D = \{(x,y) \mid x^2 + y^2 \leqslant 2\}$.

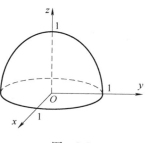

图 8-2

8.1.3 二元函数的极限和连续

在一元函数里，极限 $\lim\limits_{x \to x_0} f(x) = A$ 意味着自变量 $x \to x_0$ 的过程

中，对应的函数值 $f(x)$ 无限接近于一个确定的常数 A. 在二元函数里有类似的定义，如果自变量 $(x,y)\rightarrow(x_0,y_0)$ 的过程中，对应的函数值 $f(x,y)$ 无限接近于一个确定的常数 A，则称 A 为函数 $f(x,y)$ 当 $(x,y)\rightarrow(x_0,y_0)$ 时的极限. 通常以两点之间的距离 $\sqrt{(x-x_0)^2+(y-y_0)^2}\rightarrow0$ 衡量 $(x,y)\rightarrow(x_0,y_0)$ 的接近程度. 类似一元函数的极限定义，直接给出以下定义.

> **定义 8.1.2** 若对于任意给定的正数 ε（不管有多小），总存在正数 δ，使得当 $\sqrt{(x-x_0)^2+(y-y_0)^2}<\delta$ 时，都有 $|f(x,y)-A|<\varepsilon$ 成立，则称 A 为函数 $f(x,y)$ 当 $(x,y)\rightarrow(x_0,y_0)$ 时的极限，记为
> $$\lim_{(x,y)\rightarrow(x_0,y_0)}f(x,y)=A.$$

值得一提的是，一元函数的极限，只需当 $x\rightarrow x_0$ 时，左右两个方向的极限同时存在且相等即可. 二元函数的极限，要求平面上点 (x,y) 以任意方向、任意路径趋于固定点 (x_0,y_0) 时，极限均存在且相等，情况远比一元函数复杂. 本教材对于二元函数极限的定义，只需与一元函数的极限进行对比，理解异同点，不做过多要求. 类似地，我们给出二元函数连续的定义.

> **定义 8.1.3** 如果 $\lim\limits_{(x,y)\rightarrow(x_0,y_0)}f(x,y)=f(x_0,y_0)$，则称函数 $f(x,y)$ 在点 (x_0,y_0) 连续，否则称 (x_0,y_0) 为函数 $f(x,y)$ 的间断点.

类似一元函数结论：一切多元初等函数在其定义区域内都是连续的. 在闭区域上，连续的多元函数，也有最大值最小值定理、介值定理，在此不多赘述，读者可以自行对比写出.

习题 8.1

1. 求下列二元函数的定义域：

（1）$z=\arccos(1+x^2-y)$；

（2）$z=\arcsin\dfrac{x}{y^2}$；

（3）$z=\dfrac{1}{\sqrt{x+y}}+\dfrac{1}{\sqrt{y-x}}$；

（4）$z=\sqrt{y-\sqrt{x}}$；

（5）$z=\ln(x-y)$；

（6）$z=\dfrac{\arcsin(3-x^2-y^2)}{\sqrt{x-y^2}}$.

2. 已知函数 $f(x+y,x-y)=x^2+y^2$，求 $f(x,y)$ 的表达式.

3. 求下列极限：

（1）$\lim\limits_{(x,y)\rightarrow(0,0)}\dfrac{3+xy}{1+\arctan(xy)}$；

（2）$\lim\limits_{(x,y)\rightarrow(0,0)}\dfrac{1-e^{xy}}{\sqrt{1+\sin(xy)}}$；

（3）$\lim\limits_{(x,y)\rightarrow(0,0)}\dfrac{\cos(xy)+1}{\sqrt[3]{1+xy}}$；

（4）$\lim\limits_{(x,y)\rightarrow(0,0)}\dfrac{\sqrt{xy+1}-1}{xy}$.

8.2 偏导数和全微分

之前对于一元函数，我们通过研究函数的变化率引入了导数的定义，因为自变量只有一个，不会引起误解，也可以称之为全导数. 多元函数的自变量多于一个，为了方便研究自变量的变化与因变量的变化之间的关系，我们固定其他变量(看作常数)，研究某一个变量的变化与因变量的变化之间的关系.

8.2.1 偏导数的定义与计算

对于二元函数 $z=f(x,y)$，如果固定变量 y(看作常数)，只有 x 作为自变量，则函数 $z=f(x,y)$ 可视为关于 x 的一元函数. 在此基础上，若此一元函数对 x 可导，则称导数为函数 $z=f(x,y)$ 对 x 的偏导数.

定义 8.2.1 设二元函数 $z=f(x,y)$ 在点 (x_0,y_0) 的某邻域内有定义，当 y 固定在 y_0 而 x 在 x_0 处有增量 Δx 时，若极限

$$\lim_{\Delta x \to 0} \frac{f(x_0+\Delta x,y_0)-f(x_0,y_0)}{\Delta x}$$

存在，则称此极限为二元函数 $z=f(x,y)$ 在点 (x_0,y_0) 处对 x 的偏导数，记作

$$f'_x(x_0,y_0), \quad z'_x\Big|_{\substack{x=x_0\\y=y_0}}, \quad \frac{\partial f}{\partial x}\Big|_{\substack{x=x_0\\y=y_0}} \quad \text{或} \quad \frac{\partial z}{\partial x}\Big|_{\substack{x=x_0\\y=y_0}}.$$

同理，若极限

$$\lim_{\Delta y \to 0} \frac{f(x_0,y_0+\Delta y)-f(x_0,y_0)}{\Delta y}$$

存在，则称此极限为二元函数 $z=f(x,y)$ 在点 (x_0,y_0) 处对 y 的偏导数，记作

$$f'_y(x_0,y_0), \quad z'_y\Big|_{\substack{x=x_0\\y=y_0}}, \quad \frac{\partial f}{\partial y}\Big|_{\substack{x=x_0\\y=y_0}} \quad \text{或} \quad \frac{\partial z}{\partial y}\Big|_{\substack{x=x_0\\y=y_0}}.$$

如果二元函数 $z=f(x,y)$ 在定义域 D 内每一点 (x,y) 处对 x 的偏导数都存在，那么这个偏导数就是关于 x，y 的函数，它就称为二元函数 $z=f(x,y)$ 对 x 的偏导函数，简称偏导数，记作

$$f'_x(x,y), \quad z'_x, \quad \frac{\partial f}{\partial x} \quad \text{或} \quad \frac{\partial z}{\partial x}.$$

同理，二元函数 $z=f(x,y)$ 对 y 的偏导数，记作

$$f_y'(x,y), \quad z_y', \quad \frac{\partial f}{\partial y} \quad \text{或} \quad \frac{\partial z}{\partial y}.$$

一般地，偏导数的概念可以推广到多元函数. 例如，三元函数 $u=f(x,y,z)$ 对 x 的偏导数

$$f_x'(x,y,z) = \lim_{\Delta x \to 0} \frac{f(x+\Delta x, y, z) - f(x, y, z)}{\Delta x}.$$

因此，多元函数对某个变量求偏导，只需将其余变量看作常量，采用一元函数的求导方法即可.

例 8.2.1 求二元函数 $z=\mathrm{e}^{2x}\sin y$ 在点 $\left(0, \dfrac{\pi}{2}\right)$ 处的偏导数.

解 将 y 看作常数，函数对 x 求导可得

$$z_x' = 2\mathrm{e}^{2x}\sin y.$$

将 x 看作常数，函数对 y 求导可得

$$z_y' = \mathrm{e}^{2x}\cos y.$$

故二元函数 $z=\mathrm{e}^{2x}\sin y$ 在点 $\left(0, \dfrac{\pi}{2}\right)$ 处的偏导数：

$$z_x' \left|_{\substack{x=0 \\ y=\frac{\pi}{2}}} \right. = 2\mathrm{e}^{2x}\sin y \left|_{\substack{x=0 \\ y=\frac{\pi}{2}}} \right. = 2,$$

$$z_y' \left|_{\substack{x=0 \\ y=\frac{\pi}{2}}} \right. = \mathrm{e}^{2x}\cos y \left|_{\substack{x=0 \\ y=\frac{\pi}{2}}} \right. = 0.$$

例 8.2.2 求二元函数 $z=x\mathrm{e}^{2x+y}$ 的偏导数 $\dfrac{\partial z}{\partial x}$, $\dfrac{\partial z}{\partial y}$.

解
$$\frac{\partial z}{\partial x} = \mathrm{e}^{2x+y} + x(\mathrm{e}^{2x+y} \cdot 2) = \mathrm{e}^{2x+y}(1+2x).$$

$$\frac{\partial z}{\partial y} = x\mathrm{e}^{2x+y} \cdot 1 = x\mathrm{e}^{2x+y}.$$

例 8.2.3 求二元函数 $z=x^y\,(x>0)$ 的偏导数 $\dfrac{\partial z}{\partial x}$, $\dfrac{\partial z}{\partial y}$.

解 将 y 看作常数，函数 $z=x^y$ 是关于 x 的幂函数，对 x 求导可得

$$\frac{\partial z}{\partial x} = yx^{y-1}.$$

将 x 看作常数，函数 $z=x^y$ 是关于 y 的指数函数，对 y 求导可得

$$\frac{\partial z}{\partial y} = x^y \ln x.$$

例 8. 2. 4 已知 $xyz=1$，证明：$\dfrac{\partial z}{\partial x}\dfrac{\partial x}{\partial y}\dfrac{\partial y}{\partial z}=-1$.

证 因为 $z=\dfrac{1}{xy}$，所以

$$\frac{\partial z}{\partial x}=\frac{1}{y}\left(\frac{1}{x}\right)'_x=-\frac{1}{x^2y},$$

因为 $x=\dfrac{1}{yz}$，所以

$$\frac{\partial x}{\partial y}=\frac{1}{z}\left(\frac{1}{y}\right)'_y=-\frac{1}{y^2z},$$

因为 $y=\dfrac{1}{xz}$，所以

$$\frac{\partial y}{\partial z}=\frac{1}{x}\left(\frac{1}{z}\right)'_z=-\frac{1}{xz^2},$$

故

$$\frac{\partial z}{\partial x}\frac{\partial x}{\partial y}\frac{\partial y}{\partial z}=-\frac{1}{x^2y}\cdot\left(-\frac{1}{y^2z}\right)\cdot\left(-\frac{1}{xz^2}\right)=-\frac{1}{(xyz)^3}=-\frac{1}{(1)^3}=-1.$$

由上式可看出，记号 $\dfrac{\partial z}{\partial x}$ 与以前学的导数记号 $\dfrac{\mathrm{d}y}{\mathrm{d}x}$ 不同，偏导数的记号 $\dfrac{\partial z}{\partial x}$ 是一个整体记号，不能看作分子与分母之比.

偏导数定义的本质是一元函数的导数，由一元函数导数的几何意义可知二元函数 $z=f(x,y)$ 在点 (x_0,y_0) 处偏导数的几何意义：

$f'_x(x_0,y_0)$ 表示空间曲面 $z=f(x,y)$ 与平面 $y=y_0$ 的交线 $z=f(x,y_0)$，在点 $(x_0,y_0,f(x_0,y_0))$ 处的切线对 x 轴的斜率；$f'_y(x_0,y_0)$ 表示交线 $z=f(x_0,y)$ 在点 $(x_0,y_0,f(x_0,y_0))$ 处的切线对 y 轴的斜率.

值得一提的是，与一元函数"可导必连续"的结论不同，对于二元函数（多元函数）来说，即使在某点处的偏导数都存在，也不能保证多元函数在该点连续.

8. 2. 2 高阶偏导数

由于二元函数 $z=f(x,y)$ 的偏导数

$$\frac{\partial z}{\partial x}=f'_x(x,y),\quad \frac{\partial z}{\partial y}=f'_y(x,y),$$

仍然是关于自变量 x，y 的二元函数，若它们关于 x，y 的偏导数仍然存在，则称 $z=f(x,y)$ 具有二阶偏导数. $z=f(x,y)$ 的二阶偏导数有以下四种情形，记作

$$\frac{\partial}{\partial x}\left(\frac{\partial z}{\partial x}\right)=\frac{\partial^2 z}{\partial x^2}=z''_{xx},$$

$$\frac{\partial}{\partial y}\left(\frac{\partial z}{\partial x}\right) = \frac{\partial^2 z}{\partial x \partial y} = z''_{xy},$$

$$\frac{\partial}{\partial x}\left(\frac{\partial z}{\partial y}\right) = \frac{\partial^2 z}{\partial y \partial x} = z''_{yx},$$

$$\frac{\partial}{\partial y}\left(\frac{\partial z}{\partial y}\right) = \frac{\partial^2 z}{\partial y^2} = z''_{yy}.$$

类似可定义二元函数 $z = f(x, y)$ 更高阶的偏导数，例如：

$$\frac{\partial}{\partial x}\left(\frac{\partial^2 z}{\partial x^2}\right) = \frac{\partial^3 z}{\partial x^3},$$

$$\frac{\partial}{\partial y}\left(\frac{\partial^2 z}{\partial x^2}\right) = \frac{\partial^3 z}{\partial x^2 \partial y}.$$

例 8.2.5　　求二元函数 $z = x^2 + y^3 + xy$ 的二阶偏导数.

解　$\dfrac{\partial z}{\partial x} = 2x + y$, $\dfrac{\partial z}{\partial y} = 3y^2 + x$,

$$\frac{\partial^2 z}{\partial x^2} = \frac{\partial}{\partial x}\left(\frac{\partial z}{\partial x}\right) = \frac{\partial}{\partial x}(2x + y) = 2,$$

$$\frac{\partial^2 z}{\partial x \partial y} = \frac{\partial}{\partial y}\left(\frac{\partial z}{\partial x}\right) = \frac{\partial}{\partial y}(2x + y) = 1,$$

$$\frac{\partial^2 z}{\partial y \partial x} = \frac{\partial}{\partial x}\left(\frac{\partial z}{\partial y}\right) = \frac{\partial}{\partial x}(3y^2 + x) = 1,$$

$$\frac{\partial^2 z}{\partial y^2} = \frac{\partial}{\partial y}\left(\frac{\partial z}{\partial y}\right) = \frac{\partial}{\partial y}(3y^2 + x) = 6y.$$

注意到例 8.2.5 中 $\dfrac{\partial^2 z}{\partial y \partial x} = \dfrac{\partial^2 z}{\partial x \partial y}$，结果与求导顺序无关，但这个结论并不是对所有函数都成立，我们直接给出下面的定理.

定理 8.2.1　　如果二阶偏导数 $\dfrac{\partial^2 z}{\partial y \partial x}$ 及 $\dfrac{\partial^2 z}{\partial x \partial y}$ 是连续函数，则必有

$$\frac{\partial^2 z}{\partial x \partial y} = \frac{\partial^2 z}{\partial y \partial x}.$$

8.2.3　全微分

在一元函数中，若函数 $y = f(x)$ 可导，则微分 $\mathrm{d}y = f(x)\mathrm{d}x$，$\Delta y = \mathrm{d}y + o(\Delta x)$，即微分 $\mathrm{d}y$ 是函数值增量 Δy 里关于自变量增量 Δx 的线性主要部分. 对于二元函数来说，我们同样研究自变量（两个）有微小改变量时，函数值增量的线性主要部分.

定义 8.2.2　如果二元函数 $z=f(x,y)$ 从点 (x,y) 到点 $(x+\Delta x, y+\Delta y)$ 的函数值增量

$$\Delta z=f(x+\Delta x,y+\Delta y)-f(x,y)$$

可以表示为

$$\Delta z=A\Delta x+B\Delta y+o(\rho)\,(\rho=\sqrt{(\Delta x)^2+(\Delta y)^2}),$$

其中，A、B 不依赖于 Δx、Δy 而仅与 x、y 有关，$o(\rho)$ 为 ρ 的高阶无穷小，则称函数 $z=f(x,y)$ 在点 (x,y) 可微，$A\Delta x+B\Delta y$ 为函数 $z=f(x,y)$ 在点 (x,y) 的全微分，记作 $\mathrm{d}z$，即

$$\mathrm{d}z=A\Delta x+B\Delta y.$$

如果函数 $z=f(x,y)$ 在区域 D 内的各点都可微，则称函数 $z=f(x,y)$ 在 D 内可微.

对于二元函数来说，即使函数的偏导数存在，函数也不一定连续，但是二元函数可微必连续. 这是因为在函数可微的定义里，当 $\rho\to 0$ 时，显然 $\Delta x\to 0$，$\Delta y\to 0$，因此 $\lim\limits_{\rho\to 0}\Delta z=0$，即 $\lim\limits_{(\Delta x,\Delta y)\to(0,0)} f(x+\Delta x,\ y+\Delta y)=f(x,y)$，这意味着可微的二元函数必连续.

下面先讨论二元函数 $z=f(x,y)$ 可微的必要条件.

定理 8.2.2(必要条件)　如果二元函数 $z=f(x,y)$ 在点 (x,y) 可微，则函数在该点的偏导数 $\dfrac{\partial z}{\partial x}$，$\dfrac{\partial z}{\partial y}$ 必定存在，且二元函数 $z=f(x,y)$ 在点 (x,y) 的全微分为

$$\mathrm{d}z=\frac{\partial z}{\partial x}\Delta x+\frac{\partial z}{\partial y}\Delta y.$$

证　设二元函数 $z=f(x,y)$ 在点 (x,y) 可微，则由可微的定义知

$$f(x+\Delta x,y+\Delta y)-f(x,y)=A\Delta x+B\Delta y+o(\rho)\,(\rho=\sqrt{(\Delta x)^2+(\Delta y)^2}).$$

令 $\Delta y=0$，可得

$$f(x+\Delta x,y)-f(x,y)=A\Delta x+o(|\Delta x|).$$

故

$$\frac{\partial z}{\partial x}=\lim_{\Delta x\to 0}\frac{f(x+\Delta x,y)-f(x,y)}{\Delta x}=\lim_{\Delta x\to 0}\frac{A\Delta x+o(|\Delta x|)}{\Delta x}=A,$$

即函数在该点的偏导数 $\dfrac{\partial z}{\partial x}$ 存在，且等于 A. 同理可证，函数在该点的偏导数 $\dfrac{\partial z}{\partial y}$ 存在，且等于 B. 因此，二元函数 $z=f(x,y)$ 在

点 (x,y) 的全微分为

$$dz = \frac{\partial z}{\partial x}\Delta x + \frac{\partial z}{\partial y}\Delta y.$$

类似于一元函数微分中自变量增量的记号，记 $dx = \Delta x$，$dy = \Delta y$，如果二元函数 $z = f(x,y)$ 在点 (x,y) 可微，其全微分可以表示为

$$dz = \frac{\partial z}{\partial x}dx + \frac{\partial z}{\partial y}dy.$$

二元函数全微分的结果可推广到一般的多元函数中，如三元函数 $u = f(x,y,z)$ 可微，则全微分可表示为

$$du = \frac{\partial u}{\partial x}dx + \frac{\partial u}{\partial y}dy + \frac{\partial u}{\partial z}dz.$$

需要注意的是，如果二元函数可微，则函数的偏导数一定存在. 但反过来不一定成立，函数的偏导数即使存在，函数也不一定可微，这点与一元函数不一样（对于一元函数来说，函数可微与可导是等价的）.

下面直接给出二元函数 $z = f(x,y)$ 可微的充分条件.

定理 8.2.3（充分条件） 如果二元函数 $z = f(x,y)$ 的偏导数 $\frac{\partial z}{\partial x}$，$\frac{\partial z}{\partial y}$ 在点 (x,y) 连续，则二元函数 $z = f(x,y)$ 在点 (x,y) 可微.

例 8.2.6   求二元函数 $z = x^2 + y^2$ 的全微分.

解   因为 $\dfrac{\partial z}{\partial x} = 2x$，$\dfrac{\partial z}{\partial y} = 2y$，故全微分

$$dz = 2xdx + 2ydy.$$

例 8.2.7   求二元函数 $z = xe^{xy}$ 在点 $(1,1)$ 处的全微分.

解   因为

$$\frac{\partial z}{\partial x} = e^{xy} + x(e^{xy}y) = e^{xy}(1+xy)，\quad \frac{\partial z}{\partial y} = x(e^{xy}x) = x^2 e^{xy},$$

$$\frac{\partial z}{\partial x}\bigg|_{\substack{x=1\\y=1}} = 2e，\quad \frac{\partial z}{\partial y}\bigg|_{\substack{x=1\\y=1}} = e,$$

故全微分

$$dz\bigg|_{\substack{x=1\\y=1}} = 2edx + edy.$$

习题 8. 2

1. 求下列函数的偏导数:

(1) $z = \dfrac{x}{y}$;

(2) $z = x^2 y^3 + e^{xy} + e$;

(3) $z = xy\sin(x+y)$;

(4) $z = \dfrac{\ln(x+y)}{xy}$;

(5) $z = \arcsin\dfrac{x}{y}$;

(6) $u = x^{\frac{y}{z}}$;

(7) $u = \arctan\sqrt{1+x^2+y^2+z^2}$;

(8) $u = \ln\tan(xyz)$.

2. 求下列函数的二阶偏导数:

(1) $z = xy - \dfrac{x}{y}$;

(2) $z = (1+2x+2y)^2$;

(3) $z = e^{2x+3y}$;

(4) $z = x\ln(x+y)$.

3. 选择题:

(1) 函数 $z = f(x,y)$ 在点 (x,y) 的偏导数 $\dfrac{\partial z}{\partial x}$, $\dfrac{\partial z}{\partial y}$ 存在是 $f(x,y)$ 在该点可微分的[   ].

(A) 充分条件

(B) 必要条件

(C) 充分必要条件

(D) 既非充分条件也非必要条件

(2) 函数 $z = f(x,y)$ 在点 (x,y) 的偏导数 $\dfrac{\partial z}{\partial x}$, $\dfrac{\partial z}{\partial y}$ 连续是 $f(x,y)$ 在该点可微分的[   ].

(A) 充分条件

(B) 必要条件

(C) 充分必要条件

(D) 既非充分条件也非必要条件

4. 求下列函数的全微分:

(1) $z = x^2 y^2 + x + y^3$;

(2) $z = \sqrt{1+x^2+y^2}$;

(3) $z = x\sin y + e^{xy}$;

(4) $u = x^{y^z}$.

8.3 多元复合函数求导的链式法则

我们已经学过一元复合函数求导的链式法则: 若 $y = f(u)$ 是 u 的可导函数, $u = \varphi(x)$ 是 x 的可导函数, 则 $y = f(\varphi(x))$ 是 x 的可导函数, 且 $\dfrac{\mathrm{d}y}{\mathrm{d}x} = \dfrac{\mathrm{d}y}{\mathrm{d}u} \cdot \dfrac{\mathrm{d}u}{\mathrm{d}x}$. 对于多元复合函数求导来说, 也有类似的链式法则. 多元复合函数求导的链式法则在多元函数微分学中起着重要的作用.

8.3.1 复合函数的求导法则

多元复合函数的自变量和中间变量比较多, 复合结构情况相对一元复合函数比较复杂. 下面我们以二元函数为例, 首先研究简单的情形:

设函数 $z = f(u,v)$ 是关于变量 u, v 的二元函数, 而变量 u, v 都是关于 x 的一元函数, $u = \varphi(x)$, $v = \psi(x)$, 则函数 $z = f(\varphi(x), \psi(x))$ 是关于 x 的复合函数. 其中函数 z 称为因变量, 变量 x 称为自变量, 变量 u, v 称为中间变量. 如果函数 z 关于 x 可导, 如何求全导数 $\dfrac{\mathrm{d}z}{\mathrm{d}x}$? 我们有下面的链式法则.

> **定理 8.3.1** 设函数 $z=f(u,v)$ 可微，函数 $u=\varphi(x)$，$v=\psi(x)$ 可导，则复合函数 $z=f(\varphi(x),\psi(x))$ 可导，且
>
> $$\frac{\mathrm{d}z}{\mathrm{d}x}=\frac{\partial z}{\partial u}\cdot\frac{\mathrm{d}u}{\mathrm{d}x}+\frac{\partial z}{\partial v}\cdot\frac{\mathrm{d}v}{\mathrm{d}x}.$$

证 当 x 取得增量 Δx 时，$u=\varphi(x)$，$v=\psi(x)$ 相应的增量为 Δu 和 Δv，因此 $z=f(u,v)$ 也相应取得增量 Δz. 因为函数 $z=f(u,v)$ 可微，故

$$\Delta z=\frac{\partial z}{\partial u}\cdot\Delta u+\frac{\partial z}{\partial v}\cdot\Delta v+o(\rho)\ (\rho=\sqrt{(\Delta u)^2+(\Delta v)^2}).$$

等式两边同时除以 Δx，可得

$$\frac{\Delta z}{\Delta x}=\frac{\partial z}{\partial u}\cdot\frac{\Delta u}{\Delta x}+\frac{\partial z}{\partial v}\cdot\frac{\Delta v}{\Delta x}+\frac{o(\rho)}{\Delta x},$$

令 $\Delta x\to 0$，等式两边同时取极限，注意到

$$\lim_{\Delta x\to 0}\left|\frac{o(\rho)}{\Delta x}\right|=\lim_{\Delta x\to 0}\left|\frac{o(\rho)}{\rho}\cdot\frac{\sqrt{(\Delta u)^2+(\Delta v)^2}}{\Delta x}\right|$$

$$=0\cdot\sqrt{\left(\frac{\mathrm{d}u}{\mathrm{d}x}\right)^2+\left(\frac{\mathrm{d}v}{\mathrm{d}x}\right)^2}=0,$$

因此有

$$\lim_{\Delta x\to 0}\frac{\Delta z}{\Delta x}=\frac{\partial z}{\partial u}\cdot\lim_{\Delta x\to 0}\frac{\Delta u}{\Delta x}+\frac{\partial z}{\partial v}\cdot\lim_{\Delta x\to 0}\frac{\Delta v}{\Delta x}+0,$$

即

$$\frac{\mathrm{d}z}{\mathrm{d}x}=\frac{\partial z}{\partial u}\cdot\frac{\mathrm{d}u}{\mathrm{d}x}+\frac{\partial z}{\partial v}\cdot\frac{\mathrm{d}v}{\mathrm{d}x}.$$

关于多元复合函数求导，自变量和中间变量比较多，读者一定要分清哪些是自变量，哪些是中间变量. 为了更清楚地理解复合结构，快速准确地写出链式法则，可以借助画关系树的方法. 定理的关系树如图 8-3 所示. 其中，函数 $z=f(u,v)$ 是关于变量 u，v 的二元函数，而变量 u，v 都是关于 x 的一元函数，最终的自变量只有一个 x，因此 z 关于 x 求导，记号为全导数 $\dfrac{\mathrm{d}z}{\mathrm{d}x}$. z 到 x 有两路，类似叠加原理，同时记住口诀"叉路偏导，单路全导"，可以方便地写出求导公式.

定理中复合函数求导的链式法则，可以推广到其他复合结构. 关键在于分清哪些是自变量，哪些是中间变量，然后画出关系树图，再写出公式.

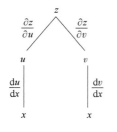

图 8-3

例如，函数 $z=f(u,v)$ 可微，函数 $u=\varphi(x,y)$，$v=\psi(x,y)$ 偏导

存在，则复合函数 $z=f(\varphi(x,y),\psi(x,y))$ 偏导存在，关系树如图 8-4 所示，可得

$$\frac{\partial z}{\partial x}=\frac{\partial z}{\partial u}\cdot\frac{\partial u}{\partial x}+\frac{\partial z}{\partial v}\cdot\frac{\partial v}{\partial x},$$

$$\frac{\partial z}{\partial y}=\frac{\partial z}{\partial u}\cdot\frac{\partial u}{\partial y}+\frac{\partial z}{\partial v}\cdot\frac{\partial v}{\partial y}.$$

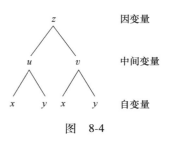

图　8-4

在特殊情况中，某些变量既是自变量，又是中间变量，为了记号不冲突，需将关系树中的因变量记号改写为映射记号．例如，函数 $z=f(x,v)$ 可微，函数 $v=\psi(x,y)$ 偏导存在，则复合函数 $z=f(x,\psi(x,y))$ 偏导存在，关系树中的因变量层，需将记号 z 改为 f，如图 8-5 所示，可得

$$\frac{\partial z}{\partial x}=\frac{\partial f}{\partial x}+\frac{\partial f}{\partial v}\cdot\frac{\partial v}{\partial x},$$

$$\frac{\partial z}{\partial y}=\frac{\partial f}{\partial v}\cdot\frac{\partial v}{\partial y}.$$

注意，这里 $\frac{\partial z}{\partial x}$ 与 $\frac{\partial f}{\partial x}$ 是不同的，$\frac{\partial z}{\partial x}$ 表示固定 y 对 x 求导，$\frac{\partial f}{\partial x}$ 表示固定 v 对 x 求导．

对于抽象复合函数求偏导，为了便于书写，可以将中间变量的字母用数字下标代替简记，表示对第几个中间变量求导，如：函数 $z=f(u,v,w)$，其中 u，v，w 为中间变量，记 $f'_1=\dfrac{\partial f(u,v,w)}{\partial u}$，$f'_3=$
$\dfrac{\partial f(u,v,w)}{\partial w}$，$f''_{11}=\dfrac{\partial^2 f(u,v,w)}{\partial u^2}$，$f''_{23}=\dfrac{\partial^2 f(u,v,w)}{\partial v\partial w}$ 等．

例 8.3.1　设函数 $z=u^2\ln v$，而 $u=\arctan x$，$v=2+\sin x$，求 $\dfrac{\mathrm{d}z}{\mathrm{d}x}$．

解　关系树如图 8-3 所示，可得

$$\frac{\mathrm{d}z}{\mathrm{d}x}=\frac{\partial z}{\partial u}\cdot\frac{\mathrm{d}u}{\mathrm{d}x}+\frac{\partial z}{\partial v}\cdot\frac{\mathrm{d}v}{\mathrm{d}x}=2u\ln v\cdot\frac{1}{1+x^2}+\frac{u^2}{v}\cdot\cos x$$

$$=\arctan x\left[\frac{2\ln(2+\sin x)}{1+x^2}+\frac{\cos x\cdot\arctan x}{2+\sin x}\right].$$

例 8.3.2　设函数 $z=u\mathrm{e}^v$，而 $u=x^2-y^2$，$v=xy$，求 $\dfrac{\partial z}{\partial x}$ 和 $\dfrac{\partial z}{\partial y}$．

解　关系树如图 8-4 所示，可得

$$\frac{\partial z}{\partial x}=\frac{\partial z}{\partial u}\cdot\frac{\partial u}{\partial x}+\frac{\partial z}{\partial v}\cdot\frac{\partial v}{\partial x}=\mathrm{e}^v\cdot 2x+u\mathrm{e}^v\cdot y=\mathrm{e}^{xy}(2x+x^2y-y^3),$$

$$\frac{\partial z}{\partial y}=\frac{\partial z}{\partial u}\cdot\frac{\partial u}{\partial y}+\frac{\partial z}{\partial v}\cdot\frac{\partial v}{\partial y}=\mathrm{e}^v\cdot(-2y)+u\mathrm{e}^v\cdot x=\mathrm{e}^{xy}(-2y+x^3-xy^2).$$

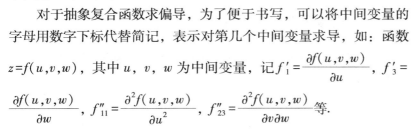

图　8-5

例 8.3.3　　设函数 $z=f(2x^2+y)$，其中 f 具有一阶连续导数，求 $\dfrac{\partial z}{\partial x}$，$\dfrac{\partial z}{\partial y}$．

解　　$\dfrac{\partial z}{\partial x}=f'\cdot 4x=4xf'$；　　$\dfrac{\partial z}{\partial y}=f'\cdot 1=f'$．

例 8.3.4　　设函数 $f(u,v)$ 具有二阶连续偏导数，$z=f(x,xy)$，求 $\dfrac{\partial^2 z}{\partial x\partial y}$．

解　　$\dfrac{\partial z}{\partial x}=f'_1+f'_2\cdot y=f'_1(x,xy)+yf'_2(x,xy)$；

$$\frac{\partial^2 z}{\partial x\partial y}=f''_{12}\cdot x+1\cdot f'_2+y\cdot(f''_{22}\cdot x)=xf''_{12}+f'_2+xyf''_{22}.$$

一般来说，对于具体复合函数求导，如例 8.3.1 和例 8.3.2，建议读者画出关系树再求解；而对于抽象函数，如例 8.3.3 和例 8.3.4，熟练之后可以直接写结果．注意例 8.3.3 中的函数 f 是一元函数，求导时不用带数字下标；例 8.3.4 中求二阶偏导时，需把一阶偏导中函数的代表元符号补全再计算二阶偏导数．

8.3.2　全微分形式不变性

一元函数的微分具有形式不变性，多元函数的全微分也有形式不变性．

设函数 $z=f(u,v)$，$u=\varphi(x,y)$，$v=\psi(x,y)$ 可微，则复合函数 $z=f(\varphi(x,y),\psi(x,y))$ 可微，且

$$
\begin{aligned}
\mathrm{d}z &=\frac{\partial z}{\partial x}\mathrm{d}x+\frac{\partial z}{\partial y}\mathrm{d}y\\[2mm]
&=\left(\frac{\partial z}{\partial u}\frac{\partial u}{\partial x}+\frac{\partial z}{\partial v}\frac{\partial v}{\partial x}\right)\mathrm{d}x+\left(\frac{\partial z}{\partial u}\frac{\partial u}{\partial y}+\frac{\partial z}{\partial v}\frac{\partial v}{\partial y}\right)\mathrm{d}y\\[2mm]
&=\frac{\partial z}{\partial u}\left(\frac{\partial u}{\partial x}\mathrm{d}x+\frac{\partial u}{\partial y}\mathrm{d}y\right)+\frac{\partial z}{\partial v}\left(\frac{\partial v}{\partial x}\mathrm{d}x+\frac{\partial v}{\partial y}\mathrm{d}y\right)\\[2mm]
&=\frac{\partial z}{\partial u}\mathrm{d}u+\frac{\partial z}{\partial v}\mathrm{d}v.
\end{aligned}
$$

由此可见，对于函数 $z=f(u,v)$，无论 u，v 是自变量还是中间变量，它的全微分形式是不变的．这个性质叫作全微分形式不变性．

例 8.3.5　　利用全微分形式不变性解本节例 8.3.2.

解　　$\mathrm{d}z=\mathrm{d}(ue^v)=e^v\mathrm{d}u+ue^v\mathrm{d}v.$

又因 $\mathrm{d}u=\mathrm{d}(x^2-y^2)=2x\mathrm{d}x-2y\mathrm{d}y$，$\mathrm{d}v=\mathrm{d}(xy)=y\mathrm{d}x+x\mathrm{d}y$，代入上式，得

$$dz = e^v(2x dx - 2y dy) + u e^v(y dx + x dy)$$
$$= e^{xy}(2x dx - 2y dy) + (x^2 - y^2) e^{xy}(y dx + x dy)$$
$$= e^{xy}(2x + x^2 y - y^3) dx + e^{xy}(-2y + x^3 - xy^2) dy.$$

对比 $dz = \dfrac{\partial z}{\partial x} dx + \dfrac{\partial z}{\partial y} dy$，可得

$$\frac{\partial z}{\partial x} = e^{xy}(2x + x^2 y - y^3), \quad \frac{\partial z}{\partial y} = e^{xy}(-2y + x^3 - xy^2).$$

这与例 8.3.2 结果一致.

习题 8.3

1. 设函数 $z = \arctan(xy)$，而 $y = \sin 2x$，求 $\dfrac{dz}{dx}$.

2. 设函数 $z = e^u \sin v$，而 $u = xy$，$v = x + y$，求 $\dfrac{\partial z}{\partial x}$，$\dfrac{\partial z}{\partial y}$.

3. 设函数 $z = f(x^2 + \sin y)$，其中 f 具有一阶连续导数，求 $\dfrac{\partial z}{\partial x}$，$\dfrac{\partial z}{\partial y}$.

4. 设函数 $z = f(x^2 + e^y, 3x)$，其中 f 具有一阶连续偏导数，求 $\dfrac{\partial z}{\partial x}$，$\dfrac{\partial z}{\partial y}$.

5. 设函数 $f(u, v)$ 具有二阶连续偏导数，$y = f(e^x, \cos x)$，求 $\dfrac{d^2 y}{dx^2}\bigg|_{x=0}$.

6. 设函数 $z = f(xy, e^{xy})$，其中 f 具有一阶连续偏导数. 证明：

$$x \frac{\partial z}{\partial x} - y \frac{\partial z}{\partial y} = 0.$$

8.4　隐函数求导的公式法

首先明确一个事实，不管是方程情形的多元函数的隐函数，还是方程组情形的隐函数组，对某个变量求一阶导数（或偏导数），均可以类似一元函数中隐函数的求导方法，利用复合函数求导法则，明确哪些是自变量，哪些是因变量，通过解方程（或方程组）求解，这是基本的隐函数求导方法. 本节研究不解方程，直接用公式法求隐函数的一阶导数（或偏导数）.

8.4.1　一元隐函数求导

首先推导由二元方程 $F(x, y) = 0$ 确定的一元隐函数导数的公式.

设 $y = f(x)$ 是由方程 $F(x, y) = 0$ 确定的隐函数，函数 $F(x, y)$ 有连续偏导数，且 $F'_y \neq 0$. 将 $y = f(x)$ 代入 $F(x, y) = 0$，得恒等式

$$F(x, f(x)) \equiv 0.$$

等式两边同时对 x 求导，利用多元函数的复合求导法则，可得

$$F'_x + F'_y \cdot \frac{dy}{dx} = 0.$$

因为 $F_y' \neq 0$，可得公式

$$\frac{\mathrm{d}y}{\mathrm{d}x} = -\frac{F_x'}{F_y'}.$$

由以上公式的推导过程可知，用公式法求隐函数的一阶导数的步骤如下：

第一步：将隐函数方程通过适当变形（便于求导）、移项后，构造辅助函数 $F(x,y)$；

第二步：$F(x,y)$ 对变量 x，y 求出偏导数 F_x'，F_y'；

第三步：代入公式 $\dfrac{\mathrm{d}y}{\mathrm{d}x} = -\dfrac{F_x'}{F_y'}$。

例 8.4.1　设 $y = y(x)$ 是由方程 $\mathrm{e}^y + xy = \mathrm{e}$ 所确定的隐函数，求 $y'(0)$.

解　设 $F(x,y) = \mathrm{e}^y + xy - \mathrm{e}$，则

$$F_x' = y, \quad F_y' = \mathrm{e}^y + x.$$

故

$$\frac{\mathrm{d}y}{\mathrm{d}x} = -\frac{F_x'}{F_y'} = -\frac{y}{\mathrm{e}^y + x}.$$

由方程 $\mathrm{e}^y + xy = \mathrm{e}$ 知，当 $x = 0$ 时，$y = 1$. 因此，$y'(0) = -\dfrac{1}{\mathrm{e}}$.

8.4.2　二元隐函数求导

类似地，下面推导由三元方程 $F(x,y,z) = 0$ 确定的二元隐函数导数的公式.

设 $z = f(x,y)$ 是由方程 $F(x,y,z) = 0$ 确定的隐函数，函数 $F(x,y,z)$ 有连续偏导数，且 $F_z' \neq 0$. 将 $z = f(x,y)$ 代入 $F(x,y,z) = 0$，得恒等式

$$F(x,y,f(x,y)) \equiv 0.$$

等式两边分别对 x 或 y 求导，利用多元函数的复合求导法则，可得

$$F_x' + F_z' \cdot \frac{\partial z}{\partial x} = 0, \quad F_y' + F_z' \cdot \frac{\partial z}{\partial y} = 0.$$

因为 $F_z' \neq 0$，可得公式

$$\frac{\partial z}{\partial x} = -\frac{F_x'}{F_z'}, \quad \frac{\partial z}{\partial y} = -\frac{F_y'}{F_z'}.$$

例 8.4.2　设函数 $z = z(x,y)$ 由方程 $3x^2 + 8y - 2z - \mathrm{e}^z = 0$ 所确定，求 $\dfrac{\partial z}{\partial x}, \dfrac{\partial z}{\partial y}$.

解　设 $F(x,y,z)=3x^2+8y-2z-\mathrm{e}^z$，则

$$F'_x=6x,\quad F'_y=8,\quad F'_z=-2-\mathrm{e}^z.$$

故

$$\frac{\partial z}{\partial x}=-\frac{F'_x}{F'_z}=\frac{6x}{2+\mathrm{e}^z};$$

$$\frac{\partial z}{\partial y}=-\frac{F'_y}{F'_z}=\frac{8}{2+\mathrm{e}^z}.$$

例 8.4.3　设函数 $z=z(x,y)$ 由方程 $\dfrac{x}{z}=\ln\dfrac{z}{y}$ 所确定，求 $\dfrac{\partial z}{\partial x},\dfrac{\partial z}{\partial y}$.

解　将隐函数方程适当变形得

$$x=z(\ln z-\ln y).$$

设

$$F(x,y,z)=z\ln z-z\ln y-x,\quad 则$$

$$F'_x=-1,\quad F'_y=-\frac{z}{y},\quad F'_z=\ln z+1-\ln y.$$

由方程 $\dfrac{x}{z}=\ln\dfrac{z}{y}$ 知

$$F'_z=\ln z+1-\ln y=1+\ln\frac{z}{y}=1+\frac{x}{z}.$$

故

$$\frac{\partial z}{\partial x}=-\frac{F'_x}{F'_z}=\frac{z}{x+z};$$

$$\frac{\partial z}{\partial y}=-\frac{F'_y}{F'_z}=\frac{z^2}{y(x+z)}.$$

例 8.4.3 中将隐函数方程适当变形的目的，是为了便于求导，也可不变形直接移项构造辅助函数 $F(x,y,z)$. 与一元隐函数求导类似，其结果形式不唯一（结果可以通过方程恒等变形），如本例中结果为 $\dfrac{\partial z}{\partial x}=-\dfrac{F'_x}{F'_z}=\dfrac{1}{\ln z+1-\ln y}$，也没有问题.

*8.4.3　隐函数组求导

对于由方程组确定的隐函数组，其一阶导数也有相应的公式法，本节在此不再赘述，感兴趣的读者可自行查阅相关资料. 对于隐函数组求导，建议读者采用一元函数中隐函数的求导方法，利用复合函数求导法则，明确哪些是自变量，哪些是因变量，通过方程组进行求解.

例 8.4.4　设 $\begin{cases}xu-yv=1,\\ yu+xv=0,\end{cases}$ 求 $\dfrac{\partial u}{\partial x},\dfrac{\partial v}{\partial x},\dfrac{\partial u}{\partial y},\dfrac{\partial v}{\partial y}$.

解　由问题可知，u，v 均是关于自变量 x，y 的函数.

方程组中的两个方程两边同时对 x 求导，可得

$$\begin{cases} u+x\ \dfrac{\partial u}{\partial x}-y\ \dfrac{\partial v}{\partial x}=0, \\ y\ \dfrac{\partial u}{\partial x}+v+x\ \dfrac{\partial v}{\partial x}=0, \end{cases}$$

解关于 $\dfrac{\partial u}{\partial x}$，$\dfrac{\partial v}{\partial x}$ 的二元一次方程组，可得

$$\frac{\partial u}{\partial x}=-\frac{xu+yv}{x^2+y^2},$$

$$\frac{\partial v}{\partial x}=\frac{yu-xv}{x^2+y^2}.$$

同理，方程组中的两个方程两边同时对 y 求导，采用相同方法可解得

$$\frac{\partial u}{\partial y}=\frac{xv-yu}{x^2+y^2},$$

$$\frac{\partial v}{\partial y}=-\frac{xu+yv}{x^2+y^2}.$$

习题 8.4

1. 设函数 $z=z(x,y)$ 由方程 $x^2+y^4+z^3+2x+y+z-7=0$ 所确定，求 $\dfrac{\partial z}{\partial x}$ 和 $\dfrac{\partial z}{\partial y}$.

2. 设函数 $z=z(x,y)$ 由方程 $\ln z+x e^{z-1}=\arctan xy$ 所确定，求 $\dfrac{\partial z}{\partial x}$ 和 $\dfrac{\partial z}{\partial y}$.

3. 已知方程 $x\ln y=y\ln x$ 确定隐函数 $y=y(x)$，求曲线在点 $(1,1)$ 处的切线方程.

4. 设函数 $z=z(x,y)$ 由方程 $\ln(xz)+\sin(yz)=1$ 所确定，求 $\mathrm{d}z\Big|_{\substack{x=1 \\ y=0}}$.

5. 方程 $f\left(\dfrac{y}{x},\dfrac{z}{x}\right)=0$ 确定了 z 是关于 x，y 的函数，其中 $f(u,v)$ 有连续的偏导数，且 $f_v'(u,v)\neq0$. 证明：

$$x\ \frac{\partial z}{\partial x}+y\ \frac{\partial z}{\partial y}=z.$$

*6. 设方程组 $\begin{cases} x+y+z=2, \\ x^2+y^2+z^2=1, \end{cases}$ 求 $\dfrac{\mathrm{d}x}{\mathrm{d}z}$ 和 $\dfrac{\mathrm{d}y}{\mathrm{d}z}$.

8.5   二元函数的极值

一元函数的极值，可以利用函数一阶导数的符号变化（极值第一判别法），也可以借助于函数二阶导数的符号（极值第二判别法）来判断. 多元函数的极值问题是多元微分学的一个重要应用. 本节以二元函数为例，研究二元函数的极值和最值问题.

8.5.1 无条件极值

对自变量除定义域限制之外，没有其他附加约束条件的极值问题，称为无条件极值. 首先给出二元函数极值的定义.

> **定义**　设函数 $z = f(x, y)$ 在点 (x_0, y_0) 的某邻域内有定义，如果对于该邻域内任何异于 (x_0, y_0) 的点 (x, y)，都有
> $$f(x, y) < f(x_0, y_0),$$
> 则称函数 $z = f(x, y)$ 在点 (x_0, y_0) 处有极大值 $f(x_0, y_0)$. 如果对于该邻域内任何异于 (x_0, y_0) 的点 (x, y)，都有
> $$f(x, y) > f(x_0, y_0),$$
> 则称函数 $z = f(x, y)$ 在点 (x_0, y_0) 处有极小值 $f(x_0, y_0)$.

极大值和极小值统称为极值. 使函数取得极值的点称为极值点.

例 8.5.1　利用极值的定义，判断点 $(0, 0)$ 是否是下列二元函数的极值点：

(1) $f(x, y) = x^2 + y^2$;　　　　(2) $g(x, y) = \sqrt{1 - x^2 - y^2}$;

(3) $\varphi(x, y) = xy$.

解　(1) 因 $f(0, 0) = 0$，且对点 $(0, 0)$ 的邻域内任何异于 $(0, 0)$ 的点 (x, y)，都有 $f(x, y) = x^2 + y^2 > 0 = f(0, 0)$. 故点 $(0, 0)$ 是 $f(x, y) = x^2 + y^2$ 的极小值点，极小值为 $f(0, 0) = 0$；

(2) 因 $g(0, 0) = 1$，且对于点 $(0, 0)$ 的邻域内（定义域内）任何异于 $(0, 0)$ 的点 (x, y)，都有 $g(x, y) = \sqrt{1 - x^2 - y^2} < 1 = g(0, 0)$. 故点 $(0, 0)$ 是 $g(x, y) = \sqrt{1 - x^2 - y^2}$ 的极大值点，极大值为 $g(0, 0) = 1$；

(3) $\varphi(0, 0) = 0$，但在点 $(0, 0)$ 的邻域内，函数在第一象限和第三象限的值大于 0；在第二象限和第四象限的值小于 0. 故点 $(0, 0)$ 不是 $\varphi(x, y) = xy$ 的极值点.

很多函数直接利用定义很难判断其极值点. 由二元函数极值的定义，如果点 (x_0, y_0) 为函数 $z = f(x, y)$ 的极值点，则当 $y = y_0$ 时，对应的一元函数 $z = f(x, y_0)$ 在 $x = x_0$ 处必取得相同的极值，同理，一元函数 $z = f(x_0, y)$ 在 $y = y_0$ 处也必取得相同的极值，由一元函数极值的必要条件，可得下面二元函数极值的必要条件.

> **定理 8.5.1**（极值的必要条件）　如果函数 $f(x, y)$ 在点 (x_0, y_0) 具有偏导数，且在点 (x_0, y_0) 处取得极值，则有
> $$f'_x(x_0, y_0) = 0, \quad f'_y(x_0, y_0) = 0.$$

类似一元函数，凡是能使 $f'_x(x_0,y_0)=0$，$f'_y(x_0,y_0)=0$ 同时成立的点 (x_0,y_0) 称为函数 $z=f(x,y)$ 的驻点；函数在偏导数不存在的点也可能取得极值. 由定理 8.5.1 知：对于具有偏导数的函数，极值点一定是驻点，但驻点不一定是极值点. 例如，点 $(0,0)$ 是 $\varphi(x,y)=xy$ 的驻点，但不是其极值点. 如何进一步判断驻点是否是极值点？我们直接给出下面定理.

> **定理 8.5.2**(极值的充分条件)　设函数 $z=f(x,y)$ 在点 (x_0,y_0) 的某邻域内有二阶连续偏导数，且 $f'_x(x_0,y_0)=0$，$f'_y(x_0,y_0)=0$. 记
> $$f''_{xx}(x_0,y_0)=A,\ f''_{xy}(x_0,y_0)=B,\ f''_{yy}(x_0,y_0)=C.$$
> 则
> 　(1) 当 $AC-B^2>0$ 时，点 (x_0,y_0) 为极值点，且当 $A<0$ 时取极大值，当 $A>0$ 时取极小值；
> 　(2) 当 $AC-B^2<0$ 时，点 (x_0,y_0) 不是极值点；
> 　(3) 当 $AC-B^2=0$ 时，需用其他方法判定点 (x_0,y_0) 是否是极值点.

例 8.5.2　求二元函数 $f(x,y)=x^3-3xy+y^3+2$ 的极值.

解　先求驻点：由 $\begin{cases} f'_x(x,y)=3x^2-3y=0, \\ f'_y(x,y)=-3x+3y^2=0, \end{cases}$ 解得驻点 $(0,0)$，$(1,1)$.

再求出二阶偏导数
$$f''_{xx}(x,y)=6x,\ f''_{xy}(x,y)=-3,\ f''_{yy}(x,y)=6y.$$
对于点 $(0,0)$ 来说，$A=0$，$B=-3$，$C=0$. 因 $AC-B^2=-9<0$，故点 $(0,0)$ 不是极值点；对于点 $(1,1)$ 来说，$A=6$，$B=-3$，$C=6$. 因 $AC-B^2=27>0$，且 $A=6>0$，故点 $(1,1)$ 是极小值点，极小值 $f(1,1)=1$.

我们知道，若函数 $z=f(x,y)$ 在有界闭区域 D 上连续，则函数在 D 上一定存在最大值和最小值. 类似于一元函数，只需求出所有驻点的函数值(无须判断是否是极值)，然后与函数 $z=f(x,y)$ 在闭区域 D 的边界上的最大值和最小值比较，其中最大者即为函数在闭区域 D 上的最大值，最小者即为最小值.

8.5.2　条件极值

在实际生活和工程中，自变量除有定义域的限制之外，还有其他附加约束条件，这样的极值称为条件极值. 下面以二元函数为例，介绍解决这种极值问题的常用方法——拉格朗日乘数法.

求函数 $z=f(x,y)$ 在附加约束条件 $\varphi(x,y)=0$ 下的极值，步骤如下：

第一步：构造辅助函数
$$L(x,y,\lambda)=f(x,y)+\lambda\varphi(x,y),$$

其中 λ 为辅助变量，称为拉格朗日乘数，$L(x,y,\lambda)$ 称为拉格朗日函数；

第二步：求 $L(x,y,\lambda)$ 的驻点，解方程组
$$\begin{cases} L'_x=f'_x(x,y)+\lambda\varphi'_x(x,y)=0, \\ L'_y=f'_y(x,y)+\lambda\varphi'_y(x,y)=0, \\ L'_\lambda=\varphi(x,y)=0, \end{cases}$$

得 x，y 和 λ，则 (x,y) 为 $z=f(x,y)$ 在附加约束条件 $\varphi(x,y)=0$ 下可能的极值点.

第三步：根据实际问题的背景判断点 (x,y) 是否是极值点.

对于多元函数和多个附加约束条件的极值问题，拉格朗日乘数法的步骤类似，注意有几个附加约束条件，拉格朗日函数里就有几个拉格朗日乘数. 例如，求函数 $u=f(x,y,z)$ 在附加约束条件 $\varphi_1(x,y,z)=0$ 和 $\varphi_2(x,y,z)=0$ 下的极值，可以构造拉格朗日函数
$$L(x,y,z,\lambda_1,\lambda_2)=f(x,y,z)+\lambda_1\varphi_1(x,y,z)+\lambda_2\varphi_2(x,y,z).$$

例 8.5.3　用长度为 1 的线段围成一个长方形，求面积最大的长方形的面积.

解　设长方形的长和宽分别是 x，y，则问题化为求函数 $S=xy$ 在条件 $2x+2y=1$ 下的最大值. 构造拉格朗日函数
$$L(x,y,\lambda)=xy+\lambda(2x+2y-1).$$
求 $L(x,y,\lambda)$ 的驻点，解方程组
$$\begin{cases} L'_x=y+2\lambda=0, \\ L'_y=x+2\lambda=0, \\ L'_\lambda=2x+2y-1=0. \end{cases}$$

由前两式消去 λ 解得 $x=y$，代入第三式解出 $x=y=\dfrac{1}{4}$. 这是唯一可能的极值点，又因为问题一定存在最大值，故最大值一定在该点处取得，即当 $x=y=\dfrac{1}{4}$ 时，最大面积 $S=\dfrac{1}{16}$.

习题 8.5

1. 求二元函数 $z=x^3-3xy-y^3$ 的极值.

2. 求二元函数 $z=x^3+3x^2-y^3+3y^2-9x+1$ 的极值.

3. 求二元函数 $z=-x^4-y^4+4xy+1$ 的极值.

4. 求二元函数 $z=x^3y^2$ 在附加条件 $x+y=1$，$x>0$，$y>0$ 下的极值.

5. 已知 x，y 和 z 均为正数，且满足 $x+y+z=12$，求函数 $u=x^3y^2z$ 的最大值.

6. 求直线 $x+2y=1$ 上的一点，使其到原点的距离最近.

8.6 二重积分的概念与性质

一元函数的定积分是特定乘积和式的极限，积分区间是闭区间. 对于多元函数如二元函数来说，定义域是一个区域. 这种特定乘积和式的极限能否推广到区域上？本节研究二元函数的积分——二重积分.

8.6.1 二重积分的定义

由二元函数的几何意义知，通常 $z=f(x,y)$ 的图像在三维空间坐标系里表示一个曲面，定义域 D 是该曲面在 xOy 平面上的投影. 假设有界闭区域 $D_0 \subseteq D$，函数 $z=f(x,y)$ 在 D_0 上非负且是连续函数. 我们下面研究这个以 D_0 为底，以 $z=f(x,y)$ 为顶的曲顶柱体的体积. 在不引起歧义的前提下，我们仍然将有界闭区域 D_0 记为符号 D.

在初等数学里，我们知道平顶柱体的高是不变的，平顶柱体的体积=底面积×高. 而对于曲顶柱体来说，各点的高通常是不一样的，不易求出"平均"的高. 注意到顶部函数 $z=f(x,y)$ 是连续函数，下面我们采取类似定积分"分割、求和、求极限"的思想，求出曲顶柱体的体积. 具体步骤如下：

（1）分割：将区域 D 分成 n 个小区域 D_i，$i=1,2,\cdots,n$. 第 i 个小区域 D_i 的面积为 $\Delta\sigma_i$，对应的小曲顶柱体的体积为 ΔV_i，则

$$V = \Delta V_1 + \Delta V_2 + \cdots + \Delta V_n = \sum_{i=1}^{n} \Delta V_i.$$

（2）近似求和：在每个小区域 D_i 上任取一点 (ξ_i,η_i)，以底面积 $\Delta\sigma_i$ 为底，以点 (ξ_i,η_i) 的函数值 $f(\xi_i,\eta_i)$ 为高的平顶柱体的体积，近似代替第 i 个小曲顶柱体的体积，即 $\Delta V_i \approx f(\xi_i,\eta_i)\Delta\sigma_i$，$i=1,2,\cdots,n$. 因此，$V = \sum_{i=1}^{n} \Delta V_i \approx \sum_{i=1}^{n} f(\xi_i,\eta_i)\Delta\sigma_i.$

（3）求极限：当区域 D_i 分割越精细，误差就越小，精度就越高. 记各小闭区域直径的最大值为 λ，则当 $\lambda\to 0$ 时，曲顶柱体的体积为

$$V = \lim_{\lambda\to 0} \sum_{i=1}^{n} f(\xi_i,\eta_i)\Delta\sigma_i.$$

虽然上式极限不容易计算，但我们观察到，曲顶柱体的体积也可以表示为特定乘积和式的极限. 为了一般地研究这种和式的极限，我们抽象出下述二重积分的定义.

定义　设 $f(x,y)$ 是定义在有界闭区域 D 上的有界函数. 将区域 D 分成 n 个小区域 D_i, $i=1,2,\cdots,n$. 第 i 个小区域 D_i 的面积为 $\Delta\sigma_i$, 在每个小区域 D_i 上任取一点 (ξ_i,η_i), 作和

$$\sum_{i=1}^{n} f(\xi_i,\eta_i)\Delta\sigma_i.$$

如果当各小闭区域直径的最大值 $\lambda\to 0$ 时, 这个和式的极限总存在, 且与区域的分法和点 (ξ_i,η_i) 的取法无关, 则称此极限为函数 $f(x,y)$ 在闭区域 D 上的二重积分, 记作

$$\iint\limits_{D} f(x,y)\,\mathrm{d}\sigma,$$

即

$$\iint\limits_{D} f(x,y)\,\mathrm{d}\sigma = \lim_{\lambda\to 0}\sum_{i=1}^{n} f(\xi_i,\eta_i)\Delta\sigma_i.$$

其中, $f(x,y)$ 称为被积函数, $f(x,y)\mathrm{d}\sigma$ 为被积表达式, $\mathrm{d}\sigma$ 为面积元素, D 为积分区域.

注：

（1）在直角坐标系中, 经常用平行于坐标轴的网格划分区域, 小区域面积 $\Delta\sigma_i = \Delta x_i\Delta y_i$, 故面积元素 $\mathrm{d}\sigma$ 经常记作 $\mathrm{d}x\mathrm{d}y$. 因此, 在直角坐标系下的二重积分经常记作

$$\iint\limits_{D} f(x,y)\,\mathrm{d}x\mathrm{d}y.$$

（2）当被积函数 $f(x,y)$ 在有界闭区域 D 上连续时, $f(x,y)$ 在 D 上一定可积.

（3）当被积函数在 D 上满足 $f(x,y)\geqslant 0$ 时, $\iint\limits_{D} f(x,y)\mathrm{d}x\mathrm{d}y$ 表示以 D 为底, 以 $z=f(x,y)$ 为顶的曲顶柱体的体积. 当被积函数 $f(x,y)<0$ 时, $\iint\limits_{D} f(x,y)\mathrm{d}x\mathrm{d}y$ 表示以 D 为底, 以 $z=f(x,y)$ 为顶的曲顶柱体（倒立在 xOy 平面下方）的体积的负值. 一般情况下, 二重积分表示体积的代数和.

8.6.2　二重积分的性质

类似定积分的性质, 二重积分有相应的下面性质, 现不加证明地列举如下：

性质 1　二重积分保持线性运算，即

$$\iint\limits_{D}\left[\,k_1 f(x,y)\ \pm k_2 g(x,y)\,\right]\mathrm{d}x\mathrm{d}y$$

$$= k_1 \iint\limits_{D} f(x,y)\,\mathrm{d}x\mathrm{d}y \pm k_2 \iint\limits_{D} g(x,y)\,\mathrm{d}x\mathrm{d}y (k_1,k_2\ \text{为常数}).$$

性质 2　二重积分保持积分区域的可加性，即若区域 D 被曲线分成 D_1 和 D_2 两个区域，有

$$\iint\limits_{D} f(x,y)\,\mathrm{d}x\mathrm{d}y = \iint\limits_{D_1} f(x,y)\,\mathrm{d}x\mathrm{d}y + \iint\limits_{D_2} f(x,y)\,\mathrm{d}x\mathrm{d}y.$$

性质 3　如果在区域 D 上 $f(x,y)=1$，则

$$\iint\limits_{D} 1\,\mathrm{d}x\mathrm{d}y = \iint\limits_{D} \mathrm{d}x\mathrm{d}y = S_D,$$

其中，S_D 表示有界区域 D 的面积.

性质 4　如果在区域 D 上 $f(x,y)\leqslant g(x,y)$，则

$$\iint\limits_{D} f(x,y)\,\mathrm{d}x\mathrm{d}y \leqslant \iint\limits_{D} g(x,y)\,\mathrm{d}x\mathrm{d}y.$$

推论　设 M 和 m 分别是函数 $f(x,y)$ 在区域 D 上的最大值及最小值，S_D 表示有界区域 D 的面积，则

$$mS_D \leqslant \iint\limits_{D} f(x,y)\,\mathrm{d}x\mathrm{d}y \leqslant MS_D.$$

性质 5（二重积分的中值定理）　如果函数 $f(x,y)$ 在有界区域 D 上连续，S_D 表示 D 的面积，则在 D 内至少存在一点 (ξ,η) 使得下式成立：

$$\iint\limits_{D} f(x,y)\,\mathrm{d}x\mathrm{d}y = f(\xi,\eta)S_D.$$

性质 6（二重积分的对称性）　设被积函数 $f(x,y)$ 在区域 D 上连续，且区域 D 关于 x 轴对称，区域 D_1 是 D 位于 x 轴上方的部分，则 $\iint\limits_{D} f(x,y)\,\mathrm{d}x\mathrm{d}y$ 有下列结论：

（1）如果 $f(x,y)$ 关于变量 y 是偶函数，即 $f(x,-y)=f(x,y)$，则

$$\iint\limits_{D} f(x,y)\mathrm{d}x\mathrm{d}y = 2\iint\limits_{D_1} f(x,y)\mathrm{d}x\mathrm{d}y;$$

（2）如果 $f(x,y)$ 关于变量 y 是奇函数，即 $f(x,-y)=-f(x,y)$，则

$$\iint\limits_{D} f(x,y)\mathrm{d}x\mathrm{d}y = 0.$$

当区域关于 y 轴对称，且函数关于变量 x 有奇偶性时，仍有类似结果.

例 8.6.1　设 D 为圆域 $x^2+y^2\leqslant 1$，求二重积分 $\iint\limits_{D}\sqrt{1-x^2-y^2}\mathrm{d}x\mathrm{d}y$.

解　被积函数 $z=\sqrt{1-x^2-y^2}$ 表示球心在 $(0,0,0)$ 点，半径为 1 的上半球面，积分区域 D 恰好为上半球面在 xOy 平面上的投影区域. $\iint\limits_{D}\sqrt{1-x^2-y^2}\mathrm{d}x\mathrm{d}y$ 表示以圆域 D 为底，以上半球面为顶的半球的体积. 故 $\iint\limits_{D}\sqrt{1-x^2-y^2}\mathrm{d}x\mathrm{d}y = \dfrac{2}{3}\pi$.

例 8.6.2　设 D 为圆域 $x^2+y^2\leqslant 1$，求二重积分 $\iint\limits_{D}(x^3y^2+1)\mathrm{d}x\mathrm{d}y$.

解　积分区域 D 关于 y 轴对称，被积函数第一项 x^3y^2 关于 x 是奇函数，因此 $\iint\limits_{D}x^3y^2\mathrm{d}x\mathrm{d}y = 0$. 故二重积分 $\iint\limits_{D}(x^3y^2+1)\mathrm{d}x\mathrm{d}y = \iint\limits_{D}\mathrm{d}x\mathrm{d}y = S_D = \pi$.

习题 8.6

1. 比较下列各组积分的大小：

（1）$\iint\limits_{x^2+y^2\leqslant 1}|xy|\mathrm{d}x\mathrm{d}y$ 与 $\iint\limits_{|x|+|y|\leqslant 1}|xy|\mathrm{d}x\mathrm{d}y$；

（2）$\iint\limits_{D}yx^3\mathrm{d}x\mathrm{d}y$ 与 $\iint\limits_{D}y^2x^3\mathrm{d}x\mathrm{d}y$，其中区域 D 为第二象限的一个有界闭域且 $0<y<1$；

（3）$\iint\limits_{D}(x+y)^2\mathrm{d}x\mathrm{d}y$ 与 $\iint\limits_{D}(x+y)^3\mathrm{d}x\mathrm{d}y$，其中区域 D 为 $x+y\leqslant 1$，$x\geqslant 0$，$y\geqslant 0$；

（4）$\iint\limits_{D}(x+y)^2\mathrm{d}x\mathrm{d}y$ 与 $\iint\limits_{D}(x+y)^3\mathrm{d}x\mathrm{d}y$，其中区域 D 为 $(x-2)^2+(y-1)^2\leqslant 2$.

2. 求闭区域 D，使得二重积分 $\iint\limits_{D}(1-x^2-y^2)\mathrm{d}x\mathrm{d}y$ 取得最大值.

3. 设 $D=\{(x,y)\mid -1\leqslant x\leqslant 1,-1\leqslant y\leqslant 1\}$，$D_1=\{(x,y)\mid -1\leqslant x\leqslant 0,-1\leqslant y\leqslant x\}$，则 $\iint\limits_{D}(xy+\cos x\sin y)\mathrm{d}x\mathrm{d}y = [\ \ \ \ ]$.

（A）$4\iint\limits_{D_1}(xy+\cos x\sin y)\mathrm{d}x\mathrm{d}y$

（B）$2\iint\limits_{D_1}xy\mathrm{d}x\mathrm{d}y$

（C）$2\iint\limits_{D_1}\cos x\sin y\mathrm{d}x\mathrm{d}y$

（D）0

4. 设 D 是由直线 $y=x$，$y=-x$ 和 $x=1$ 所围成的闭区域，求 $\iint\limits_{D}(3xy^3+1)\mathrm{d}x\mathrm{d}y$.

8.7 二重积分的计算

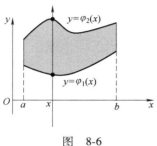

图 8-6

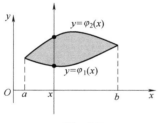

图 8-7

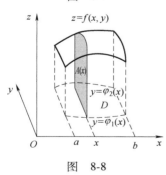

图 8-8

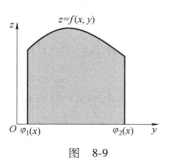

图 8-9

8.7.1 直角坐标系下二重积分的计算

二重积分的计算需要同时考虑积分区域和被积函数的特点，将其转换为两次定积分的计算.

1. 先对 y 积分后再对 x 积分

在这种情形下，积分区域形如图 8-6 和图 8-7 所示，即区域 D 表示为 $D=\{(x,y)\mid a\leqslant x\leqslant b,\ \varphi_1(x)\leqslant y\leqslant\varphi_2(x)\}$.

区域 D 的特点为：在任意一点 x（看作常量）处（$a\leqslant x\leqslant b$），用平行于 y 轴（正向）的直线穿过区域 D，与边界相交的交点不多于两个，且穿入交点和穿出交点所在的函数与穿过位置无关，即穿入曲线和穿出曲线函数不发生变化.

为了推导二重积分的计算公式，我们假定在区域 D 上 $f(x,y)\geqslant 0$，利用二重积分的几何意义：$\iint\limits_{D}f(x,y)\mathrm{d}x\mathrm{d}y$ 表示以 D 为底，以 $z=f(x,y)$ 为顶的曲顶柱体的体积. 为了计算这个体积，利用定积分"已知平行截面面积求立体体积"的方法：如图 8-8 所示，在任意一点 x 作垂直于 x 轴的垂截面，如果截面的面积表达式为 $A(x)$，则立体的体积 $V=\displaystyle\int_a^b A(x)\mathrm{d}x$.

下面推导在任意一点 x（看作常量）处的垂截面的面积表达式 $A(x)$. 如图 8-9 所示，由定积分的几何意义知 $A(x)=\displaystyle\int_{\varphi_1(x)}^{\varphi_2(x)}f(x,y)\mathrm{d}y$，这里 x 看作常量，y 是积分变量. 因此，

$$\iint\limits_{D}f(x,y)\mathrm{d}x\mathrm{d}y=\int_a^b\left[\int_{\varphi_1(x)}^{\varphi_2(x)}f(x,y)\mathrm{d}y\right]\mathrm{d}x.$$

为了书写方便，上式经常记作

$$\iint\limits_{D}f(x,y)\mathrm{d}x\mathrm{d}y=\int_a^b\mathrm{d}x\int_{\varphi_1(x)}^{\varphi_2(x)}f(x,y)\mathrm{d}y,$$

即从右往左计算两次定积分，先算被积函数对 y 的积分，再把结果对 x 积分，称为"先对 y 积分后再对 x 积分"的二次积分.

2. 先对 x 积分后再对 y 积分

积分区域形如图 8-10 和图 8-11 所示，即区域 D 表示为

$$D = \{(x,y) \mid c \leqslant y \leqslant d, \psi_1(y) \leqslant x \leqslant \psi_2(y)\}.$$

区域 D 的特点为：在任意一点 y（看作常量）处（$c \leqslant y \leqslant d$），用平行于 x 轴（正向）的直线穿过区域 D，与边界相交的交点不多于两个，且穿入交点和穿出交点所在的函数与穿过位置无关，即穿入曲线和穿出曲线的函数不发生变化.

类似地，我们有

$$\iint\limits_{D} f(x,y)\mathrm{d}x\mathrm{d}y = \int_c^d \mathrm{d}y \int_{\psi_1(y)}^{\psi_2(y)} f(x,y)\,\mathrm{d}x,$$

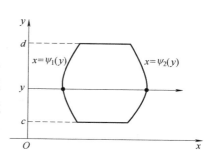

图　8-10

即从右往左计算两次定积分，先算被积函数对 x 的积分，再把结果对 y 积分，称为"先对 x 积分后再对 y 积分"的二次积分.

一般情况下，如果积分区域用平行于坐标轴的直线穿过区域 D，与边界相交的交点超过两个或者交点函数发生变化，则需根据积分区域的可加性，分割成图 8-6 或图 8-10 所示，再进行积分.

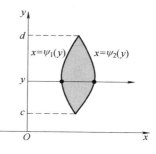

图　8-11

3. 交换二次积分次序

在直角坐标系下，二重积分的计算最终转化为两次定积分的计算，需要同时考虑积分区域和被积函数的特点，决定先对哪个变量积分更简便. 二重积分化为二次积分的关键是在平面坐标系上准确地画出积分区域，再利用图示法写出积分限.

将一种类型的二次积分交换积分次序，转换成另外一种类型的二次积分，关键也在于准确地画出积分区域. 例如，将二次积分 $\int_a^b \mathrm{d}x \int_{\varphi_1(x)}^{\varphi_2(x)} f(x,y)\mathrm{d}y$ 转化为先对 x 的二次积分，先找出 $x=a$，$x=b$，$y=\varphi_1(x)$，$y=\varphi_2(x)$ 四条线所围成的积分区域，再利用图示法写出积分限.

例 8.7.1　　计算二重积分 $\iint\limits_{D} x^3 y \mathrm{d}x\mathrm{d}y$，其中 D 是由 $y=2x$，$y=0$，$x=1$ 所围成的闭区域.

解　积分区域 D 如图 8-12 所示，综合考虑积分区域和被积函数的特点，为计算方便，选择先对 y 积分（也可先对 x 积分）. 在任意一点 x 处（$0 \leqslant x \leqslant 1$），用平行于 y 轴（正向）的直线穿过区域 D，穿入曲线所在的函数 $y=0$，穿出曲线所在的函数 $y=2x$，故

$$\iint\limits_{D} x^3 y \mathrm{d}x\mathrm{d}y = \int_0^1 \mathrm{d}x \int_0^{2x} x^3 y \mathrm{d}y = \int_0^1 x^3 \mathrm{d}x \int_0^{2x} y \mathrm{d}y$$

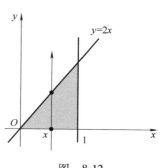

图　8-12

$$= \int_0^1 x^3 \left(\frac{y^2}{2} \right) \bigg|_0^{2x} \mathrm{d}x = 2\int_0^1 x^5 \mathrm{d}x = \frac{x^6}{3} \bigg|_0^1 = \frac{1}{3}.$$

例 8.7.2 计算二重积分 $\iint\limits_D 2xy\mathrm{d}x\mathrm{d}y$，其中 D 是由 $y = x+1$，$y = -\dfrac{x}{2}+1$ 及 x 轴围成的闭区域.

解 积分区域 D 如图 8-13 所示. 根据区域和被积函数的特点，为计算方便，选择先对 x 积分. 在任意一点 y 处($0 \leqslant y \leqslant 1$)，用平行于 x 轴(正向)的直线穿过区域 D，穿入曲线所在的函数 $x = y-1$，穿出曲线所在的函数 $x = 2-2y$. 故

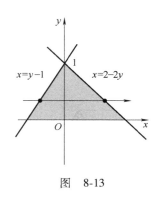

图　8-13

$$\iint\limits_D 2xy\mathrm{d}x\mathrm{d}y = \int_0^1 \mathrm{d}y \int_{y-1}^{2-2y} 2xy\mathrm{d}x = \int_0^1 y\mathrm{d}y \int_{y-1}^{2-2y} 2x\mathrm{d}x$$

$$= \int_0^1 yx^2 \bigg|_{y-1}^{2-2y} \mathrm{d}y$$

$$= \int_0^1 3y(y-1)^2 \mathrm{d}y = \frac{1}{4}.$$

例 8.7.3 交换二次积分 $\displaystyle\int_{-2}^4 \mathrm{d}y \int_{\frac{y^2}{2}}^{y+4} f(x,y)\mathrm{d}x$ 的次序.

解 先找出积分区域：$x = \dfrac{y^2}{2}$，$x = y+4$，$y = -2$，$y = 4$ 所围成的区域，如图 8-14 所示.

当 $0 \leqslant x \leqslant 2$ 时，在任意一点 x 处用平行于 y 轴(正向)的直线穿过区域 D，穿入曲线所在的函数 $y = -\sqrt{2x}$，穿出曲线所在的函数 $y = \sqrt{2x}$；当 $2 \leqslant x \leqslant 8$ 时，在任意一点 x 处用平行于 y 轴(正向)的直线穿过区域 D，穿入曲线所在的函数 $y = x-4$，穿出曲线所在的函数 $y = \sqrt{2x}$，故由积分区域的可加性知

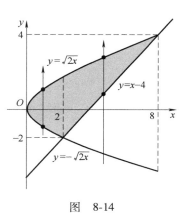

图　8-14

$$\int_{-2}^4 \mathrm{d}y \int_{\frac{y^2}{2}}^{y+4} f(x,y)\mathrm{d}x = \int_0^2 \mathrm{d}x \int_{-\sqrt{2x}}^{\sqrt{2x}} f(x,y)\mathrm{d}y + \int_2^8 \mathrm{d}x \int_{x-4}^{\sqrt{2x}} f(x,y)\mathrm{d}y.$$

8.7.2　极坐标系下二重积分的计算

我们知道换元法在定积分的计算中非常重要，二重积分也有相应的换元法，下面介绍一种常见的换元法——极坐标变换. 极坐标系中的点 (ρ, θ) 和对应直角坐标系中的点 (x, y) 之间的变换为

$$x = \rho\cos\theta, \ y = \rho\sin\theta, \ (0 \leqslant \rho < +\infty, \ 0 \leqslant \theta \leqslant 2\pi).$$

在极坐标系下，有些区域边界的表达式会非常简单，如 $\theta = \dfrac{\pi}{4}$

表示从极点出发且与极轴正向夹角为 $\dfrac{\pi}{4}$ 的射线，即直角坐标系中的射线 $y = x(x \geqslant 0)$；$\rho = 1$ 表示直角坐标系中单位圆 $x^2 + y^2 = 1$. 因此，当积分区域是圆域、圆环域或部分圆域，且被积函数形如 $f(x^2 + y^2)$ 或 $f\left(\dfrac{y}{x}\right)$ 形式时，采用极坐标变换计算二重积分比较简单.

　　下面推导在极坐标系下，二重积分的面积元素 $\mathrm{d}\sigma$ 的表达式. 我们知道在直角坐标系中经常用平行于坐标轴的网格划分区域 D，面积元素 $\mathrm{d}\sigma$ 记作 $\mathrm{d}x\mathrm{d}y$. 同理，在极坐标系下，我们用 $\rho =$ 常数的一组同心圆和从极点出发 $\theta =$ 常数的一组射线来划分区域 D，如图 8-15 所示. 当划分足够精细时，面积可以近似视为一个长方形，故

$$\mathrm{d}\sigma = \rho \cdot \mathrm{d}\theta \cdot \mathrm{d}\rho = \rho\mathrm{d}\rho\mathrm{d}\theta.$$

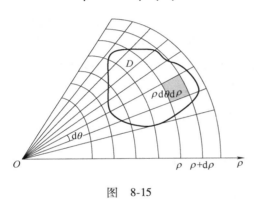

图　8-15

因此，直角坐标系下的二重积分可以变换为极坐标系下的二重积分：

$$\iint\limits_{D} f(x, y)\,\mathrm{d}x\mathrm{d}y = \iint\limits_{D} f(\rho\cos\theta, \rho\sin\theta)\rho\mathrm{d}\rho\mathrm{d}\theta.$$

　　极坐标系下的二重积分化为二次积分，一般先对 ρ 积分再对 θ 积分. 步骤如下：

　　(1) 从极点出发的一组射线穿过区域 D，先确定区域对应 θ 的范围；

　　(2) 然后任意找一条从极点出发的射线穿过区域 D，确定穿入曲线所在的函数为 $\rho = \varphi_1(\theta)$ 以及穿出曲线所在的函数为 $\rho = \varphi_2(\theta)$，将二重积分改写成相应的二次积分计算.

　　一般情况下，根据极点 O 与区域 D 的位置关系不同，有下列三种情况：

1. 极点 O 在区域 D 外

　　积分区域 D 如图 8-16 所示，此时，极点 O 在区域 D 外. 从极

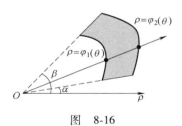

图 8-16

点出发且与极轴正向夹角为 θ 的任意一条射线穿过区域 D，$\alpha \leqslant \theta \leqslant \beta$，穿入曲线 $\rho = \varphi_1(\theta)$，穿出曲线所在的函数 $\rho = \varphi_2(\theta)$，故 $\varphi_1(\theta) \leqslant \rho \leqslant \varphi_2(\theta)$. 因此，

$$\iint\limits_{D} f(\rho\cos\theta, \rho\sin\theta)\rho\mathrm{d}\rho\mathrm{d}\theta = \int_\alpha^\beta \mathrm{d}\theta \int_{\varphi_1(\theta)}^{\varphi_2(\theta)} f(\rho\cos\theta, \rho\sin\theta)\rho\mathrm{d}\rho.$$

2. 极点 O 在区域 D 边界上

积分区域 D 如图 8-17 所示，此时，极点 O 在区域 D 边界上. 从极点出发且与极轴正向夹角为 θ 的任意一条射线穿过区域 D，$\alpha \leqslant \theta \leqslant \beta$，穿入曲线 $\rho = 0$，穿出曲线所在的函数为 $\rho = \varphi(\theta)$，故 $0 \leqslant \rho \leqslant \varphi(\theta)$. 因此，

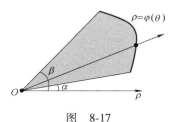

图 8-17

$$\iint\limits_{D} f(\rho\cos\theta, \rho\sin\theta)\rho\mathrm{d}\rho\mathrm{d}\theta = \int_\alpha^\beta \mathrm{d}\theta \int_0^{\varphi(\theta)} f(\rho\cos\theta, \rho\sin\theta)\rho\mathrm{d}\rho.$$

3. 极点 O 在区域 D 内部

积分区域 D 如图 8-18 所示，此时，极点 O 在区域 D 内部. 从极点出发且与极轴正向夹角为 θ 的任意一条射线穿过区域 D，$0 \leqslant \theta \leqslant 2\pi$，穿入曲线 $\rho = 0$，穿出曲线所在的函数为 $\rho = \varphi(\theta)$，故 $0 \leqslant \rho \leqslant \varphi(\theta)$. 因此，

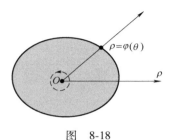

图 8-18

$$\iint\limits_{D} f(\rho\cos\theta, \rho\sin\theta)\rho\mathrm{d}\rho\mathrm{d}\theta = \int_0^{2\pi} \mathrm{d}\theta \int_0^{\varphi(\theta)} f(\rho\cos\theta, \rho\sin\theta)\rho\mathrm{d}\rho.$$

例 8.7.4 计算二重积分 $\iint\limits_{D}(x^2 + y^2)^{-\frac{1}{2}}\mathrm{d}x\mathrm{d}y$，其中 D 为抛物线 $y = x^2$ 及直线 $y = x$ 所围成的区域.

解 在直角坐标系下，积分区域 D 如图 8-19 所示. 在极坐标系下，$y = x^2$ 可化为 $\rho\sin\theta = (\rho\cos\theta)^2$，即 $\rho = \tan\theta\sec\theta$；射线 $y = x$ 可化为 $\theta = \dfrac{\pi}{4}$；极点 O 在区域 D 的边界，$0 \leqslant \theta \leqslant \dfrac{\pi}{4}$. 从极点出发的射线穿过区域，穿入曲线 $\rho = 0$，穿出曲线所在的函数 $\rho = \tan\theta\sec\theta$，故

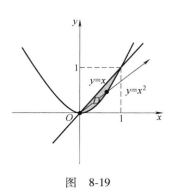

图 8-19

$$\iint\limits_{D}(x^2 + y^2)^{-\frac{1}{2}}\mathrm{d}x\mathrm{d}y = \iint\limits_{D}\frac{1}{\rho} \cdot \rho\mathrm{d}\rho\mathrm{d}\theta = \int_0^{\frac{\pi}{4}}\mathrm{d}\theta\int_0^{\tan\theta\sec\theta}\mathrm{d}\rho$$

$$= \int_0^{\frac{\pi}{4}}\tan\theta\sec\theta\mathrm{d}\theta = \sec\theta\ \Big|_0^{\frac{\pi}{4}} = \sqrt{2} - 1.$$

例 8.7.5 计算二重积分 $\iint\limits_{D}\mathrm{e}^{x^2+y^2}\mathrm{d}x\mathrm{d}y$，其中 D 是由 $x^2 + y^2 \leqslant 1$ 所确定的圆域.

解 如图 8-20 所示，$x^2 + y^2 \leqslant 1$ 可化为 $\rho \leqslant 1$；极点 O 在区域 D 内部，$0 \leqslant \theta \leqslant 2\pi$，故

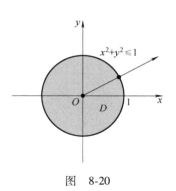

图 8-20

$$\iint\limits_{D} e^{x^2+y^2}dxdy = \int_0^{2\pi} d\theta \int_0^1 e^{\rho^2} \cdot \rho d\rho$$

$$= \int_0^{2\pi} \frac{1}{2}(e^{\rho^2}) \Big|_0^1 d\theta$$

$$= \frac{1}{2}\int_0^{2\pi}(e-1)d\theta$$

$$= \pi(e-1).$$

8.7.3　二元函数的反常积分

类似一元函数的反常积分，二元函数的反常积分也有类似的方法，在此不过多赘述. 下面列举一个在工程、概率统计中常用的反常积分：$\int_{-\infty}^{+\infty} e^{-x^2}dx = \sqrt{\pi}$.

例 8.7.6　证明：反常积分 $\int_{-\infty}^{+\infty} e^{-x^2}dx = \sqrt{\pi}$.

证　记 $I = \int_{-\infty}^{+\infty} e^{-x^2}dx (I > 0)$. 显然，利用反常积分的牛顿-莱布尼茨公式无法计算 I 值. 注意到 $I = \int_{-\infty}^{+\infty} e^{-x^2}dx = \int_{-\infty}^{+\infty} e^{-y^2}dy$. 因此，

$$I^2 = \int_{-\infty}^{+\infty} e^{-x^2}dx \int_{-\infty}^{+\infty} e^{-y^2}dy = \int_{-\infty}^{+\infty}\int_{-\infty}^{+\infty} e^{-x^2-y^2}dxdy.$$

利用极坐标变换化为二次积分，可得

$$\int_{-\infty}^{+\infty}\int_{-\infty}^{+\infty} e^{-x^2-y^2}dxdy = \iint\limits_{R^2} e^{-\rho^2}\rho d\rho d\theta = \int_0^{2\pi} d\theta \int_0^{+\infty} e^{-\rho^2}\rho d\rho.$$

又因为

$$\int_0^{2\pi} d\theta \int_0^{+\infty} e^{-\rho^2}\rho d\rho = \int_0^{2\pi}\left(-\frac{1}{2}e^{-\rho^2}\right)\Big|_0^{+\infty} d\theta = \int_0^{2\pi}\frac{1}{2}d\theta = \pi,$$

故 $I^2 = \pi$，即 $I = \sqrt{\pi}$.

习题 8.7

1. 交换下列二次积分的积分次序：

(1) $\int_0^1 dy \int_0^y f(x,y)dx$;

(2) $\int_0^1 dx \int_0^{1-x} f(x,y)dy$;

(3) $\int_0^1 dx \int_{x^2}^1 f(x,y)dy$;

(4) $\int_0^1 dx \int_{x^2}^x f(x,y)dy$;

(5) $\int_0^1 dy \int_{-\sqrt{1-y^2}}^{\sqrt{1-y^2}} f(x,y)dx$;

(6) $\int_0^1 dy \int_{e^y}^e f(x,y)dx$.

2. 计算下列二重积分：

(1) $\iint\limits_{D} xy(1-x)dxdy$，其中 D 是由 $y = 2x$，$y = 0$ 及 $x = 1$ 所围成的区域；

(2) $\iint\limits_{D}(y-x)dxdy$，其中 D 是由 $y = 1$，$y = x$ 及 $y = \frac{1}{2}x$ 所围成的区域；

(3) $\iint\limits_{D}(x^2 + 2xy)\mathrm{d}x\mathrm{d}y$，其中 D 是由 $y=x$ 和 $y=x^2$ 所围成的区域；

(4) $\iint\limits_{D}\cos(x^2)\mathrm{d}x\mathrm{d}y$，其中 D 是由 $y=-x,x=1$ 及 x 轴所围成的区域.

3. 计算下列二重积分：

(1) $\iint\limits_{D}\dfrac{1}{1+x^2+y^2}\mathrm{d}x\mathrm{d}y$，其中 D 是由 $x^2+y^2\leqslant 1$ 所确定的圆域；

(2) $\iint\limits_{D}(y+\sqrt{x^2+y^2})\mathrm{d}x\mathrm{d}y$，其中 D 是由 $x^2+y^2=1$ 和 $x^2+y^2=4$ 所围成的区域.

总习题 8

1. 选择题：

(1) 函数 $z=f(x,y)$ 在点 (x,y) 连续是 $f(x,y)$ 在该点可微分的[ ].

(A) 充分条件

(B) 必要条件

(C) 充分必要条件

(D) 既非充分条件也非必要条件

(2) 函数 $z=f(x,y)$ 在点 (x,y) 的偏导数 $\dfrac{\partial z}{\partial x}$，$\dfrac{\partial z}{\partial y}$ 存在是 $f(x,y)$ 在该点连续的[ ].

(A) 充分条件

(B) 必要条件

(C) 充分必要条件

(D) 既非充分条件也非必要条件

(3) 若二元函数 $z=f(x,y)$ 在点 $P_0(x_0,y_0)$ 处的两个偏导数 $\dfrac{\partial z}{\partial x}$ 和 $\dfrac{\partial z}{\partial y}$ 都存在，则[ ].

(A) $f(x,y)$ 在点 P_0 连续

(B) $z=f(x,y_0)$ 在点 P_0 连续

(C) $\mathrm{d}z\Big|_{P_0}=\dfrac{\partial z}{\partial x}\Big|_{P_0}\mathrm{d}x+\dfrac{\partial z}{\partial y}\Big|_{P_0}\mathrm{d}y$

(D) 以上三个选项都不对

(4) 设 $z=x^2+(y-1)\arcsin\sqrt{\dfrac{x}{y}}$，求 $\dfrac{\partial z}{\partial x}\Big|_{\substack{x=1\\y=1}}=$ [ ].

(A) 0   (B) 1

(C) 2   (D) $\dfrac{\pi}{2}$

(5) 设区域 D 由曲线 $y=\sin x,x=\pm\dfrac{\pi}{2}$，$y=1$ 围成，则 $\iint\limits_{D}(xy^5-1)\mathrm{d}x\mathrm{d}y=$ [ ].

(A) π (B) 2

(C) -2 (D) $-\pi$

(6) 二次积分 $\int_0^{\frac{\pi}{2}}\mathrm{d}\theta\int_0^{\cos\theta}f(\rho\cos\theta,\rho\sin\theta)\rho\mathrm{d}\rho$ 可写成[ ].

(A) $\int_0^1\mathrm{d}y\int_0^{\sqrt{y-y^2}}f(x,y)\mathrm{d}x$

(B) $\int_0^1\mathrm{d}y\int_0^{\sqrt{1-y^2}}f(x,y)\mathrm{d}x$

(C) $\int_0^1\mathrm{d}x\int_0^1 f(x,y)\mathrm{d}y$

(D) $\int_0^1\mathrm{d}x\int_0^{\sqrt{x-x^2}}f(x,y)\mathrm{d}y$

2. 已知函数 $f\left(x+y,\dfrac{y}{x}\right)=x^2-y^2$，求 $f(x,y)$ 的表达式.

3. 求函数 $z=\arcsin\dfrac{y}{x}+\sqrt{\dfrac{x^2+y^2-x}{2x-x^2-y^2}}$ 的定义域.

4. 计算下列各题的偏导数：

(1) 设 $z=\left(\dfrac{y}{x}\right)^{\frac{x}{y}}$，则 $\dfrac{\partial z}{\partial x}\Big|_{\substack{x=1\\y=2}}$；

(2) 已知函数 $f(u)$ 可导，$z=f(x^2+y^2)$，求 $\dfrac{\partial z}{\partial x}$；

(3) 设函数 $z=f(x+y,x-y,xy)$，其中 f 具有一阶连续偏导数，求 $\dfrac{\partial z}{\partial x},\dfrac{\partial z}{\partial y}$；

(4) 设函数 $z=\dfrac{1}{x}f(xy)+y\varphi(x+y)$，其中 f 和 φ

具有二阶连续导数，求 $\dfrac{\partial^2 z}{\partial x \partial y}$.

5. 计算下列隐函数的导数：

（1）设函数 $z=z(x,y)$ 由方程 $2x+4y^2-z+\mathrm{e}^z=0$ 所确定，求 $\dfrac{\partial z}{\partial x}$，$\dfrac{\partial z}{\partial y}$；

（2）设由方程 $F\left(\dfrac{x}{z},\dfrac{z}{y}\right)=0$ 可以确定隐函数 $z=z(x,y)$，求 $\dfrac{\partial z}{\partial x}$，$\dfrac{\partial z}{\partial y}$.

6. 计算下列函数的极值：

（1）$z=x^2(2+y^2)+y\ln y$；

（2）$z=z(x,y)$ 是由 $x^2-6xy+10y^2-2yz-z^2+18=0$ 确定的函数.

7. 求函数 $z=x^2+y^2-12x+16y$ 在有界闭域 $x^2+y^2\leqslant 25$ 上的最大值和最小值.

8. 交换二次积分的次序：$\displaystyle\int_0^1 \mathrm{d}y \int_0^y f(x,y)\,\mathrm{d}x$ + $\displaystyle\int_1^2 \mathrm{d}y \int_0^{2-y} f(x,y)\,\mathrm{d}x$.

9. 将二重积分 $\displaystyle\iint\limits_D f(\sqrt{x^2+y^2})\,\mathrm{d}x\mathrm{d}y$ 化为极坐标系下的二次积分，其中积分区域 $D=\{(x,y)\mid 2y\leqslant x^2+y^2\leqslant 1,\ y\geqslant 0\}$.

10. 计算下列二重积分：

（1）$\displaystyle\iint\limits_D x\mathrm{e}^{xy}\,\mathrm{d}x\mathrm{d}y$，其中 D 是由 $0\leqslant x\leqslant 1$，$-1\leqslant y\leqslant 0$ 所确定的区域；

（2）$\displaystyle\iint\limits_D \mathrm{e}^{-y^2}\,\mathrm{d}x\mathrm{d}y$，其中 D 是以 $(0,0)$，$(1,1)$，$(0,1)$ 为顶点的三角形；

（3）$\displaystyle\iint\limits_D (3y+2\mathrm{e}^{x^2})\,\mathrm{d}x\mathrm{d}y$，其中 D 是由 $y=x$，$y=-x$ 及 $x=1$ 所围成的区域；

（4）$\displaystyle\iint\limits_D \mathrm{e}^{-x^2-y^2}\,\mathrm{d}x\mathrm{d}y$，其中 D 是由 $x^2+y^2\leqslant 2$ 所确定的圆域.

第 9 章
微分方程

函数是客观事物的内部联系在数量方面的反映,利用函数关系又可以研究客观事物的变化规律. 因此如何寻找函数关系,在科学研究和生产实践中具有重要的意义. 但是,在实际问题中确立函数关系并不容易,大多数情况下并不能直接给出变量与变量之间的关系,但在一些情况下建立起一些变量与另一些变量的导数或者微分关系是可能的. 这样的关系式就是所谓的**微分方程**. 通过对微分方程的求解,确定变量与变量之间的函数关系的过程,称为**解微分方程**.

9.1 微分方程的基本概念

在前面的学习中已经遇到过一些简单的微分方程,下边我们通过几个例题来说明微分方程的基本概念.

例 9.1.1 一曲线过点$(1,3)$,且在该曲线上任意一点的切线斜率为$3x$,求该曲线的方程.

解 设曲线的方程为$y=y(x)$. 根据导数的几何意义,有下面关系

$$\frac{\mathrm{d}y}{\mathrm{d}x} = 3x \tag{9-1-1}$$

以及

$$y(1) = 3. \tag{9-1-2}$$

对式(9-1-1)两端求不定积分,得到

$$y = \int 3x\mathrm{d}x, \quad 即 \quad y = \frac{3}{2}x^2 + C \tag{9-1-3}$$

其中,C是任意常数. 把条件(9-1-2)代入式(9-1-3),得

$$3 = \frac{3}{2} \times 1^2 + C, \quad 即 \quad C = \frac{3}{2}.$$

从而得到所求曲线方程为

$$y = \frac{3}{2}x^2 + \frac{3}{2}. \tag{9-1-4}$$

例 9.1.2 一辆汽车在平直的公路上以 24m/s 的速度行驶，遇到障碍时开始制动，其加速度为 -0.6m/s^2. 那么汽车在多长时间之后停下来，此时汽车行驶了多少路程？

解 设汽车在制动后 t s 时行驶了 s m. 根据题意，路程与时间的函数 $s = s(t)$ 应满足关系式

$$\frac{\mathrm{d}^2 s}{\mathrm{d}t^2} = -0.6. \tag{9-1-5}$$

此外，在汽车开始制动，即 $t = 0$ 时，有 $s = 0$, $v = \dfrac{\mathrm{d}s}{\mathrm{d}t} = 24$.

对式 (9-1-5) 两端积分一次，得到

$$v = \frac{\mathrm{d}s}{\mathrm{d}t} = -0.6t + C_1 \tag{9-1-6}$$

再进行一次积分，得到

$$s = -0.3t^2 + C_1 t + C_2 \tag{9-1-7}$$

其中，C_1, C_2 均为任意常数. 把 $t = 0$ 时，$s = 0$, $v = \dfrac{\mathrm{d}s}{\mathrm{d}t} = 24$ 代入式 (9-1-6) 和式 (9-1-7) 中可以得到

$$C_1 = 24, \quad C_2 = 0$$

于是汽车的速度和路程关于时间的函数为

$$v = -0.6t + 24,$$
$$s = -0.3t^2 + 24t \tag{9-1-8}$$

当汽车完全停止时，$v = 0$, 所用时间为

$$t = \frac{24}{0.6} = 40$$

此时汽车已经行驶的距离为

$$s = -0.3 \times 40^2 + 24 \times 40 = 480.$$

在上述两个例子中，我们建立了变量与未知函数的导数之间的关系式 (9-1-1) 与式 (9-1-5)，它们都是微分方程. 一般地，含有自变量、未知函数以及未知函数的导数或者微分的方程称为**微分方程**. 微分方程中出现的未知函数的最高阶导数的阶数，称为**微分方程的阶**. 未知函数为一元函数的微分方程，称为**常微分方程**. 未知函数为多元函数，方程中出现多元函数的偏导数的方程，称为**偏微分方程**.

例如，在上述例子中，方程 (9-1-1) 是一阶常微分方程，方程 (9-1-5) 是二阶常微分方程. 一般地，n 阶常微分方程的形式可以表达为

$$F(x, y, y', y'', \cdots, y^{(n)}) = 0. \tag{9-1-9}$$

注意，n 阶常微分方程中，$y^{(n)}$ 是必须出现的，而 $x, y, y', y'', \cdots$，$y^{(n-1)}$ 等则可以不出现. 例如 n 阶常微分方程

$$y^{(n)} - 1 = 0$$

中，除了未知函数的最高阶导数 $y^{(n)}$ 外，其他变量都没有出现.

例如，

$$\frac{\partial z}{\partial x} + \frac{\partial z}{\partial y} = 1, \quad \frac{\partial^2 z}{\partial x^2} + a\frac{\partial^2 z}{\partial x \partial y} + b\frac{\partial z}{\partial y} = 0$$

的方程，就是偏微分方程.

本章主要介绍常微分方程的概念和一些简单常微分方程的解法，因此，后面提到微分方程或者方程时，一般指的是式(9-1-9)所表示的常微分方程. 同时，为了简单起见，我们讨论的常微分方程是可以将式(9-1-9)写成

$$y^{(n)} = f(x, y, y', \cdots, y^{(n-1)}) \tag{9-1-10}$$

形式的常微分方程.

满足微分方程的函数，称为**微分方程的解**. 如果微分方程的解中包含相互独立的任意常数，且任意常数的个数与微分方程的阶数相同，则称此解为微分方程的**通解**. 如果将通解中的任意常数的值确定下来，得到不含任意常数的解，则称这样的解为微分方程的**特解**. 例如，式(9-1-3)和式(9-1-4)都是微分方程(9-1-1)的解；式(9-1-7)和式(9-1-8)都是微分方程(9-1-5)的解，其中式(9-1-3)和式(9-1-7)含有与微分方程阶数相同个数的任意常数，因此是微分方程的通解；式(9-1-4)和式(9-1-8)是完全确定的函数表达式，不含有任意常数，因此是微分方程的特解. 为了得到这些特解，需要将通解中的任意常数确定下来. 在例 9.1.1 中，通过在通解中代入条件 $y(1) = 3$ 来确定任意常数 C_1；例 9.1.2 中通过在通解中代入条件 "$t = 0$ 时，$s = 0$，$v = \dfrac{\mathrm{d}s}{\mathrm{d}t} = 24$" 来确定任意常数 C_1，C_2. 一般地，将通解中的任意常数确定下来的条件称为微分方程的**定解条件**. 通常，如果未知函数是关于时间 t 的函数，给定的定解条件是在开始时刻 $t = 0$ 时的方程，那么称这样的条件为**初值条件**或者**初始条件**；如果未知函数是关于空间的函数，给定的定解条件是在研究区域边界处的方程，那么也称这样的条件为**边值条件**；很多情况下，方程的定解条件既包含初始条件，又包含边值条件，我们也称这类条件为**初边值条件**. 对应求微分方程满足定解条件的问题，称为**初值问题**、**边值问题**或**初边值问题**. 在一些时候，方程中并不明确说明未知函数是关于时间还是空间的函数，因此也不区分初值和边值，微分方程的定解条件统一称为初值条件. 例如，一阶微分方程的初值问题

$$\begin{cases} y' = f(x, y), \\ y \big|_{x=x_0} = y_0. \end{cases}$$

其解的图形是一条曲线，叫作**微分方程的积分曲线**. 初值问题的几何意义，就是求微分方程满足给定点(x_0, y_0)的积分曲线. 二阶微分方程的初值问题

$$\begin{cases} y'' = f(x, y, y'), \\ y \big|_{x=x_0} = y_0, \ y' \big|_{x=x_0} = y'_0 \end{cases}$$

的几何意义，是求微分方程通过点(x_0, y_0)且在该点处切线的斜率为y'_0的那一条积分曲线.

例 9.1.3 验证函数

$$y = C_1 \cos kx + C_2 \sin kx$$

是微分方程

$$\frac{\mathrm{d}^2 y}{\mathrm{d}x^2} + k^2 y = 0$$

的解，其中 C_1，C_2 是任意常数.

解 对函数 $y = C_1 \cos kx + C_2 \sin kx$ 求导，得到

$$\frac{\mathrm{d}y}{\mathrm{d}x} = -kC_1 \sin kx + kC_2 \cos kx;$$

$$\frac{\mathrm{d}^2 y}{\mathrm{d}x^2} = -k^2 C_1 \cos kx - k^2 C_2 \sin kx = -k^2(C_1 \cos kx + C_2 \sin kx),$$

代入微分方程中可知

$$-k^2(C_1 \cos kx + C_2 \sin kx) + k^2(C_1 \cos kx + C_2 \sin kx) \equiv 0.$$

即函数代入微分方程后成为一个恒等式，因此函数是微分方程的解. 该函数包含两个独立的任意常数，微分方程是二阶的，因此该函数是微分方程的通解.

例 9.1.4 验证函数

$$y = C_1 e^x + C_2 e^{3x}$$

是微分方程

$$y'' - 4y' + 3y = 0$$

的通解，其中 C_1，C_2 是任意常数. 同时求方程满足定解条件 $y \big|_{x=0} = 0$，$y' \big|_{x=0} = 1$ 的特解.

解 对函数 $y = C_1 e^x + C_2 e^{3x}$ 求导，得到

$$y' = C_1 e^x + 3C_2 e^{3x},$$

$$y'' = C_1 e^x + 9C_2 e^{3x},$$

代入微分方程中有

$$C_1 e^x + 9C_2 e^{3x} - 4(C_1 e^x + 3C_2 e^{3x}) + 3(C_1 e^x + C_2 e^{3x}) \equiv 0,$$

即函数代入微分方程后成为一个恒等式，因此函数是微分方程的解. 该函数包含两个独立的任意常数，微分方程是二阶的，因此该函数是微分方程的通解.

又 $y\big|_{x=0} = 0$，即

$$y\big|_{x=0} = C_1 e^0 + C_2 e^0 = C_1 + C_2 = 0,$$

因为 $y'\big|_{x=0} = 1$，则

$$y'\big|_{x=0} = C_1 e^0 + 3C_2 e^0 = C_1 + 3C_2 = 1,$$

可以得到 $C_1 = -\dfrac{1}{2}$，$C_2 = \dfrac{1}{2}$. 从而满足定解条件的特解为

$$y = -\frac{1}{2} e^x + \frac{1}{2} e^{3x}.$$

习题 9.1

1. 指出下列微分方程的阶：

（1）$x^2 y'' + xy' + 2y = \cos x$；

（2）$y' y''' - 3(y')^4 = 0$；

（3）$(1+x^2 y)y'' + xy' = e^x$；

（4）$(4x-5y)\mathrm{d}x + (x+y)\mathrm{d}y = 0$；

（5）$L\dfrac{\mathrm{d}^2 Q}{\mathrm{d}t^2} + R\dfrac{\mathrm{d}Q}{\mathrm{d}t} + \dfrac{Q}{C} = 0$；

（6）$\dfrac{\mathrm{d}\rho}{\mathrm{d}\theta} + \rho = \sin^3 \theta$.

2. 验证下列函数是否是微分方程的解，是通解还是特解（其中 C，C_1，C_2 为任意常数）：

（1）$xy' = 2y$，$y = 5x^2$；

（2）$y'' + y = 0$，$y = 3\sin x - 4\cos x$；

（3）$y'' - 3y' + 4y = 0$，$y = x^2 e^x$；

（4）$y'' - (\lambda_1 + \lambda_2)y' + \lambda_1 \lambda_2 y = 0$，$y = C_1 e^{\lambda_1 x} + C_2 e^{\lambda_2 x}$；

（5）$(x+y)\mathrm{d}x + x\mathrm{d}y = 0$，$y = \dfrac{C-x^2}{2x}$；

（6）$y' - 2xy = 1$，$y = e^{x^2} + e^{x^2}\displaystyle\int_0^x e^{-t^2}\mathrm{d}t$.

3. 在下面各题中，验证所给二元方程所确定的函数是否是微分方程的解：

（1）$(x-2y)y' = 2x - y$，$x^2 - xy + y^2 = C$；

（2）$(xy-x)y'' + xy'^2 + yy' - 2y' = 0$，$y = \ln(xy)$.

4. 在下列各题中，试确定函数中的参数，使函数满足给定的定解条件：

（1）$2x^2 - xy + 3y^2 = C$，$y\big|_{x=0} = 6$；

（2）$y = (C_1 x + C_2)e^{2x}$，$y\big|_{x=0} = 0$，$y'\big|_{x=0} = 1$；

（3）$y = C_1 \sin(x - C_2)$，$y\big|_{x=\pi} = 1$，$y'\big|_{x=\pi} = 0$.

5. 写出由下面条件所确定的曲线满足的微分方程：

（1）曲线在点 (x,y) 处的切线斜率等于该点横坐标正弦值的平方；

（2）曲线在点 $P(x,y)$ 处的法线与 x 轴交点为 Q，且线段 PQ 被 y 轴平分.

6. 如图 9-1 所示特技跳伞运动员在离开飞机一段时间后才打开降落伞. 设此时跳伞运动员下落的速度为 a，打开降落伞后受到的空气阻力与下落速度的平方成正比. 比例常数为 k. 设运动员自身与所携带装备的总质量为 m. 求打开降落伞后至落地前运动员的速度变化规律.

图 9-1

9.2　简单的一阶微分方程求解

一阶微分方程的一般形式为

$$F(x,y,y')=0.$$

对于一阶微分方程

$$y'=f(x,y),$$

如果能把方程改写成

$$g(y)\mathrm{d}y=f(x)\mathrm{d}x \tag{9-2-1}$$

的形式，即能把微分方程写成一端只含 y 的函数和 $\mathrm{d}y$，另一端只含 x 的函数和 $\mathrm{d}x$，那么原微分方程就称为**可分离变量的微分方程**.

本节将介绍可分离变量的微分方程以及可以化为可分离变量的微分方程的解法.

9.2.1　可分离变量的微分方程

假设一个微分方程可以写成如式(9-2-1)的形式，且函数 $f(x)$ 和 $g(y)$ 是连续的. 设 $y=\varphi(x)$ 是方程(9-2-1)的解，那么将它代回方程(9-2-1)中，可以得到

$$g(\varphi(x))\varphi'(x)\mathrm{d}x=f(x)\mathrm{d}x,$$

两端对 x 积分，得到

$$\int g(\varphi(x))\varphi'(x)\mathrm{d}x = \int f(x)\mathrm{d}x$$

$$\Leftrightarrow \quad \int g(\varphi(x))\mathrm{d}[\varphi(x)] = \int f(x)\mathrm{d}x.$$

又因为 $y=\varphi(x)$，则有

$$\int g(y)\mathrm{d}y = \int f(x)\mathrm{d}x. \tag{9-2-2}$$

设 $G(y)$ 和 $F(x)$ 分别为 $g(y)$ 和 $f(x)$ 的原函数，则式(9-2-2)可以写成

$$G(y)=F(x)+C. \tag{9-2-3}$$

其中，C 为任意常数. 这样就求得了方程(9-2-1)的通解.

通过上述过程，我们在求解可分离变量的微分方程(9-2-1)时，如式(9-2-2)，可以形式上认为对式(9-2-1)的左边关于 y 求积分，对式(9-2-1)的右边关于 x 求积分，于是就可以求得微分方程的通解. 这种将微分方程中的变量分离开来，然后求解的方法称为分离变量法. 一般地，如果微分方程可以写成

$$\frac{\mathrm{d}y}{\mathrm{d}x}=f(x)g(y) \tag{9-2-4}$$

或者

$$M_1(x)N_1(y)\mathrm{d}y = M_2(x)N_2(y)\mathrm{d}x. \tag{9-2-5}$$

如果 $g(y) \neq 0$，或者 $M_1(x) \neq 0$ 且 $N_2(y) \neq 0$，则有

$$\frac{\mathrm{d}y}{g(y)} = f(x)\mathrm{d}x \tag{9-2-6}$$

和

$$\frac{N_1(y)}{N_2(y)}\mathrm{d}y = \frac{M_2(x)}{M_1(x)}\mathrm{d}x. \tag{9-2-7}$$

这就化成了式(9-2-1)的形式. 我们可以像前面一样，通过对方程两端分别对 y 和 x 积分来求出微分方程的通解.

需要注意的是，如果方程没有 $g(y) \neq 0$ 或者 $M_1(x) \neq 0$ 且 $N_2(y) \neq 0$ 这样的前提条件，通过这种方法得到的方程的通解是不完备的，可能丢掉了 $g(y) = 0$ 或者 $M_1(x) = 0$ 或 $N_2(y) = 0$ 时满足微分方程的解. 此时需要对满足 $g(y) = 0$，$M_1(x) = 0$ 和 $N_2(y) = 0$ 的情况进行验证，以补充可能丢掉的解.

例 9.2.1　　求微分方程 $\dfrac{\mathrm{d}y}{\mathrm{d}x} = 2(x-1)(y^2+1)$ 的通解.

解　分离变量，得到

$$\frac{\mathrm{d}y}{y^2+1} = 2(x-1)\mathrm{d}x,$$

两边积分得

$$\int \frac{\mathrm{d}y}{y^2+1} = 2\int (x-1)\mathrm{d}x,$$

从而得到方程的通解为

$$\arctan y = (x-1)^2 + C,$$

其中，C 为任意常数.

本例中，由于 $y^2 + 1 \neq 0$，因此在分离变量时为恒等变形，因此在运用分离变量法求微分方程的通解时，没有丢掉可能的解. 此时不需要进行额外的验证.

例 9.2.2　　求微分方程 $\dfrac{\mathrm{d}y}{\mathrm{d}x} = 2xy$ 的通解.

解　当 $y \neq 0$ 时，对方程分离变量得

$$\frac{\mathrm{d}y}{y} = 2x\mathrm{d}x,$$

两边积分得

$$\int \frac{\mathrm{d}y}{y} = \int 2x\mathrm{d}x,$$

从而得到

$$\ln |y| = x^2 + C_1,$$

其中，C_1 为任意常数. 上式可以写为

$$|y| = e^{x^2 + C_1} = e^{C_1} e^{x^2},$$

去绝对值号

$$y = \pm e^{C_1} e^{x^2},$$

由 C_1 的任意性知 $\pm e^{C_1}$ 为非零的任意常数. 记 $C = \pm e^{C_1}$，则可以得到方程的通解为

$$y = C e^{x^2}.$$

容易验证 $y = 0$ 也是方程的解. 显然，当 C 取任意常数时，$y = 0$ 已经包含在方程的通解中了.

例 9.2.3　求解微分方程初值问题

$$\begin{cases} \dfrac{\mathrm{d}y}{\mathrm{d}x} = \dfrac{y}{x}, \\[2mm] y \big|_{x=1} = 2. \end{cases}$$

解　当 $y \neq 0$ 时，对方程分离变量得

$$\frac{\mathrm{d}y}{y} = \frac{\mathrm{d}x}{x},$$

两边积分得

$$\int \frac{\mathrm{d}y}{y} = \int \frac{1}{x} \mathrm{d}x,$$

从而得到

$$\ln |y| = \ln |x| + C_1,$$

其中，C_1 为任意常数. 上式可以变形得到方程的通解为

$$y = Cx,$$

其中，$C = \pm e^{C_1}$ 为非零任意常数.

将初值条件 $y \big|_{x=1} = 2$ 代入 $y = Cx$，得 $C = 2$. 故 $y = 2x$.

本例中，由于给定了定解条件 $y \big|_{x=1} = 2$，满足 $y \neq 0$，因此可以省略对可能丢失的解 $y = 0$ 的验证.

例 9.2.4　放射性元素铀不断放射出微粒子而变成其他元素的过程称为衰变，在此过程中铀的含量会不断减少. 由原子物理学知道，铀的衰变速度与当时未衰变的铀原子含量 M 成正比. 已知在 $t = 0$ 时刻铀的含量为 M_0，求在衰变过程中铀的含量 $M(t)$ 随时间变化的规律.

解　根据题意，铀的衰变速度是铀含量 $M(t)$ 关于时间 t 的导

数 $\dfrac{\mathrm{d}M}{\mathrm{d}t}$，且随着时间 t 的增加，铀含量 $M(t)$ 单调减少，从而有

$\dfrac{\mathrm{d}M}{\mathrm{d}t}<0.$ 由于铀的衰变速度与铀含量成正比，因此可以写出衰变

速度与铀含量的关系

$$\frac{\mathrm{d}M}{\mathrm{d}t}=-\lambda M, \tag{9-2-8}$$

其中，λ（$\lambda>0$）为衰减系数，它是一个常数. 在 $t=0$ 时刻，
有 $M\big|_{t=0}=M_0$.

微分方程(9-2-8)是可分离变量的方程，可以通过分离变量法
求解. 将方程分离变量得

$$\frac{\mathrm{d}M}{M}=-\lambda\,\mathrm{d}t,$$

两端积分得

$$\int\frac{\mathrm{d}M}{M}=-\lambda\int\mathrm{d}t,$$

考虑铀的含量 $M>0$，则有

$$\ln M=-\lambda t+C_1,$$

即

$$M=\mathrm{e}^{C_1}\cdot\mathrm{e}^{-\lambda t},$$

其中，C_1 为任意常数. 记 $C=\mathrm{e}^{C_1}$，并将初值条件 $M\big|_{t=0}=M_0$ 代入
上式可以得到 $C=M_0$. 所以铀的衰变规律满足

$$M=M_0\mathrm{e}^{-\lambda t}.$$

这表明，铀的含量在衰变过程中随时间按照指数规律衰减.

9.2.2　齐次微分方程

形如

$$y'=f\left(\frac{y}{x}\right) \tag{9-2-9}$$

的一阶微分方程，称为**齐次微分方程**. 例如，

$$\frac{\mathrm{d}y}{\mathrm{d}x}=\frac{y^2}{xy-x^2},$$

方程右端的分子、分母同时除以 x^2，得到

$$\frac{\mathrm{d}y}{\mathrm{d}x}=\frac{\left(\dfrac{y}{x}\right)^2}{\dfrac{y}{x}-1}.$$

这是一个齐次微分方程. 再如，

$$(x^2 - 2xy)\,\mathrm{d}y - (xy - y^2)\,\mathrm{d}x = 0,$$

它可以化为

$$\frac{\mathrm{d}y}{\mathrm{d}x} = \frac{xy - y^2}{x^2 - 2xy},$$

即

$$\frac{\mathrm{d}y}{\mathrm{d}x} = \frac{\dfrac{y}{x} - \left(\dfrac{y}{x}\right)^2}{1 - 2\left(\dfrac{y}{x}\right)}.$$

这也是一个齐次微分方程.

对于齐次微分方程，一个自然的想法是进行变量替换. 令

$$u = \frac{y}{x}, \tag{9-2-10}$$

则

$$y = ux, \quad \frac{\mathrm{d}y}{\mathrm{d}x} = u + x\,\frac{\mathrm{d}u}{\mathrm{d}x},$$

代入方程(9-2-9)中，可以得到

$$u + x\,\frac{\mathrm{d}u}{\mathrm{d}x} = f(u),$$

即

$$x\,\frac{\mathrm{d}u}{\mathrm{d}x} = f(u) - u,$$

这是一个可分离变量的方程，通过变量分离得到

$$\frac{\mathrm{d}u}{f(u) - u} = \frac{\mathrm{d}x}{x},$$

求出积分，并利用 $\dfrac{y}{x}$ 代替 u，就可以求得齐次微分方程(9-2-9)的通解.

例 9.2.5 求微分方程 $\dfrac{\mathrm{d}y}{\mathrm{d}x} = \dfrac{y^2}{xy - x^2}$ 的通解.

解 原方程可以写成

$$\frac{\mathrm{d}y}{\mathrm{d}x} = \frac{\left(\dfrac{y}{x}\right)^2}{\dfrac{y}{x} - 1}.$$

因此方程是齐次方程. 令 $u = \dfrac{y}{x}$，则

$$y = ux, \quad \frac{\mathrm{d}y}{\mathrm{d}x} = u + x\,\frac{\mathrm{d}u}{\mathrm{d}x},$$

于是原方程变形为

$$u + x\,\frac{\mathrm{d}u}{\mathrm{d}x} = \frac{u^2}{u-1},$$

即

$$x\,\frac{\mathrm{d}u}{\mathrm{d}x} = \frac{u}{u-1},$$

分离变量得

$$\left(1 - \frac{1}{u}\right)\mathrm{d}u = \frac{\mathrm{d}x}{x},$$

两端积分，得

$$u - \ln|u| = \ln|x| + C_1,$$

或者写为

$$\ln|ux| = u - C_1$$

以 $\dfrac{y}{x}$ 代替 u，于是可以得到方程的通解为

$$\ln|y| = \frac{y}{x} + C_1 \quad \text{或者} \quad y = C\mathrm{e}^{\frac{y}{x}}\,(C = \pm\mathrm{e}^{C_1}).$$

例 9.2.6 求方程 $y' = \dfrac{y}{x} + \tan\dfrac{y}{x}$ 满足定解条件 $y(1) = \dfrac{\pi}{6}$ 的特解.

解 令 $u = \dfrac{y}{x}$，则原方程可以化为

$$u + x\,\frac{\mathrm{d}u}{\mathrm{d}x} = u + \tan u,$$

分离变量得到

$$\cot u\,\mathrm{d}u = \frac{\mathrm{d}x}{x},$$

两端积分，得

$$\ln|\sin u| = \ln|x| + C_1,$$

两端取指数，并去绝对值得到

$$\sin u = \pm\mathrm{e}^{C_1}x.$$

令 $C = \pm\mathrm{e}^{C_1}$，并将 $\dfrac{y}{x}$ 代回方程中，得到方程的通解为

$$\sin\frac{y}{x} = Cx,$$

注意 $y \equiv 0$ 也是方程的解. 再将定解条件 $y(1) = \dfrac{\pi}{6}$ 代入方程的通解

中，得 $C = \dfrac{1}{2}$，从而方程满足定解条件的特解为

$$\sin \frac{y}{x} = \frac{1}{2}x.$$

*9.2.3　可化为齐次的微分方程

对于形如

$$\frac{\mathrm{d}y}{\mathrm{d}x} = \frac{a_1 x + b_1 y + c_1}{a_2 x + b_2 y + c_2} \tag{9-2-11}$$

的微分方程，如果 $c_1 = c_2 = 0$，则方程是齐次方程，可以直接利用分离变量法求解；否则方程是非齐次的. 对于非齐次方程，令

$$x = X + h, \quad y = Y + k,$$

其中，h，k 为待定常数. 此时有

$$\mathrm{d}x = \mathrm{d}X, \quad \mathrm{d}y = \mathrm{d}Y,$$

代入微分方程（9-2-11）中，可以得到

$$\frac{\mathrm{d}Y}{\mathrm{d}X} = \frac{a_1 X + b_1 Y + a_1 h + b_1 k + c_1}{a_2 X + b_2 Y + a_2 h + b_2 k + c_2},$$

令

$$\begin{cases} a_1 h + b_1 k + c_1 = 0, \\ a_2 h + b_2 k + c_2 = 0, \end{cases}$$

如果 $\dfrac{a_1}{a_2} \neq \dfrac{b_1}{b_2}$，则上述方程组有解. 从而方程（9-2-11）可以写为齐次微分方程的形式，即

$$\frac{\mathrm{d}Y}{\mathrm{d}X} = \frac{a_1 X + b_1 Y}{a_2 X + b_2 Y}.$$

求出该方程的通解后，利用 $x-h$ 和 $y-k$ 代替通解中的 X 和 Y，就得到了方程（9-2-11）的通解.

如果 $\dfrac{a_1}{a_2} = \dfrac{b_1}{b_2}$，无法求得方程组的解，上述方法不能使用. 此时，可令 $\dfrac{a_1}{a_2} = \dfrac{b_1}{b_2} = \lambda$，则方程（9-2-11）可以写为

$$\frac{\mathrm{d}y}{\mathrm{d}x} = \frac{a_1 x + b_1 y + c_1}{\lambda (a_1 x + b_1 y) + c_2},$$

引入变量 u，使得 $u = a_1 x + b_1 y$，于是有

$$\frac{\mathrm{d}u}{\mathrm{d}x} = a_1 + b_1 \frac{\mathrm{d}y}{\mathrm{d}x}, \quad 即 \frac{\mathrm{d}y}{\mathrm{d}x} = \frac{1}{b_1} \left(\frac{\mathrm{d}u}{\mathrm{d}x} - a_1 \right),$$

代入方程（9-2-11），得

$$\frac{1}{b_1} \left(\frac{\mathrm{d}u}{\mathrm{d}x} - a_1 \right) = \frac{u + c_1}{\lambda u + c_2}.$$

这是一个可分离变量的方程，通过分离变量法即可得到方程的通解.

一般地，对于形如

$$\frac{\mathrm{d}y}{\mathrm{d}x}=f\left(\frac{a_1x+b_1y+c_1}{a_2x+b_2y+c_2}\right)$$

的方程，都可以利用上述方法求解.

例 9.2.7　解微分方程

$$(2x+y-1)\,\mathrm{d}x+(x+y-2)\,\mathrm{d}y=0.$$

解　令 $x=X+h$，$y=Y+k$，则 $\mathrm{d}x=\mathrm{d}X$，$\mathrm{d}y=\mathrm{d}Y$. 代入原方程得

$$(2X+Y+2h+k-1)\,\mathrm{d}X+(X+Y+h+k-2)\,\mathrm{d}Y=0,$$

解方程组

$$\begin{cases}2h+k-1=0,\\ h+k-2=0,\end{cases}$$

得 $h=-1$，$k=3$，此时原方程变为齐次方程

$$(2X+Y)\,\mathrm{d}X+(X+Y)\,\mathrm{d}Y=0,$$

即

$$\frac{\mathrm{d}Y}{\mathrm{d}X}=-\frac{2X+Y}{X+Y}=-\frac{2+\dfrac{Y}{X}}{1+\dfrac{Y}{X}}.$$

令 $u=\dfrac{Y}{X}$，则 $Y=uX$，$\dfrac{\mathrm{d}Y}{\mathrm{d}X}=u+X\dfrac{\mathrm{d}u}{\mathrm{d}X}$，则上述方程变为

$$u+X\frac{\mathrm{d}u}{\mathrm{d}X}=-\frac{2+u}{1+u},$$

分离变量得

$$\frac{1+u}{2+2u+u^2}\mathrm{d}u=-\frac{\mathrm{d}X}{X},$$

两端积分，得

$$\frac{1}{2}\ln(u^2+2u+2)=-\ln|X|+C_1,$$

即

$$\sqrt{u^2+2u+2}=\pm\mathrm{e}^{C_1}\frac{1}{X}\quad\text{或者}\quad u^2+2u+2=\mathrm{e}^{2C_1}\frac{1}{X^2}.$$

将 $u=\dfrac{Y}{X}$ 代回，化简得

$$Y^2+2XY+2X^2=C_2\quad(C_2=\mathrm{e}^{2C_1}),$$

再将 $X=x+1$，$Y=y-3$ 代入上式，并化简得原方程的通解为

$$y^2+2xy+2x^2-4y-2x=C\quad(C=C_2-5).$$

习题 9.2

1. 利用分离变量法求下列微分方程的通解：

（1）$x^2 y' - y\ln y = 0$；

（2）$3x + 4x^2 - y' = 0$；

（3）$\sqrt{1-x^2}\, y' = \sqrt{1-y^2}$；

（4）$y' - xy' = ax(2y + y')$；

（5）$\sec^2 x\tan y\,dx + \sec^2 y\tan x\,dy = 0$；

（6）$\dfrac{dy}{dx} = e^{3x+2y}$；

（7）$(e^{x+y} - e^x)dx + (e^{x+y} + e^y)dy = 0$；

（8）$\cos x\cos y\,dy - \sin x\sin y\,dx = 0$；

（9）$(x+1)\dfrac{dy}{dx} = x(y^2 + 1)$；

（10）$3x\,dy - y(2 - x\cos x)dx = 0$。

2. 求下列微分方程满足所给定解条件的特解：

（1）$(1 + e^x)yy' = e^x$，$y\Big|_{x=1} = 1$；

（2）$y'(x^2 - 4) = 2xy$，$y\Big|_{x=0} = 2$；

（3）$y' = e^{3x-2y}$，$y\Big|_{x=0} = 0$；

（4）$y'\sin x = y\ln y$，$y\Big|_{x=\frac{\pi}{2}} = e$。

3. 求下列齐次方程的通解：

（1）$xy' - y - \sqrt{y^2 - x^2} = 0$；

（2）$x\dfrac{dy}{dx} = y\ln\dfrac{y}{x}$；

（3）$y' = \dfrac{x^2 + y^2}{2x^2}$；

（4）$(x^3 + y^3)dx - 3xy^2\,dy = 0$；

（5）$\left(2x\tan\dfrac{y}{x} + y\right)dx = x\,dy$；

（6）$y' = e^{\frac{y}{x}} + \dfrac{y}{x}$；

（7）$2x^3 y' = y(2x^2 - y^2)$；

（8）$\left(2x\sin\dfrac{y}{x} + 3y\cos\dfrac{y}{x}\right)dx - 3x\cos\dfrac{y}{x}\,dy = 0$；

（9）$(1 + 2e^{\frac{x}{y}})dx + 2e^{\frac{x}{y}}\left(1 - \dfrac{x}{y}\right)dy = 0$。

4. 求下列齐次方程满足定解条件的特解：

（1）$(y^2 - 3x^2)dy + 2xy\,dx = 0$，$y\Big|_{x=0} = 1$；

（2）$y' = \dfrac{x}{y} + \dfrac{y}{x}$，$y\Big|_{x=1} = 2$；

（3）$(x^2 + 2xy - y^2)dx + (y^2 + 2xy - x^2)dy = 0$，$y\Big|_{x=1} = 1$。

*5. 将下列方程化为齐次方程的形式，并求出通解：

（1）$(2x - 5y + 3)dx - (2x + 4y - 6)dy = 0$；

（2）$(x - y - 1)dx + (4y + x - 1)dy = 0$；

（3）$(3y - 7x + 7)dx + (7y - 3x + 3)dy = 0$；

（4）$(x + y)dx + (3x + 3y - 4)dy = 0$。

9.3　一阶线性微分方程

本节介绍一阶线性微分方程的求解方法.

形如

$$\frac{dy}{dx} + P(x)y = Q(x) \qquad (9\text{-}3\text{-}1)$$

的微分方程称为**一阶线性微分方程**. 如果 $Q(x) \equiv 0$，则方程(9-3-1)称为**齐次**的；否则方程称为**非齐次**的.

齐次线性方程

$$\frac{dy}{dx} + P(x)y = 0 \qquad (9\text{-}3\text{-}2)$$

是可分离变量的方程. 分离变量后得到

$$\frac{\mathrm{d}y}{y} = -P(x)\mathrm{d}x,$$

两端积分, 得

$$\ln|y| = -\int P(x)\mathrm{d}x + C_1,$$

即

$$y = Ce^{-\int P(x)\mathrm{d}x} \quad (C = \pm e^{C_1}). \tag{9-3-3}$$

此处为了方便, 积分 $\int P(x)\mathrm{d}x$ 表示函数 $P(x)$ 的某一族确定的原函数. 这是方程(9-3-2)的通解. 如果方程(9-3-1)是非齐次线性方程, 则方程(9-3-2)称为对应于非齐次线性方程(9-3-1)的齐次线性方程, 其通解可以由上边的计算过程给出.

在求得对应的齐次线性方程通解的基础上, 我们使用**常数变易法**来求非齐次线性方程的通解.

将齐次线性方程的通解(9-3-3)中任意常数 C 替换为关于 x 的函数 $u(x)$, 得

$$y = u(x)e^{-\int P(x)\mathrm{d}x}. \tag{9-3-4}$$

于是

$$\frac{\mathrm{d}y}{\mathrm{d}x} = u'(x)e^{-\int P(x)\mathrm{d}x} - u(x)P(x)e^{-\int P(x)\mathrm{d}x}. \tag{9-3-5}$$

将式(9-3-4)和式(9-3-5)代入方程(9-3-1)得

$$u'(x)e^{-\int P(x)\mathrm{d}x} - u(x)P(x)e^{-\int P(x)\mathrm{d}x} + P(x)u(x)e^{-\int P(x)\mathrm{d}x} = Q(x),$$

即

$$u'(x)e^{-\int P(x)\mathrm{d}x} = Q(x) \quad \text{或} \quad u'(x) = Q(x)e^{\int P(x)\mathrm{d}x}.$$

两端积分得

$$u(x) = \int Q(x)e^{\int P(x)\mathrm{d}x}\mathrm{d}x + C.$$

把上式代入式(9-3-4)中, 就得到了非齐次线性方程(9-3-1)的通解

$$y = e^{-\int P(x)\mathrm{d}x}\left[\int Q(x)e^{\int P(x)\mathrm{d}x}\mathrm{d}x + C\right]. \tag{9-3-6}$$

或者

$$y = Ce^{-\int P(x)\mathrm{d}x} + e^{-\int P(x)\mathrm{d}x}\int Q(x)e^{\int P(x)\mathrm{d}x}\mathrm{d}x.$$

从推导过程可知, 上式第一项为对应的齐次线性方程的通解. 如果将式(9-3-6)任意常数 C 取为零, 则得到非齐次线性方程的一个特解. 即上式第二项为非齐次线性方程的特解. 由此可知, **一阶非齐次线性方程的通解等于其对应齐次方程的通解加上一个非齐**

次方程的特解.

例 9.3.1 求微分方程 $\dfrac{\mathrm{d}y}{\mathrm{d}x}+\dfrac{1}{x}y=\dfrac{\sin x}{x}$ 的通解.

解 这是一个非齐次微分方程, 先求对应齐次方程的通解.

$$\frac{\mathrm{d}y}{\mathrm{d}x}+\frac{1}{x}y=0.$$

分离变量得

$$\frac{\mathrm{d}y}{y}=-\frac{\mathrm{d}x}{x},$$

两端积分得

$$\ln|y|=-\ln|x|+C_1,$$

即

$$y=\frac{C}{x}\quad(C=\pm\mathrm{e}^{C_1}).$$

再利用常数变易法求非齐次方程的通解. 令

$$y=\frac{u(x)}{x},$$

则

$$\frac{\mathrm{d}y}{\mathrm{d}x}=\frac{u'(x)x-u(x)}{x^2},$$

代入原方程中, 有

$$\frac{u'(x)x-u(x)}{x^2}+\frac{u(x)}{x^2}=\frac{\sin x}{x},$$

即

$$u'(x)=\sin x,\quad u(x)=-\cos x+C,$$

从而得到原方程的通解为

$$y=\frac{-\cos x+C}{x}.$$

事实上, 也可以直接利用公式(9-3-6)来求方程的通解. 此时 $P(x)=\dfrac{1}{x}$, $Q(x)=\dfrac{\sin x}{x}$, 代入公式(9-3-6)得

$$y=\mathrm{e}^{-\int\frac{1}{x}\mathrm{d}x}\left(\int\frac{\sin x}{x}\mathrm{e}^{\int\frac{1}{x}\mathrm{d}x}\mathrm{d}x+C\right)=\frac{1}{x}(-\cos x+C).$$

例 9.3.2 求微分方程 $\dfrac{\mathrm{d}y}{\mathrm{d}x}-\dfrac{2y}{x+1}=(x+1)^3$ 的通解.

解 这是一个非齐次线性方程, 其中 $P(x)=-\dfrac{2}{x+1}$, $Q(x)=(x+1)^3$, 代入公式(9-3-6)得

$$y = e^{-\int\left(-\frac{2}{x+1}\right)dx}\left[\int(x+1)^3 e^{\int\left(-\frac{2}{x+1}\right)dx}dx + C\right]$$

$$= (x+1)^2\left[\int(x+1)^3 \cdot \frac{1}{(x+1)^2}dx + C\right]$$

$$= (x+1)^2\left[\frac{1}{2}(x+1)^2 + C\right]$$

$$= \frac{1}{2}(x+1)^4 + C(x+1)^2,$$

其中，C 为任意常数.

例 9.3.3 求微分方程 $ydx+(x-y^3)dy=0(y>0)$ 的通解.

解 如果把方程变形为

$$\frac{dx}{dy} = \frac{y^3-x}{y} \quad 即 \quad \frac{dx}{dy}+\frac{x}{y}=y^2,$$

方程变为一阶线性微分方程，其中 x 为因变量，y 为自变量. 利用公式(9-3-6)得

$$x = e^{-\int\frac{1}{y}dy}\left(\int y^2 e^{\int\frac{1}{y}dy}dy + C\right)$$

$$= \frac{1}{y}\left(\int y^3 dy + C\right)$$

$$= \frac{1}{y}\left(\frac{1}{4}y^4 + C\right).$$

从而原方程的通解为 $x=\frac{1}{y}\left(\frac{1}{4}y^4+C\right)$ 或者 $4xy=y^4+C'$，其中 C 和 C' 都是任意常数.

习题 9.3

1. 求下列微分方程的通解：

(1) $\frac{dy}{dx}+2xy=3x$；

(2) $\frac{dy}{dx}+y=e^{-x}$；

(3) $y'+y\tan x=\sin 2x$；

(4) $(x^2-1)y'+2xy-\cos x=0$；

(5) $\frac{d\rho}{d\theta}+3\rho=2$；

(6) $xy'+y=2\sqrt{xy}$；

(7) $xy'\ln x+y=ax(\ln x+1)$；

(8) $y\ln ydx+(x-\ln y)dy=0$；

(9) $(x-2xy-y^2)y'+y^2=0$；

(10) $(x-2)\frac{dy}{dx}=y+2(x-2)^3$；

(11) $y'+y\cos x=e^{-\sin x}$；

(12) $3y'+2y=6x$；

(13) $(y^4-3x^2)dy+xydx=0$；

(14) $y'+x^2y=0$；

(15) $xy'-y=\frac{x}{\ln x}$.

2. 求下列微分方程满足所给定解条件的特解：

(1) $\frac{dy}{dx}+y\cot x=5e^{\cos x}$，$y\Big|_{x=\frac{\pi}{2}}=-4$；

(2) $\frac{dy}{dx}-y\tan x=\sec x$，$y\Big|_{x=0}=0$；

（3）$\dfrac{\mathrm{d}y}{\mathrm{d}x}+3y=8$，$y\Big|_{x=0}=2$；

（4）$\dfrac{\mathrm{d}y}{\mathrm{d}x}+\dfrac{y}{x}=\dfrac{\sin x}{x}$，$y\Big|_{x=\pi}=1$；

（5）$y^3\mathrm{d}x+2(x^2-xy^2)\mathrm{d}y=0$，$y\Big|_{x=1}=1$；

（6）$y'+y=\mathrm{e}^{-x}$，$y\Big|_{x=0}=5$；

（7）$\dfrac{\mathrm{d}y}{\mathrm{d}x}+\dfrac{2-3x^2}{x^3}y=1$，$y\Big|_{x=1}=0$；

（8）$xy'+y-\mathrm{e}^{2x}=0$，$y\Big|_{x=\frac{1}{2}}=2\mathrm{e}$.

3.（1）已知某曲线经过点$(1,1)$，它的切线在纵轴上的截距等于切点的横坐标，求该曲线方程；

（2）求一曲线方程，该曲线通过原点，并且它在点(x,y)处的切线斜率等于$2x+y$；

（3）有一曲线在任一点的斜率等于$\dfrac{2y+x+1}{x}$，且通过点$(1,0)$，求此曲线的方程；

（4）曲线上任一点(x,y)处的切线垂直于该点与原点的连线，求此曲线方程.

4. 设可导函数$f(x)$满足
$$f(x)\cos x+2\int_0^x f(t)\sin t\,\mathrm{d}t=x+1,$$
求$f(x)$.

5. 设空中一雨滴的初始质量为$M\mathrm{g}$，雨滴在自由下落过程中均匀蒸发，假设每秒蒸发质量为$m\mathrm{g}$，且空气阻力和雨滴速度成正比. 设开始时刻雨滴的速度为零，试求雨滴速度与时间的关系.

6. 设有一质量为m的质点做直线运动，从速度等于零的时刻起，有一个与运动方向一致、大小与时间成正比（设比例系数为k）的力作用于它，此外还受一与速度成正比（比例系数为l）的阻力作用，求质点的运动速度与时间的函数关系.

7. 如图 9-2 所示，设有一个由电阻 $R=10\Omega$、电感 $L=2\mathrm{H}$ 和电源电压 $E=(20\sin5t)\mathrm{V}$ 串联组成的电路，当开关合上后，电路中有电流通过，求电流 i 与时间 t 的函数关系.

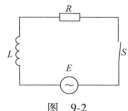

图　9-2

8. 验证形如 $yf(xy)$ $\mathrm{d}x+xg(xy)\mathrm{d}y=0$ 的微分方程，可以经过适当的变量替换后化为可分离变量的方程，并求方程的通解.

9. 利用变量替换法将下列方程化为可分离变量的方程，然后求其通解：

（1）$\dfrac{\mathrm{d}y}{\mathrm{d}x}=(x+y)^2$；

（2）$\dfrac{\mathrm{d}y}{\mathrm{d}x}=\dfrac{1}{2x-y}+2$；

（3）$xy'+y=y(\ln x+\ln y)$；

（4）$y'=y^2+2(\sin x-1)y+\sin^2 x-2\sin x-\cos x+1$；

（5）$y(xy+1)\mathrm{d}x+x(1+xy+x^2y^2)\mathrm{d}y=0$.

9.4　可降阶的高阶微分方程

二阶或者二阶以上的微分方程，称为**高阶微分方程**. 一些高阶微分方程，可以通过变量替换的方法将方程降为低阶微分方程进行求解. 本节介绍几种容易降阶的高阶微分方程的求解方法，主要介绍可降阶的二阶微分方程的解法.

例如，二阶微分方程的一般形式是
$$y''=f(x,y,y'),$$
通过变量替换，如果能够将二阶微分方程降为一阶微分方程，就可以利用前面几节介绍的几种微分方程求解方法来求出它的解.

9.4.1　$y^{(n)}=f(x)$ 型微分方程

形如
$$y^{(n)}=f(x)$$

的微分方程是最为简单的高阶微分方程，它的右端项只含有自变量 x. 这类方程可以通过累次积分的方式进行求解，最后获得含有 n 个任意常数的通解.

例 9.4.1 求微分方程 $y''=xe^x$ 的通解.

解 对方程两端进行一次积分，得

$$y' = \int xe^x dx = (x - 1)e^x + C_1,$$

再求一次积分，得

$$y = \int [(x - 1)e^x + C_1] dx = (x - 2)e^x + C_1 x + C_2,$$

其中 C_1，C_2 为任意常数. 这就是方程的通解.

例 9.4.2 求微分方程 $y'''=e^{2x}-\cos x$ 的通解.

解 对方程两端进行一次积分得

$$y = \frac{1}{2}e^{2x} - \sin x + C_0,$$

进行第二次积分得

$$y' = \frac{1}{4}e^{2x} + \cos x + C_0 x + C_2,$$

进行第三次积分得

$$y = \frac{1}{8}e^{2x} + \sin x + C_1 x^2 + C_2 x + C_3 \quad \left(C_1 = \frac{1}{2}C_0\right).$$

这就是方程的通解.

9.4.2 $y''=f(x,y')$ 型微分方程

方程

$$y''=f(x,y') \tag{9-4-1}$$

的右端不显含未知函数 y. 此时，可令 $y'=p(x)$，则 $y''=p'(x)$，代入方程(9-4-1)中，有

$$p'=f(x,p).$$

这是一个关于变量 p 和 x 的一阶微分方程. 如果能够求出其通解

$$p=\varphi(x,C_1),\ \text{即}\ y'=\varphi(x,C_1).$$

两端积分即可得到方程(9-4-1)的通解

$$y = \int \varphi(x,C_1) dx + C_2.$$

例 9.4.3 求微分方程 $y''=\dfrac{y'}{x}+xe^x$ 的通解.

解 令 $y'=p(x)$，则有 $y''=p'(x)$，于是原方程变为

$$p'-\frac{p}{x}=xe^x.$$

这是一个一阶线性微分方程. 其通解为

$$p = \mathrm{e}^{-\int \left(-\frac{1}{x}\right)\mathrm{d}x}\left[\int x\mathrm{e}^x \cdot \mathrm{e}^{\int\left(-\frac{1}{x}\right)\mathrm{d}x}\mathrm{d}x + C_1\right] = x(\mathrm{e}^x + C_0),$$

即

$$y' = x(\mathrm{e}^x + C_0),$$

两边积分，得

$$y = (x-1)\mathrm{e}^x + C_1 x^2 + C_2 \quad \left(C_1 = \frac{C_0}{2}\right),$$

这就是原方程的通解，其中 C_1, C_2 为任意常数.

例 9.4.4 求微分方程 $y'' = \dfrac{3x^2 y'}{1+x^3}$ 满足条件 $y\Big|_{x=0} = 1$，$y'\Big|_{x=0} = 4$

的特解.

解 令 $y' = p(x)$，则有 $y'' = p'(x)$，于是原方程变为

$$\frac{\mathrm{d}p}{\mathrm{d}x} = \frac{3x^2 p}{1+x^3},$$

分离变量，得

$$\frac{\mathrm{d}p}{p} = \frac{3x^2}{1+x^3}\mathrm{d}x,$$

两端积分得

$$\ln|p| = \ln|1+x^3| + C_0,$$

从而有

$$p = C_1(1+x^3)\ (C_1 = \pm\mathrm{e}^{C_0}),$$

即

$$y' = C_1(1+x^3),$$

两端积分，得

$$y = C_1 x + \frac{C_1}{4}x^4 + C_2,$$

代入 $y\Big|_{x=0} = 1$，$y'\Big|_{x=0} = 4$，有 $C_1 = 4$，$C_2 = 1$. 于是原方程满足初值条件的特解为

$$y = x^4 + 4x + 1.$$

9.4.3 $y'' = f(y, y')$ 型微分方程

方程

$$y'' = f(y, y') \tag{9-4-2}$$

的右端不显含自变量 x. 此时，可令 $y' = \dfrac{\mathrm{d}y}{\mathrm{d}x} = p(y)$，由复合函数的

求导法则知

$$y'' = \frac{\mathrm{d}}{\mathrm{d}x}\left(\frac{\mathrm{d}y}{\mathrm{d}x}\right) = \frac{\mathrm{d}p}{\mathrm{d}x} = \frac{\mathrm{d}p}{\mathrm{d}y} \cdot \frac{\mathrm{d}y}{\mathrm{d}x} = p\,\frac{\mathrm{d}p}{\mathrm{d}y},$$

于是方程(9-4-2)可变为

$$p\,\frac{\mathrm{d}p}{\mathrm{d}y} = f(y,p).$$

这是一个关于变量 p 和 y 的一阶微分方程. 如果能够求出其通解

$$p = \varphi(y, C_1), \quad 即 \ y' = \varphi(y, C_1).$$

分离变量并积分, 就可以得到方程(9-4-2)的通解

$$\int \frac{\mathrm{d}y}{\varphi(y, C_1)} = x + C_2.$$

例 9.4.5 求微分方程 $yy'' - (y')^2 = 0$ 的通解.

解 令 $y' = p(y)$, 则有 $y'' = p\,\dfrac{\mathrm{d}p}{\mathrm{d}y}$, 于是原方程可化为

$$yp\,\frac{\mathrm{d}p}{\mathrm{d}y} - p^2 = 0.$$

在 $p \neq 0$, $y \neq 0$ 时, 上式约去 p 并分离变量, 得

$$\frac{\mathrm{d}p}{p} = \frac{\mathrm{d}y}{y},$$

两端积分, 得

$$\ln|p| = \ln|y| + C_0,$$

即

$$p = C_1 y \quad 或 \quad y' = C_1 y\,(C_1 = \pm e^{C_0}).$$

再分离变量, 并对方程两端积分可得原方程的通解

$$\ln|y| = C_1 x + C_2 \quad 或 \quad y = C_3 e^{C_1 x} \quad (C_3 = \pm e^{C_2}).$$

例 9.4.6 求微分方程 $y'' = \dfrac{3}{2}y^2$ 满足条件 $y\big|_{x=3} = 1$, $y'\big|_{x=3} = 1$

的特解.

解 令 $y' = p(y)$, 则有 $y'' = p\,\dfrac{\mathrm{d}p}{\mathrm{d}y}$, 于是原方程变为

$$p\,\frac{\mathrm{d}p}{\mathrm{d}y} = \frac{3}{2}y^2 \quad 或 \quad p\,\mathrm{d}p = \frac{3}{2}y^2\,\mathrm{d}y,$$

两端积分, 得

$$p^2 = y^3 + C_1, \quad 即 \ (y')^2 = y^3 + C_1.$$

由于 $y\big|_{x=3} = 1$, $y'\big|_{x=3} = 1$, 因此 $C_1 = 0$. 此时

$$p^2 = y^3,$$

考虑到 $y'\big|_{x=3} = 1 > 0$, 有

$$p = y^{\frac{3}{2}}, \quad \text{即} \quad \frac{\mathrm{d}y}{\mathrm{d}x} = y^{\frac{3}{2}},$$

分离变量并积分，得

$$-2y^{-\frac{1}{2}} = x + C_2,$$

再由 $y\big|_{x=3} = 1$，$y'\big|_{x=3} = 1$ 得 $C_2 = -5$. 从而方程满足定解条件的特解为

$$y = \frac{4}{(x-5)^2}.$$

习题 9.4

1. 求下列微分方程的通解：

(1) $y'' = \dfrac{1}{1+x^2}$；　　(2) $y^3 y'' - 1 = 0$；

(3) $y''' = xe^x$；　　(4) $\left(\dfrac{\mathrm{d}y}{\mathrm{d}x}\right)^3 - 4x^2 \dfrac{\mathrm{d}y}{\mathrm{d}x} = 0$；

(5) $y'^2 - 2y' + 2y = 0$；　(6) $y'^2 - 4y^2 = 0$；

(7) $y'' = 1 + y'^2$；　　(8) $y'' = y' + 2x$；

(9) $xy'' + y' = 0$；　　(10) $yy'' + 2y'^2 = 0$；

(11) $y'' = 2yy'$；　　(12) $y''(e^x + 1) + y' = 0$.

2. 求下列各微分方程满足所给定解条件的特解：

(1) $y^3 y'' + y' = 0$，$y\big|_{x=1} = 1$，$y'\big|_{x=1} = 0$；

(2) $y'' - ay'^2 = 0$，$y\big|_{x=0} = 0$，$y'\big|_{x=0} = -1$；

(3) $y'' = e^{2y}$，$y\big|_{x=0} = 0$，$y'\big|_{x=0} = 0$；

(4) $y'' = 3\sqrt{y}$，$y\big|_{x=0} = 1$，$y'\big|_{x=0} = 2$；

(5) $y'' + y'^2 = 1$，$y\big|_{x=0} = 0$，$y'\big|_{x=0} = 0$；

(6) $2y'' - \sin 2y = 0$，$y\big|_{x=0} = \dfrac{\pi}{2}$，$y'\big|_{x=0} = 1$.

3. 试求 $y'' = x$ 经过点 $(0,1)$ 且在此点与直线 $y = \dfrac{x}{2} + 1$ 相切的积分曲线.

4. 设有质量为 m 的物体，在空中由静止开始下落，如果空气阻力 R 与物体运动速度 v 成正比，且系数为常数 k，试求物体下落距离 s 与时间 t 的函数关系.

9.5　二阶常系数线性微分方程

本节讨论高阶微分方程解的一些性质和解法，特别是二阶常系数微分方程的解法.

形如

$$a_n(x)y^{(n)} + a_{n-1}(x)y^{(n-1)} + \cdots + a_1(x)y' + a_0(x)y = f(x) \qquad (9\text{-}5\text{-}1)$$

的方程称为 **n 阶线性微分方程**. 函数 $f(x)$ 是自由项，如果 $f(x) \equiv 0$ 时，方程称为 **n 阶齐次线性微分方程**，否则称为 **n 阶非齐次线性微分方程**.

当 $a_k(k = 0, 1, 2, \cdots, n)$ 是常数时，形如

$$a_n y^{(n)} + a_{n-1} y^{(n-1)} + \cdots + a_1 y' + a_0 y = f(x) \qquad (9\text{-}5\text{-}2)$$

的方程称为 **n 阶常系数线性微分方程**. 常系数线性微分方程是一

种特殊的线性微分方程.

接下来，我们以二阶线性微分方程为例，讨论线性微分方程解的性质. 这些性质很容易推广到 n 阶线性微分方程上去.

9.5.1 线性微分方程的解的结构

二阶线性微分方程的一般形式为

$$y''+P(x)y'+Q(x)y=f(x). \tag{9-5-3}$$

它对应的二阶齐次线性微分方程为

$$y''+P(x)y'+Q(x)y=0. \tag{9-5-4}$$

定理 9.5.1（齐次线性微分方程解的叠加原理） 如果 y_1 和 y_2 都是二阶齐次线性微分方程（9-5-4）的解，对于任意实数 α 和 β，函数 $y=\alpha y_1+\beta y_2$ 也是方程（9-5-4）的解.

证 如果 y_1 和 y_2 是方程（9-5-4）的解，则有

$$y_1''+P(x)y_1'+Q(x)y_1=0,$$
$$y_2''+P(x)y_2'+Q(x)y_2=0.$$

从而

$$y''+P(x)y'+Q(x)y$$
$$=(\alpha y_1+\beta y_2)''+P(x)(\alpha y_1+\beta y_2)'+Q(x)(\alpha y_1+\beta y_2)$$
$$=\alpha y_1''+\alpha P(x)y_1'+\alpha y_1 Q(x)+\beta y_2''+\beta P(x)y_2'+\beta y_2 Q(x)$$
$$=\alpha[y_1''+P(x)y_1'+y_1 Q(x)]+\beta[y_2''+P(x)y_2'+y_2 Q(x)]$$
$$=\alpha \cdot 0+\beta \cdot 0=0,$$

即函数 $y=\alpha y_1+\beta y_2$ 是方程（9-5-4）的解.

定理 9.5.2 如果 y_1 和 y_2 都是二阶齐次线性微分方程（9-5-4）的解，而且 $\dfrac{y_1}{y_2}$ 不等于一个常数，则函数 $y=C_1 y_1+C_2 y_2$ 为方程（9-5-4）的通解，其中 C_1，C_2 为任意常数.

证 如果 y_1 和 y_2 都是二阶齐次线性微分方程（9-5-4）的解，由定理 9.5.1 知，$y=C_1 y_1+C_2 y_2$ 也是方程（9-5-4）的解.

由于 $\dfrac{y_1}{y_2}$ 不等于一个常数，因此 $y=C_1 y_1+C_2 y_2$ 中的两个任意常数 C_1，C_2 不可以合并，即方程（9-5-4）的解 $y=C_1 y_1+C_2 y_2$ 中包含两个独立的任意常数. 由微分方程通解的定义知，函数 $y=C_1 y_1+C_2 y_2$ 是方程（9-5-4）的通解. 证毕.

需要注意的是，定理 9.5.2 中 "$\dfrac{y_1}{y_2}$ 不等于一个常数" 这一条

件是关键的. 如果 $\dfrac{y_1}{y_2}$ 是一个常数, 即 $\dfrac{y_1}{y_2}=k$, $y_1=ky_2$, 则

$$y=C_1y_1+C_2y_2=C_1ky_2+C_2y_2=(kC_1+C_2)y_2=Cy_2$$

此时 y 只包含一个任意常数, 所以不是方程(9-5-4)的通解. 满足

条件 "$\dfrac{y_1}{y_2}$ 不等于一个常数" 的两个解叫作**线性无关解**. 因此, 求

微分方程(9-5-4)的通解就可以化为找它的两个线性无关的特解.

定理 9.5.3　设 y^* 是二阶非齐次线性微分方程(9-5-3)的一个特解, Y 为其对应齐次线性微分方程(9-5-4)的通解, 则函数 $y=Y+y^*$ 是二阶非齐次线性微分方程(9-5-3)的通解.

证　根据定理条件, 由于

$$y^{*\prime\prime}+P(x)y^{*\prime}+Q(x)y^*=f(x),$$
$$Y''+P(x)Y'+Q(x)Y=0,$$

因此

$$\begin{aligned}
&y''+P(x)y'+Q(x)y\\
&=(Y+y^*)''+P(x)(Y+y^*)'+Q(x)(Y+y^*)\\
&=[Y''+P(x)Y'+Q(x)Y]+[y^{*\prime\prime}+P(x)y^{*\prime}+Q(x)y^*]\\
&=0+f(x)=f(x),
\end{aligned}$$

即函数 $y=Y+y^*$ 是二阶非齐次线性微分方程(9-5-3)的解.

又 Y 为其对应齐次线性微分方程(9-5-4)的通解, 则 Y 包含两个相互独立的任意常数, 从而 $y=Y+y^*$ 也包含两个相互独立的任意常数. 由微分方程通解的定义知, 函数 $y=Y+y^*$ 是二阶非齐次线性微分方程(9-5-3)的通解.

定理 9.5.4(线性微分方程解的叠加原理)　如果二阶非齐次线性微分方程(9-5-3)的自由项 $f(x)$ 可以写成两个函数之和的形式, 即

$$y''+P(x)y'+Q(x)y=f_1(x)+f_2(x),$$

且函数 y_1 和 y_2 分别是

$$y''+P(x)y'+Q(x)y=f_1(x)\quad 和\quad y''+P(x)y'+Q(x)y=f_2(x)$$

的特解, 则函数 y_1+y_2 是原方程的特解.

证　由于

$$y_1''+P(x)y_1'+Q(x)y_1=f_1(x),$$
$$y_2''+P(x)y_2'+Q(x)y_2=f_2(x),$$

则

$$(y_1+y_2)''+P(x)(y_1+y_2)'+Q(x)(y_1+y_2)$$
$$=[y_1''+P(x)y_1'+Q(x)y_1]+[y_2''+P(x)y_2'+Q(x)y_2]$$
$$=f_1(x)+f_2(x),$$

即函数 y_1+y_2 是原方程的一个特解.

定理 9.5.1、定理 9.5.3 和定理 9.5.4 也可以推广到 n 阶线性微分方程上去，这里不再赘述.

9.5.2 二阶常系数齐次线性微分方程的特征根法

考虑二阶常系数齐次线性微分方程

$$y''+ay'+by=0, \tag{9-5-5}$$

其中，a，b 为常数. 通过前面的讨论可知，要想找出式(9-5-5)的解，只需要找到它的两个比值不为常数的解即可.

对于指数函数 $y=\mathrm{e}^{\lambda x}$(λ 为常数)来说，该函数具有任意阶导数，且其本身与各阶导数之间只相差一个常数. 利用这个特点，我们探索能否确定常数 λ，使其满足常系数齐次线性微分方程(9-5-5). 不妨设 $y=\mathrm{e}^{\lambda x}$ 为方程(9-5-5)的解，由于

$$y'=\lambda\mathrm{e}^{\lambda x}, \quad y''=\lambda^2\mathrm{e}^{\lambda x},$$

将其代入方程(9-5-5)中有

$$(\lambda^2+a\lambda+b)\mathrm{e}^{\lambda x}=0,$$

因为 $\mathrm{e}^{\lambda x}\neq0$，故

$$\lambda^2+a\lambda+b=0. \tag{9-5-6}$$

显然，只需要求出这个一元二次方程的根，代入 $y=\mathrm{e}^{\lambda x}$ 中，就可以得到方程(9-5-5)的一个解. 我们将方程(9-5-6)称为微分方程(9-5-5)的**特征方程**，其根称为方程(9-5-5)的**特征根**. 特征根可以根据一元二次方程的求根公式

$$\lambda=\frac{-a\pm\sqrt{a^2-4b}}{2}$$

求出. 特征方程的根有三种不同的情形，即①有两个不同的实根；②有两个相同的实根；③有一对共轭复根. 这三种情形对应二阶常系数齐次线性微分方程(9-5-5)通解的不同情形. 下面定理 9.5.5 给出了特征根与方程解之间的关系.

> **定理 9.5.5** 设 λ_1，λ_2 为二阶常系数齐次线性微分方程(9-5-5)的两个特征根，则
>
> (1) 当 $\lambda_1\neq\lambda_2$ 且都是实数时，方程的通解为
>
> $$y=C_1\mathrm{e}^{\lambda_1 x}+C_2\mathrm{e}^{\lambda_2 x};$$

（2）当 $\lambda_1=\lambda_2$ 时，方程的通解为
$$y=C_1\mathrm{e}^{\lambda_1x}+C_2x\mathrm{e}^{\lambda_1x};$$

（3）当 λ_1，λ_2 是一对共轭复数，即 $\lambda_1=\alpha+\mathrm{i}\beta$，$\lambda_2=\alpha-\mathrm{i}\beta(\beta\neq0)$ 时，方程的通解为
$$y=\mathrm{e}^{\alpha x}(C_1\cos\beta x+C_2\sin\beta x).$$

证 （1）由特征根的定义可知，函数 $y=\mathrm{e}^{\lambda_1x}$，$y=\mathrm{e}^{\lambda_2x}$ 都是微分方程的解. 根据解的叠加原理，对于任意实数 C_1，C_2，函数
$$y=C_1\mathrm{e}^{\lambda_1x}+C_2\mathrm{e}^{\lambda_2x}$$
也是方程的解. 又
$$\frac{\mathrm{e}^{\lambda_1x}}{\mathrm{e}^{\lambda_2x}}=\mathrm{e}^{(\lambda_1-\lambda_2)x}$$
不是一个常数，即 $y=\mathrm{e}^{\lambda_1x}$ 和 $y=\mathrm{e}^{\lambda_2x}$ 是方程的两个线性无关解. 由定理 9.5.2 知函数 $y=C_1\mathrm{e}^{\lambda_1x}+C_2\mathrm{e}^{\lambda_2x}$ 是方程的通解.

（2）当 $\lambda_1=\lambda_2$ 时，由特征根的定义可知，函数 $y=\mathrm{e}^{\lambda_1x}$ 是微分方程的一个解. 为了得到微分方程的通解，还需要找出另外一个解 y_1，且有 $\dfrac{y_1}{y}$ 不是一个常数. 不妨设 $\dfrac{y_1}{y}=u(x)$，则 $y_1=uy=u\mathrm{e}^{\lambda_1x}$，于是
$$y_1'=u'\mathrm{e}^{\lambda_1x}+\lambda_1u\mathrm{e}^{\lambda_1x},$$
$$y_1''=u''\mathrm{e}^{\lambda_1x}+2\lambda_1u'\mathrm{e}^{\lambda_1x}+\lambda_1^2u\mathrm{e}^{\lambda_1x},$$
代入方程(9-5-5)中，有
$$y_1''+ay_1'+by_1$$
$$=[u''\mathrm{e}^{\lambda_1x}+2\lambda_1u'\mathrm{e}^{\lambda_1x}+\lambda_1^2u\mathrm{e}^{\lambda_1x}]+a[u'\mathrm{e}^{\lambda_1x}+\lambda_1u\mathrm{e}^{\lambda_1x}]+bu\mathrm{e}^{\lambda_1x}$$
$$=\mathrm{e}^{\lambda_1x}[(u''+2\lambda_1u'+\lambda_1^2u)+a(u'+\lambda_1u)+bu]$$
$$=0,$$
约去 e^{λ_1x}，合并同类项可得
$$u''+(2\lambda_1+a)u'+(\lambda_1^2+a\lambda_1+b)u=0,$$
由 λ_1 是特征方程的二重特征根知 $\lambda_1^2+a\lambda_1+b=0$，且 $2\lambda_1+a=0$. 从而有
$$u''=0$$
此处，我们只需要上述方程的一个不为常数的解使比值 $\dfrac{y_1}{y}$ 也不为常数即可.

不妨选取 $u(x)=x$，则得到方程(9-5-5)的另一个解
$$y_1=x\mathrm{e}^{\lambda_1x},$$

从而得到微分方程(9-5-5)的通解为

$$y = C_1 e^{\lambda_1 x} + C_2 x e^{\lambda_1 x}.$$

（3）当 λ_1，λ_2 是一对共轭复数，即 $\lambda_1 = \alpha + i\beta$，$\lambda_2 = \alpha - i\beta$（$\beta \neq 0$）时，由特征根的定义可知，函数

$$y_1 = e^{(\alpha + i\beta)x} = e^{\alpha x}(\cos\beta x + i\sin\beta x),$$

$$y_2 = e^{(\alpha - i\beta)x} = e^{\alpha x}(\cos\beta x - i\sin\beta x)$$

都是微分方程(9-5-5)的解. 根据解的叠加原理可知

$$\frac{y_1 + y_2}{2} = \frac{e^{\alpha x}(\cos\beta x + i\sin\beta x) + e^{\alpha x}(\cos\beta x - i\sin\beta x)}{2} = e^{\alpha x}\cos\beta x,$$

$$\frac{y_1 - y_2}{2i} = \frac{e^{\alpha x}(\cos\beta x + i\sin\beta x) - e^{\alpha x}(\cos\beta x - i\sin\beta x)}{2i} = e^{\alpha x}\sin\beta x$$

也是方程(9-5-5)的解. 又因为

$$\frac{e^{\alpha x}\cos\beta x}{e^{\alpha x}\sin\beta x} = \cot\beta x$$

不是一个常数，因此方程(9-5-5)的通解为

$$y = e^{\alpha x}(C_1\cos\beta x + C_2\sin\beta x).$$

例 9.5.1 求微分方程 $y'' - 3y' + 2y = 0$ 的通解.

解 微分方程的特征方程为

$$\lambda^2 - 3\lambda + 2 = 0,$$

解得特征根为 $\lambda_1 = 1$，$\lambda_2 = 2$. 于是微分方程的通解为

$$y = C_1 e^x + C_2 e^{2x}.$$

例 9.5.2 求微分方程 $y'' - 6y' + 9y = 0$ 的通解.

解 微分方程的特征方程为

$$\lambda^2 - 6\lambda + 9 = 0,$$

解得特征根为 $\lambda_1 = \lambda_2 = 3$，即方程具有二重实根. 于是微分方程的通解为

$$y = C_1 e^{3x} + C_2 x e^{3x}.$$

例 9.5.3 求微分方程 $y'' + y' + y = 0$ 的通解.

解 微分方程的特征方程为

$$\lambda^2 + \lambda + 1 = 0,$$

解得特征根为 $\lambda_1 = -\dfrac{1}{2} + \dfrac{\sqrt{3}}{2}i$，$\lambda_2 = -\dfrac{1}{2} - \dfrac{\sqrt{3}}{2}i$，这是一对共轭复根. 于是微分方程的通解为

$$y = e^{-\frac{x}{2}}\left(C_1\cos\frac{\sqrt{3}}{2}x + C_2\sin\frac{\sqrt{3}}{2}x\right).$$

例 9.5.4　　已知某二阶常系数齐次线性微分方程具有特解 $y=3\mathrm{e}^{3x}$ 和 $y=5\mathrm{e}^{2x}$，求该微分方程.

解　　根据题意可知，$\lambda_1=3$，$\lambda_2=2$ 是微分方程的两个不同特征根. 因此，可以推出微分方程的特征方程为

$$(\lambda-3)(\lambda-2)=\lambda^2-5\lambda+6=0.$$

于是所求微分方程为

$$y''-5y'+6y=0.$$

*9.5.3　二阶常系数非齐次线性微分方程的常数变易法

在一阶非齐次线性微分方程的求解中，我们使用了常数变易法，即通过将齐次方程的通解中的任意常数换为一个关于自变量的函数，再代入非齐次方程中来确定这个函数，进而获得方程的解. 在二阶非齐次线性微分方程中，常数变易法也是适用的.

考虑二阶常系数非齐次线性微分方程

$$y''+ay'+by=f(x),\qquad(9\text{-}5\text{-}7)$$

其中，a，b 为常数，函数 $f(x)$ 连续. 设该方程对应的齐次方程 (9-5-5) 的通解为

$$y=C_1y_1(x)+C_2y_2(x).$$

假设函数

$$y=u(x)y_1(x)+v(x)y_2(x)$$

满足非齐次方程 (9-5-7). 其中，$u(x)$ 和 $v(x)$ 是两个待确定的函数. 如果将上式代入方程 (9-5-7) 中，可以得到关于 $u(x)$ 和 $v(x)$ 的一个约束条件. 显然，由单个约束条件来确定 $u(x)$ 和 $v(x)$ 是不够的，需要增加其他的约束条件. 理论上这些约束条件可以任意给出，但人们自然会选择运算上简便的约束条件. 实际上，如果对函数求导，有

$$y'=u'y_1+uy_1'+v'y_2+vy_2'.$$

为了避免求二阶导数时出现 u 和 v 的二阶导数，我们可以添加约束条件

$$u'y_1+v'y_2=0.\qquad(9\text{-}5\text{-}8)$$

于是

$$y''=u'y_1'+uy_1''+v'y_2'+vy_2'',$$

将 y，y'，y'' 代入方程 (9-5-7) 中，有

$$(u'y_1'+uy_1''+v'y_2'+vy_2'')+a(uy_1'+vy_2')+b(uy_1+vy_2)=f(x),$$

即

$$u(y_1''+ay_1'+by_1)+v(y_2''+ay_2'+by_2)+(u'y_1'+v'y_2')=f(x).$$

由 y_1，y_2 为齐次方程的解，满足 $y_1''+ay_1'+by_1=0$ 和 $y_2''+ay_2'+by_2=0$，

上式变为

$$u'y_1'+v'y_2'=f(x). \qquad (9\text{-}5\text{-}9)$$

式(9-5-8)和式(9-5-9)给出了 $u(x)$ 和 $v(x)$ 应满足的方程组

$$\begin{cases} u'y_1+v'y_2=0, \\ u'y_1'+v'y_2'=f(x). \end{cases}$$

求解这个方程组得

$$u'(x)=\frac{fy_2}{y_1'y_2-y_1y_2'},$$

$$v'(x)=\frac{fy_1}{y_1y_2'-y_1'y_2}.$$

此时要求 $y_1y_2'-y_1'y_2\neq0$. 注意到函数 $f(x)$ 连续，两边积分得

$$u(x)=\int \frac{fy_2}{y_1'y_2-y_1y_2'}\mathrm{d}x+C_1,$$

$$v(x)=\int \frac{fy_1}{y_1y_2'-y_1'y_2}\mathrm{d}x+C_2,$$

其中 C_1，C_2 为任意常数. 从而二阶非齐次常系数线性微分方程(9-5-7)的通解为

$$y=C_1y_1+C_2y_2+y_1\int \frac{fy_2}{y_1'y_2-y_1y_2'}\mathrm{d}x+y_2\int \frac{fy_1}{y_1y_2'-y_1'y_2}\mathrm{d}x.$$

实际上，变系数非齐次线性微分方程也可以通过常数变易法进行求解，读者可以仿照上述过程自行探索.

例 9.5.5　　求微分方程 $y''+y'-2y=\mathrm{e}^{2x}$ 的通解.

解　原方程对应的齐次方程为

$$y''+y'-2y=0,$$

其特征方程为

$$\lambda^2+\lambda-2=0,$$

其特征根为 $\lambda_1=1$，$\lambda_2=-2$. 于是齐次方程的通解为

$$Y=C_1\mathrm{e}^x+C_2\mathrm{e}^{-x}.$$

设 $y=u(x)\mathrm{e}^x+v(x)\mathrm{e}^{-2x}$ 为原方程的解，则

$$y'=u'\mathrm{e}^x+u\mathrm{e}^x+v'\mathrm{e}^{-2x}-2v\mathrm{e}^{-2x},$$

令 $u'\mathrm{e}^x+v'\mathrm{e}^{-2x}=0$，则

$$y''=u'\mathrm{e}^x+u\mathrm{e}^x-2v'\mathrm{e}^{-2x}+4v\mathrm{e}^{-2x},$$

将 y，y'，y'' 代入原方程中，有

$$u'\mathrm{e}^x-2v'\mathrm{e}^{-2x}=\mathrm{e}^{2x},$$

得到线性代数方程组

$$\begin{cases} u'\mathrm{e}^x+v'\mathrm{e}^{-2x}=0, \\ u'\mathrm{e}^x-2v'\mathrm{e}^{-2x}=\mathrm{e}^{2x}. \end{cases}$$

求解方程组得到

$$u(x)=\frac{1}{3}e^x+C_1, \quad v(x)=-\frac{1}{12}e^{4x}+C_2$$

因此原方程的通解为

$$y=\left(\frac{1}{3}e^x+C_1\right)e^x+\left(-\frac{1}{12}e^{4x}+C_2\right)e^{-2x}$$

即

$$y=C_1e^x+C_2e^{-2x}+\frac{1}{4}e^{2x}.$$

例 9.5.6 已知 $y=e^x$ 是齐次方程 $y''-2y'+y=0$ 的解，求非齐次

方程 $y''-2y'+y=\dfrac{1}{x}e^x$ 的通解.

解 齐次方程的特征方程为

$$\lambda^2-2\lambda+1=0.$$

显然，$\lambda=1$ 是其二重实根. 令 $y=ue^x$，则

$$y'=u'e^x+ue^x,$$
$$y''=u''e^x+2u'e^x+ue^x,$$

代入非齐次方程中得

$$(u''e^x+2u'e^x+ue^x)-2(u'e^x+ue^x)+ue^x=\frac{1}{x}e^x,$$

即

$$u''e^x=\frac{1}{x}e^x$$

消去 e^x，并两边积分得

$$u'=\ln|x|+C_0,$$

再积分一次，得

$$u=x\ln|x|-x+C_0x+C_2$$

即

$$u=x\ln|x|+C_1x+C_2 \quad (C_1=C_0-1)$$

从而非齐次方程的通解为

$$y=C_1xe^x+C_2e^x+xe^x\ln|x|.$$

9.5.4 二阶常系数非齐次线性微分方程的待定系数法

由定理 9.5.3 可知，非齐次线性微分方程的通解可以由对应齐次线性方程的通解加上一个非齐次线性微分方程的特解给出. 二阶常系数齐次线性微分方程的通解可以由特征根法求出，如果我们能够得到非齐次方程的一个特解，就可以把它的通解写出来

了. 下面介绍求二阶常系数非齐次线性微分方程的**待定系数法**.

考虑微分方程

$$y''+ay'+by=P_n(x)\mathrm{e}^{\mu x}, \tag{9-5-10}$$

其中，$P_n(x)$ 是 n 次多项式，μ 为实数. 方程的右端项是多项式与指数函数的乘积.

由于多项式与指数函数乘积的导数仍然是多项式与指数函数的乘积的形式，也就是说，这类函数的导数与其本身具有相同的形式. 因此，我们不妨设函数

$$y=Q(x)\mathrm{e}^{\mu x}$$

是方程 (9-5-10) 的一个特解，其中 $Q(x)$ 是多项式. 对上式求导，得

$$y'=\left[Q'(x)+\mu Q(x)\right]\mathrm{e}^{\mu x},$$

$$y''=\left[Q''(x)+2\mu Q'(x)+\mu^2 Q(x)\right]\mathrm{e}^{\mu x},$$

代入方程 (9-5-10) 中，并整理得到

$$Q''(x)+(2\mu+a)Q'(x)+(\mu^2+a\mu+b)Q(x)=P_n(x) \tag{9-5-11}$$

在式 (9-5-11) 中，等号两边都是多项式函数，因此等号成立的前条件是它们的次数相同. 此时，

（1）如果 μ 不是齐次方程 $y''+ay'+by=0$ 的特征根，即 $\mu^2+a\mu+b\neq 0$，那么式 (9-5-11) 的左侧最高次由 $Q(x)$ 确定. 因此，$Q(x)$ 应是一个 n 次多项式

$$Q(x)=a_0+a_1x+a_2x^2+\cdots+a_nx^n.$$

将其代入式 (9-5-11) 中，通过比较对应项系数确定多项式系数 a_0, $a_1,a_2,\cdots,a_n$.

（2）如果 μ 是齐次方程 $y''+ay'+by=0$ 的单特征根，即 $\mu^2+a\mu+b=0$ 但 $2\mu+a\neq 0$，那么式 (9-5-11) 的左侧最高次由 $Q'(x)$ 确定. 因此，$Q(x)$ 应是一个 $n+1$ 次多项式

$$Q(x)=a_0+a_1x+a_2x^2+\cdots+a_{n+1}x^{n+1}.$$

将其代入式 (9-5-10) 中，通过比较对应项系数确定多项式系数 a_1, $a_2,\cdots,a_{n+1}$；注意 a_0 可以取任意常数.

（3）如果 μ 是齐次方程 $y''+ay'+by=0$ 的重特征根，即 $\mu^2+a\mu+b=0$ 且 $2\mu+a=0$，那么式 (9-5-11) 的左侧最高次由 $Q''(x)$ 确定. 因此，$Q(x)$ 应是一个 $n+2$ 次多项式

$$Q(x)=a_0+a_1x+a_2x^2+\cdots+a_{n+2}x^{n+2}.$$

将其代入式 (9-5-11) 中，通过比较对应项系数确定多项式系数 a_2, $a_3,\cdots,a_{n+2}$；此时注意 a_0, a_1 是任意常数.

例 9.5.7 利用待定系数法求微分方程 $y''+y'-2y=\mathrm{e}^{2x}$ 的通解.

解 原方程对应的齐次方程为

$$y''+y'-2y=0,$$

其特征方程为

$$\lambda^2+\lambda-2=0$$

其特征根为 $\lambda_1=1$，$\lambda_2=-2$. 于是齐次方程的通解为

$$Y=C_1\mathrm{e}^x+C_2\mathrm{e}^{-2x}.$$

由于 $\mu=2$ 不是方程的特征根，因此设原方程的一个特解为 $y_1=A\mathrm{e}^{2x}$，于是

$$y_1'=2A\mathrm{e}^{2x}，y_1''=4A\mathrm{e}^{2x},$$

代入原方程中，可以得到

$$4A\mathrm{e}^{2x}+2A\mathrm{e}^{2x}-2A\mathrm{e}^{2x}=\mathrm{e}^{2x},$$

即 $A=\dfrac{1}{4}$. 所以非齐次方程的通解为

$$y=C_1\mathrm{e}^x+C_2\mathrm{e}^{-2x}+\frac{1}{4}\mathrm{e}^{2x}.$$

本例在例 9.5.5 中使用常数变易法求解过. 可以看到，在这种情况下，待定系数法比常数变易法在解题过程中相对简单一些.

例 9.5.8 求微分方程 $y''-2y'-3y=3x+1$ 的通解.

解 原方程对应的齐次方程为

$$y''-2y'-3y=0,$$

其特征方程为

$$\lambda^2-2\lambda-3=0,$$

其特征根为 $\lambda_1=3$，$\lambda_2=-1$. 于是齐次方程的通解为

$$Y=C_1\mathrm{e}^{3x}+C_2\mathrm{e}^{-x},$$

原方程的右端项

$$f(x)=3x+1=(3x+1)\mathrm{e}^{0\cdot x}$$

由于 $\mu=0$ 不是方程特征根，因此设原方程的一个特解为 $y_1=(Ax+B)\mathrm{e}^{0\cdot x}=Ax+B$，则

$$y_1'=A，y_1''=0,$$

代入原方程有

$$0-2A-3(Ax+B)=3x+1$$

比较两端相同次幂的系数，得到 $A=-1$，$B=\dfrac{1}{3}$. 于是原方程的通解为

$$y=C_1\mathrm{e}^{3x}+C_2\mathrm{e}^{-x}-x+\frac{1}{3}.$$

前面的讨论建立在方程具有式(9-5-10)的基础上，其中要求了 $P_n(x)$ 是 n 次多项式，μ 为实数. 在特征根法中，我们知道对于特征方程具有共轭复根的情形，也可以求出齐次方程的解. 因此，如果常系数非齐次线性微分方程具有

$$y''+ay'+by=\mathrm{e}^{\alpha x}\left[P_m(x)\cos\beta x+P_n(x)\sin\beta x\right] \quad (9\text{-}5\text{-}12)$$

的形式时(其中 α，β 为实数，$P_m(x)$，$P_n(x)$ 分别为 m 次和 n 次多项式)，也可以利用待定系数法求出方程的解.

设方程(9-5-12)的一个特解形式为

$$y^*=x^k\mathrm{e}^{\alpha x}\left[Q_M^1(x)\cos\beta x+Q_M^2(x)\sin\beta x\right],$$

其中 $M=\max\{m,n\}$，且

$$Q_M^1(x)=a_Mx^M+a_{M-1}x^{M-1}+\cdots+a_1x+a_0,$$
$$Q_M^2(x)=b_Mx^M+b_{M-1}x^{M-1}+\cdots+b_1x+b_0,$$

k 的取值方式为：

（1）当 $\alpha\pm\mathrm{i}\beta$ 不是方程 $y''+ay'+by=0$ 的特征根时，$k=0$；

（2）当 $\alpha\pm\mathrm{i}\beta$ 是方程 $y''+ay'+by=0$ 的特征根时，$k=1$；

将上述特解 y^* 代入方程(9-5-12)中，就可以求出待定系数 a_k，$b_k(k=0,1,2,\cdots,M)$. 这样就可以求出方程的解了.

例 9.5.9 求微分方程 $y''+y=x\cos2x$ 的通解.

解 微分方程对应的齐次方程为

$$y''+y=0,$$

其特征多项式为

$$\lambda^2+1=0,$$

其特征根为 $\lambda=\pm\mathrm{i}$. 而由 $f(x)=x\cos2x$ 知，$\alpha=0$，$\beta=2$，$\alpha\pm\mathrm{i}\beta=\pm2\mathrm{i}$ 不是方程的特征根. 于是设方程的一个特解为

$$y_1=(Ax+B)\cos2x+(Cx+D)\sin2x,$$

此时

$$y_1'=(A+2Cx+2D)\cos2x+(-2Ax-2B+C)\sin2x,$$
$$y_1''=4(C-Ax-B)\cos2x-4(A+Cx+D)\sin2x,$$

代入原方程得

$$(4C-3Ax-3B)\cos2x-(4A+3Cx+3D)\sin2x=x\cos2x,$$

比较两端同类项的系数，可以得到 $A=-\dfrac{1}{3}$，$B=0$，$C=0$，$D=\dfrac{4}{9}$.

于是得到原方程的通解为

$$y=C_1\cos x+C_2\sin x-\frac{1}{3}x\cos2x+\frac{4}{9}\sin2x.$$

习题 9.5

1.（1）验证函数 $y = \cos\omega x$ 与 $y = \sin\omega x$ 都是方程 $y'' + \omega^2 y = 0$ 的解，并求该方程的通解；

（2）验证函数 $y = e^{x^2}$ 与 $y = xe^{x^2}$ 都是方程 $y'' - 4xy' + (4x^2 - 2)y = 0$ 的解，并求该方程的通解；

（3）验证函数 $y = e^x$ 与 $y = e^{-x}$ 在 $(-\infty, +\infty)$ 上都是二阶线性齐次微分方程 $y'' - y = 0$ 的解，求该方程的通解，并求方程 $y'' - y = -1$ 的通解.

2. 验证下列函数是否是方程的通解，其中 C_1, C_2, C_3, C_4 为任意常数：

（1）$y'' - 3y' + 2y = e^{5x}$, $y = C_1 e^x + C_2 e^{2x} + \dfrac{1}{12} e^{5x}$；

（2）$y'' + 9y = x\cos x$, $y = C_1 3x + C_2 \sin 3x + \dfrac{1}{32}(4x\cos x + \sin x)$；

（3）$x^2 y'' - 3xy' + 4y = 0$, $y = C_1 x^2 + C_2 x^2 \ln x$；

（4）$x^2 y'' - 3xy' - 5y = x^2 \ln x$, $y = C_1 x^5 + C_2 \dfrac{1}{x} - \dfrac{x^2}{9} \ln x$；

（5）$xy'' + 2y' - xy = e^x$, $y = \dfrac{1}{x}(C_1 e^x + C_2 e^{-x}) + \dfrac{1}{2} e^x$；

（6）$y^{(4)} - y = x^2$, $y = C_1 e^x + C_2 e^{-x} + C_3 \cos x + C_4 \sin x - x^2$.

3. 求下列微分方程的通解：

（1）$y'' + 3y' - 4y = 0$；　　（2）$y'' - 4y' = 0$；

（3）$y'' + 6y' + 9y = 0$；　　（4）$y'' + 3y' + 5y = 0$；

（5）$y'' + 6y' + 13y = 0$；　　（6）$y'' - 4y' + 5y = 0$；

（7）$4\dfrac{d^2 x}{dt^2} - 20\dfrac{dx}{dt} + 25x = 0$.

4. 求下列微分方程所给定解条件的特解：

（1）$y'' - 4y' + 3y = 0$, $y\big|_{x=0} = 6$, $y'\big|_{x=0} = 10$；

（2）$4y'' + 4y' + y = 0$, $y\big|_{x=0} = 2$, $y'\big|_{x=0} = 0$；

（3）$y'' - 3y' - 4y = 0$, $y\big|_{x=0} = 0$, $y'\big|_{x=0} = -5$；

（4）$y'' + 4y' + 29y = 0$, $y\big|_{x=0} = 0$, $y'\big|_{x=0} = 15$；

（5）$y'' + 25y = 0$, $y\big|_{x=0} = 2$, $y'\big|_{x=0} = 5$；

（6）$y'' - 4y' + 13y = 0$, $y\big|_{x=0} = 0$, $y'\big|_{x=0} = 3$；

（7）$y'' + 4y' + 4y = 0$, $y\big|_{x=0} = 1$, $y'\big|_{x=0} = 1$；

（8）$4y'' + 9y = 0$, $y\big|_{x=0} = 2$, $y'\big|_{x=0} = -1$.

5. 设一个圆柱形浮筒，其底面直径为 0.5m，铅直地放入水中，施加一个向下的力后松开，使得浮筒在水面做上下振动，其周期为 2s，求浮筒的质量.

6. 一个单位质量的质点在数轴上运动，开始时质点在原点 O 处，且速度为 v_0，在运动过程中，它受到一个力的作用，这个力的大小与质点到原点的距离成正比（比例系数 $k_1 > 0$），方向与初速度一致，介质的阻力与速度成正比（比例系数 $k_2 > 0$）. 求质点运动规律的函数.

7. 求下列微分方程的通解：

（1）$y'' - 7y' + 12y = x$；

（2）$2y'' + y' - y = 2e^x$；

（3）$y'' + 6y' + 9y = xe^x$；

（4）$y'' - 2y' + 5y = e^x \sin 2x$；

（5）$y'' - 6y' + 9y = (x+1)e^{3x}$；

（6）$y'' + 4y = x\cos x$；

（7）$y'' - y = \sin^2 x$；

（8）$2y'' + 9y = 5\sin 2x$；

（9）$y'' + y = e^x + \cos x$；

（10）$y'' + 5y' + 4y = 3 - 2x$；

（11）$y'' + 2y' + 5y = e^x(\sin x + \cos x)$.

8. 求下列微分方程所给定解条件的特解：

（1）$y'' + y' + \sin 2x = 0$, $y\big|_{x=\pi} = 1$, $y'\big|_{x=\pi} = 1$；

（2）$y'' - 3y' + 2y = 5$, $y\big|_{x=0} = 1$, $y'\big|_{x=0} = 2$；

（3）$y'' - 10y' + 9y = e^{2x}$, $y\big|_{x=0} = \dfrac{6}{7}$, $y'\big|_{x=0} = \dfrac{33}{7}$；

（4）$y'' - y = 4xe^x$, $y\big|_{x=0} = 0$, $y'\big|_{x=0} = 1$；

（5）$y'' + 25y = e^{5x}$, $y\big|_{x=0} = 1$, $y'\big|_{x=0} = 5$；

（6）$y'' + 2y' + y = \cos x$, $y\big|_{x=0} = 0$, $y'\big|_{x=0} = \dfrac{3}{2}$；

（7）$y'' - 4y = 1$, $y\big|_{x=0} = 0$, $y'\big|_{x=0} = \dfrac{1}{4}$；

（8）$y'' + y' - 2 = (x+1)e^x$, $y\big|_{x=0} = 1$, $y'\big|_{x=0} = 2$.

9. 大炮以仰角 α、初速度 v_0 发射一枚炮弹. 如果不计空气阻力，求炮弹的弹道曲线.

10. 一链条悬挂在一枚钉子上，起动时一端离开钉子 8m，另一端离开钉子 12m，则在以下两种情况下求链条滑下来所需的时间：

（1）不计钉子对链条所产生的摩擦力；

（2）摩擦力为链条 1m 长的重量所产生的重力.

11. 设函数 $f(x)$ 连续，且满足 $f(x) = e^x + \int_0^x tf(t)\mathrm{d}t - x\int_0^x f(t)\mathrm{d}t$，求函数 $f(x)$ 的表达式.

9.6 差分方程的一般概念

在本书中，我们主要讨论在自变量连续变化的过程中，因变量的连续变化过程，其中因变量相对于自变量变化的速率通常用导数如 $\dfrac{\mathrm{d}y}{\mathrm{d}x}$ 来刻画. 然而在实际生活中，我们获得的数据往往是离散点的值. 有些数据是以等间隔时间周期统计的，这在经济与管理及其他实际问题中应用尤为广泛；有些则是以非等间隔时间周期统计的. 例如，银行的定期存款按照设定时间等间隔计算利息；外贸出口额按月统计；国内生产总值按照年度统计. 这类量通常称为离散型变量. 如果要刻画离散型变量的变化速度，通常取规定时间区间上的差商 $\dfrac{\Delta y}{\Delta t}$ 来近似. 如果选择 $\Delta t = 1$，则 $\Delta y = y(t+1) - y(t)$ 可以近似地给出变量 y 的变化率. 下面我们引入差分的概念.

9.6.1 差分的概念

设自变量 t 取离散的等间隔整数值 $t = 0, \pm 1, \pm 2, \cdots$，$y_t = f(t)$ 是关于离散变量 t 的函数. 显然 y_t 的取值是一个序列. 我们称 $y_{t+1} - y_t$ 为函数 y_t 的**差分**，也称**一阶差分**，记作 Δy_t，即

$$\Delta y_t = y_{t+1} - y_t = f(t+1) - f(t).$$

根据一阶差分的定义，差分就是序列相邻值的差. 类似地，我们定义函数的高阶差分. 函数 $y_t = f(t)$ 一阶差分的差分称为函数的**二阶差分**，记作 $\Delta^2 y_t$，即

$$\begin{aligned}
\Delta^2 y_t = \Delta(\Delta y_t) &= \Delta y_{t+1} - \Delta y_t \\
&= (y_{t+2} - y_{t+1}) - (y_{t+1} - y_t) \\
&= y_{t+2} - 2y_{t+1} + y_t.
\end{aligned}$$

同样可以定义三阶差分、四阶差分、n 阶差分

$$\Delta^3 y_t = \Delta(\Delta^2 y_t), \quad \Delta^4 y_t = \Delta(\Delta^3 y_t), \quad \Delta^n y_t = \Delta(\Delta^{n-1} y_t)$$

等. 二阶及二阶以上的差分统称为**高阶差分**.

根据差分的定义，容易推出差分的下列性质：

（1）$\Delta(Cy_t)=C\Delta y_t$ （C 为常数）；

（2）$\Delta(y_t\pm z_t)=\Delta y_t\pm\Delta z_t$；

（3）$\Delta(y_t\cdot z_t)=z_t\Delta y_t+y_{t+1}\Delta z_t=z_{t+1}\Delta y_t+y_t\Delta z_t$；

（4）$\Delta\left(\dfrac{y_t}{z_t}\right)=\dfrac{z_t\Delta y_t-y_t\Delta z_t}{z_{t+1}\cdot z_t}$ （$z_t\neq0$）.

这些性质请读者自行证明.

例 9.6.1 设 $y_t=t^2+2t-3$，求 Δy_t，$\Delta^2 y_t$.

解 根据差分的定义知

$$\Delta y_t=y_{t+1}-y_t=[(t+1)^2+2(t+1)-3]-(t^2+2t-3)=2t+3,$$

$$\begin{aligned}\Delta^2 y_t &=\Delta(\Delta y_t)=y_{t+2}-2y_{t+1}+y_t\\&=[(t+2)^2+2(t+2)-3]-2[(t+1)^2+2(t+1)-3]+t^2+2t-3\\&=2.\end{aligned}$$

例 9.6.2 设 $y_t^n=t(t-1)(t-2)\cdots(t-n+1)$，且 $y_t^0=1$，求 Δy_t^n.

解

$$\begin{aligned}\Delta y_t^n &=y_{t+1}^n-y_t^n\\&=(t+1)t(t-1)(t-2)\cdots(t+1-n+1)-\\&\quad\ t(t-1)(t-2)\cdots(t-n+1)\\&=t(t-1)(t-2)\cdots(t+1-n+1)[(t+1)-(t-n+1)]\\&=nt(t-1)(t-2)\cdots(t-n+2)\\&=ny_t^{n-1}.\end{aligned}$$

9.6.2 差分方程的一般概念

含有未知函数 y_t 关于自变量 t 的各阶差分 $\Delta y_t,\Delta^2 y_t,\cdots,\Delta^n y_t$ 的方程，称为**差分方程**. 差分方程的一般形式为

$$F(t,y_t,\Delta y_t,\Delta^2 y_t,\cdots,\Delta^n y_t)=0. \tag{9-6-1}$$

在差分方程中，未知函数差分的最高阶数称为该**差分方程的阶**. n 阶差分方程必有 $\Delta^n y_t$ 项存在.

根据差分的定义，**差分方程**还可以定义为含有自变量 t 以及两个或两个以上 $y_t,y_{t+1},y_{t+2},\cdots,y_{t+n}$ 的函数. 它具有一般形式

$$F(t,y_t,y_{t+1},y_{t+2},\cdots,y_{t+n})=0. \tag{9-6-2}$$

方程中，未知函数下标的最大值与最小值之间的差称为**差分方程的阶**.

不同形式的差分方程可以相互转化. 需要注意的是，上述两种差分方程的定义并不等价. 例如方程

$$\Delta^2 y_t+\Delta y_t=0$$

按照式（9-6-1）的定义，该方程是一个二阶差分方程. 但是，

$$\Delta^2 y_t+\Delta y_t=(y_{t+2}-2y_{t+1}+y_t)+(y_{t+1}-y_t)=y_{t+2}-y_{t+1}=0.$$

根据式(9-6-2)的定义, 该方程应该是一个一阶差分方程.

在经济学、管理科学以及其他学科中, 数据通常是按照时间节点给出的, 涉及的差分方程通常具有式(9-6-2)的形式. 在本书中, 我们主要讨论由式(9-6-2)这一形式的差分方程.

如果将一个函数代入差分方程中, 使得方程恒成立, 则称此函数为差分方程的解. 与微分方程一样, 要想得到差分方程所描述的系统在某时刻的确定状态, 需要增加一定的条件进行限制. 这种条件称为差分方程的**初始条件**. 满足初始条件的解称为差分方程的**特解**. 如果差分方程的解中包含相互独立的任意常数, 且任意常数的个数与差分方程的阶相同, 则称其为差分方程的**通解**. 可以看到, 差分方程及其解的定义与微分方程中的相关概念具有很强的相似性, 我们可以通过对比微分方程来学习差分方程.

习题 9.6

1. 确定下列方程的阶:

(1) $y_{t+3} - t^2 y_{t+1} + 3y_t = 2$;

(2) $y_{t-2} - y_{t-5} = y_{t+1}$.

2. (1) $y_t = C$(C 为常数), 求 Δy_t;

(2) $y_t = t^2 + 2t$, 求 Δy_t, $\Delta^2 y_t$;

(3) $y_t = a^t$($a > 0$, $a \neq 1$), 求 Δy_t, $\Delta^2 y_t$;

(4) $y_t = \log_a t$($a > 0$, $a \neq 1$), 求 $\Delta^2 y_t$;

(5) $y_t = \sin at$, 求 $\Delta^2 y_t$;

(6) $y_t = t^3 + 3$, 求 $\Delta^3 y_t$.

3. 试改变下列差分方程的形式:

(1) $\Delta^3 y_t + \Delta^2 y_t = 0$;

(2) $\Delta^3 y_t - \Delta y_t + 3y_t = 2$.

4. 验证下列不等式:

(1) $\Delta(u_t v_t) = u_{t+1} \Delta v_t + v_t \Delta u_t$;

(2) $\Delta\left(\dfrac{u_t}{v_t}\right) = \dfrac{v_t \Delta u_t - u_t \Delta v_t}{v_t \cdot v_{t+1}}$.

5. 设在第一个月初有雌雄各一只的一对小兔. 假设小兔在两个月后长大, 从第三个月月初开始每月产出雌雄各一只的一对小兔. 新增的小兔也按照此规律繁殖. 设第 n 个月月末共有 F_n 对兔子, 试建立关于 F_n 的差分方程.

9.7　一阶和二阶常系数线性差分方程

本节讨论一阶和二阶常系数差分方程的求解方法.

9.7.1　一阶常系数线性差分方程

一阶常系数线性差分方程的一般形式为

$$y_{t+1} + ay_t = f(t), \tag{9-7-1}$$

其中, a 为非零常数, $f(t)$ 为已知函数. 如果 $f(t) \equiv 0$, 即

$$y_{t+1} + ay_t = 0, \tag{9-7-2}$$

则称差分方程是对应于方程(9-7-1)的一阶**齐次差分方程**; 否则称式(9-7-1)为**一阶非齐次差分方程**.

1. 一阶常系数齐次线性差分方程的通解

将齐次方程(9-7-2)写为

$$y_{t+1} = -ay_t,$$

设 y_0 为任意常数 C，则根据上式有

$$y_1 = -ay_0, \quad y_2 = -ay_1 = (-a)^2 y_0, \quad y_3 = -ay_2 = (-a)^3 y_0, \cdots,$$

一般地，有

$$y_t = C(-a)^t \quad (t = 0, 1, 2, \cdots). \tag{9-7-3}$$

容易验证，式(9-7-3)就是齐次线性方程(9-7-2)的通解. 这种解法称为**迭代法**.

2. 一阶常系数非齐次线性差分方程的通解

通过前面的过程我们已经得到齐次线性方程的通解为 $y_t = C(-a)^t$. 接下来需要寻找非齐次方程(9-7-1)的通解. 将非齐次方程(9-7-1)写为

$$y_{t+1} = (-a)y_t + f(t)$$

的形式，于是有

$$y_1 = (-a)y_0 + f(0),$$

$$y_2 = (-a)y_1 + f(1) = (-a)^2 y_0 + (-a)f(0) + f(1),$$

$$y_3 = (-a)y_2 + f(2) = (-a)^3 y_0 + (-a)^2 f(0) + (-a)f(1) + f(2),$$

假设

$$y_t = (-a)^t y_0 + (-a)^{t-1} f(0) + (-a)^{t-2} f(1) + \cdots +$$

$$(-a)f(t-2) + f(t-1)$$

$$= (-a)^t y_0 + \sum_{k=0}^{t-1} (-a)^k f(t-k-1),$$

则

$$y_{t+1} = (-a)y_t + f(t)$$

$$= (-a)^{t+1} y_0 + \sum_{k=0}^{t-1} (-a)^{k+1} f(t-k-1) + f(t)$$

$$= (-a)^{t+1} y_0 + \sum_{k=0}^{t} (-a)^k f(t-k).$$

设 y_0 为任意常数 C，由数学归纳法知，非齐次差分方程的通解可以表示为

$$y_t = C(-a)^t + \sum_{k=0}^{t-1} (-a)^k f(t-k-1) \quad (t = 1, 2, 3, \cdots). \tag{9-7-4}$$

显然，在式(9-7-4)中，第一项为对应齐次差分方程的通解. 前面的推导过程说明，第二项是非齐次线性差分方程的一个特解. **即一阶非齐次常系数差分方程的通解等于它的一个特解与对应齐次方程的通解之和.**

特别地，如果 $f(t) = b$，即非齐次差分方程的右端项是一个

常数

$$y_{t+1} + ay_t = b,$$

根据式(9-7-4)可知该方程的通解为

$$y_t = C(-a)^t + b\sum_{k=0}^{t-1}(-a)^k \quad (t = 1,2,3,\cdots).$$

如果 $a = -1$，则上式可以写为 $y_t = C + bt$　$(t = 0,1,2,\cdots)$；

如果 $a \neq -1$，则上式第二项可以通过等比级数求和公式得到

$$y_t = C(-a)^t + b\frac{1-(-a)^t}{1+a} \quad (t = 0,1,2,\cdots) \tag{9-7-5}$$

或者

$$y_t = C_1(-a)^t + b\frac{1}{1+a} \quad (t = 0,1,2,\cdots), \tag{9-7-6}$$

其中，$C_1 = C - \dfrac{b}{1+a}$ 为任意常数.

例 9.7.1　求差分方程 $y_{t+1} - 3y_t = -2$ 的通解.

解　由于 $a = -3 \neq -1$，$b = -2$，因此代入式(9-7-6)中得一阶常系数差分方程的通解为

$$y_t = C(-a)^t + b\frac{1}{1+a} = C3^t + 1,$$

其中，C 为任意常数.

例 9.7.2　求差分方程 $y_{t+1} + y_t = 2^t$ 的通解.

解　由于 $a = 1$，$f(t) = 2^t$. 代入式(9-7-4)中，得到非齐次线性差分方程的通解为

$$
\begin{aligned}
y_t &= C_1(-a)^t + \sum_{k=0}^{t-1}(-a)^k f(t-k-1) \\
&= C_1(-1)^t + \sum_{k=0}^{t-1}(-1)^k 2^{t-k-1} \\
&= C_1(-1)^t + 2^{t-1}\sum_{k=0}^{t-1}\left(-\frac{1}{2}\right)^k \\
&= C_1(-1)^t + 2^{t-1}\frac{1-\left(-\dfrac{1}{2}\right)^t}{1+\dfrac{1}{2}} \\
&= C_1(-1)^t + \frac{2^t}{3} - \frac{(-1)^t}{3} \\
&= \left(C_1 - \frac{1}{3}\right)(-1)^t + \frac{2^t}{3} \\
&= C(-1)^t + \frac{2^t}{3},
\end{aligned}
$$

其中，C 为任意常数.

9.7.2 二阶常系数线性差分方程

二阶常系数线性差分方程的一般形式为

$$y_{t+2}+ay_{t+1}+by_t=f(t)，\qquad(9\text{-}7\text{-}7)$$

其中，a，b 为常数，且 $b\neq0$，$f(t)$ 为已知函数或者常数. 当 $f(t)\neq0$ 时，方程称为**非齐次**的，否则称为对应于方程(9-7-7)的二阶**齐次**线性差分方程

$$y_{t+2}+ay_{t+1}+by_t=0\qquad(9\text{-}7\text{-}8)$$

与一阶情形类似，二阶常系数非齐次线性差分方程的通解等于其任意特解与其对应的齐次方程的通解之和.

1. 二阶常系数齐次线性差分方程的通解

设方程有特解 $y_t=\lambda^t$，其中 λ 是非零的待定常数. 代入方程(9-7-8)中有

$$\lambda^t(\lambda^2+a\lambda+b)=0.$$

由于 $\lambda^t\neq0$，故 $y_t=\lambda^t$ 是方程(9-7-8)的解的充分必要条件是

$$\lambda^2+a\lambda+b=0.\qquad(9\text{-}7\text{-}9)$$

式(9-7-9)称为差分方程(9-7-7)或差分方程(9-7-8)的特征方程，特征方程的根称为特征根. 与微分方程一样，我们通过讨论特征方程的根来讨论二阶常系数差分方程解的情况.

（1）如果差分方程的特征方程(9-7-9)存在两个相异实根 λ_1 和 λ_2，则函数 $y_1=\lambda_1^t$ 和函数 $y_2=\lambda_2^t$ 都是齐次差分方程(9-7-8)的解. 又 $\dfrac{\lambda_1^t}{\lambda_2^t}=\left(\dfrac{\lambda_1}{\lambda_2}\right)^t$ 不是一个常数，因此这两个解是线性无关解. 于是，齐次差分方程的通解可以表述为

$$y=C_1\lambda_1^t+C_2\lambda_2^t，$$

其中，C_1，C_2 为任意常数.

（2）如果差分方程的特征方程(9-7-9)存在两个相同的实根 $\lambda=\lambda_1=\lambda_2$，此时容易得到 $\lambda=-\dfrac{a}{2}$，函数 $y_1=\left(-\dfrac{a}{2}\right)^t$ 和函数 $y_2=t\left(-\dfrac{a}{2}\right)^t$ 是齐次差分方程(9-7-8)的两个线性无关解. 于是，齐次差分方程的通解可以表述为

$$y=(C_1+C_2t)\left(-\dfrac{a}{2}\right)^t，$$

其中，C_1，C_2 为任意常数.

（3）如果差分方程的特征方程(9-7-9)存在两个共轭复根 $\alpha\pm\mathrm{i}\beta$，

直接验证可知，函数

$$y_1 = r^t \cos\omega t, \quad y_2 = r^t \sin\omega t$$

是齐次差分方程(9-7-8)的两个线性无关的解，其中 $r = \sqrt{\alpha^2 + \beta^2} = \sqrt{b}$，$\tan\omega = \dfrac{\beta}{\alpha} = -\dfrac{\sqrt{4b-a^2}}{a}$. 于是，齐次差分方程的通解可以表述为

$$y = r^t(C_1 \cos\omega t + C_2 \sin\omega t)$$

其中，C_1，C_2 为任意常数.

2. 二阶常系数非齐次线性差分方程的通解

非齐次差分方程(9-7-7)中，如果右端项 $f(t)$ 具有某些特殊的形式时，可以通过待定系数法求出一个特解. 再加上对应齐次方程的通解，就得到二阶常系数非齐次线性差分方程的通解.

（1）如果 $f(t) = C$，即方程为

$$y_{t+2} + ay_{t+1} + by_t = C.$$

设函数 $y_t = kt^s$ 为方程的一个特解.

当 $1+a+b \neq 0$ 时，取 $s = 0$，即 $y_t = k$. 代入上述方程得

$$k + ak + bk = k(1+a+b) = C,$$

于是

$$k = \frac{C}{1+a+b},$$

从而方程具有特解

$$y_t = \frac{C}{1+a+b}.$$

当 $1+a+b = 0$ 且 $a \neq -2$ 时，取 $s = 1$，即 $y_t = kt$. 代入方程得

$$k(t+2) + ak(t+1) + bkt = kt(1+a+b) + k(2+a) = C,$$

于是

$$k = \frac{C}{2+a},$$

从而方程具有特解

$$y_t = \frac{C}{2+a}t.$$

当 $1+a+b = 0$ 且 $a = -2$ 时，取 $s = 2$，即 $y_t = kt^2$. 代入方程得

$$k(t+2)^2 + ak(t+1)^2 + bkt^2 = kt^2(1+a+b) + kt(4+2a) + k(4+a) = C,$$

于是

$$k = \frac{C}{4+a} = \frac{C}{2},$$

从而方程具有特解

$$y_t = \frac{C}{2}t^2.$$

（2）如果 $f(t) = Cq^t$，即方程为

$$y_{t+2} + ay_{t+1} + by_t = Cq^t,$$

其中 $q \neq 1$ 为常数. 设函数 $y_t = kt^s q^t$ 为方程的一个特解.

当 $q^2 + aq + b \neq 0$ 时，取 $s = 0$，即 $y_t = kq^t$. 代入上述方程得

$$kq^{t+2} + akq^{t+1} + bkq^t = kq^t(q^2 + qa + b) = Cq^t,$$

于是

$$k = \frac{C}{q^2 + aq + b}.$$

从而方程具有特解

$$y_t = \frac{Cq^t}{q^2 + aq + b}.$$

当 $q^2 + aq + b = 0$ 但 $2q + a \neq 0$ 时，取 $s = 1$，即 $y_t = ktq^t$. 代入上述方程得

$$k(t+2)q^{t+2} + ak(t+1)q^{t+1} + bktq^t = ktq^t(q^2 + qa + b) + kq^{t+1}(2q + a) = Cq^t.$$

于是

$$k = \frac{C}{q(2q + a)},$$

从而方程具有特解

$$y_t = \frac{Ctq^{t-1}}{2q + a}.$$

当 $q^2 + aq + b = 0$ 但 $2q + a = 0$ 时，取 $s = 2$，即 $y_t = kt^2 q^t$. 代入上述方程得

$$k(t+2)^2 q^{t+2} + ak(t+1)^2 q^{t+1} + bkt^2 q^t$$
$$= kt^2 q^t(q^2 + qa + b) + ktq^{t+1}(4q + 2a) + kq^{t+1}(4q + a)$$
$$= Cq^t,$$

于是

$$k = \frac{C}{q(4q + a)},$$

从而方程具有特解

$$y_t = \frac{Ct^2 q^{t-1}}{4q + a}.$$

（3）如果 $f(t) = Ct^n$，即方程为

$$y_{t+2} + ay_{t+1} + by_t = Ct^n,$$

其中，n 为常数. 设方程具有形如 $y_t = t^s(C_0 + C_1 t + \cdots + C_n t^n)$ 的特解，其中，$C_0, C_1, \cdots, C_n$ 为待定系数. 与前面的讨论一样，分以下三种情况进行讨论：

当 $1+a+b \neq 0$ 时，取 $s=0$；

当 $1+a+b=0$，且 $a \neq -2$ 时，取 $s=1$；

当 $1+a+b=0$，但 $a=-2$ 时，取 $s=2$.

按照不同情况将特解代入方程中，比较两端同次项的系数，确定出待定系数 $C_0, C_1, \cdots, C_n$，就可以得到方程的通解.

例 9.7.3 求差分方程 $y_{t+2}-6y_{t+1}+9y_t=0$ 的通解.

解 该差分方程的特征方程为

$$\lambda^2 - 6\lambda + 9 = 0,$$

特征根是二重实根 $\lambda=3$. 于是，差分方程的通解为

$$y_t = (C_1 + C_2 t)3^t,$$

其中，C_1，C_2 为任意常数.

例 9.7.4 求差分方程 $y_{t+2}+y_{t+1}-2y_t=12$ 的通解.

解 该差分方程的特征方程为

$$\lambda^2 + \lambda - 2 = 0,$$

因此该方程存在两个实特征根 $\lambda_1=-2$，$\lambda_2=1$. 于是，差分方程对应齐次方程的通解为

$$y_t = C_1(-2)^t + C_2,$$

其中，C_1，C_2 为任意常数.

又 $a=1$，$b=-2$，$1+a+b=0$，因此设方程的一个特解为 $y^* = kt$，代入原差分方程可以得到

$$k = \frac{12}{2+1} = 4,$$

从而方程具有特解

$$y^* = 4t,$$

因此，原差分方程的通解为

$$y_t = C_1(-2)^t + C_2 + 4t.$$

例 9.7.5 求差分方程 $y_{t+2}+5y_{t+1}+4y_t=t$ 的通解.

解 由差分方程知 $a=5$，$b=4$，其特征方程为

$$\lambda^2 + 5\lambda + 4 = 0.$$

因此该方程存在两个实特征根 $\lambda_1=-4$，$\lambda_2=-1$. 于是，差分方程对应齐次方程的通解为

$$y_t = C_1(-4)^t + C_2(-1)^t,$$

其中，C_1，C_2 为任意常数.

又 $1+a+b=10 \neq 0$，且差分方程右端项是 t 的一次方，因此设方程的一个特解为 $y^* = A_0 + A_1 t$，代入原差分方程可以得到

$$A_0 + A_1(t+2) + 5A_0 + 5A_1(t+1) + 4A_0 + 4A_1 t = 10A_0 + 7A_1 + 10A_1 t = t,$$

得到 $A_1 = \dfrac{1}{10}$，$A_0 = -\dfrac{7}{100}$，从而方程具有特解

$$y^* = -\frac{7}{100} + \frac{1}{10} t,$$

因此，原差分方程的通解为

$$y_t = C_1(-4)^t + C_2(-1)^t + \frac{1}{10} t - \frac{7}{100}.$$

例 9.7.6 求差分方程 $y_{t+2} + 3y_{t+1} - 4y_t = t$ 的通解.

解 由差分方程知 $a = 3$，$b = -4$，其特征方程为

$$\lambda^2 + 3\lambda - 4 = 0.$$

因此该方程存在两个实特征根 $\lambda_1 = -4$，$\lambda_2 = 1$. 于是，差分方程对应齐次方程的通解为

$$y_t = C_1(-4)^t + C_2,$$

其中，C_1，C_2 为任意常数.

又 $1 + a + b = 0$ 但 $a = 3 \neq -2$，且差分方程右端项是 t 的一次方，因此设方程的一个特解为 $y^* = t(A_0 + A_1 t)$，代入原差分方程可以得到

$$A_0(t+2) + A_1(t+2)^2 + 3A_0(t+1) + 3A_1(t+1)^2 - 4A_0 t - 4A_1 t^2$$
$$= 10A_1 t + 5A_0 + 7A_1 = t,$$

从而得到 $A_1 = \dfrac{1}{10}$，$A_0 = -\dfrac{7}{50}$，从而方程具有特解

$$y^* = -\frac{7}{50} t + \frac{1}{10} t^2.$$

因此，原差分方程的通解为

$$y_t = C_1(-4)^t + C_2 + \frac{1}{10} t^2 - \frac{7}{50} t.$$

9.7.3 差分方程的简单应用

1. 金融问题的差分方程模型

假设某小型企业有一笔 p 元的商业贷款，贷款期限是 n 年，年利率是 r_0. 如果该企业选择逐月等额本息的还款方式偿还该笔贷款，试建立一个数学模型描述该笔贷款的还款过程，并计算每月的还款数.

分析：在等额本息还款过程中，每个月的还款金额是固定的，而剩余还款额度逐月变化，且在第 n 年的年末贷款还完之后，剩余还款额度变为零. 因此，问题的关键是找出剩余还款额度的变化规律.

假设在开始还款第 k 个月后的欠款是 A_k，每月还款的金额是 m，月贷款利息是 $r = \dfrac{r_0}{12}$，且当 $k=12n$ 时，$A_k=0$，A_0 等于总贷款额度 p. 由于利息的存在，第 k 个月后的欠款 A_k 相当于在第 $k+1$ 个月后欠款 $A_k(1+r)$，而第 $k+1$ 个月后欠款 A_{k+1} 与当月还款额度 m 之和须等于该月的欠款额度. 因此可以建立差分关系式

$$A_k(1+r)=A_{k+1}+m,$$

再加上相应的限制条件，得到差分方程为

$$A_{k+1}-(1+r)A_k=-m,\ A_{12n}=0,\ A_0=p.$$

对于这个一阶差分方程，可以利用迭代法进行求解. 令 $B_k = A_k-A_{k-1}$，则

$$B_{k+1}=A_{k+1}-A_k=(1+r)A_k-m-A_k=rA_k-m.$$

因此 $B_k=rA_{k-1}-m$，又

$$rA_k-m=rA_k-rA_{k-1}+rA_{k-1}-m=r(A_k-A_{k-1})+rA_{k-1}-m=rB_k+B_k=(1+r)B_k,$$

于是可以得到 $B_k=B_1(1+r)^{k-1}$. 从而

$$
\begin{aligned}
A_k &=A_0+(A_1-A_0)+(A_2-A_1)+\cdots+(A_k-A_{k-1})=A_0+B_1+B_2+\cdots+B_k\\
&=A_0+B_1\big[1+(1+r)+\cdots+(1+r)^{k-1}\big]\\
&=A_0+B_1\frac{1-(1+r)^k}{-r}=A_0+(A_1-A_0)\frac{1-(1+r)^k}{-r}\\
&=A_0+\big[(1+r)A_0-A_0-m\big]\frac{1-(1+r)^k}{-r}\\
&=A_0(1+r)^k-\frac{m}{r}\big[(1+r)^k-1\big],\ k=0,1,2,\cdots.
\end{aligned}
$$

将 $A_{12n}=0$，$A_0=p$ 以及利率 r 代入上式，就可以求出相应的每月还款额.

如果改变贷款还款方式，例如使用等额本金的方式来偿还贷款，那么模型应该如何改变呢？请同学们自己探索.

2. 养老保险的差分方程模型

随着人类社会老龄化的加剧，养老问题已经成为当前各国政府关注的重点领域. 养老保险作为社会保障制度的重要组成部分，能够保障老年人的基本生活需求，为其提供稳定可靠的生活来源. 对于保险公司来说，需要针对不同种类人群提供不同的保险方案，以保障在养老金发放的同时保险公司还有一定的收益. 也就是说，通过分析所交保费、养老金支出金额和时间、保险公司收益率等变量之间的关系，确定如何收取保费，或者选择什么样的收益率和采用何种投资方式来实现公司的盈利. 假设投保人每月投保一定数额的保费 p，到第 k 个月时所交保费及收益的累计总额为 F_k，

保险公司投资月收益率为 r. 投保人在超过一定年龄后不再交保险金，而是每月从保险公司领取数额为 q 的养老金. 从投保开始，记总的投保月份数为 N，至第 M 个月停止领取养老金. 建立保费及收益的累计总额为 F_k 与月份数 k、收益率 r 以及投保额度 p 之间的关系为

$$F_{k+1}=F_k(1+r)+p, F_0=0 \quad (k=1,2,\cdots,N)$$
$$F_{k+1}=F_k(1+r)-q \quad (k=N+1,N+2,\cdots,M)$$

保险公司关心的是保险人账户上的资金 F_k 在 M 个月后是多少. 如果在 M 个月后 $F_k<0$，这意味着，保费和其收益不足以保障养老金的支出，那么保险公司是亏损的；如果 $F_k>0$，表明保险人账户上的资金还有剩余，那么这部分钱就是保险公司的最终盈利；如果 $F_k=0$，意味着保费和其收益恰好满足养老金的支出，此时保险公司没有任何盈利. 从以上分析来看，上述差分关系很好地刻画了投保人与保险公司以及保险投资收益率之间的关系.

假设某男子从 25 岁起投保，每月固定缴费 200 元，至 60 岁停止投保，并每月领取 2000 元的养老金. 按照男子平均寿命 75 岁来算，该男子需要缴费 $N=420$ 期，停止领取养老金时间为 $M=600$. 于是我们可以得到

$$F_k=F_0(1+r)^k+\frac{p}{r}\left[(1+r)^k-1\right] \quad (k=0,1,2,\cdots,N),$$

$$F_k=F_N(1+r)^{k-N}-\frac{q}{r}\left[(1+r)^{k-N}-1\right] \quad (k=N+1,N+2,\cdots,M).$$

为保证保险公司不亏损，则需满足 $F_M\geqslant0$. 利用软件计算可以得到，保险公司需要保证保费的投资收益率至少为 0.04475% 才能不亏损. 同样的，如果保费起投年龄是其他数值，也可以计算得到相应的最低收益率. 请同学们自行尝试.

习题 9.7

1. 验证函数 $y_t=C_1+C_2 2^t$ 是差分方程 $y_{t+2}-2y_{t+1}+2y_t=0$ 的解，并求 $y_0=1$，$y_1=3$ 时方程的特解.

2. 设函数 Y_t，Z_t，U_t 分别是下列差分方程
$$y_{t+1}+ay_t=f_1(t)，y_{t+1}+ay_t=f_2(t)，y_{t+1}+ay_t=f_3(t)$$
的解，求证：$W_t=Y_t+Z_t+U_t$ 是差分方程 $y_{t+1}+ay_t=f_1(t)+f_2(t)+f_3(t)$ 的解.

3. 求下列差分方程的通解：

(1) $y_{t+1}-3y_t=0$；

(2) $y_{t+1}-3y_t=-2$；

(3) $y_{t+1}-4y_t=3t^2$；

(4) $y_{t+1}+4y_t=3\sin\pi t$；

(5) $y_{t+1}+2y_t=t^2+4^t$；

(6) $y_{t+2}-3y_{t+1}-4y_t=0$；

(7) $y_{t+2}+4y_{t+1}+4y_t=0$；

(8) $y_{t+2}+3y_{t+1}-4y_t=t$；

(9) $y_{t+2}+2y_{t+1}+y_t=3\cdot2^t$；

(10) $y_{t+2}+y_{t+1}+\frac{1}{4}y_t=\left(-\frac{1}{2}\right)^t$.

4. 求下列差分方程的通解以及满足相应条件的特解:

（1）$y_{t+1}-5y_t=3$，$y_0=\dfrac{7}{3}$;

（2）$y_{t+1}+y_t=2^t$，$y_0=2$;

（3）$y_{t+1}+4y_t=2t^2+t-1$，$y_0=1$;

（4）$y_{t+1}-\dfrac{1}{2}y_t=3\left(\dfrac{3}{2}\right)^t$，$y_0=5$;

（5）$y_{t+1}-y_t=3+2t$，$y_0=5$;

（6）$y_{t+2}+3y_{t+1}-\dfrac{7}{4}y_t=9$，$y_0=6$，$y_1=3$;

（7）$y_{t+2}-4y_{t+1}+16y_t=0$，$y_0=0$，$y_1=1$;

（8）$y_{t+2}-2y_{t+1}+2y_t=0$，$y_0=2$，$y_1=2$;

（9）$y_{t+2}+y_{t+1}-2y_t=12$，$y_0=0$，$y_1=0$;

（10）$y_{t+2}-3y_{t+1}+3y_t=5$，$y_0=5$，$y_1=8$.

5. 设 a，b 为非零常数，且 $1+a\ne0$，试证明: 通过变换 $u_t=y_t-\dfrac{b}{1+a}$，可以将非齐次方程

$$y_{t+1}+ay_t=b$$

变换为 u_t 的齐次方程，并由此求出 y_t 的通解.

总习题 9

1. 填空题:

（1）$xy'''+2x^4y'^2+x^3y=x^3+1$ 是 _____ 阶微分方程;

（2）一阶线性微分方程 $y'+P(x)y=Q(x)$ 的通解为 _____;

（3）与积分方程 $y=\displaystyle\int_{x_0}^{x}f(x,y)\mathrm{d}x$ 等价的微分方程的初值问题是 _____;

（4）已知 $y=1$，$y=x$，$y=x^2$ 是某二阶非齐次线性微分方程的三个解，则该方程的通解为 _____.

2. 选择题:

（1）设非齐次线性微分方程 $y'+P(x)y=Q(x)$ 有两个不同的解 $y_1(x)$ 和 $y_2(x)$，C 为任意常数，则该方程的通解为 [　]．

（A）$C[y_1(x)-y_2(x)]$

（B）$y_1(x)+C[y_1(x)-y_2(x)]$

（C）$C[y_1(x)+y_2(x)]$

（D）$y_1(x)+C[y_1(x)+y_2(x)]$

（2）具有特解 $y_1=\mathrm{e}^{-x}$，$y_2=2x\mathrm{e}^{-x}$，$y_3=3\mathrm{e}^x$ 的三阶常系数齐次微分方程是 [　]．

（A）$y'''-y''-y'+y=0$

（B）$y'''+y''-y'-y=0$

（C）$y'''-6y''+11y'-6y=0$

（D）$y'''-2y''-y'+2y=0$

3. 求以下列各式所表示的函数为通解的微分方程:

（1）$(x+C)^2+y^2=1$　（其中 C 为任意常数）;

（2）$y=C_1\mathrm{e}^x+C_2\mathrm{e}^{2x}$　（其中 C_1，C_2 为任意常数）.

4. 求下列微分方程的通解:

（1）$xy'+y=2\sqrt{xy}$;

（2）$y'=\dfrac{1-x^2}{xy^2}$;

（3）$y'+2xy=2x\mathrm{e}^{-x^2}$;

（4）$y'+2x=\sqrt{y+x^2}$;

（5）$3y''-2y'-8y=0$;

（6）$2y''+y'-y=2\mathrm{e}^x$;

（7）$y''-3y'+2y=\cos x$;

（8）$xy'\ln x+y=ax(\ln x+1)$;

（9）$\dfrac{\mathrm{d}y}{\mathrm{d}x}=\dfrac{y}{2(\ln y-x)}$;

（10）$(y^4-3x^2)\mathrm{d}y+xy\mathrm{d}x=0$;

（11）$xy'+y=xy^3$;

（12）$\left(\ln y-\dfrac{y}{x}\right)\mathrm{d}x+\left(\dfrac{x}{y}-\ln x\right)\mathrm{d}y=0$.

5. 求下列满足定解条件的特解:

（1）$2yy'+2xy^2=x\mathrm{e}^{-x^2}$，$y\big|_{x=0}=1$;

（2）$(1-x^2)y''-xy'=0$，$y\big|_{x=0}=0$，$y'\big|_{x=0}=1$;

（3）$y''+3y'+2y=\sin x$，$y\big|_{x=0}=0$，$y'\big|_{x=0}=0$;

（4）$y''+y'=\dfrac{1}{2}\cos x$，$y\big|_{x=0}=0$，$y'\big|_{x=0}=0$.

6. 已知某曲线经过点 $(1,1)$，它的切线在纵轴上的截距等于切点的横坐标，求该曲线方程.

7. 现有 0.3kg/L 的食盐水溶液，以 2L/min 的速度将其连续注入盛有 10L 纯水的容器中，溶液在容器中经过充分稀释后又以同样的速度流出. 问经过

5min 后，容器中有多少食盐？

8. 设长为 l 的均匀链条放在一水平的光滑桌面上，链条在桌边悬挂下来的长度为 b. 求由重力使链条滑落桌面所需要的时间.

9. 设光滑曲线 $y = \varphi(x)$ 满足 $\varphi(x)\cos x + 2\int_0^x \varphi(t)\sin t\, dt = x + 1$，求 $\varphi(x)$

10. 设连续函数 $f(x)$ 满足 $f(x) = \sin x + \int_0^x (x - t)$
$f(t)\mathrm{d}t$，求 $f(x)$.

11. 设 $y_1(x)$，$y_2(x)$ 是二阶齐次线性方程 $y'' + p(x)y' + q(x)y = 0$ 的两个解，令

$$W(x) = \begin{vmatrix} y_1(x) & y_2(x) \\ y_1'(x) & y_2'(x) \end{vmatrix} = y_1(x)y_2'(x) - y_2(x)y_1'(x).$$

证明：（1）$W(x)$ 满足方程 $W' + p(x)W = 0$；

（2）$W(x) = W(x_0)\mathrm{e}^{-\int_{x_0}^x p(t)\mathrm{d}t}$.

部分习题答案与提示

第 1 章

习题 1.2

1. (1) $[-3,3]$；(2) $[-2,-1)\cup(-1,1)\cup(1,+\infty)$；(3) $[1,4]$；

   (4) $(-\infty,0)\cup(0,3]$；(5) $(1,+\infty)$.

2. (1),(2),(3),(5)都不相同，其中(1)定义域和表达式都不相同，(2),(5)定义域不相同，(3)表达式不相同；(4)相同.

3. (1) $y=\tan3x$ 由 $y=\tan u$，$u=3x$ 复合而成；

   (2) $y=\mathrm{e}^{\frac{1}{x}}$ 由 $y=\mathrm{e}^u$，$u=\dfrac{1}{x}$ 复合而成；

   (3) $y=\sin[\ln(x^2+1)]$ 由 $y=\sin u$，$u=\ln w$，$w=x^2+1$ 复合而成；

   (4) $y=\cos^2\left(\ln\sqrt{\dfrac{2x-1}{3}}\right)$ 由 $y=u^2$，$u=\cos v$，$v=\ln w$，$w=\sqrt{z}$，$z=\dfrac{2x-1}{3}$ 复合而成.

4. 令 $t=x+\dfrac{1}{x}$，则 $f(t)=t^2-2$，因此 $f(x)=x^2-2$.

5. $g(f(x))=\begin{cases}2+x^2, & x<0,\\ 2+x, & x\geqslant0.\end{cases}$

6. $f(f(x))=\begin{cases}4, & |x|>2,\\ 4-(4-x^2)^2, & \sqrt{2}\leqslant|x|\leqslant2,\\ 0, & |x|<\sqrt{2}.\end{cases}$

7. (1) $y=\dfrac{3x+1}{2}$；(2) $y=\dfrac{1+x}{1-x}$，$x\neq1$；(3) $y=\sqrt[3]{x-1}$；

   (4) $y=\dfrac{\mathrm{e}^{x-1}+1}{2}$；(5) $y=\begin{cases}x+1, & x<-1,\\ \sqrt{x}, & x\geqslant0.\end{cases}$

习题 1.3

1. (1) (A)；(2) (B).

2. (1) 偶函数；(2) 奇函数；(3) 非奇非偶函数；(4) 奇函数；(5) 奇函数；

   (6) 偶函数；(7) 奇函数；(8) 非奇非偶函数.

习题 1.4

1. （1）$[-1,3]$；（2）$[-3,-2)\cup(3,4]$；（3）$(-\infty,0)\cup(0,2]$.

2. 不相同，因为定义域不相同.

总习题 1

1. $f(x)=\dfrac{1}{x}+\sqrt{1+\dfrac{1}{x^2}}$.

2. $f(f(x))=\begin{cases}\dfrac{1}{2}\ln\left(\dfrac{1}{2}\ln x\right),&x\geqslant e^2,\\[2mm]\ln x-1,&1\leqslant x<e^2,\\[2mm]4x-3,&x<1.\end{cases}$

3. $f(f(f(x)))=1$.

4. （1）$[-3,2)\cup(2,3]$；（2）$[2,+\infty)$；（3）$\left[-\dfrac{4}{3},0\right)$；（4）$\left[-7,\dfrac{29}{10}\right]$.

5. （1）$f^{-1}(x)=\ln(x+\sqrt{x^2+1})$；（2）$f^{-1}(x)=\begin{cases}\sqrt{x+9},&-9\leqslant x\leqslant 0,\\-\sqrt{x},&0<x\leqslant 9.\end{cases}$

第 2 章

习题 2.1

1. （1）发散；（2）发散；（3）收敛，极限为 0.

2. （1）令 $x_n=\dfrac{2n-1}{n}$，对 $\forall\varepsilon>0$，存在 $N=\left[\dfrac{1}{\varepsilon}\right]+1$，则当 $n>N$ 时，恒有

$$|x_n-2|=\left|\dfrac{2n-1}{n}-2\right|=\dfrac{1}{n}<\varepsilon,$$ 由数列极限的定义知，$\lim\limits_{n\to\infty}\dfrac{2n-1}{n}=2$.

（2）令 $x_n=\dfrac{(-1)^n}{n^2}$，对 $\forall\varepsilon>0$，取 $N=\left[\dfrac{1}{\varepsilon}\right]+1$，则当 $n>N$ 时，恒有

$$|x_n-0|=\left|\dfrac{(-1)^n}{n^2}-0\right|=\dfrac{1}{n^2}<\dfrac{1}{n}<\varepsilon,$$ 所以，$\lim\limits_{n\to\infty}\dfrac{(-1)^n}{n^2}=0$.

3. （1）0；（2）1；（3）不存在；（4）0；（5）不存在.

习题 2.2

1.（1）对 $\forall\varepsilon>0$，取 $\delta=\dfrac{\varepsilon}{3}$，则当 $0<|x-2|<\delta$ 时，有

$$|(3x-1)-5|=|3x-6|=3|x-2|<3\delta=\varepsilon,$$

所以，$\qquad\qquad\qquad\qquad\lim\limits_{x\to2}(3x-1)=5$.

（2）对 $\forall\varepsilon>0$，取 $\delta=\varepsilon$，则当 $0<|x-2|<\delta$ 时，有

$$\left|\dfrac{x^2-4}{x-2}-4\right|=|x-2|<\delta=\varepsilon,$$

所以，$\qquad\qquad\qquad\qquad\lim\limits_{x\to2}\dfrac{x^2-4}{x-2}=4$.

2. 取 $\{x_n\} = \left\{\dfrac{1}{2n\pi}\right\}$，$n \in \mathbf{Z}_+$，则 $x_n \neq 0$，$\lim\limits_{n\to\infty} x_n = 0$，

$$\lim_{n\to\infty} \cos\frac{1}{x_n} = \lim_{n\to\infty}\cos(2n\pi) = 1.$$

取 $\{x_n'\} = \left\{\dfrac{1}{2n\pi+\dfrac{\pi}{2}}\right\}$，$n \in \mathbf{Z}_+$，则 $x_n' \neq 0$，$\lim\limits_{n\to\infty} x_n' = 0$，而

$$\lim_{n\to\infty} \cos\frac{1}{x_n'} = \lim_{n\to\infty}\cos\left(2n\pi+\frac{\pi}{2}\right) = 0.$$

所以，$\lim\limits_{x\to 0}\cos\dfrac{1}{x}$ 不存在.

习题 2.3

1.（1）（D）；（2）（C）；（3）（A）；（4）（B）.

2. 当 $x\to\infty$ 时是无穷大量，当 $x\to 3$ 时是无穷小量.

习题 2.4

1.（1）∞；（2）$-\dfrac{1}{6}$；（3）-2；（4）1；（5）6；（6）$\dfrac{2}{3}$；（7）$\dfrac{1}{3}$；（8）2；（9）0；

（10）-2；（11）-1；（12）0；（13）1；（14）$\dfrac{5}{3}$；（15）$\dfrac{1}{2}$；（16）2.

2. $\dfrac{5}{9}$.

3. $a = 3$，$b = -4$.

4. $a = 1$，$b = -1$.

习题 2.5

1.（1）0；（2）1.

2. 由 $x_1 = \sqrt{3}$，$x_2 = \sqrt{3+x_1}$ 知 $x_1 < x_2$，假设对正整数 k 有 $x_{k-1} < x_k$，则

$$x_{k+1} = \sqrt{3+x_k} > \sqrt{3+x_{k-1}} = x_k,$$

由数学归纳法知，对一切正整数 n，都有 $x_n < x_{n+1}$，即数列 $\{x_n\}$ 为单调增加数列.

又 $x_1 = \sqrt{3} < 3$，$x_2 = \sqrt{3+x_1} < 3$，假设对正整数 k 有 $x_k < 3$，则

$$x_{k+1} = \sqrt{3+x_k} < \sqrt{3+3} < 3,$$

即 $\{x_n\}$ 有上界，根据单调有界数列必有极限知，数列 $\{x_n\}$ 极限存在.

记 $\lim\limits_{n\to\infty} x_n = A$，对 $x_{n+1} = \sqrt{3+x_n}$ 两边取极限，得 $A = \sqrt{3+A}$，从而有 $A^2 - A - 3 = 0$，解得 $A = \dfrac{1+\sqrt{13}}{2}$ 或 $A = \dfrac{1-\sqrt{13}}{2}$，因为 $x_n > 0$，由极限的保号性知 $\lim\limits_{n\to\infty} x_n = \dfrac{1+\sqrt{13}}{2}$.

3.（1）$\dfrac{2}{3}$；（2）2；（3）$\dfrac{1}{3}$；（4）e^{-4}；（5）e；（6）1；（7）e^3；（8）e^{-1}.

习题 2.6

1.（1）$x = 2$ 为第一类间断点，且是可去间断点.

(2) $x=1$ 为第一类间断点，且是可去间断点；$x=3$ 为第二类间断点，且是无穷间断点.

(3) $x=k\pi(k\in\mathbf{Z})$ 为第二类间断点，且是无穷间断点.

(4) $x=0$ 为第一类间断点，且是跳跃间断点.

2. 当 $k=3$ 时，$f(x)$ 在定义域内连续.

3. (1) $\dfrac{\sqrt{6}}{6}$；(2) $\dfrac{2}{3}$.

习题 2.7

1. $\dfrac{3}{2}$；　　2. 2；　　3. 1；　　4. 1；　　5. e^2；　　6. $\mathrm{e}^{-\frac{\pi}{2}}$；　　7. $\dfrac{1}{2}$.

总习题 2

1. (1)(B)；(2)(A)；(3)(D)；(4)(D)；(5)(D)；(6)(C)；(7)(C)；

(8)(B)；(9)(D)；(10)(A)；(11)(D)；(12)(B)；(13)(D)；

(14)(B)；(15)(C)；(16)(B)；(17)(C)；(18)(B)；(19)(C).

2. (1) 1；(2) 1；(3) e^{-1}；(4) $\dfrac{9}{2}$；(5) $-\dfrac{\sqrt{2}}{6}$；(6) 2；(7) $\dfrac{1}{2}$；(8) e^6；(9) e^2；

(10) $\sqrt{2}$；(11) $4\mathrm{e}^2$；(12) 0；(13) $\dfrac{1}{2}$；(14) $\dfrac{2}{3}$；(15) $-\dfrac{1}{2}$；(16) $\dfrac{1}{4}$.

3. (1) 极限不存在；(2) $\dfrac{\pi}{2}$；(3) 极限不存在.

4. 当 $x=0$ 时，$f(0)=0$；当 $x\neq 0$ 时，$f(x)=\lim\limits_{n\to\infty}\dfrac{(n-1)x}{nx^2+1}=\dfrac{1}{x}$，

即 $f(x)=\begin{cases}0, & x=0, \\ \dfrac{1}{x}, & x\neq 0.\end{cases}$ 于是 $\lim\limits_{x\to 0}f(x)=\lim\limits_{x\to 0}\dfrac{1}{x}=\infty$，

故 $x=0$ 为 $f(x)$ 的第二类间断点，且是无穷间断点.

5. 不妨设 $f(x)$ 在 $[a,b]$ 上的最大值为 M，最小值为 m，则

$$m\leqslant f(x_i)\leqslant M,$$

$$c_i m\leqslant c_i f(x_i)\leqslant c_i M, i=1,2,\cdots,n.$$

$$m\sum_{i=1}^{n}c_i\leqslant\sum_{i=1}^{n}c_i f(x_i)\leqslant M\sum_{i=1}^{n}c_i,$$

$$m\leqslant\dfrac{\displaystyle\sum_{i=1}^{n}c_i f(x_i)}{\displaystyle\sum_{i=1}^{n}c_i}\leqslant M,$$

由介值定理知，存在 $\xi\in[a,b]$，使得

$$f(\xi)=\dfrac{c_1 f(x_1)+c_2 f(x_2)+\cdots+c_n f(x_n)}{c_1+c_2+\cdots+c_n}.$$

第 3 章

习题 3.1

1.（D）. 2.（D）. 3.（A）. 4.（A）. 5.（C）. 6. −20.

7. $f'_+(0)=0$，$f'_-(0)=-1$，$f'(0)$不存在.

8. $f(x)$ 在 $x=0$ 处连续且可导.

习题 3.2

1. 略.

2.（1）$6x^2-\dfrac{28}{x^5}-\dfrac{2}{x^2}$; （2）$10x+3e^x-2^x\ln2$; （3）$\sec x(2\sec x+\tan x)$;

（4）$\cos2x$; （5）$\dfrac{1-\ln x}{x^2}$; （6）$\dfrac{e^x(x-2)}{x^3}$;

（7）$y=\dfrac{2}{(1-x)^2}$; （8）$y=xe^x\left[(2+x)\cos x-x\sin x\right]$.

3.（1）$8x(1+x^2)^3$; （2）$3\sin(4-3x)$; （3）$-6xe^{-3x^2}$;

（4）$\dfrac{2x}{1+x^2}$; （5）$-\tan x$; （6）$\dfrac{2x}{(a^2+x^2)\ln a}$;

（7）$n\sin^{n-1}x\cos x\cos nx-n\sin^n x\sin nx$.

4.（1）$-\dfrac{1}{\sqrt{x-x^2}}$; （2）$\dfrac{1}{2\sqrt{x-x^2}}$; （3）$\dfrac{2\arcsin x}{\sqrt{1-x^2}}$;

（4）$\dfrac{2\arcsin\dfrac{x}{2}}{\sqrt{4-x^2}}$; （5）$\dfrac{|x|}{x^2\sqrt{x^2-1}}$; （6）$\dfrac{\pi}{2\sqrt{1-x^2}\,(\arccos x)^2}$;

（7）$\dfrac{e^x}{1+e^{2x}}$; （8）$\dfrac{e^{\arctan\sqrt{x}}}{2\sqrt{x}\,(1+x)}$; （9）$-\dfrac{1}{1+x^2}$;

（10）$\dfrac{1}{1+x^2}$.

5.（1）$2xf'(x^2)$; （2）$\cos xf'(\sin x)-\sin xf'(\cos x)$.

习题 3.3

1.（1）$2+\dfrac{1}{x^2}$; （2）$\dfrac{6x(2x^3-1)}{(x^3+1)^3}$; （3）$-2\sin x-x\cos x$;

（4）$-2e^{-t}\cos t$; （5）$2xe^{x^2}(3+2x^2)$; （6）$2\arctan x+\dfrac{2x}{1+x^2}$;

（7）$-\dfrac{2(1+x^2)}{(1-x^2)^2}$; （8）$-\dfrac{x}{(1+x^2)^{3/2}}$.

2. 0. 3. 960. 4. $\dfrac{8!}{x^9}$. 5. $2f'(x^2)+4x^2f''(x^2)$.

6. 略. 7. 略.

习题 **3. 4**

1. （1）$\dfrac{dy}{dx}=\dfrac{y-2x}{2y-x}$；

（2）$\dfrac{dy}{dx}=\dfrac{y}{y-1}$；

（3）$\dfrac{dy}{dx}=\dfrac{\sqrt{1-y^2}\,e^{x+y}}{1-\sqrt{1-y^2}\,e^{x+y}}$；

（4）$\dfrac{dy}{dx}=-\dfrac{e^y}{1+xe^y}$.

2. （1）$\left(\dfrac{x}{1+x}\right)^x\left(\ln\dfrac{x}{1+x}+\dfrac{1}{1+x}\right)$；

（2）$x\sqrt{\dfrac{1-x}{1+x}}\left(\dfrac{1}{x}-\dfrac{1}{1-x^2}\right)$；

（3）$\dfrac{\sqrt{x+2}\,(3-x)^4}{(x+1)^5}\left[\dfrac{1}{2(x+2)}-\dfrac{4}{3-x}-\dfrac{5}{x+1}\right]$；

（4）$\dfrac{1}{2}\sqrt{x\sin x\sqrt{1-e^x}}\left[\dfrac{1}{x}+\cot x-\dfrac{e^x}{2(1-e^x)}\right]$；

（5）$\sin x^{\cos x}(\cos x\cot x-\sin x\ln\sin x)$.

3. （1）$\dfrac{3t^2-1}{2t}$；　（2）$\dfrac{\cos\theta-\theta\sin\theta}{1-\sin\theta-\theta\cos\theta}$；　（3）$\dfrac{1}{t-1}$；　（4）$\dfrac{t}{2}$.

4. 0.

5. 切线方程为 $4x+3y-12a=0$，法线方程为 $3x-4y+6a=0$.

6. （1）$\dfrac{1}{t^3}$；　（2）$-\dfrac{b}{a^2\sin^3 t}$.

习题 **3. 5**

1. $\Delta x=1$ 时，$\Delta y=0$，$dy=-1$；

$\Delta x=0.1$ 时，$\Delta y=-0.09$，$dy=-0.1$；

$\Delta x=0.01$ 时，$\Delta y=-0.0099$，$dy=-0.01$. 可以得到结论 Δx 越小，Δy 与 dy 越接近.

2. a）$\Delta y>0$，$dy>0$，$\Delta y-dy>0$；b）$\Delta y>0$，$dy>0$，$\Delta y-dy<0$；

c）$\Delta y<0$，$dy<0$，$\Delta y-dy<0$；d）$\Delta y<0$，$dy<0$，$\Delta y-dy>0$.

3. （1）$\left(-\dfrac{1}{x^2}+\dfrac{\sqrt{x}}{x}\right)dx$；

（2）$(\sin 2x+2x\cos 2x)dx$；

（3）$\dfrac{-x}{\sqrt{1-x^2}}dx$；

（4）$\dfrac{2\ln(1-x)}{x-1}dx$；

（5）$2x(1+x)e^{2x}dx$；

（6）$-e^{-x}(\sin x+\cos x)dx$；

（7）$\dfrac{1}{2\sqrt{x(1-x)}}dx$；

（8）$8x\tan(1+2x^2)\sec^2(1+2x^2)dx$；

（9）$-\dfrac{2x}{1+x^4}dx$；

（10）$-\dfrac{1}{x\sqrt{1-\ln^2 x}}dx$.

4. （1）$2x+C$；

（2）$2x^2+C$；

（3）$\sin t+C$；

（4）$-\dfrac{1}{3}\cos 3x+C$；

（5）$\ln(1+x)+C$；

（6）$-e^{-x}+C$；

（7）$2\sqrt{x}+C$；　　　　　　　　　　（8）$\dfrac{1}{3}\tan3x+C.$

5. （1）0.87475；（2）0.5076.

6. 略.

总习题 3

1. （1）（D）；（2）（B）；（3）（A）；（4）（D）；（5）（B）；（6）（D）；（7）（D）；
   （8）（B）；（9）（C）；（10）（C）.

2. （1）$f'_-(0)=1$，$f'_+(0)=1$，$f'(0)$存在且等于1；
   （2）$f'_-(0)=1$，$f'_+(0)=0$，$f'(0)$不存在.

3. （1）$y'=\dfrac{\cos x}{\sqrt{1-\sin^2x}}$；　　　　（2）$y'=\dfrac{1}{1+x^2}$；　　　　（3）$y'=\sin x\ln\tan x$；

   （4）$y'=\dfrac{\mathrm{e}^x}{\sqrt{1+\mathrm{e}^{2x}}}$；　　　　　（5）$y'=\dfrac{1-\ln x}{x^2}x^{\frac{1}{x}}$.

4. $(-1)^n\dfrac{2\cdot n!}{(1+x)^{n+1}}.$

5. $\dfrac{1}{\mathrm{e}}\left(1-\dfrac{1}{\mathrm{e}}\right).$

6. $\dfrac{1}{\mathrm{e}^2}.$

7. $x\sqrt{\dfrac{x+1}{x-1}}\left[\dfrac{1}{x}+\dfrac{1}{2(x+1)}-\dfrac{1}{2(x-1)}\right]+x^{\sin x}\left(\dfrac{\sin x}{x}+\cos x\ln x\right).$

8. （1）$\dfrac{\mathrm{d}y}{\mathrm{d}x}=-\tan\theta$，$\dfrac{\mathrm{d}^2y}{\mathrm{d}x^2}=\dfrac{1}{3a}\sec^4\theta\csc\theta$；　　　　（2）$\dfrac{\mathrm{d}y}{\mathrm{d}x}=\dfrac{1}{t}$，$\dfrac{\mathrm{d}^2y}{\mathrm{d}x^2}=-\dfrac{1+t^2}{t^3}.$

9. $y+2x-1=0.$

10. $-\dfrac{2xy+y^2}{2xy+x^2}\mathrm{d}x.$

11. 1.0067.

第 4 章

习题 4.1

1. （1）$\sqrt[3]{\dfrac{15}{4}}$；（2）n；$(0,1)$，$(1,2)$，$\cdots$，$(n-1,n).$

2. （1）（A）；（2）（D）；（3）（B）.

3. （1）$\dfrac{1}{4}$；（2）0；（3）2；（4）0.

4. （1）$\dfrac{a}{\sqrt{3}}$；（2）$\dfrac{1}{\ln2}$；（3）$\dfrac{5-\sqrt{43}}{3}.$

5. 有分别位于区间 $(1,2)$,$(2,3)$ 及 $(3,4)$ 内的三个根.

6. $\dfrac{14}{9}$.

7. 略.

8. 略.

9. 提示:令 $\varphi(x)=f(x)\mathrm{e}^{-x}$,先证明 $\varphi(x)$ 为常数.

习题 4.2

1. (1)(B);(2)(B).

2. (1) 2;(2) 1;(3) 0;(4) -1 ;(5) ∞ ;(6) 0;(7) 1;(8) $\dfrac{1}{2}$;(9) e;

(10) 1;(11) 1;(12) $(ab)^{\frac{3}{2}}$.

3. (1) 6;(2) $-\dfrac{1}{2}$.

4. 略.

5. $k=-1$,$f'(0)=-\dfrac{1}{2}$.

6. $k=\dfrac{1}{2}$.

7. 略.

8. 略.

习题 4.3

1. $f(x)=5-13(x+1)+11(x+1)^{2}-2(x+1)^{3}$.

2. $\ln x=\ln 2+\dfrac{1}{2}(x-2)-\dfrac{1}{2^{3}}(x-2)^{2}+\dfrac{1}{3\cdot 2^{3}}(x-2)^{3}-\cdots+(-1)^{n-1}\dfrac{1}{n\cdot 2^{n}}(x-2)^{n}+o((x-2)^{n})$.

3. (1) $\dfrac{1}{1-x}=1+x+x^{2}+\cdots+x^{n}+o(x^{n})$;

(2) $x\mathrm{e}^{x}=x+x^{2}+\dfrac{x^{3}}{2!}+\cdots+\dfrac{x^{n}}{(n-1)!}+o(x^{n})$;

(3) $\sin^{2}x=\dfrac{(2x)^{2}}{2\cdot 2!}-\dfrac{(2x)^{3}}{2\cdot 4!}+\cdots+(-1)^{n+1}\dfrac{(2x)^{2n}}{2\cdot(2n)!}+o(x^{2n})$;

(4) $\tan x=x+\dfrac{1}{3}x^{3}+\dfrac{1}{5}x^{5}+\cdots+\dfrac{1}{2n-1}x^{2n-1}+o(x^{2n-1})$.

4. (1) $\dfrac{1}{3}$;(2) $-\dfrac{1}{2}$;(3) $-\dfrac{1}{12}$;(4) $\dfrac{1}{2}$;(5) $\dfrac{1}{2}$;(6) $\dfrac{1}{2}$.

5. 略.

6. $a=\dfrac{1}{2}$,$b=-\dfrac{1}{2}$.

7. $f(x)=-56+21(x-4)+37(x-4)^{2}+11(x-4)^{3}+(x-4)^{4}$.

8. $f(x) = x^6 - 9x^5 + 30x^4 - 45x^3 + 30x^2 - 9x + 1.$

9. $\sqrt{x} = 2 + \dfrac{1}{4}(x-4) - \dfrac{1}{64}(x-4)^2 + \dfrac{1}{512}(x-4)^3 - \dfrac{15(x-4)^4}{4!\ 16[4+\theta(x-4)]^{\frac{7}{2}}}\ (0<\theta<1).$

10. $\tan x = x + \dfrac{1}{3}x^3 + o(x^3).$

11. $x\mathrm{e}^x = x + x^2 + \dfrac{x^3}{2!} + \cdots + \dfrac{x^n}{(n-1)!} + o(x^n)\ (0<\theta<1).$

12. $\sqrt{\mathrm{e}} \approx 1.645.$

13. $(1)\ \dfrac{3}{2};\ (2)\ \dfrac{1}{6}.$

习题 4.4

1. (1)（D）；(2)（B）；(3)（A）；(4)（D）；(5)（D）；(6)（B）．

2. (1) $(-\infty, -1)$ 为单调减少区间，$(-1, \infty)$ 为单调增加区间；

   (2) $(-\infty, +\infty)$ 为单调增加区间；

   (3) $(-\infty, -1)$ 及 $(0, 1)$ 为单调减少区间，$(-1, 0)$ 及 $(1, +\infty)$ 为单调增加区间；

   (4) $(-\infty, 0)$ 为单调增加区间，$(0, +\infty)$ 为单调减少区间；

   (5) $(-\infty, -2)$ 及 $(0, +\infty)$ 为单调增加区间，$(-2, -1)$ 及 $(-1, 0)$ 为单调减少区间；

   (6) $\left(0, \dfrac{1}{2}\right)$ 为单调减少区间，$\left(\dfrac{1}{2}, +\infty\right)$ 为单调增加区间．

3. 略．

4. 略．

5. (1) $\left(-\infty, \dfrac{1}{3}\right) \cup,\ \left(\dfrac{1}{3}, +\infty\right) \cap;\ \left(\dfrac{1}{3}, \dfrac{2}{27}\right)$ 拐点；

   (2) $\left(-\infty, -\dfrac{\sqrt{2}}{2}\right) \cap,\ \left(-\dfrac{\sqrt{2}}{2}, 0\right) \cup,\ \left(0, \dfrac{\sqrt{2}}{2}\right) \cap,\ \left(\dfrac{\sqrt{2}}{2}, +\infty\right) \cup;$

   $\left(-\dfrac{\sqrt{2}}{2}, \dfrac{7}{8}\sqrt{2}\right),\ (0, 0),\ \left(\dfrac{\sqrt{2}}{2}, -\dfrac{7}{8}\sqrt{2}\right)$ 拐点；

   (3) $(-\infty, -1) \cap,\ (-1, 1) \cup,\ (1, +\infty) \cap;\ (-1, \ln 2),\ (1, \ln 2)$ 拐点；

   (4) $(-\infty, -\sqrt{3}) \cap,\ (\sqrt{3}, 0) \cup,\ (\sqrt{3}, +\infty) \cup;\ \left(-\sqrt{3}, -\dfrac{\sqrt{3}}{2}\right),\ (0, 0),\ \left(\sqrt{3}, \dfrac{\sqrt{3}}{2}\right)$ 拐点；

   (5) $(-\infty, -2) \cap,\ (-2, +\infty) \cup;\ \left(-2, -\dfrac{2}{\mathrm{e}^2}\right)$ 拐点；

   (6) $(-\infty, +\infty) \cup;$ 无拐点；

   (7) $(-\infty, 0) \cup,\ (0, +\infty) \cap;\ (0, 0)$ 拐点．

6. $a = -\dfrac{1}{2},\ b = \dfrac{3}{2},\ c = 0,\ d = 0.$

7. $y = \dfrac{1}{\mathrm{e}^2}(4-x).$

8. 略.

9. $k = \pm \dfrac{\sqrt{2}}{8}$.

10. $(x_0, f(x_0))$ 为拐点.

习题 **4.5**

1. （1）（A）；（2）（D）；（3）（B）；（4）（D）；（5）（B）；（6）（D）；（7）（C）.

2. （1）$x = -1$ 处有极大值 0，$x = 3$ 处有极小值 -32；

　　（2）$x = 3$ 处有极小值 0，$x = \dfrac{7}{3}$ 处有极大值 $\dfrac{4}{27}$；

　　（3）$x = 1$ 处有极小值 $2 - 4\ln 2$；

　　（4）$x = -\dfrac{1}{2}\ln 2$ 处有极小值 $2\sqrt{2}$.

3. （1）13，4；（2）$\ln 5$，0；（3）$\dfrac{1}{2}$，0；（4）6，0.

4. $a = 2$，$b = 3$.

5. 底边长 6m，高 3m.

6. 长 18m，宽 12m.

7. 底半径为 $\sqrt[3]{\dfrac{150}{\pi}}$m，高等于底直径.

习题 **4.6**

1. （1）（C）；（2）（B）；（3）（C）；（4）（A）（C）；（5）（D）；（6）（D）.

2. （1）$y = 0$；　　　　（2）$y = x + 5$；　　　　（3）$x = 0$，$x = -1$，$y = x - 2$；

　　（4）$x = -1$，$y = 0$；　　（5）$x = 0$，$y = x$；　　（6）$x = -\dfrac{1}{e}$，$y = x + \dfrac{1}{e}$；

　　（7）$y = x$.

3. 略.

习题 **4.7**

1. （1）1775，1.97；（2）1.58；（3）1.5，1.67.

2. （1）9.5(元)；（2）22(元).

3. （1）总收益函数 $R = cQ + \dfrac{bQ}{a+Q}$；（2）边际收益函数 $R' = c + \dfrac{ab}{a+Q}$.

4. 9975，199.5，199.

5. 50000.

6. 250.

7. （1）120，6，2；（2）25.

8. 生产 17.5 个单位时，利润最大.

9. （1）$\dfrac{2ax^2 + bx}{ax^2 + bx + c}$；（2）$x + 1$；（3）$\ln a \cdot bx$；（4）$\dfrac{1}{\ln x}$.

10. $2\ln2 \cdot P$.

11. $\dfrac{3}{4}$, 1, $\dfrac{5}{4}$.

12. （1） $P=6$ 时，价格上涨 1%，收益减少 0.85%.

　　（2） $P=5$ 时，总收益最大.

总习题 4

1. （1） $y=4x-3$；（2） 3；（3） $y=x+\dfrac{\pi}{2}$；（4） $y=x+2$；（5） $y=2x$；（6） $20-Q$.

2. （1）（C）；（2）（B）；（3）（C）；（4）（D）；（5）（C）；（6）（C）；（7）（C）.

3. 当 $k\leqslant1$ 时，方程只有一个实根 $x=0$；当 $k>1$ 时，方程有三个实根.

4. 当 $t=1$ 时，函数取到极小值 $-\dfrac{1}{3}$；

　　当 $t=-1$ 时，函数取到极大值 1；

　　当 $t<0$ 时，曲线在区间 $\left(-\infty,\dfrac{1}{3}\right)$ 上是凸的；

　　当 $t>0$ 时，曲线在区间 $\left(\dfrac{1}{3},+\infty\right)$ 上是凹的.

　　曲线 $y=y(x)$ 的拐点为 $\left(\dfrac{1}{3},\dfrac{1}{3}\right)$.

5. 当 $x=1$ 时，$y''=-1<0$，$y(x)$ 取得极大值 $y(1)=1$；当 $x=-1$ 时，$y''=2>0$，$y(x)$ 取得极小值 $y(-1)=0$.

6. 常数 k 的取值范围为 $\left(\dfrac{1}{\ln2}-1,\dfrac{1}{2}\right)$.

7. $x=1$ 是函数的极小值点，极小值为 -2.

8. （1）该商品的边际利润 $L'(Q)=-\dfrac{Q}{500}+40$.

　　（2）当 $P=50$ 时，销售量 $Q=10000$，边际利润 $L'(10000)=20$.
　　　　其经济意义为：销售第 10001 件商品时，得到的利润为 20 元.

　　（3）当 $Q=20000$ 件时，利润最大，此时的定价 $P=40$ 元.

9. （1）略. （2） $P=30$.

10. （1）需求函数的表达式为 $Q=10(120-P)$.

　　（2）当 $P=100$ 万元时，需求量增加 1 件，收益增加 80 万元.

11. 略.

第 5 章

习题 5.1

1. （1）（D）；（2）（C）；（3）（B）；（4）（D）；（5）（B）；（6）（C）；（7）（B）.

2. $y=\dfrac{1}{2}x^2+x+1$.

3. $y = 2x^2 - 4$.

4. （1）$x^3 + x + C$；

（2）$\dfrac{1}{4}x^4 + 3^x\,\dfrac{1}{\ln 3} + C$；

（3）$\dfrac{3}{4}x^{\frac{4}{3}} + 4x^{\frac{1}{2}} + C$；

（4）$\dfrac{1}{4}x^2 + \ln|x| + \dfrac{3}{2}x^{-2} - \dfrac{4}{5}x^{-5} + C$；

（5）$\dfrac{2}{5}x^{\frac{5}{2}} - 2x^{\frac{3}{2}} + C$；

（6）$\dfrac{t^2}{2} + 3t + 3\ln|t| - \dfrac{1}{t} + C$；

（7）$\dfrac{2}{5}x^{\frac{5}{2}} + \dfrac{1}{2}x^2 + 6x^{\frac{1}{2}} + C$；

（8）$x - \arctan x + C$；

（9）$\dfrac{u}{2} + \dfrac{1}{2}\sin u + C$；

（10）$-\cot x - x + C$；

（11）$\sin x + \cos x + C$；

（12）$\dfrac{8}{15}x\sqrt{x\sqrt{x\sqrt{x}}} + C$；

（13）$\mathrm{e}^t + t + C$；

（14）$-\dfrac{1}{x} - \arctan x + C$.

5. 当 $x \geqslant 0$ 时，$\int \mathrm{e}^{|x|}\mathrm{d}x = \mathrm{e}^x + C$；当 $x < 0$ 时，$\int \mathrm{e}^{|x|}\mathrm{d}x = -\mathrm{e}^{-x} + C$.

6. $\displaystyle\int f(x)\,\mathrm{d}x = \begin{cases} \dfrac{1}{2}x^2 + x + C, & x \leqslant 1, \\[2mm] x^2 + \dfrac{1}{2} + C, & x > 1. \end{cases}$

习题 5.2

1. （1）（C）；（2）（A）；（3）（D）；（4）（C）；（5）（D）；（6）（C）；（7）（D）.

2. （1）$\dfrac{1}{3}(\ln x)^3 + C$；

（2）$-\mathrm{e}^{-x} + C$；

（3）$-\mathrm{e}^{\frac{1}{x}} + C$；

（4）$\ln|x| - \dfrac{1}{6}\ln(1+x^6) + C$；

（5）$-\sqrt{1-2v} + C$；

（6）$\sqrt[3]{x^3-5} + C$；

（7）$\ln|x^2 - x + 3| + C$；

（8）$\ln|\ln t| + C$；

（9）$\ln(\mathrm{e}^x + 1) + C$；

（10）$\dfrac{1}{2}\ln(1+x^2) - \arctan x + C$；

（11）$\dfrac{1}{6}\arctan\left(\dfrac{3}{2}x\right) + C$；

（12）$\dfrac{1}{4}\arctan\left(x + \dfrac{1}{2}\right) + C$；

（13）$\dfrac{1}{3}\arcsin\dfrac{3}{2}x + C$；

（14）$\arcsin\dfrac{x+1}{\sqrt{6}} + C$；

（15）$\dfrac{1}{4}\ln\left|\dfrac{2+x}{2-x}\right| + C$；

（16）$\dfrac{1}{12}\ln\left|\dfrac{2+3x}{2-3x}\right| + C$；

（17）$\dfrac{1}{5}\ln\left|\dfrac{x-3}{x+2}\right| + C$；

（18）$-\dfrac{1}{3}\cos 3x + C$；

(19) $\dfrac{3}{2}\sin\dfrac{2}{3}x+C$;

(20) $\dfrac{x}{2}-\dfrac{1}{12}\sin6x+C$;

(21) $e^{\sin x}+C$;

(22) $\sin e^{x}+C$;

(23) $\dfrac{1}{3}\cos^3x-\cos x+C$;

(24) $\sin x-\dfrac{2}{3}\sin^3x+\dfrac{1}{5}\sin^5x+C$;

(25) $\dfrac{1}{3}\tan^3x-\tan x+x+C$;

(26) $-\cot x-\dfrac{1}{3}\cot^3x+C$;

(27) $\dfrac{1}{2}\tan^2x+\ln|\cos x|+C$;

(28) $\arctan e^t+C$;

(29) $\ln|e^x-1|-x+C$;

(30) $\text{arccos}e^{-x}+C$;

(31) $\dfrac{2}{3}\sqrt{(1+\ln x)^3}-2\sqrt{1+\ln x}+C$;

(32) $x+\ln^2|x|+C$;

(33) $\ln|\arcsin e^x|+C$.

3. (1) $\dfrac{2}{5}(x+1)^2\sqrt{x+1}-\dfrac{2}{3}(x+1)\sqrt{x+1}+C$;

(2) $\sqrt{2x-3}-\ln|\sqrt{2x-3}+1|+C$;

(3) $\dfrac{4}{63}(3x+1)\sqrt[4]{(3x+1)^3}-\dfrac{4}{27}\sqrt[4]{(3x+1)^3}+C$;

(4) $2\sqrt{x}-3\sqrt[3]{x}+6\sqrt[6]{x}-6\ln(\sqrt[6]{x}+1)+C$;

(5) $\dfrac{4}{7}(1+e^x)\sqrt[4]{(1+e^x)^3}-\dfrac{4}{3}\sqrt[4]{(1+e^x)^3}+C$;

(6) $\dfrac{1}{9}(2x+3)^2\sqrt[4]{2x+3}-\dfrac{3}{5}(2x+3)\sqrt[4]{2x+3}+C$;

(7) $-\dfrac{4}{3}\sqrt{x-x\sqrt{x}}+C$;

(8) $\dfrac{x}{\sqrt{1-x^2}}+C$;

(9) $\dfrac{1}{2}\arctan x+\dfrac{x}{2(1+x^2)}+C$;

(10) $\dfrac{x}{a^2\sqrt{a^2+x^2}}+C$;

(11) $\text{arccos}\dfrac{1}{|x|}+C$;

(12) $\dfrac{1}{2}\arcsin x-\dfrac{1}{2}x\sqrt{1-x^2}+C$;

(13) $\dfrac{1}{3}\ln|3x+\sqrt{9x^2-4}|+C$;

（14）$\dfrac{x}{x-\ln x}+C.$

4. $f(x)=\dfrac{1}{3}x^3+x+1.$

习题 **5.3**

1. （1）xe^x-e^x+C；

（2）$-x\cos x+\sin x+C$；

（3）$x\arctan x-\dfrac{1}{2}\ln(1+x^2)+C$；

（4）$x\ln(x^2+1)-2x+2\arctan x+C$；

（5）$-\dfrac{\ln x}{x}-\dfrac{1}{x}+C$；

（6）$\dfrac{x^{n+1}}{n+1}\left(\ln x-\dfrac{1}{n+1}\right)+C$；

（7）$-e^{-x}(x^2+2x+2)+C$；

（8）$\dfrac{x^4}{32}(8\ln^2 x-4\ln x+1)+C$；

（9）$\dfrac{1}{2}(\sec x\tan x+\ln|\sec x+\tan x|)+C$；

（10）$2e^{\sqrt{x}}(\sqrt{x}-1)+C$；

（11）$\ln x(\ln\ln x-1)+C.$

2. $x\cos x-\sin x+C.$

3. 略.

习题 **5.4**

1. （1）$\dfrac{1}{6}\ln\dfrac{(1+x)^2}{1-x+x^2}+\dfrac{1}{\sqrt{3}}\arctan\dfrac{2x-1}{\sqrt{3}}+C$；

（2）$-\dfrac{\sqrt{2}\ln(x^2-\sqrt{2}x+1)}{8}+\dfrac{\sqrt{2}\ln(x^2+\sqrt{2}x+1)}{8}+\dfrac{\sqrt{2}\arctan(\sqrt{2}x-1)}{4}+\dfrac{\sqrt{2}\arctan(\sqrt{2}x+1)}{4}+C$；

（3）$\dfrac{x+\ln(\sin x+\cos x)}{2}+C$；

（4）$\dfrac{1}{6}\ln\dfrac{x^2+1}{x^2+4}+C$；

（5）$x+\ln\left|\dfrac{x-4}{x-3}\right|+C$；

（6）$\dfrac{x+1}{4x^2+4}+\dfrac{1}{4}\ln|x-1|-\dfrac{1}{8}\ln|x^2+1|+C$；

（7）$-\dfrac{5x+3}{2(2x^2+2x+1)}-\dfrac{5}{2}\arctan(2x+1).$

2. （1）$\tan x-\sec x+C$；

（2）$\dfrac{2}{3}\arctan\left(3\tan\dfrac{x}{2}\right)+C$；

（3）$\dfrac{1}{2}(x+\ln|\cos x+\sin x|)+C$；

（4）$x\tan\dfrac{x}{2}+C$；

（5）$x-2\sqrt{x+2}+2\ln|1+\sqrt{x+2}|+C$；

（6）$\dfrac{1}{10}(1-2x)^{\frac{5}{2}}-\dfrac{1}{6}(1-2x)^{\frac{3}{2}}+C$；

(7) $2\sqrt{1+\ln x}+\ln\left|\dfrac{\sqrt{1+\ln x}-1}{\sqrt{1+\ln x}+1}\right|+C$; (8) $\sqrt{1+\sin^2 x}-\arctan\sqrt{1+\sin^2 x}+C$.

总习题 5

1. (1) $\dfrac{\ln(x^2+2x+2)}{2}-\arctan(x+1)+C$;

(2) $\dfrac{\sqrt{x^2+2x+2}\,(2x^2+x+1)}{6}-\dfrac{\ln(x+1+\sqrt{x^2+2x+2})}{2}+C$;

(3) $2\sqrt{x}-4\sqrt[4]{x}+4\ln|1+\sqrt[4]{x}|+C$;

(4) $\arccos\dfrac{1}{x}+\dfrac{\sqrt{x^2-1}}{x}+C$; (5) $\dfrac{1}{3}\ln|3x-1+\sqrt{9x^2-6x+7}|+C$;

(6) $2e^{\sin x}(\sin x-1)+C$; (7) $(x+1)\arctan\sqrt{x}-\sqrt{x}+C$;

(8) $\ln x(\ln\ln x-1)+C$; (9) $\dfrac{x^4\ln^2 x}{4}-\dfrac{x^4\ln x}{8}+\dfrac{x^4}{32}+C$;

(10) $x\tan\dfrac{x}{2}+C$; (11) $-\dfrac{x(\cos\ln x-\sin\ln x)}{2}+C$;

(12) $x\ln(x+\sqrt{1+x^2})-\sqrt{1+x^2}+C$; (13) $\ln\dfrac{\sqrt{e^x+1}-1}{\sqrt{e^x+1}+1}+C$;

(14) $\dfrac{1}{3}(-3\cos^4 x-6\cos^2 x+1)\sec^3 x+C$; (15) $\dfrac{1}{2\sqrt{3}}\arctan\left(\dfrac{2\tan x}{\sqrt{3}}\right)+C$;

(16) $\dfrac{x-2}{x+2}e^x+C$; (17) $-\dfrac{6x^2+4x+1}{12(x+1)^4}+C$;

(18) $-\dfrac{3x^2+2}{2(x^3+x)}-\dfrac{3}{2}\arctan x+C$; (19) $2\sqrt{x}(\arcsin\sqrt{x}+\ln x)+2\sqrt{1-x}-4\sqrt{x}+C$;

(20) $\dfrac{1}{2}e^{2x}\arctan\sqrt{e^x-1}-\dfrac{1}{6}(e^x+2)\sqrt{e^x-1}+C$.

2. $\cos x-\dfrac{2\sin x}{x}+C$.

第 6 章

习题 6.1

1. (1) k; (2) 1; (3) $\dfrac{5}{2}$; (4) 0; (5) 4; (6) 2π.

2. (D).

3. 1.

4. $a=-1$, $b=1$.

5. (1) $\displaystyle\int_0^1 e^x dx$; (2) $\displaystyle\int_0^1 (1+x)dx$; (3) $\displaystyle\int_0^1 \sqrt[3]{x}dx$; (4) $e^{\int_0^1 \ln(1+x)dx}$.

习题 6.2

1. (1) $\int_0^1 x\mathrm{d}x$ 较大；(2) $\int_0^{\frac{\pi}{2}} x\mathrm{d}x$ 较大；(3) $\int_0^1 (\mathrm{e}^x - 1)\mathrm{d}x$ 较大；(4) $\int_{\frac{\pi}{6}}^{\frac{\pi}{4}} \ln\cos x\mathrm{d}x$ 较大.

2. -6.

3. 6.

4. 略.

习题 6.3

1. (1) 0；　　　　　　　　　　　　　(2) $\cos x$；

   (3) $\sin x - \sin 1 + x\cos x$；　　　　(4) $\sin x - \sin 1 + (x-1)\cos x$；

   (5) $3x^2\cos x^6$；　　　　　　　　(6) $\sqrt{1+\sin^4 x}\cos x + \sqrt{1+\cos^4 x}\sin x$.

2. (1) $-\dfrac{1}{2}$；(2) 1；(3) 1；(4) $\dfrac{1}{2}$.

3. (1) (A)；(2) (C)；(3) (C)；(4) (C).

4. (1) $\dfrac{11}{6}$；(2) $\dfrac{7}{6}$；(3) $\dfrac{\pi}{6}$；(4) $\sqrt{2}-1$；(5) 5；(6) 4；(7) e^2；(8) $\dfrac{\pi}{2}$.

5. $\dfrac{\pi}{3}$.

6. $F(x) = \begin{cases} \dfrac{x^3-1}{3}, & 0 \leqslant x \leqslant 1, \\[2mm] -\dfrac{x^2}{2}+2x-\dfrac{3}{2}, & 1 < x \leqslant 2. \end{cases}$

7. 略.

习题 6.4

1. (1) $\dfrac{1}{100}$；(2) $\dfrac{1}{2}$；(3) $\dfrac{1}{2}(\mathrm{e}-1)$；(4) $\ln 3$；(5) $\dfrac{2}{3}$；(6) $7+2\ln 2$；(7) $\dfrac{\pi}{4}$；

   (8) $\dfrac{16}{3}$.

2. (1) (C)；(2) (A).

3. $2+\ln 2 - \dfrac{1}{\mathrm{e}}$.

4. (1) 0；(2) $\dfrac{\pi}{2}$；(3) 2；(4) $\dfrac{\pi}{2}$；(5) $\dfrac{\pi}{2}$；(6) 4；(7) $\dfrac{4}{3}$；(8) $\sqrt{2}\pi$.

5. (1) 1；(2) $\dfrac{\pi}{12}+\dfrac{\sqrt{3}}{2}-1$；(3) $\dfrac{\pi}{4}-\dfrac{1}{2}\ln 2$；(4) $\dfrac{\pi}{4}-\dfrac{1}{2}$；

   (5) $\dfrac{\pi}{2}-1$；(6) $12\ln 3-8$；(7) 2；(8) $2-\dfrac{2}{\mathrm{e}}$.

6. $-\mathrm{e}^\pi-1$.

7. 略.

习题 6.5

1. （1）$\dfrac{1}{3}$；（2）$\dfrac{32}{3}$；（3）$\dfrac{5}{12}$；（4）18.

2. $\dfrac{2}{3}$.

3. $\dfrac{1}{2}$.

4. $\dfrac{e}{2}-1$.

5. $\dfrac{16}{3}\pi$.

6. $\dfrac{124}{5}\pi$.

7. $R(x)=10x-\dfrac{x^2}{20}$，$\overline{R}(x)=10-\dfrac{x}{20}$.

习题 6.6

1. （1）发散；（2）收敛；（3）收敛；（4）收敛；

   （5）收敛；（6）收敛；（7）收敛；（8）发散.

2. （1）1；（2）2.

3. 当 $k>1$ 时收敛；当 $k\leqslant 1$ 时发散.

总习题 6

1. （1）（D）；（2）（C）；（3）（D）；（4）（A）；（5）（C）；（6）（A）；（7）（A）.

2. （1）$\dfrac{1}{4}$；（2）$\dfrac{\pi}{4}$；（3）$\dfrac{2\sqrt{2}}{\pi}$.

3. （1）$\dfrac{\sqrt{e}}{2}$；（2）-4π；（3）$\dfrac{\pi}{2}$.

4. $S=2$，$V=\dfrac{2\pi}{3}(e^2-1)$.

5. （1）$x=4$；（2）4 万元.

6. 略.

7. 略.

8. 略.

第 7 章

习题 7.1

1. （1）$\dfrac{1+1}{1+1^3}+\dfrac{1+2}{1+2^3}+\dfrac{1+3}{1+3^3}+\dfrac{1+4}{1+4^3}+\dfrac{1+5}{1+5^3}+\cdots$；

(2) $\dfrac{1}{2}+\dfrac{1\cdot 3}{2\cdot 4}+\dfrac{1\cdot 3\cdot 5}{2\cdot 4\cdot 6}+\dfrac{1\cdot 3\cdot 5\cdot 7}{2\cdot 4\cdot 6\cdot 8}+\dfrac{1\cdot 3\cdot 5\cdot 7\cdot 9}{2\cdot 4\cdot 6\cdot 8\cdot 10}+\cdots;$

(3) $\dfrac{1}{5^5}-\dfrac{1}{5^7}+\dfrac{1}{5^9}-\dfrac{1}{5^{11}}+\dfrac{1}{5^{13}}-\cdots;$

(4) $1+\dfrac{2!}{2^2}+\dfrac{3!}{3^3}+\dfrac{4!}{4^4}+\dfrac{5!}{5^5}+\cdots.$

2. (1) 发散；(2) 收敛；(3) 发散；(4) 发散.

3. (1) 收敛；(2) 发散；(3) 发散；(4) 发散；(5) 收敛.

4. (1) $\dfrac{1}{4}$；(2) $\dfrac{1}{3}$.

*5. (1) 收敛；(2) 发散；(3) 收敛；(4) 发散.

习题 7.2

1. (1) 发散；(2) 发散；(3) 收敛；(4) 收敛；(5) 发散；(6) 收敛；(7) 收敛；
   (8) 收敛.

2. (1) 收敛；(2) $p>1$ 时收敛；(3) 发散；(4) 发散；(5) 收敛；(6) 发散.

*3. (1) 收敛；(2) $a\neq 1$ 时收敛；(3) 收敛；(4) 收敛；(5) 收敛；(6) 收敛.

4. (1) $a<e$ 时收敛，$a\geqslant e$ 时发散；(2) 收敛；(3) 收敛；(4) 收敛；(5) 发散；
   (6) 发散.

习题 7.3

1. (1) 条件收敛；(2) 绝对收敛；(3) 条件收敛；(4) 条件收敛；(5) 发散；
   (6) 条件收敛；(7) 条件收敛；(8) 条件收敛；(9) 绝对收敛；(10) 发散.

2. (1) 不能；(2) 不能；(3) 不能.

习题 7.4

1. (1) $(-1,1)$；(2) $(-1,1)$；(3) $(-\infty,+\infty)$；(4) $(-3,3)$；

   (5) $\left(-\dfrac{1}{2},\dfrac{1}{2}\right)$；(6) $(-1,1)$；(7) $(-\sqrt{2},\sqrt{2})$；(8) $(4,6)$.

2. (1) $s(x)=\dfrac{1}{(1-x)^2}$，$x\in(-1,1)$；

   (2) $s(x)=\dfrac{1}{4}\ln\dfrac{1+x}{1-x}+\dfrac{1}{2}\arctan x-x$，$x\in(-1,1)$；

   (3) $s(x)=\dfrac{1}{2}\ln\dfrac{1+x}{1-x}$，$x\in(-1,1)$；

   (4) $s(x)=\dfrac{3x^4-2x^5}{(1-x)^2}$，$x\in(-1,1)$.

习题 7.5

1. (1) $\displaystyle\sum_{n=1}^{\infty}\dfrac{x^{2n-1}}{(2n-1)!}$，$x\in(-\infty,+\infty)$；

   (2) $\ln 2+\displaystyle\sum_{n=1}^{\infty}\dfrac{(-1)^{n-1}}{n}\left(\dfrac{x}{2}\right)^n$，$x\in(-2,2]$；

(3) $\displaystyle\sum_{n=0}^{\infty} \frac{(\ln a)^n}{n!} x^n$, $x \in (-\infty, +\infty)$;

(4) $\displaystyle\sum_{n=1}^{\infty} \frac{(-1)^{n-1}(2x)^{2n}}{2(2n)!}$, $x \in (-\infty, +\infty)$;

(5) $x + \displaystyle\sum_{n=2}^{\infty} \frac{(-1)^n x^n}{n(n-1)}$, $x \in (-1, 1]$;

(6) $x + \displaystyle\sum_{n=1}^{\infty} (-1)^n \frac{2(2n)!}{(n!)^2} \left(\frac{x}{2}\right)^{2n+1}$, $x \in [-1, 1]$.

2. (1) $\displaystyle\sum_{n=0}^{\infty} x^{2n}$, $x \in (-1, 1)$;

(2) $\displaystyle\sum_{n=1}^{\infty} \frac{(-1)^{n-1}}{n}(x-1)^n$, $x \in (0, 2]$;

(3) $\dfrac{1}{5}\displaystyle\sum_{n=0}^{\infty} \left(\frac{1}{2^{n+1}} - \frac{2^{n+1}}{9^{n+1}}\right)(-1)^n(x-3)^n$, $x \in (1, 5)$;

(4) $\displaystyle\sum_{n=1}^{\infty} \frac{x^{2n}}{(2n)!}$, $x \in (-\infty, +\infty)$;

(5) $\dfrac{1}{e}\left[-1 + \displaystyle\sum_{n=0}^{\infty} \frac{(-1)^n(n+2)}{(n+1)!}(x-1)^{n+1}\right]$, $x \in (-\infty, +\infty)$;

(6) $\displaystyle\sum_{n=1}^{\infty} (-1)^{n-1} n x^{n-1}$, $x \in (-1, 1)$;

(7) $x + \displaystyle\sum_{n=2}^{\infty} \frac{(2n-3)!!}{(n-1)! \ 2^{n-1}} x^{2n-1}$, $x \in (-1, 1)$;

(8) $x + \displaystyle\sum_{n=1}^{\infty} \frac{(-1)^n(2n-1)!!}{n! \ (2n+1)2^n} x^{2n+1}$, $x \in (-1, 1)$;

(9) $\displaystyle\sum_{n=0}^{\infty} \frac{(-1)^n}{(2n+1)!} \left(x - \frac{\pi}{2}\right)^{2n+1}$, $x \in (-\infty, +\infty)$;

(10) $\displaystyle\sum_{n=0}^{\infty} \frac{(-1)^n}{3^{n+1}}(x-3)^n$, $x \in (0, 6)$.

3. $2\displaystyle\sum_{n=0}^{\infty} \frac{(-1)^n}{2n+1} x^{2n+1}$, $x \in (-1, 1)$.

习题 7.6

1. (1) 0.2013; (2) 0.7468; (3) 0.3090; (4) 0.9998; (5) 0.1823.

2. (1) $\dfrac{3}{2}$; (2) $\dfrac{1}{2}$; (3) $-\dfrac{1}{6}$; (4) $-\dfrac{1}{54}$.

3. (1) $f^{(100)}(1) = 1$, $f^{(101)}(1) = 0$; (2) $f^{(98)}(0) = -\dfrac{98!}{2^{49}49!}$, $f^{(99)}(0) = 0$.

4. (1) $\dfrac{9}{64}$; (2) 3; (3) $2(1-\ln 2)$; (4) $\cos 1$; (5) $2e$.

5. （1）$a_n = \dfrac{1}{\sqrt{n(n+1)}}$；（2）$s_n = \dfrac{4}{3n(n+1)\sqrt{n(n+1)}}$；（3）$\dfrac{4}{3}$.

总习题 7

1. （1）必要，充分；（2）充要；（3）收敛，发散.

2. （1）（C）；（2）（C）.

3. （1）收敛；（2）发散；（3）收敛；（4）发散；（5）发散；

　　（6）$a>1$ 时发散，$a<1$ 时收敛，$a=1$ 时，$s>1$ 收敛，$s \leqslant 1$ 发散；

　　（7）收敛；（8）收敛；（9）收敛；（10）发散.

4. （1）$p>1$ 时绝对收敛；$0<p \leqslant 1$ 时条件收敛；$p \leqslant 0$ 时发散；

　　（2）发散；（3）绝对收敛；（4）条件收敛；（5）绝对收敛；（6）绝对收敛；

　　（7）绝对收敛；（8）条件收敛.

5. 提示：$\displaystyle\sum_{n=1}^{\infty}(u_n+v_n)$ 收敛，且 $u_n+v_n \to 0(n \to \infty)$，则 $(u_n+v_n)^2 \leqslant (u_n+v_n)$.

6. （1）$\left(-\dfrac{1}{5}, \dfrac{1}{5}\right)$；（2）$\left(-\dfrac{1}{e}, \dfrac{1}{e}\right)$；（3）$(-2,0)$；（4）$(-\sqrt{2}, \sqrt{2})$；（5）$(-3,3)$；

　　（6）$[-1,1)$；（7）$\left(-\dfrac{1}{3}, \dfrac{1}{3}\right)$；（8）$[1,3]$；（9）$\left(-\dfrac{\sqrt{2}}{2}, \dfrac{\sqrt{2}}{2}\right)$；（10）$(1,2]$.

7. （1）$S(x) = \dfrac{2+x^2}{(2-x^2)^2}$，$x \in (-\sqrt{2}, \sqrt{2})$；

　　（2）$S(x) = \dfrac{x-1}{(2-x)^2}$，$x \in (0,2)$；

　　（3）$S(x) = \begin{cases} 1+\left(\dfrac{1}{x}-1\right)\ln(1-x), & x \in [-1,0) \cup (0,1), \\ 0, & x=0, \\ 1, & x=1; \end{cases}$

　　（4）$S(x) = \dfrac{2x}{(1-x)^3}$，$x \in (-1,1)$；

　　（5）$S(x) = (2x^2+1)e^{x^2}$，$x \in (-\infty, +\infty)$.

8. （1）1；（2）$\dfrac{1}{3}\ln 2 + \dfrac{\pi}{3\sqrt{3}}$；（3）$2e$；（4）$\dfrac{1}{2}(\sin 1 + \cos 1)$.

9. （1）$\displaystyle\sum_{n=1}^{\infty} \dfrac{(-1)^{n-1}2^n - 1}{n}x^n$，$x \in \left(-\dfrac{1}{2}, \dfrac{1}{2}\right]$；

　　（2）$\displaystyle\sum_{n=1}^{\infty} \dfrac{n}{2^{n+1}}x^{n-1}$，$x \in (-2,2)$.

10. （1）$\displaystyle\sum_{n=0}^{\infty} \dfrac{1}{2^{n+1}}(x-2)^n$，$x \in (0,4)$；

　　（2）$\ln 2 + \displaystyle\sum_{n=1}^{\infty}(-1)^{n-1}\dfrac{1}{n \cdot 2^n}(x-2)^n$，$x \in (0,4]$；

$(3)\ e^2 \sum\limits_{n=0}^{\infty} \dfrac{1}{n!}(x-2)^n,\ x \in (-\infty, +\infty)$;

$(4)\ \sum\limits_{n=1}^{\infty} \dfrac{(-1)^n}{n}(x-2)^{2n},\ x \in [1,3]$.

11. $(1)\ \dfrac{1}{2}$; $(2)\ -\dfrac{1}{6}$.

第 8 章

习题8.1

1. $(1)\ \{(x,y) \mid -2 \leqslant x^2-y \leqslant 0\}$; $(2)\ \{(x,y) \mid -y^2 \leqslant x \leqslant y^2, y \neq 0\}$;

   $(3)\ \{(x,y) \mid x+y>0, y-x>0\}$; $(4)\ \{(x,y) \mid x \geqslant 0,\ y \geqslant \sqrt{x}\}$;

   $(5)\ \{(x,y) \mid x>y\}$; $(6)\ \{(x,y) \mid x>y^2, 2 \leqslant x^2+y^2 \leqslant 4\}$.

2. $f(x,y) = \dfrac{x^2+y^2}{2}$.

3. $(1)\ 3$; $(2)\ 0$; $(3)\ 2$; $(4)\ \dfrac{1}{2}$.

习题8.2

1. $(1)\ \dfrac{\partial z}{\partial x} = \dfrac{1}{y},\ \dfrac{\partial z}{\partial y} = -\dfrac{x}{y^2}$;

   $(2)\ \dfrac{\partial z}{\partial x} = 2xy^3+ye^{xy},\ \dfrac{\partial z}{\partial y} = 3x^2y^2+xe^{xy}$;

   $(3)\ \dfrac{\partial z}{\partial x} = y\sin(x+y)+xy\cos(x+y),\ \dfrac{\partial z}{\partial y} = x\sin(x+y)+xy\cos(x+y)$;

   $(4)\ \dfrac{\partial z}{\partial x} = \dfrac{x-(x+y)\ln(x+y)}{x^2y(x+y)},\ \dfrac{\partial z}{\partial y} = \dfrac{y-(x+y)\ln(x+y)}{xy^2(x+y)}$;

   $(5)\ \dfrac{\partial z}{\partial x} = \dfrac{1}{y\sqrt{1-\left(\dfrac{x}{y}\right)^2}},\ \dfrac{\partial z}{\partial y} = -\dfrac{x}{y^2\sqrt{1-\left(\dfrac{x}{y}\right)^2}}$;

   $(6)\ \dfrac{\partial u}{\partial x} = \dfrac{y}{z}x^{\frac{y}{z}-1},\ \dfrac{\partial u}{\partial y} = \dfrac{x^{\frac{y}{z}}\ln x}{z},\ \dfrac{\partial u}{\partial z} = -\dfrac{yx^{\frac{y}{z}}\ln x}{z^2}$;

   $(7)\ \dfrac{\partial u}{\partial x} = \dfrac{x}{(2+x^2+y^2+z^2)\sqrt{1+x^2+y^2+z^2}},\ \dfrac{\partial u}{\partial y} = \dfrac{y}{(2+x^2+y^2+z^2)\sqrt{1+x^2+y^2+z^2}}$,

   $\dfrac{\partial u}{\partial z} = \dfrac{z}{(2+x^2+y^2+z^2)\sqrt{1+x^2+y^2+z^2}}$;

   $(8)\ \dfrac{\partial u}{\partial x} = \dfrac{2yz}{\sin(2xyz)},\ \dfrac{\partial u}{\partial y} = \dfrac{2xz}{\sin(2xyz)},\ \dfrac{\partial u}{\partial z} = \dfrac{2xy}{\sin(2xyz)}$.

2. $(1)\ \dfrac{\partial^2 z}{\partial x^2} = 0,\ \dfrac{\partial^2 z}{\partial x \partial y} = \dfrac{\partial^2 z}{\partial y \partial x} = 1+\dfrac{1}{y^2},\ \dfrac{\partial^2 z}{\partial y^2} = -\dfrac{2x}{y^3}$;

(2) $\dfrac{\partial^2 z}{\partial x^2} = 8$，$\dfrac{\partial^2 z}{\partial x \partial y} = \dfrac{\partial^2 z}{\partial y \partial x} = 8$，$\dfrac{\partial^2 z}{\partial y^2} = 8$；

(3) $\dfrac{\partial^2 z}{\partial x^2} = 4\mathrm{e}^{2x+3y}$，$\dfrac{\partial^2 z}{\partial x \partial y} = \dfrac{\partial^2 z}{\partial y \partial x} = 6\mathrm{e}^{2x+3y}$，$\dfrac{\partial^2 z}{\partial y^2} = 9\mathrm{e}^{2x+3y}$；

(4) $\dfrac{\partial^2 z}{\partial x^2} = \dfrac{x+2y}{(x+y)^2}$，$\dfrac{\partial^2 z}{\partial x \partial y} = \dfrac{\partial^2 z}{\partial y \partial x} = \dfrac{y}{(x+y)^2}$，$\dfrac{\partial^2 z}{\partial y^2} = -\dfrac{x}{(x+y)^2}$.

3. (1)（B）；(2)（A）.

4. (1) $\mathrm{d}z = (2xy^2+1)\mathrm{d}x + (2x^2y+3y^2)\mathrm{d}y$；

(2) $\mathrm{d}z = \dfrac{x}{\sqrt{1+x^2+y^2}}\mathrm{d}x + \dfrac{y}{\sqrt{1+x^2+y^2}}\mathrm{d}y$；

(3) $\mathrm{d}z = (\sin y + y\mathrm{e}^{xy})\mathrm{d}x + (x\cos y + x\mathrm{e}^{xy})\mathrm{d}y$；

(4) $\mathrm{d}u = y^z x^{y^z-1}\mathrm{d}x + x^{y^z}\ln x \cdot zy^{z-1}\mathrm{d}y + x^{y^z}\ln x \cdot y^z\ln y\mathrm{d}z$.

习题 8.3

1. $\dfrac{\mathrm{d}z}{\mathrm{d}x} = \dfrac{\sin 2x + 2x\cos 2x}{1+(x\sin 2x)^2}$.

2. $\dfrac{\partial z}{\partial x} = \mathrm{e}^{xy}[y\sin(x+y) + \cos(x+y)]$，$\dfrac{\partial z}{\partial y} = \mathrm{e}^{xy}[x\sin(x+y) + \cos(x+y)]$.

3. $\dfrac{\partial z}{\partial x} = 2xf'$，$\dfrac{\partial z}{\partial y} = \cos y f'$.

4. $\dfrac{\partial z}{\partial x} = 2xf'_1 + 3f'_2$，$\dfrac{\partial z}{\partial y} = \mathrm{e}^y f'_1$.

5. $\dfrac{\mathrm{d}^2 y}{\mathrm{d}x^2}\bigg|_{x=0} = f''_{11}(1,1) + f'_1(1,1) - f'_2(1,1)$.

6. 略.

习题 8.4

1. $\dfrac{\partial z}{\partial x} = -\dfrac{2x+2}{3z^2+1}$，$\dfrac{\partial z}{\partial y} = -\dfrac{4y^3+1}{3z^2+1}$.

2. $\dfrac{\partial z}{\partial x} = \dfrac{yz - z\mathrm{e}^{z-1}(1+x^2y^2)}{(1+x^2y^2)(1+xz\mathrm{e}^{z-1})}$，$\dfrac{\partial z}{\partial y} = \dfrac{xz}{(1+x^2y^2)(1+xz\mathrm{e}^{z-1})}$.

3. $y = x$.

4. $\mathrm{d}z\bigg|_{\substack{x=1 \\ y=0}} = -\mathrm{e}\mathrm{d}x - \mathrm{e}^2\mathrm{d}y$.

5. 略.

6. $\dfrac{\mathrm{d}x}{\mathrm{d}z} = \dfrac{y-z}{x-y}$，$\dfrac{\mathrm{d}y}{\mathrm{d}z} = \dfrac{z-x}{x-y}$.

习题 8.5

1. 极大值 $z(-1,1) = 1$.

2. 极小值 $z(1,0) = -4$，极大值 $z(-3,2) = 32$.

3. 极大值 $z(1,1)=3$, 极大值 $z(-1,-1)=3$.

4. 极大值 $z\left(\dfrac{3}{5},\dfrac{2}{5}\right)=\dfrac{108}{3125}$.

5. $u(6,4,2)=6912$.

6. $\left(\dfrac{1}{5},\dfrac{2}{5}\right)$.

习题 8.6

1. （1） $\displaystyle\iint\limits_{x^2+y^2\leqslant1}|xy|\,\mathrm{d}x\mathrm{d}y$ 较大； （2） $\displaystyle\iint\limits_{D}y^2x^3\mathrm{d}x\mathrm{d}y$ 较大；

  （3） $\displaystyle\iint\limits_{D}(x+y)^2\mathrm{d}x\mathrm{d}y$ 较大； （4） $\displaystyle\iint\limits_{D}(x+y)^3\mathrm{d}x\mathrm{d}y$ 较大.

2. $D=\{(x,y)\mid x^2+y^2\leqslant1\}$.

3. （C）.

4. 1.

习题 8.7

1. （1） $\displaystyle\int_0^1\mathrm{d}x\int_x^1 f(x,y)\,\mathrm{d}y$； （2） $\displaystyle\int_0^1\mathrm{d}y\int_0^{1-y} f(x,y)\,\mathrm{d}x$；

  （3） $\displaystyle\int_0^1\mathrm{d}y\int_0^{\sqrt{y}} f(x,y)\,\mathrm{d}x$； （4） $\displaystyle\int_0^1\mathrm{d}y\int_y^{\sqrt{y}} f(x,y)\,\mathrm{d}x$；

  （5） $\displaystyle\int_{-1}^1\mathrm{d}x\int_0^{\sqrt{1-x^2}} f(x,y)\,\mathrm{d}y$； （6） $\displaystyle\int_1^e\mathrm{d}x\int_0^{\ln x} f(x,y)\,\mathrm{d}y$.

2. （1） $\dfrac{1}{10}$；（2） $-\dfrac{1}{6}$；（3） $\dfrac{2}{15}$；（4） $\dfrac{1}{2}\sin1$.

3. （1） $\pi\ln2$；（2） $\dfrac{14\pi}{3}$.

总习题 8

1. （1）（B）；（2）（D）；（3）（B）；（4）（C）；（5）（D）；（6）（D）.

2. $f(x,y)=\dfrac{x^2(1-y)}{1+y}$.

3. $\{(x,y)\mid x>0,\ y\leqslant x,\ x\leqslant x^2+y^2<2x\}$.

4. （1） $\dfrac{\partial z}{\partial x}\Big|_{\substack{x=1\\y=2}}=\dfrac{\sqrt{2}}{2}(\ln2-1)$；

  （2） $\dfrac{\partial z}{\partial x}=2xf'$；

  （3） $\dfrac{\partial z}{\partial x}=f_1'+f_2'+yf_3'$, $\dfrac{\partial z}{\partial y}=f_1'-f_2'+xf_3'$；

  （4） $\dfrac{\partial^2 z}{\partial x\partial y}=yf''+\varphi'+y\varphi''$.

5. （1） $\dfrac{\partial z}{\partial x}=\dfrac{2}{1-\mathrm{e}^z}$, $\dfrac{\partial z}{\partial y}=\dfrac{8y}{1-\mathrm{e}^z}$；

(2) $\dfrac{\partial z}{\partial x}=\dfrac{yzF_1'}{xyF_1'-z^2F_2'}$, $\dfrac{\partial z}{\partial y}=-\dfrac{z^3F_2'}{y(xyF_1'-z^2F_2')}$.

6. (1) 极小值 $z\left(0,\dfrac{1}{e}\right)=-\dfrac{1}{e}$;

　(2) 极小值 $z(9,3)=3$, 极大值 $z(-9,-3)=-3$.

7. 最大值 $z(-3,4)=125$, 最小值 $z(3,-4)=-75$.

8. $\displaystyle\int_0^1\mathrm{d}x\int_x^{2-x}f(x,y)\mathrm{d}y$.

9. $\displaystyle\int_0^{\frac{\pi}{6}}\mathrm{d}\theta\int_{2\sin\theta}^1 f(\rho)\rho\mathrm{d}\rho+\int_{\frac{5\pi}{6}}^{\pi}\mathrm{d}\theta\int_{2\sin\theta}^1 f(\rho)\rho\mathrm{d}\rho$.

10. (1) $\dfrac{1}{e}$; (2) $\dfrac{e-1}{2e}$; (3) $2(e-1)$; (4) $\pi(1-e^{-2})$.

第 9 章

习题 9.1

1. (1) 二阶; (2) 三阶; (3) 二阶; (4) 一阶; (5) 二阶; (6) 一阶.

2. (1) 特解; (2) 特解; (3) 不是解; (4) 通解; (5) 通解; (6) 特解.

3. (1) 是; (2) 是.

4. (1) $2x^2-xy+3y^2=108$; (2) $y=xe^{2x}$; (3) $y=-\cos x$.

5. (1) $y'=\sin^2 x$; (2) $yy'+2x=0$.

6. $mv'=mg-kv^2$　$v(0)=a$.

习题 9.2

1. (1) $y=e^{Cx}$;　　　　　　　(2) $y=\dfrac{4}{3}x^3+\dfrac{3}{2}x^2+C$;　　　(3) $\arcsin y=\arcsin x+C$;

　(4) $y=C(x+a-1)^a$;　　(5) $\tan x\tan y=C$;　　　　(6) $\dfrac{1}{2}e^{-2y}+\dfrac{1}{3}e^{3x}=C$;

　(7) $(e^x+1)(e^y-1)=C$;　(8) $\sin y\cos x=C$;　　　　(9) $\arctan y=x-\ln|x+1|+C$;

　(10) $y^3=Cx^2e^{-\sin x}$.

2. (1) $y^2-1=2\ln\dfrac{1+e^x}{1+e}$;　(2) $y=-\dfrac{x^2}{4}+1$;　　　　(3) $\dfrac{1}{2}e^{2y}=\dfrac{1}{3}e^{3x}+\dfrac{1}{6}$;

　(4) $\ln y=\tan\dfrac{x}{2}$.

3. (1) $y-\sqrt{y^2-x^2}=C(x<0)$, $y+\sqrt{y^2-x^2}=Cx^2(x>0)$;

　(2) $\ln\dfrac{y}{x}=Cx+1$;　　　(3) $y=x\left(1-\dfrac{2}{\ln|x|+C}\right)$;　(4) $x^3-2y^3=Cx$;

　(5) $\sin\dfrac{y}{x}=Cx^2$;　　　(6) $e^{-\frac{y}{x}}+\ln Cx=0$;　　　(7) $x^2=y^2(\ln|x|+C)$;

　(8) $x^2=C\sin^3\dfrac{y}{x}$;　　(9) $x+2ye^{\frac{y}{x}}=C$.

4.（1）$y^3=y^2-x^2$；　　　　（2）$y^2=2x^2(\ln x+2)$；　　　　（3）$\dfrac{x+y}{x^2+y^2}=1$.

5.（1）$(4y-x-3)(y+2x-3)^2=C$；　　　　（2）$\ln[4y^2+(x-1)^2]+\arctan\dfrac{2y}{x-1}=C$；

　　（3）$(y-x+1)^2(y+x-1)^5=C$；　　　　（4）$x+3y+2\ln|x+y-2|=C$.

习题 9.3

1.（1）$y=\dfrac{3}{2}+Ce^{-x^2}$；　　　　（2）$y=e^{-x}(x+C)$；　　　　（3）$y=C\cos x-2\cos^2x$；

　　（4）$y=\dfrac{\sin x+C}{x^2-1}$；　　　　（5）$3\rho=2+Ce^{-3\theta}$；　　　　（6）$x-\sqrt{xy}=C$；

　　（7）$y=ax+\dfrac{C}{\ln x}$；　　　　（8）$2x\ln y=\ln^2y+C$；　　　　（9）$x=y^2+Cy^2e^{\frac{1}{y}}$；

　　（10）$y=(x-2)^3+C(x-2)$；（11）$y=(x+C)e^{-\sin x}$；　　（12）$y=Ce^{-\frac{2}{3}x}+3x-\dfrac{9}{2}$；

　　（13）$x^2=Cy^6+y^4$；　　　　（14）$y=Ce^{-\frac{1}{3}x^3}$；　　　　（15）$y=Cx+x\ln|\ln x|$.

2.（1）$y\sin x+5e^{\cos x}=1$；　　（2）$y=\dfrac{x}{\cos x}$；　　　　（3）$y=\dfrac{2}{3}(4-e^{-3x})$；

　　（4）$y=\dfrac{\pi-1-\cos x}{x}$；　　（5）$x(1+2\ln y)-y^2=0$；　（6）$y=(5+x)e^{-x}$；

　　（7）$2y=x^3-x^3e^{x^2-1}$；　　　　（8）$y=\dfrac{1}{2x}(e+e^{2x})$.

3.（1）$y=x-x\ln x$；　　　　（2）$y=2(e^x-x-1)$；

　　（3）$2y=3x^2-2x-1$；　　（4）$x^2+y^2=C$.

4. $f(x)=\cos x+\sin x$.

5. $v(t)=\dfrac{g}{k-m}(M-mt)-\dfrac{g}{k-m}M^{1-\frac{k}{m}}(M-mt)^{\frac{k}{m}}$.

6. $v=\dfrac{k}{l}t-\dfrac{km}{l^2}(1-e^{-\frac{l}{m}t})$.

7. $i=\left[e^{-5t}+\sqrt{2}\sin\left(5t-\dfrac{\pi}{4}\right)\right]$ A.

8. 提示：令 $v=xy$. $\ln|x|+\displaystyle\int\dfrac{g(v)\mathrm{d}v}{v[f(v)-g(v)]}=C$.

9.（1）$x+y=\tan(x+C)$；　　（2）$\dfrac{1}{2}(2x-y)^2+x=C$；　　（3）$y=\dfrac{1}{x}e^{Cx}$；

　　（4）$y=1-\sin x-\dfrac{1}{x+C}$；　　（5）$2x^2y^2\ln|y|-2xy-1=Cx^2y^2$.

习题 9.4

1.（1）$y=x\arctan x-\dfrac{1}{2}\ln(1+x^2)+C_1x+C_2$；　　　　（2）$C_1y^2-1=(C_1x+C_2)^2$；

（3）$y=(x-3)\mathrm{e}^x+C_1x^2+C_2x+C_3$；

（4）$y=C,\ y=x^2+C,\ y=-x^2+C$；

（5）$-\sqrt{1-2y}+\ln|\sqrt{1-2y}\pm1|=x+C$；

（6）$y=C\mathrm{e}^{2x},\ y=C\mathrm{e}^{-2x}$；

（7）$y=-\ln|\cos(x+C_1)|+C_2$；

（8）$y=-x^2-2x+C_1\mathrm{e}^x+C_2$；

（9）$y=C_1\ln|x|+C_2$；

（10）$y^3=C_1x+C_2$；

（11）$y'=0$ 时，$y\equiv C$；$y'\neq0$ 时，$\displaystyle\int\frac{\mathrm{d}y}{y^2+C_1}=x+C_2$；

（12）$y=C_1(x-\mathrm{e}^{-x})+C_2$.

2.　（1）$y=\sqrt{2x-x^2}$；　　　（2）$y=-\dfrac{1}{a}\ln|ax+1|$；　　　（3）$y=\ln\sec x$；

（4）$y=\left(\dfrac{1}{2}x+1\right)^4$；　　（5）$y=\ln(\mathrm{e}^x+\mathrm{e}^{-x})-\ln2$；　　（6）$y=2\arctan\mathrm{e}^x$.

3.　$y=\dfrac{x^3}{6}+\dfrac{x}{2}+1$.

4.　$s=\dfrac{mg}{k}\left(t+\dfrac{m}{k}\mathrm{e}^{-\frac{k}{m}t}-\dfrac{m}{k}\right)$.

习题 9.5

1.　（1）$y=C_1\cos\omega x+C_2\sin\omega x$；　　　　（2）$y=(C_1+C_2x)\mathrm{e}^{x^2}$；

（3）$y=C_1\mathrm{e}^x+C_2\mathrm{e}^{-x},\ y=C_1\mathrm{e}^x+C_2\mathrm{e}^{-x}+1$.

2.　略.

3.　（1）$y=C_1\mathrm{e}^{-4x}+C_2\mathrm{e}^x$；

（2）$y=C_1\mathrm{e}^{4x}+C_2$；

（3）$y=C_1\mathrm{e}^{-3x}+C_2x\mathrm{e}^{-3x}$；

（4）$y=\mathrm{e}^{-\frac{3}{2}x}\left(C_1\cos\dfrac{\sqrt{11}}{2}x+C_2\sin\dfrac{\sqrt{11}}{2}x\right)$；

（5）$y=\mathrm{e}^{-3x}(C_1\cos2x+C_2\sin2x)$；

（6）$y=\mathrm{e}^{2x}(C_1\cos x+C_2\sin x)$；

（7）$x=(C_1+C_2t)\mathrm{e}^{\frac{5}{2}t}$.

4.　（1）$y=4\mathrm{e}^x+2\mathrm{e}^{3x}$；

（2）$y=(2+x)\mathrm{e}^{-\frac{x}{2}}$；

（3）$y=\mathrm{e}^{-x}-\mathrm{e}^{4x}$；

（4）$y=3\mathrm{e}^{-2x}\sin5x$；

（5）$y=\dfrac{11}{5}-\dfrac{1}{5}\mathrm{e}^{-25x}$；

（6）$y=\mathrm{e}^{2x}\sin3x$；

（7）$y=(1+3x)\mathrm{e}^{-2x}$；

（8）$y=2\cos\dfrac{3}{2}x-\dfrac{2}{3}\sin\dfrac{3}{2}x$.

5.　$M=195\mathrm{kg}$

6.　$x=\dfrac{v_0}{\sqrt{4k_1+k_2^2}}(1-\mathrm{e}^{-\sqrt{4k_1t+k_2^2}})\mathrm{e}^{\left(-\frac{k_2}{2}+\frac{\sqrt{4k_1+k_2^2}}{2}\right)t}$.

7.　（1）$y=C_1\mathrm{e}^{3x}+C_2\mathrm{e}^{4x}+\dfrac{1}{12}x+\dfrac{7}{144}$；　　　　（2）$y=C_1\mathrm{e}^{\frac{x}{2}}+C_2\mathrm{e}^{-x}+\mathrm{e}^x$；

（3）$y=C_1\mathrm{e}^{-3x}+C_2x\mathrm{e}^{-3x}+\left(\dfrac{1}{16}x-\dfrac{1}{32}\right)\mathrm{e}^x$；　　（4）$y=(C_1\cos2x+C_2\sin2x)\mathrm{e}^x-\dfrac{1}{4}x\mathrm{e}^x\cos2x$；

（5）$y=(C_1+C_2x)e^{3x}+\dfrac{x^2}{2}\left(\dfrac{1}{3}x+1\right)e^{3x}$；　　（6）$y=C_1\cos2x+C_2\sin2x+\dfrac{1}{3}x\cos x+\dfrac{2}{9}\sin x$；

（7）$y=C_1e^x+C_2e^{-x}-\dfrac{1}{2}+\dfrac{1}{10}\cos2x$；　　（8）$y=C_1\cos3x+C_2\sin3x+2\sin2x$；

（9）$y=C_1\cos x+C_2\sin x+\dfrac{e^x}{2}+\dfrac{x}{2}\sin x$；　　（10）$y=C_1e^{-x}+C_2e^{-4x}+\dfrac{11}{8}-\dfrac{1}{2}x$；

（11）$y=e^{-x}(C_1\cos2x+C_2\sin2x)+e^x\left(\dfrac{11}{65}\sin2x+\dfrac{3}{65}\cos x\right)$.

8. （1）$y=-\cos x-\dfrac{1}{3}\sin x+\dfrac{1}{3}\sin2x$；　　（2）$y=-5e^x+\dfrac{7}{2}e^{2x}+\dfrac{5}{2}$；

（3）$y=\dfrac{1}{2}(e^{9x}+e^x)-\dfrac{1}{7}e^{2x}$；　　（4）$y=e^x-e^{-x}+e^x(x^2-x)$；

（5）$y=\dfrac{49}{50}(\cos5x+\sin5x)+\dfrac{e^{5x}}{50}$；　　（6）$y=xe^{-x}+\dfrac{1}{2}\sin x$；

（7）$y=\dfrac{3}{16}e^{2x}+\dfrac{1}{16}e^{-2x}-\dfrac{1}{4}$；　　（8）$y=1+\dfrac{1}{4}e^{-x}+2x+\left(\dfrac{1}{2}x-\dfrac{1}{4}\right)e^x$.

9. 取炮口位置为原点，以炮弹前进的方向为 x 轴，铅直向上的方向为 y 轴，则炮弹弹道曲线为

$$\begin{cases}x=v_0t\cos\alpha,\\ y=v_0t\sin\alpha-\dfrac{1}{2}gt^2.\end{cases}$$

10. （1）$t=\sqrt{\dfrac{10}{g}}\ln(5+2\sqrt{6})\,\mathrm{s}$；　　（2）$t=\sqrt{\dfrac{10}{g}}\ln\left(\dfrac{19+4\sqrt{22}}{3}\right)\mathrm{s}$.

11. $f(x)=\dfrac{1}{2}(\cos x+\sin x+e^x)$.

习题 9.6

1. （1）三阶；（2）六阶.
2. （1）0；　　（2）$2t+3$，2；　　（3）$a^t(a-1)$，$a^t(a-1)^2$；

（4）$\log_a\dfrac{t(t+2)}{(t+1)^2}$；　　（5）$2(\cos a-1)\sin a(t+1)$；　　（6）6.

3. （1）$y_{t+3}-2y_{t+2}+y_{t+1}=0$；　　（2）$y_{t+3}-3y_{t+2}+2y_{t+1}+3y_t=2$.
4. 略.
5. $F_{n+2}=F_n+F_{n+1}$，$F_0=0$；$F_1=1$.

习题 9.7

1. 略.　　2. 略.

3. （1）$y_t=C\cdot3^t$；　　（2）$y_t=C\cdot3^t+1$；　　（3）$y_t=C\cdot4^t-t^2-\dfrac{2}{3}t-\dfrac{5}{9}$；

（4）$y_t=C\cdot(-4)^t+\sin\pi t$；　　（5）$y_t=C\cdot(-2)^t+\dfrac{1}{6}4^t+\dfrac{1}{3}t^2-\dfrac{2}{9}t-\dfrac{1}{27}$；

(6) $y_t = C_1 \cdot (-1)^t + C_2 \cdot 4^t$;　　　　　(7) $y_t = (C_1 + C_2 t) \cdot (-2)^t$;

(8) $y_t = C_1 \cdot (-4)^t + C_2 + \dfrac{1}{10} t^2 - \dfrac{1}{50} t$;　　　(9) $y_t = (C_1 + C_2 t) \cdot (-1)^t + \dfrac{1}{3} 2^t$;

(10) $y_t = (C_1 + C_2 t + 2 t^2) \cdot \left(-\dfrac{1}{2} \right)^t$.

4. (1) $y_t = C_1 \cdot 5^t - \dfrac{3}{4}$, $y_t = \dfrac{37}{12} \cdot 5^t - \dfrac{3}{4}$;

(2) $y_t = C \cdot (-1)^t + \dfrac{1}{3} \cdot 2^t$, $y_t = \dfrac{5}{3} \cdot (-1)^t + \dfrac{1}{3} \cdot 2^t$;

(3) $y_t = C \cdot (-4)^t + \dfrac{2}{5} t^2 + \dfrac{1}{25} t - \dfrac{36}{125}$, $y_t = \dfrac{161}{125} \cdot (-4)^t + \dfrac{2}{5} t^2 + \dfrac{1}{25} t - \dfrac{36}{125}$;

(4) $y_t = C \cdot \left(\dfrac{1}{2} \right)^t + 3 \cdot \left(\dfrac{3}{2} \right)^t$, $y_t = 2 \cdot \left(\dfrac{1}{2} \right)^t + 3 \cdot \left(\dfrac{3}{2} \right)^t$;

(5) $y_t = C + 2t + t^2$, $y_t = 5 + 2t + t^2$;

(6) $y_t = C_1 \cdot \left(-\dfrac{7}{2} \right)^t + C_2 \cdot \left(\dfrac{1}{2} \right)^t + 4$, $y_t = \dfrac{1}{2} \cdot \left(-\dfrac{7}{2} \right)^t + \dfrac{3}{2} \cdot \left(\dfrac{1}{2} \right)^t + 4$;

(7) $y_t = \left(C_1 \cos \dfrac{\pi t}{3} + C_2 \sin \dfrac{\pi t}{3} \right) \cdot 4^t$, $y_t = 4^t \cdot \dfrac{\sqrt{3}}{6} \sin \dfrac{\pi t}{3}$;

(8) $y_t = \left(C_1 \cos \dfrac{\pi t}{4} + C_2 \sin \dfrac{\pi t}{4} \right) \cdot (\sqrt{2})^t$, $y_t = (\sqrt{2})^t 2 \cos \dfrac{\pi t}{4}$;

(9) $y_t = C_1 + C_2 \cdot (-2)^t + 4t$, $y_t = -\dfrac{4}{3} + \dfrac{4}{3} (-2)^t + 4t$;

(10) $y_t = \left(C_1 \cos \dfrac{\pi t}{6} + C_2 \sin \dfrac{\pi t}{6} \right) \cdot (\sqrt{3})^t + 5$, $y_t = (2\sqrt{3})^{t+1} \sin \dfrac{\pi t}{6} + 5$.

5. $y_t = C_1 (-a)^t + \dfrac{b}{1+a}$.

总习题 9

1. (1) 三; (2) $y = \mathrm{e}^{-\int P(x)\,\mathrm{d}x} \left(\int Q(x) \mathrm{e}^{\int P(x)\,\mathrm{d}x}\,\mathrm{d}x + C \right)$;

(3) $y' = f(x, y)$, $y \big|_{x=x_0} = 0$; (4) $y = C_1(x-1) + C_2(x^2-1) + 1$.

2. (1) (B); (2) (B).

3. (1) $y^2(y'^2 + 1) = 0$;　　　　　(2) $y'' - 3y' + 2y = 0$.

4. (1) $x - \sqrt{xy} = C$;　　　(2) $\dfrac{1}{2}(x^2 + y^2) = \ln x + C$;　　　(3) $y = \mathrm{e}^{-x^2}(C + x^2)$;

(4) $2\sqrt{y + x^2} = x + C$;　　(5) $y = C_1 \mathrm{e}^{2x} + C_2 \mathrm{e}^{-\frac{4}{3}x}$;　　(6) $y = C_1 \mathrm{e}^{\frac{1}{2}x} + C_1 \mathrm{e}^{-x} + \mathrm{e}^x$;

(7) $y = C_1 \mathrm{e}^x + C_2 \mathrm{e}^{2x} + \dfrac{1}{10}(\cos x - 3\sin x)$;　　(8) $y = ax + \dfrac{C}{\ln x}$;

(9) $x = C y^{-2} + \ln y - \dfrac{1}{2}$;　　(10) $x^2 = C y^6 + y^4$;

（11）$y^2 = \dfrac{1}{Cx^2+2x}$;　　　　（12）$x\ln y - y\ln x = C.$

5. （1）$y^2 = \left(1+\dfrac{x^2}{2}\right)e^{-x^2}$;　　　（2）$y = \arcsin x$;

　　（3）$y = \dfrac{1}{2}e^{-x} - \dfrac{1}{5}e^{-2x} + \dfrac{1}{10}(\sin x - 3\cos x)$;

　　（4）$y = \dfrac{1}{4}(e^{-x} + \sin x - \cos x)$.

6. $y = x - x\ln x.$

7. $3(1-e^{-1}).$

8. $t = \sqrt{\dfrac{l}{g}}\,\text{arch}\left(\dfrac{l}{b}\right).$

9. $\varphi(x) = \cos x + \sin x.$

10. $f(x) = \dfrac{1}{4}(e^x - e^{-x}) + \dfrac{1}{2}\sin x.$

11. 略.

参考文献

［1］同济大学应用数学系. 高等数学：上册［M］. 7 版. 北京：高等教育出版社，2014.

［2］同济大学应用数学系. 高等数学：下册［M］. 7 版. 北京：高等教育出版社，2014.

［3］陈一宏，张润琦. 微积分：上册［M］. 2 版. 北京：机械工业出版社，2017.

［4］陈一宏，张润琦. 微积分：下册［M］. 2 版. 北京：机械工业出版社，2017.

［5］赵树嫄. 微积分［M］. 4 版. 北京：中国人民大学出版社，2016.

［6］同济大学应用数学系. 微积分：上册［M］. 3 版. 北京：高等教育出版社，2010.

［7］同济大学应用数学系. 微积分：下册［M］. 3 版. 北京：高等教育出版社，2010.

［8］华东师范大学数学系. 数学分析：上册［M］. 7 版. 北京：高等教育出版社，2012.

［9］华东师范大学数学系. 数学分析：下册［M］. 7 版. 北京：高等教育出版社，2012.

［10］陈纪修，於崇华，金路. 数学分析：上册［M］. 3 版. 北京：高等教育出版社，2019.

［11］陈纪修，於崇华，金路. 数学分析：下册［M］. 3 版. 北京：高等教育出版社，2019.

［12］朱士信，唐烁. 高等数学：上册［M］. 北京：高等教育出版社，2014.

［13］朱士信，唐烁. 高等数学：下册［M］. 北京：高等教育出版社，2014.

［14］斯图尔特. 微积分：原书第 8 版［M］. 北京：中国人民大学出版社，2020.

［15］黄先开，曹显兵. 考研历届数学真题题型解析［M］. 北京：中国人民大学出版社，2018.

［16］曹显兵，刘喜波. 高等数学辅导讲义［M］. 西安：西安交通大学出版社，2020.

［17］VARBERG D，PURCELL E J，RIGDON S E. 微积分：英文版　原书第 9 版［M］. 影印版. 北京：机械工业出版社，2017.

［18］LARSON R，EDWARDS B H. Calculus［M］. 9th ed. Stanford：Brooks/Cole Cengage Learning，2010.